Lambacher Schweizer 5

Mathematik für Gymnasien

Niedersachsen

bearbeitet von
Manfred Baum
Gunnar Demuth
Ulrich Schönbach
Rainer Topp
Peter Zimmermann

Ernst Klett Schulbuchverlage
Stuttgart · Leipzig

Begleitmaterial:
Zu diesem Buch gibt es ein Lösungsheft (ISBN-10: 3-12-734553-4, ISBN-13: 978-3-12-734553-7) sowie die Klassenarbeiten (ISBN-10: 3-12-734055-9, ISBN-13: 978-3-12-734055-6) und den Mathetrainer (ISBN-10: 3-12-114822-2, ISBN-13: 978-3-12-114822-6).

1. Auflage

1 5 4 3 2 1 | 2010 09 08 07 06

Alle Drucke dieser Auflage sind unverändert und können im Unterricht nebeneinander verwendet werden. Die letzte Zahl bezeichnet das Jahr des Druckes.

Internetadresse: www.klett.de

Autoren: Manfred Baum, Martin Bellstedt, Heidi Buck, Gunnar Demuth, Prof. Rolf Dürr, Hans Freudigmann, Dr. Frieder Haug, Ulrich Schönbach, Rainer Topp, Dr. Peter Zimmermann
Redaktion: Stefan Stöckle, Heike Thümmler

Illustrationen: Uwe Alfer, Waldbreitbach; Jochen Ehmann, Stuttgart; Christine Lackner-Hawighorst, Ittlingen; Helmut Holtermann, Dannenberg
Bildkonzept Umschlag: Soldankommunikation, Stuttgart
Titelbild: Getty Images, Digital Vision; Photonica Amana, Steven Pützer
Reproduktion: Meyle + Müller, Medien Management, Pforzheim

Satz: topset Computersatz, Nürtingen; MediaOffice GmbH, Kornwestheim
Druck: Aprinta, Wemding

Printed in Germany
ISBN-13: 978-3-12-734551-3
ISBN-10: 3-12-734551-8

9 783127 345513

Moderner Mathematikunterricht mit dem Lambacher Schweizer

Mathematik – vielseitig und schülerorientiert
Ein zeitgemäßer Mathematikunterricht soll den Kindern und Jugendlichen eine **mathematische Grundbildung** vermitteln. Darunter versteht man die Fähigkeit, die Bedeutung von Mathematik in der Welt zu erkennen, zu verstehen und mathematisches Wissen zur Lösung von Problemen flexibel einzusetzen und begründete mathematische Urteile abzugeben. Diese Grundbildung zeigt sich im Zusammenspiel von Kompetenzen, die sich auf mathematische Prozesse beziehen – also **prozessbezogene Kompetenzen** – und solchen, die auf mathematische Inhalte ausgerichtet sind – also **inhaltsbezogene Kompetenzen**. Die Inhalte des Mathematikunterrichts zentralen Ideen zuzuordnen, bietet für die Schülerinnen und Schüler die Chance, Zusammenhänge über die Kapitel hinaus herzustellen und damit ein größeres Verständnis für die Mathematik zu erlangen. Aus diesem Grund werden die Kapitel fünf **Leitideen**, also inhaltsbezogenen Kompetenzen zugeordnet, die über die Schulzeit hin Bestand haben: Zahlen und Operationen, Größen und Messen, Raum und Form, Funktionaler Zusammenhang, Daten und Zufall. Im Zusammenwirken mit diesen inhaltsbezogenen Kompetenzen werden die folgenden sechs prozessbezogenen Kompetenzen erworben: Mathematisch argumentieren; Probleme mathematisch lösen; Mathematisch modellieren; Mathematische Darstellungen verwenden; Mit symbolischen, formalen und technischen Elementen der Mathematik umgehen; Kommunizieren.

Strukturierter Aufbau
Die Lerneinheiten bauen aufeinander auf. Innerhalb der Lerneinheiten werden Begriffe und Zusammenhänge schülergerecht hergeleitet, in Merkkästen zusammengefasst, an Beispielen konkretisiert und mit entsprechenden Aufgaben gesichert, geübt und vertieft.

Vernetztes Wissen
Am Ende eines Kapitels werden unter „Wiederholen – Vertiefen – Vernetzen" Aufgaben gestellt, welche die Themen des jeweiligen Kapitels, aber auch der zurückliegenden Kapitel integriert und vernetzt behandeln. In den Sachthemen werden darüber hinaus interessante und spannende Bezüge zu außermathematischen Themen geschaffen. Sie behandeln unter einem Oberthema Inhalte aus allen Kapiteln des Buches. Sie lassen sich sowohl nutzen, um über sie in die Kapitel einzusteigen, als auch als Wiederholung und Festigung im Anschluss an die Kapitel.

Basiswissen
Um grundlegende Fertigkeiten zu überprüfen und zu sichern, werden unter der Überschrift „Kannst du das noch?" immer wieder Aufgaben zu bereits behandelten Themen eingestreut. Außerdem ist mit den Aufgaben zu „Bist du sicher?" und am Ende des Kapitels in den „Trainingsrunden" die Möglichkeit zu selbstkontrolliertem Üben gegeben.

Inhaltsverzeichnis

** Diese Inhalte gehen über die curricularen Vorgaben hinaus.*

Origine
Produit
Variété
Calibre

Lernen mit dem Lambacher Schweizer

Liebe Schülerinnen und Schüler,

auf diesen zwei Seiten stellen wir euer neues Mathematikbuch vor, das euch im Mathematikunterricht begleiten und unterstützen soll.

Wie ihr im Inhaltsverzeichnis sehen könnt, besteht das Buch aus sechs **Kapiteln** und zwei **Sachthemen**. In den Kapiteln lernt ihr nacheinander neue mathematische Inhalte kennen. In den Sachthemen trefft ihr wieder auf die Inhalte aller Kapitel, allerdings versteckt in Geschichten, die ihr in eurem Alltag erleben könnt. Ihr seht also, der Mathematik begegnet man nicht nur im Mathematikunterricht.

II Natürliche Zahlen

Zahlen, Zahlen, überall Zahlen

In den Kapiteln geht es darum, neue Inhalte kennen zu lernen, zu verstehen, zu üben und zu vertiefen.
Sie beginnen mit einer **Auftaktseite**, auf der ihr entdecken und lesen könnt, was euch in dem Kapitel erwartet.

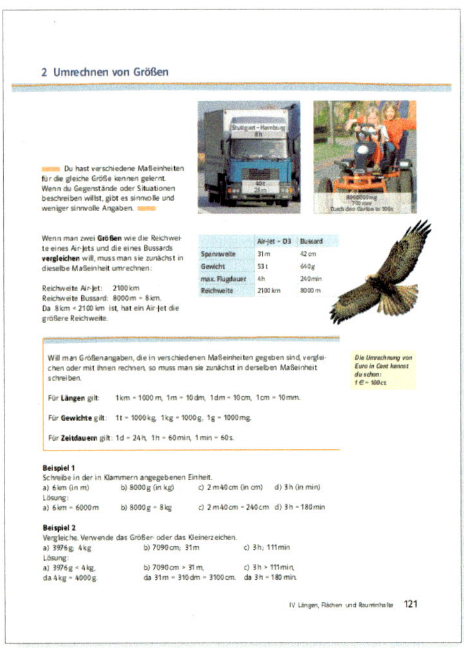
2 Umrechnen von Größen

Du hast verschiedene Maßeinheiten für die gleiche Größe kennen gelernt. Wenn du Gegenstände oder Situationen beschreiben willst, gibt es sinnvolle und weniger sinnvolle Angaben.

Wenn man zwei **Größen** wie die Reichweite eines Air-Jets und die eines Bussards **vergleichen** will, muss man sie zunächst in dieselbe Maßeinheit umrechnen:

Reichweite Air-Jet: 2100 km
Reichweite Bussard: 8000 m = 8 km.
Da 8 km < 2100 km ist, hat ein Air-Jet die größere Reichweite.

	Air-Jet – D3	Bussard
Spannweite	31 m	42 cm
Gewicht	53 t	640 g
max. Flugdauer	4 h	240 min
Reichweite	2100 km	8000 m

Will man Größenangaben, die in verschiedenen Maßeinheiten gegeben sind, vergleichen oder mit ihnen rechnen, so muss man sie zunächst in derselben Maßeinheit schreiben.

Für **Längen** gilt: 1 km = 1000 m, 1 m = 10 dm, 1 dm = 10 cm, 1 cm = 10 mm.

Für **Gewichte** gilt: 1 t = 1000 kg, 1 kg = 1000 g, 1 g = 1000 mg.

Für **Zeitdauern** gilt: 1 d = 24 h, 1 h = 60 min, 1 min = 60 s.

Die Umrechnung von Euro in Cent kennst du schon: 1 € = 100 ct

Beispiel 1
Schreibe in der in Klammern angegebenen Einheit.
a) 6 km (in m) b) 8000 g (in kg) c) 2 m 40 cm (in cm) d) 3 h (in min)
Lösung:
a) 6 km = 6000 m b) 8000 g = 8 kg c) 2 m 40 cm = 240 cm d) 3 h = 180 min

Beispiel 2
Vergleiche. Verwende das Größer- oder das Kleinerzeichen.
a) 3976 g; 4 kg b) 7090 cm; 31 m c) 3 h; 111 min
Lösung:
a) 3976 g < 4 kg, da 4 kg = 4000 g. b) 7090 cm > 31 m, da 31 m = 310 dm = 3100 cm. c) 3 h > 111 min, da 3 h = 180 min.

IV Längen, Flächen und Rauminhalte 121

Die Kapitel sind in **Lerneinheiten** unterteilt, die euch immer einen mathematischen Schritt voranbringen. Zum **Einstieg** findet ihr stets eine Anregung oder eine Frage zu dem Thema der Lerneinheit. Ihr könnt euch dazu alleine Gedanken machen, euch in der Gruppe besprechen oder mit der ganzen Klasse gemeinsam mit eurer Lehrerin oder eurem Lehrer diskutieren.

Im **Merkkasten** findet ihr die wichtigsten Inhalte der Lerneinheit zusammengefasst. Ihr solltet ihn deshalb sehr aufmerksam lesen.

Vor den Aufgaben findet ihr **Beispiel**aufgaben. Sie zeigen euch, wie ihr die nachfolgenden Aufgaben lösen sollt. Hilfreiche Hinweise sind in kursiver Schrift ergänzt.

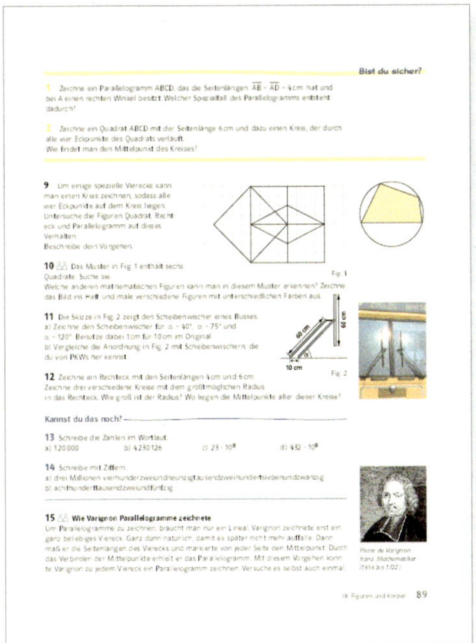

In dem Aufgabenblock **Bist du sicher?** könnt ihr alleine testen, ob ihr die grundlegenden Aufgaben zu dem neu gelernten Stoff lösen könnt. Die Lösungen dazu findet ihr hinten im Buch.

Immer wieder gibt es Aufgaben, die mit oder gekennzeichnet sind. Hier bietet es sich besonders an, mit einem Partner oder einer Gruppe zu arbeiten.

Mit den **Kannst-du-das-noch?**-Aufgaben könnt ihr altes Wissen wiederholen.

Wiederholen – Vertiefen – Vernetzen

Auf den Seiten **Wiederholen – Vertiefen – Vernetzen** findet ihr Aufgaben, die den Lernstoff verschiedener Lerneinheiten und manchmal auch der Kapitel miteinander verbinden.

Rückblick

Training Runde 1

Am Ende des Kapitels findet ihr jeweils zwei Seiten, die euch helfen, das Gelernte abzusichern. Auf den **Rückblick**seiten sind die wichtigsten Inhalte des Kapitels zusammengefasst. Und in den **Trainingsrunden** könnt ihr noch einmal üben, was ihr im Kapitel gelernt habt. Sie eignen sich auch gut als Vorbereitung für Klassenarbeiten. Die Lösungen dazu findet ihr auf den hinteren Seiten des Buches.

Exkursion Horizonte

Exkursion Entdeckungen

Exkursion Geschichten

Besonders viel Spaß wünschen wir euch bei den **Exkursionen**: Horizonte, Entdeckungen und Geschichten am Ende der Kapitel. Auf den **Horizonte**-Seiten könnt ihr interessante Dinge erfahren, z. B., wie Menschen im Laufe der Zeit unser Zahlensystem entwickelt haben. Auf den **Entdeckungen**-Seiten könnt ihr selbst aktiv werden und z. B. herausfinden, wie man mit Zahlen zaubern kann. Die **Geschichten** schließlich könnt ihr vor allem einfach lesen. Vielleicht werdet ihr manchmal staunen, wie alltäglich Mathematik sein kann. Hin und wieder gibt es auch Aufgaben zu lösen.

Ihr könnt euch also auf euer Mathematikbuch verlassen. Es gibt euch viele Hilfestellungen für den Unterricht und die Klassenarbeiten und vor allem möchte es euch zeigen: Mathematik ist sinnvoll und kann Freude machen.

Wir wünschen euch viel Erfolg!
Das Autorenteam und der Verlag

Das kannst du schon

- Gegenstände nach ihrer Form vergleichen und ordnen
- Figuren mit Lineal und Geodreieck zeichnen
- Strecken und Figuren nach Maßangaben zeichnen

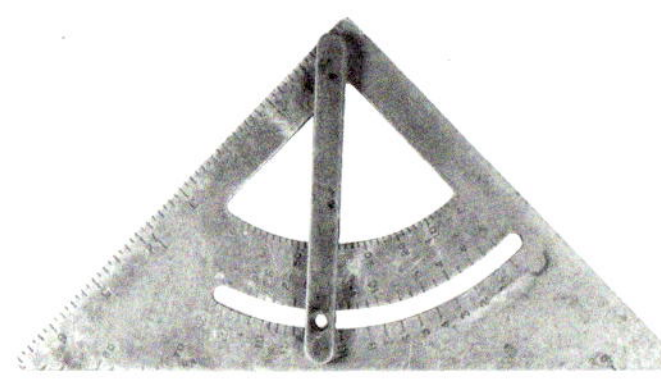

Zahlen und Operationen

Größen und Messen

Raum und Form

Funktionaler Zusammenhang

Daten und Zufall

Rechnen bei 10°

Etwa 150 v. Chr. gingen die Astronomen davon aus, dass die Erde ruht und die Sterne und der Mond sich auf Kreisbahnen um die Erde bewegen. In der Vorstellung bestand die Kreisbahn aus 12 Teilen von 30 Tagen Länge, etwa der Dauer eines Mondzyklus.

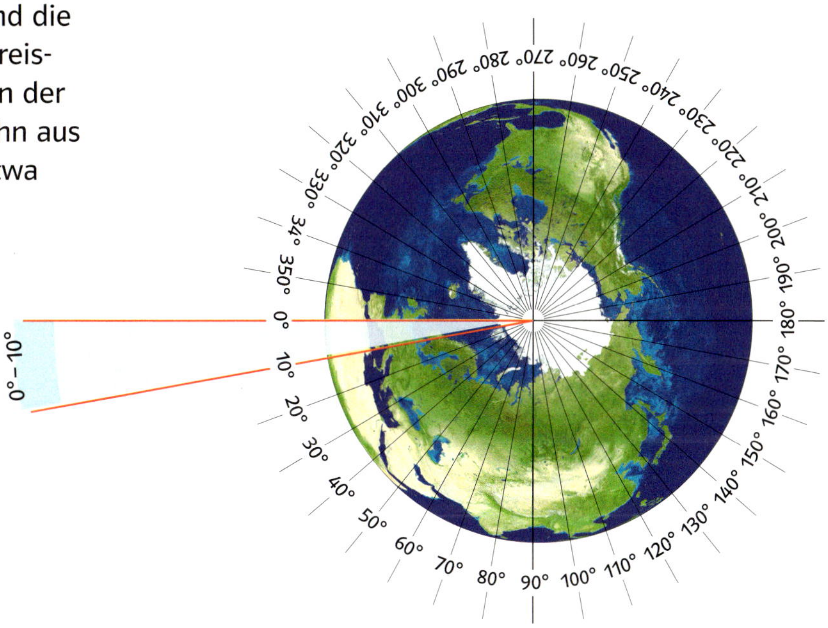

Deutschland 10° ö. L.   Indien 80° ö. L.   Mexiko 100° w. L.

Das kannst du bald

- Mit dem Koordinatensystem umgehen
- Kreise und Kreisfiguren mit dem Zirkel erzeugen
- Winkel zeichnen, messen und nach ihrer Größe einteilen

1 Orthogonale und parallele Geraden

Nicht immer kann man sich auf sein Gefühl verlassen. Nachprüfen ist besser als vertrauen.

Im Alltag haben gerade Linien meist zwei Endpunkte. Solche Linien nennt man **Strecken**. Verlängert man eine Strecke unbegrenzt über einen ihrer Endpunkte hinaus, so erhält man eine **Halbgerade** oder einen **Strahl**. Verlängert man eine Strecke unbegrenzt über ihre beiden Endpunkte hinaus, so erhält man eine **Gerade**.

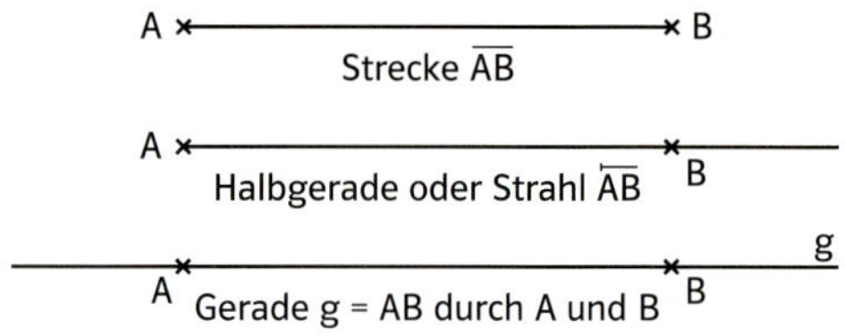

Orthos *heißt so viel wie recht oder richtig und* ***gonia*** *heißt Winkel. Die Begriffe kommen aus dem Griechischen. Auch* ***parallel*** *ist griechisch und bedeutet gleichlaufend.*

Geraden und Strecken können besonders angeordnet sein. In Fig. 1 verläuft die Gerade k **senkrecht** zur Geraden l. Man bezeichnet k und l auch als **orthogonal zueinander**. Die Gerade m verläuft **parallel** zur Geraden n. Die parallelen Geraden m und n haben die gemeinsame Orthogonale h.

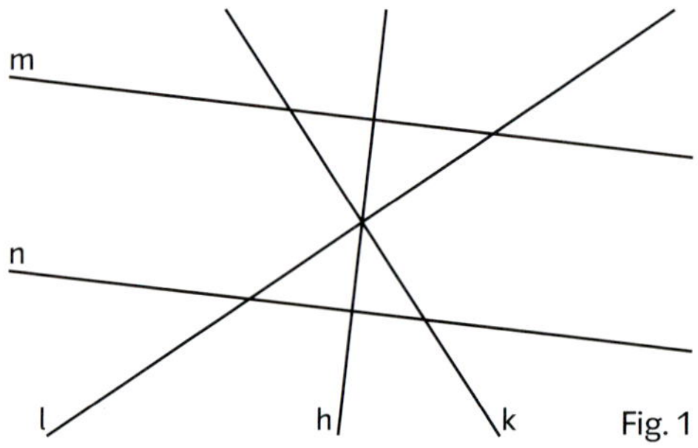

Fig. 1

Die Geraden g und h sind **orthogonal** (senkrecht) zueinander. Sie haben einen Schnittpunkt. Man schreibt $g \perp h$ und verdeutlicht dies in der Zeichnung durch das Zeichen ⊾.

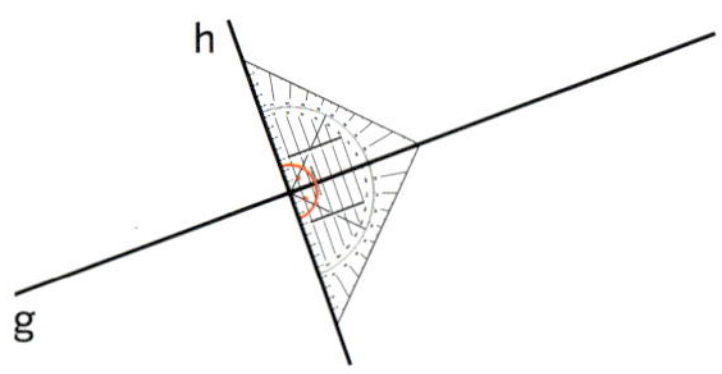

Die Geraden k und m sind **parallel** zueinander. Sie haben keinen Schnittpunkt. Man schreibt $k \parallel m$.

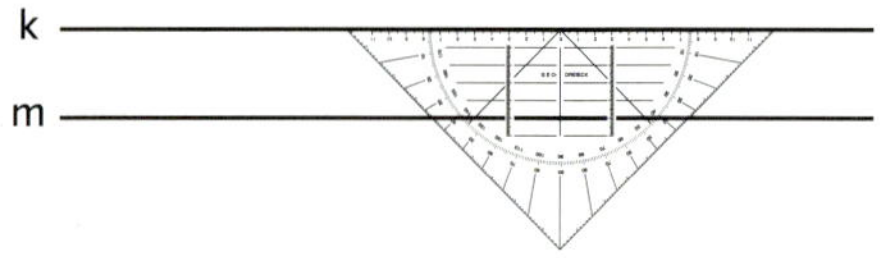

Beispiel 1

Untersuche die Figur auf parallele und orthogonale Geraden.

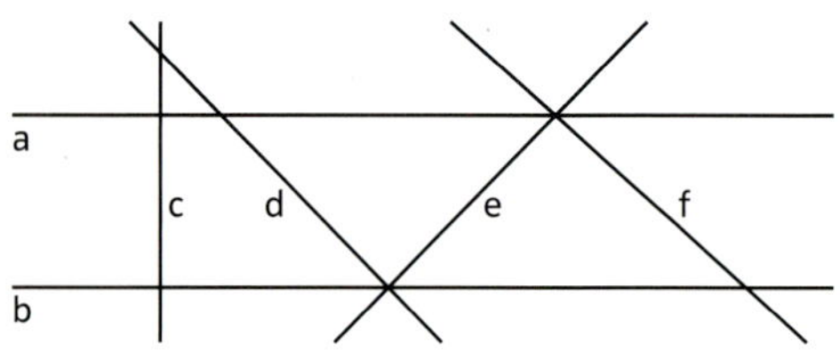

Fig. 2

Lösung:
- $a \parallel b$ *(a ist parallel zu b.)*
- $a \perp c$ *(a ist orthogonal zu c.)*
- $b \perp c$
- $d \perp e$
- $d \nparallel f$ und $e \not\perp f$
  (d ist nicht parallel zu f und e ist nicht orthogonal zu f.)

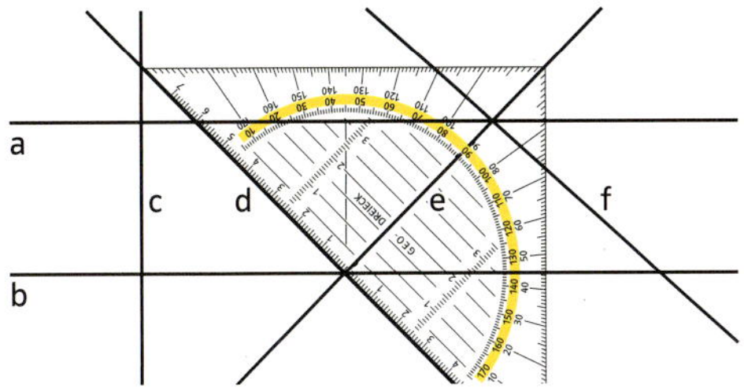

Fig. 1

Waagerechte und lotrechte Linien sind zueinander senkrecht.

Beispiel 2
Zeichne eine Gerade g und einen Punkt A, der nicht auf der Geraden g liegt.
a) Zeichne die Gerade h durch A, die orthogonal zur Geraden g ist.
b) Zeichne die Gerade l durch A, die parallel zur Geraden g ist.
Lösung:
a)

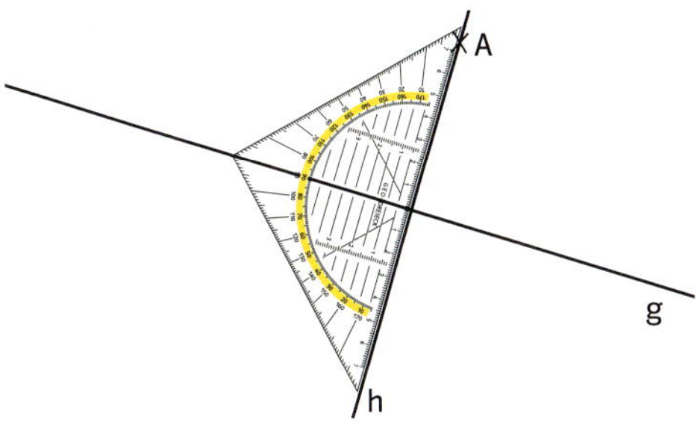

Fig. 2

b)

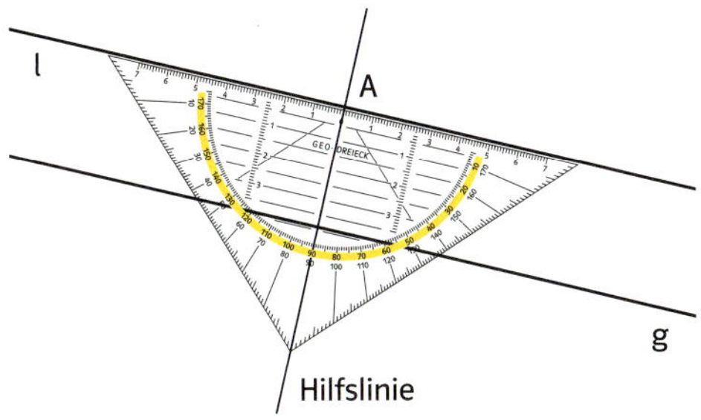

Fig. 3

Orthogonal? Parallel?

Parallel?

Aufgaben

1 Überlege, wo zueinander parallele bzw. orthogonale Geraden oder Strecken vorkommen. Schau dich im Klassenzimmer um.
Betrachte das Geodreieck. Denke auch an Sport, Musik und Verkehr.

Fig. 4

2 Untersuche das in Fig. 5 abgebildete Brettspiel Mühle auf orthogonale und parallele Strecken.

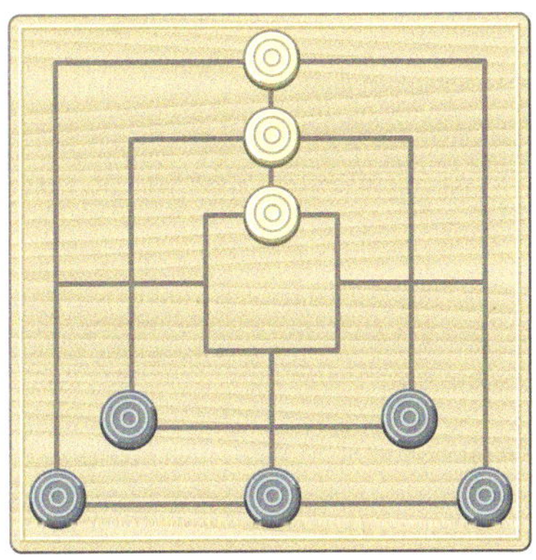
Fig. 5

3 Übertrage die Gerade a und die Punkte P, Q, R in dein Heft. Zeichne durch P und Q jeweils eine parallele Gerade zu a. Zeichne durch P und R jeweils eine orthogonale Gerade zu a.

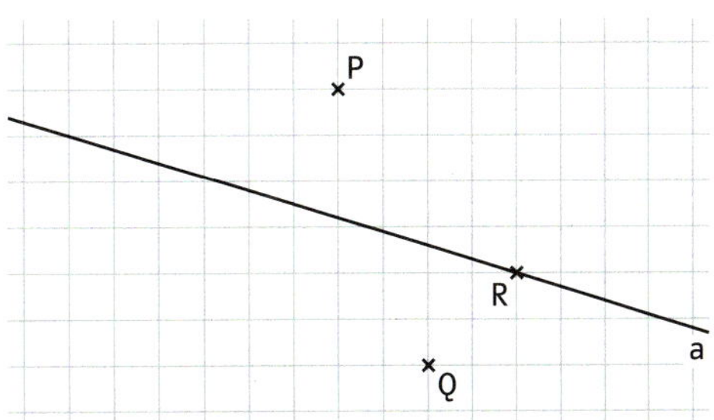

Fig. 6

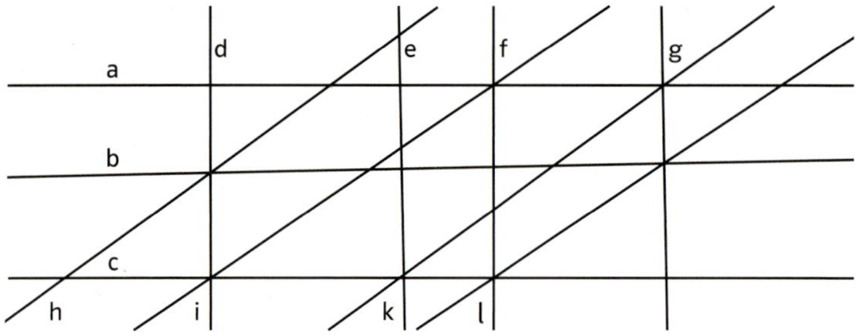

Fig. 1

4 Prüfe in Fig. 1, welche Geraden zueinander parallel bzw. orthogonal sind.

5 Paula sagt: „Beim Zeichnen von drei Geraden entstehen drei Schnittpunkte." Stimmt das?
Experimentiert und haltet neue Erkenntnisse in Bildern fest. Erläutert die Ergebnisse.

6 Wie liegen g und h zueinander, wenn
a) $g \parallel k$ und $k \parallel h$,
b) $g \parallel k$ und $k \perp h$,
c) $g \perp k$ und $k \parallel h$,
d) $g \perp k$ und $k \perp h$,
e) $g \parallel k$ und $k \perp m$ und $m \perp h$,
f) $g \perp k$ und $k \parallel m$ und $m \perp h$?

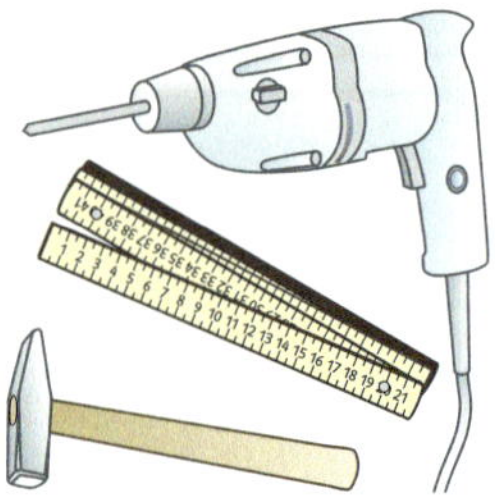

Fig. 2

7 Stelle einen Bilderrahmen her und hänge ihn an einer Wand im Zimmer auf. Achte auf parallele und orthogonale Kanten, damit es ordentlich aussieht.
a) Welche der abgebildeten Werkzeuge in Fig. 2 und Fig. 3 kannst du bei der Herstellung gebrauchen? Beschreibe, wie der Einsatz der Werkzeuge erfolgt.
b) Nachdem das Bild an der Wand hängt, wird noch einmal alles mit dem Zollstock geprüft. Wie machst du dies?

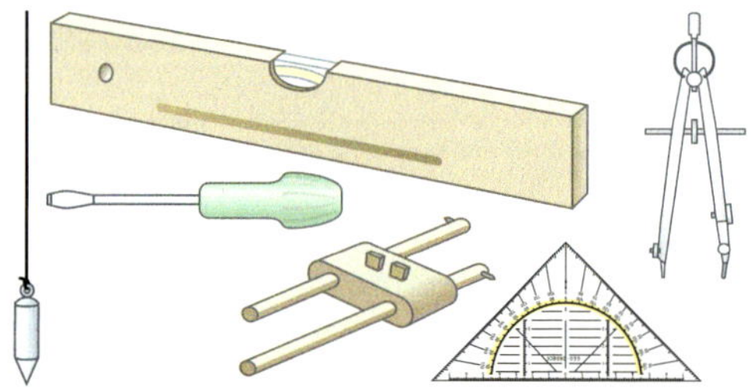

Fig. 3

Schöne Bilder mit Geometrie

8 Übertragt Fig. 4 in euer Heft und setzt das Muster fort.
Probiert auch andere Anfangsstrecken (Fig. 5) aus.

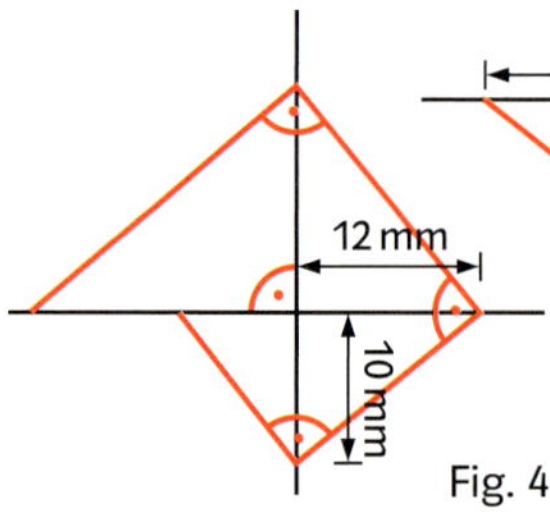

Fig. 4

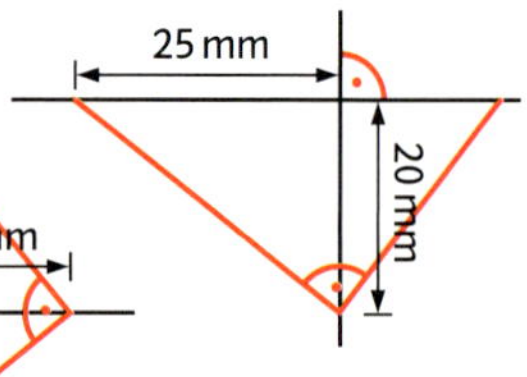

Fig. 5

9 Zeichne Fig. 7 in dein Heft und setze sie fort. Alle roten Strecken sind gleich lang.

10 Setze die Zeichnung (Fig. 6) im Heft fort.

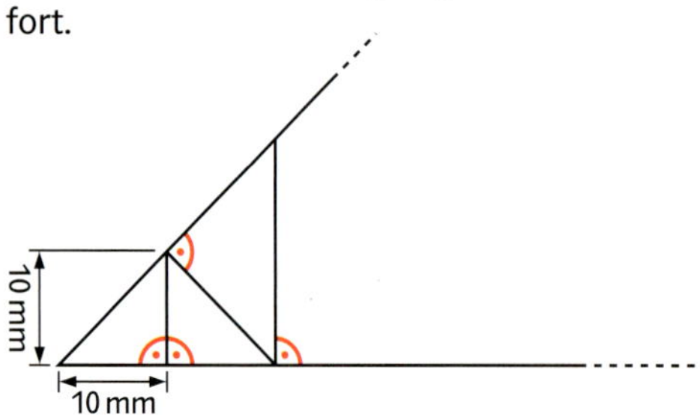

Fig. 6

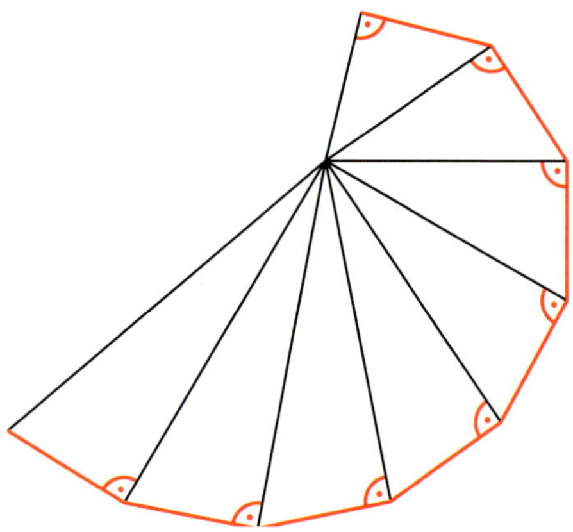

Fig. 7

2 Koordinatensysteme

Hast du solche oder ähnliche Schilder schon mal am Straßenrand entdeckt? Sie weisen auf eine wichtige Stelle hin und geben dazu die genaue Lage an. In unserem Fall wird auf einen in die Straße eingelassenen Hydranten hingewiesen. Im Brandfall benötigt ihn die Feuerwehr zur Wasserentnahme. Aus zwei Zahlen lässt sich der Entnahmepunkt bestimmen. Zusätzlich steht auf dem Schild die Dicke des Schlauchanschlusses (150 mm).

Mithilfe eines Gitters kann man die Lage von Punkten mit Zahlen beschreiben. Man legt dazu einen Anfangspunkt fest, den **Koordinatenursprung** O. Von dort aus zeichnet man zwei zueinander orthogonale Strahlen. Auf diesen wird die Schrittweite oder Längeneinheit markiert (meistens 1cm oder 1 Kästchen). Die Strahlen erhalten nach rechts bzw. oben eine Pfeilspitze und werden als **x-Achse** bzw. **y-Achse** bezeichnet.

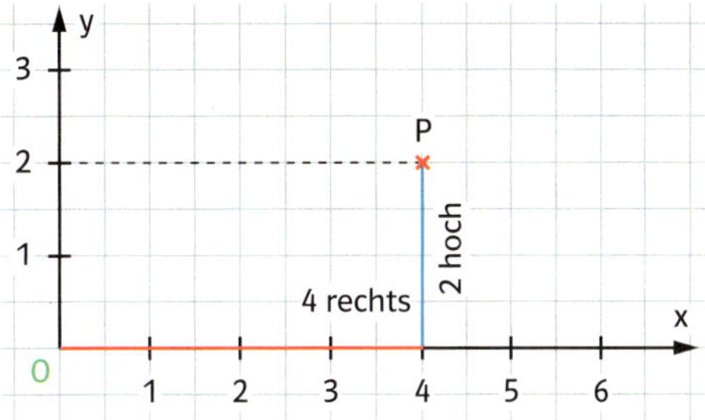

Fig. 1

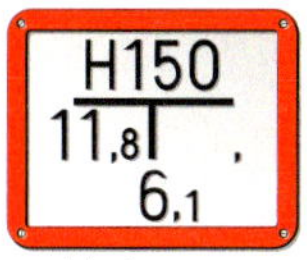

Hydranten

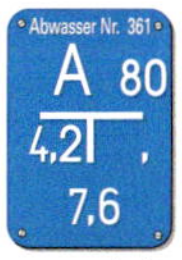

Abwasserleitungen

Gasleitungen

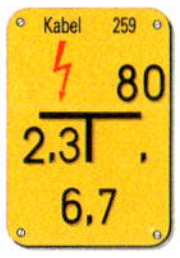

Kabelleitungen

Mit zwei Zahlen wird beschrieben, wie man vom Ursprung O zum Punkt P kommt. Die erste Zahl gibt dabei an, wie weit man nach rechts, und die zweite Zahl, wie weit man nach oben gehen muss. Koordinatenursprung, x-Achse und y-Achse bilden zusammen das **Koordinatensystem**.

In einem Koordinatensystem lässt sich ein Punkt durch zwei Zahlen beschreiben. Die erste Zahl heißt **x-Koordinate** und die zweite Zahl **y-Koordinate** des Punktes.

Um vom Koordinatenursprung O aus zum Punkt P(4 | 2) zu gelangen, geht man 4 Schritte nach rechts und 2 Schritte nach oben. Man schreibt dafür:

P(4 | 2)

x-Koordinate — y-Koordinate

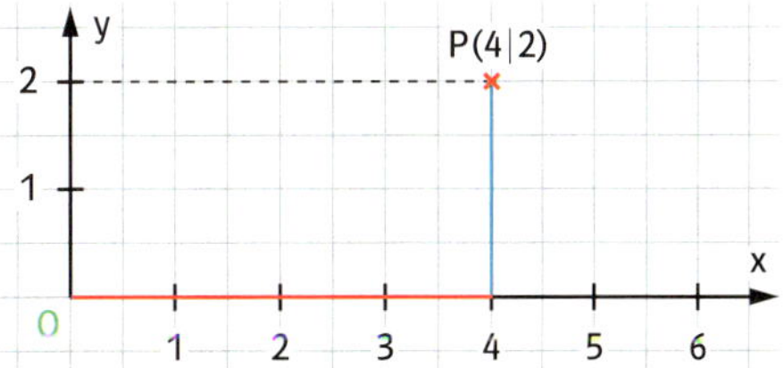

Die Bezeichnung O für den Koordinatenursprung kommt vom lateinischen Wort origo. Es bedeutet Ursprung.

Beispiel

Zeichne die Punkte A(3 | 3), B(6 | 0) und C(7 | 1) in ein Koordinatensystem. Ergänze einen Punkt D so, dass ein Rechteck entsteht. Gib die Koordinaten an.

Lösung:

Der Punkt D hat die Koordinaten D(4 | 4).

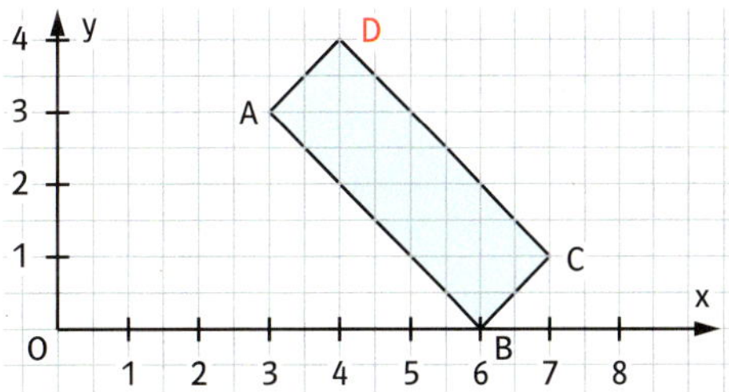

Fig. 2

Im Koordinatensystem beschreiben (3 | 5) und (5 | 3) unterschiedliche Punkte. Es kommt also auf die Reihenfolge der Koordinaten an.

Aufgaben

1 Zeichne das Viereck in ein Koordinatensystem. Zeichne die Strecken $\overline{AC}$ und $\overline{BD}$ und gib die Koordinaten ihres Schnittpunkts an.
a) A(0 | 4), B(4 | 0), C(8 | 4), D(4 | 8) b) A(1 | 3), B(8 | 1), C(16 | 6), D(2 | 10)

2 Trage die Punkte in ein Koordinatensystem ein und verbinde sie der Reihe nach.
A(4 | 4), B(7 | 6), C(4 | 8), D(4 | 3), E(2 | 3), F(3 | 1), G(7 | 1), H(8 | 3). Verbinde H mit D.

3 Bestimme die Koordinaten der Eckpunkte. Welche Strecken sind orthogonal, welche parallel zueinander?

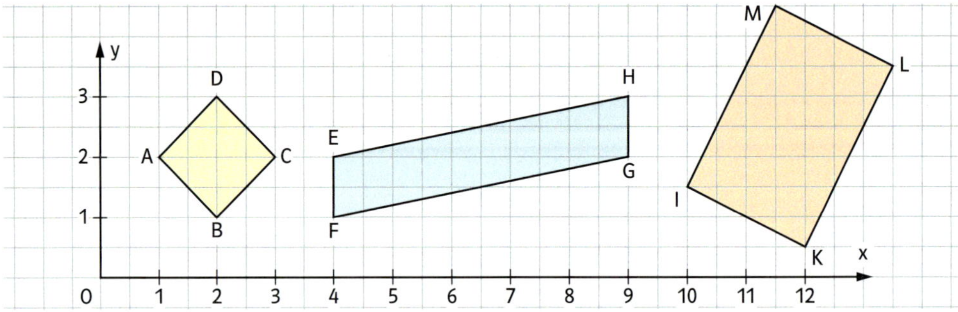

Fig. 1

4 Bestimme zu A, B und C einen Punkt D, sodass ein Rechteck ABCD entsteht.
a) A(1 | 6), B(3 | 2), C(13 | 7) b) A(11 | 4), B(5 | 10), C(1 | 6) c) A(5 | 9), B(3 | 5), C(11 | 1)

5 Das Vogelbild wurde in ein Koordinatensystem übertragen. Bestimmt die Koordinaten der Eckpunkte des Vogels. Schreibt sie so in einer Reihenfolge auf, dass man das Bild mithilfe der Angaben zeichnen kann.

6 Entwirf wie in Fig. 2 ein eigenes Bild und bestimme die Koordinaten der Eckpunkte. Diktiere diese deinem Nachbarn, sodass er das Bild zeichnen kann.

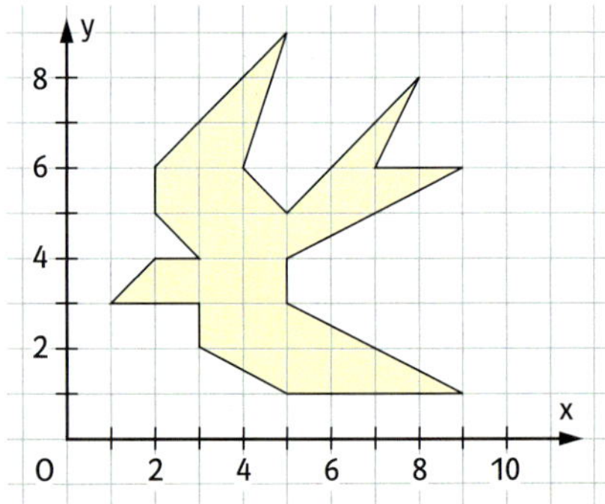

Fig. 2

Bist du sicher?

1 Trage in ein Koordinatensystem folgende Punkte ein und verbinde sie der Reihe nach: A(4 | 2), B(4 | 5), C(6 | 2), D(5 | 1), E(2 | 1), F(1 | 2), G(5 | 2).

2 Übertrage das Viereck ABCD in dein Heft. Zeichne die Strecken $\overline{AC}$ und $\overline{BD}$ und gib die Koordinaten des Schnittpunkts an.

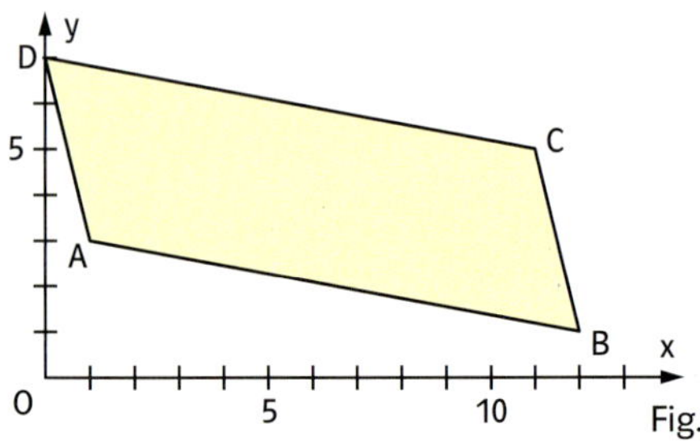

Fig. 3

3 Untersuche, ob die drei Punkte A(2 | 3), B(7 | 5) und C(12 | 6) auf einer Geraden liegen.

7 Zeichne die Strecke $\overline{AB}$ mit A(1|4) und B(7|2) sowie den Punkt P(3|2).
a) Zeichne einen Punkt C auf die y-Achse, sodass die Strecke $\overline{AC}$ orthogonal zu $\overline{AB}$ ist. Gib die Koordinaten des Punktes C an.
b) Zeichne einen Punkt D auf die x-Achse, sodass die Strecke $\overline{PD}$ parallel zu $\overline{AB}$ ist. Gib die Koordinaten des Punktes D an.

8 Übertrage das Dreieck und das Viereck aus Fig. 2 ins Heft.
a) Gib jeweils die Koordinaten der Eckpunkte an.
b) Zeichne in jede Figur die Mittelpunkte aller Seiten ein und gib die Koordinaten dieser Mittelpunkte an.

9 In diesem Spiel soll mit Strecken ein Weg vom Start zum Ziel gesucht werden. Der Weg darf weder den Spielfeldrand noch eine Figur im Spiel berühren. Start- und Endpunkt einer Strecke liegen immer auf einem Gitterpunkt des Koordinatensystems. Wer findet den Weg mit den wenigsten Punktangaben? Gebt die Koordinaten der Punkte an.

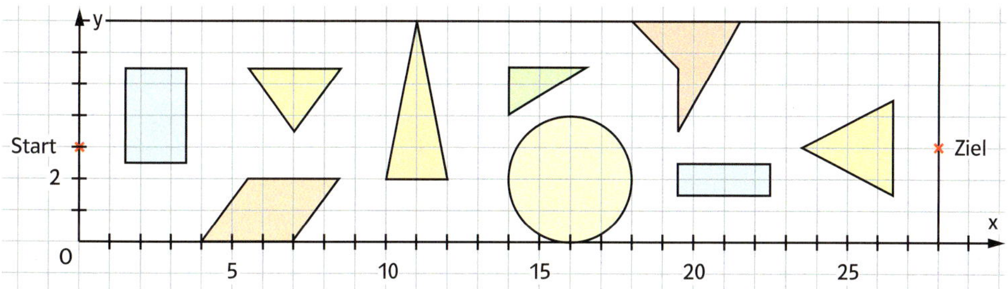

Fig. 1

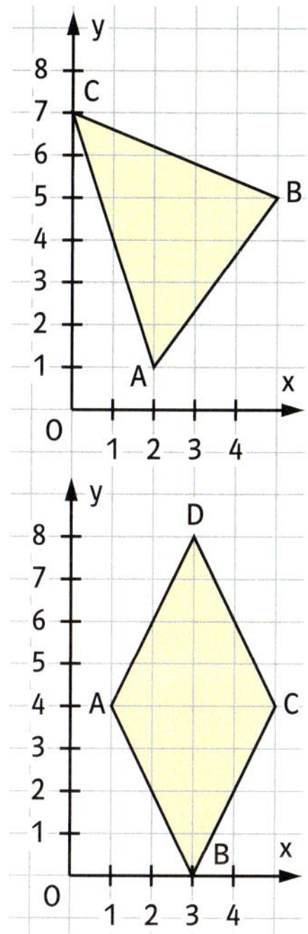

Fig. 2

10 a) Zeichne die Punkte A(5|2), B(10|2) und C(15|5) in ein Koordinatensystem. Vertausche die x- und y-Koordinaten und zeichne die Punkte D, E und F, die sich so aus A, B und C ergeben.
b) Zeichne eine Figur, die dadurch entsteht, dass du jeden der sechs Punkte aus a) mit den übrigen fünf Punkten verbindest.

11 a) Zeichne die Punkte A(0|2), B(2|2), C(3|2), D(6|2) und E(9|2) in ein Koordinatensystem. Was stellst du fest?
b) Wo liegen alle Punkte, deren y-Koordinate 0 ist?
c) Zeichne die Punkte A(5|1), B(5|3), C(5|6), D(5|5) und E(5|8) in ein Koordinatensystem. Was stellst du fest?
d) Wo liegen alle Punkte, deren x-Koordinate 2 ist?
e) Gib die Koordinaten von fünf Punkten an, die auf der Halbgeraden in Fig. 3 liegen. Was stellst du fest?

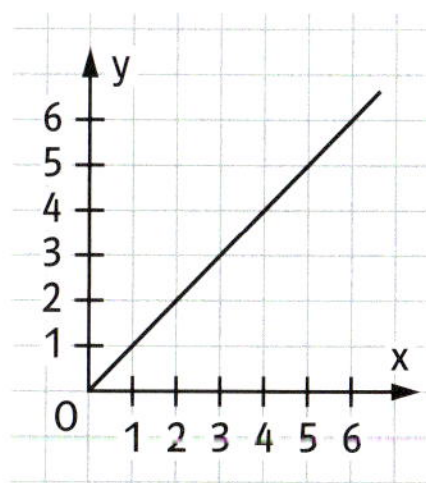

Fig. 3

12 Beim gleichzeitigen Werfen eines roten und eines gelben Würfels können wir jedes Ergebnis als Paar von Augenzahlen im Koordinatensystem festhalten, z. B. rot 4 und gelb 2 durch (4|2).
a) Wie viele Punkte des Koordinatensystems kommen in Betracht?
b) Bei wie vielen Ergebnissen ist die Augensumme 10? Markiere entsprechende Punkte im Koordinatensystem.
c) Wie viele Ergebnisse sind möglich, bei denen der gelbe Würfel eine höhere Augenzahl zeigt als der rote? Zeichne die Punkte ins Koordinatensystem.

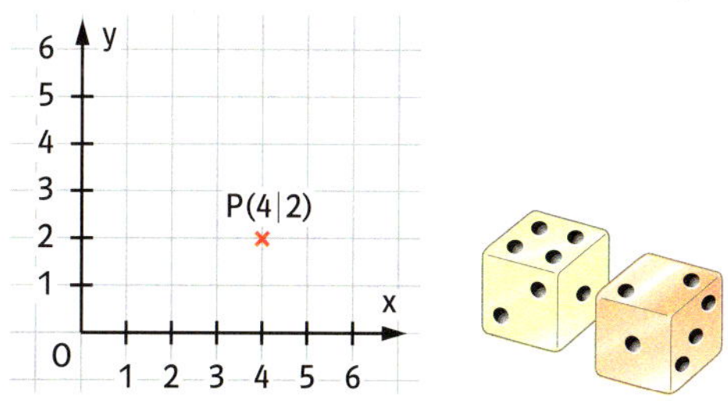

Fig. 4

3 Kreise und Kreisfiguren

In Umwelt und Technik haben Kreise eine besondere Bedeutung.

Räder, Rollen usw. müssen gleichmäßig rund sein, sie müssen „kreisrund“ sein. Die Kreisform des Rades erkennt man daran, dass jeder Punkt auf dem Radrand den gleichen Abstand von der Radmitte hat.

Alle Punkte eines **Kreises** haben von seinem **Mittelpunkt** den gleichen Abstand. Dieser Abstand heißt **Radius** des Kreises. Gibt man Mittelpunkt und Radius eines Kreises an, so kann er gezeichnet werden.

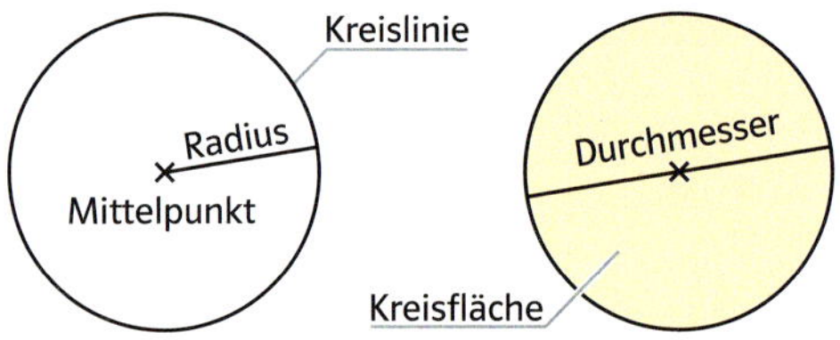

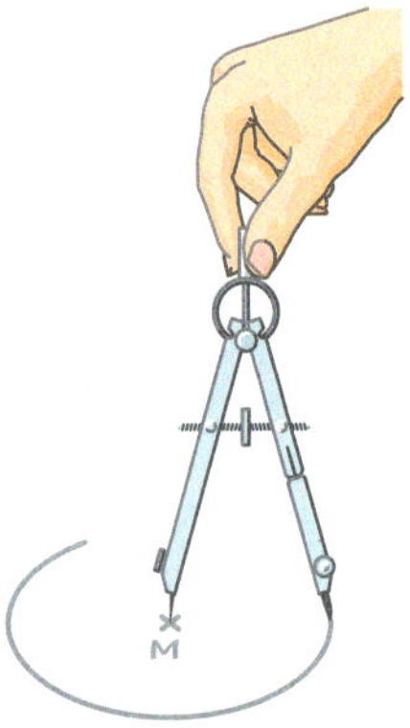

Kreise können mit dem Zirkel gezeichnet werden.

Vergiss nicht, den Mittelpunkt zu markieren.

Beispiel 1
Zeichne einen Kreis um M und trage bei einem Punkt A beginnend mit dem Zirkel den Radius sechsmal auf der Kreislinie ab. Was stellst du fest? Verbinde die entstandenen Punkte auf dem Kreis miteinander.
Lösung:
Nach sechsmaligem Abtragen trifft man genau wieder auf den Anfangspunkt A (Fig. 1).

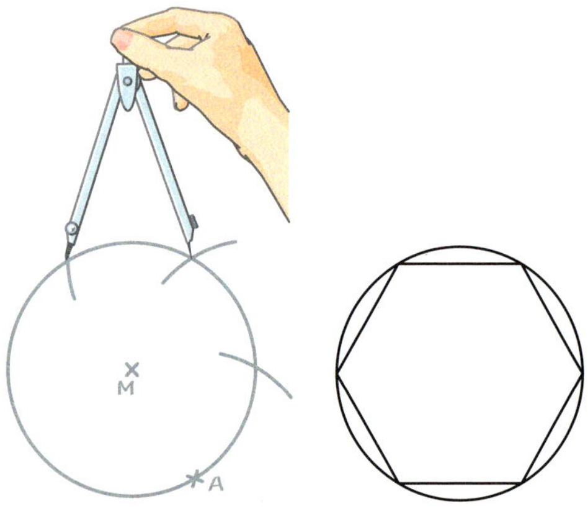

Fig. 1

Beispiel 2
Zeichne in dein Heft einen Punkt A.
a) Bestimme alle Punkte, die von A weniger als 6 cm entfernt sind.
b) Bestimme alle Punkte, die von A mindestens 6 cm entfernt sind.
Lösung:
a) Die Punkte liegen innerhalb des Kreises um A mit dem Radius 6 cm (rote Fläche in Fig. 2).
b) Die Punkte liegen auf dem Kreis um A mit dem Radius 6 cm und außerhalb des Kreises (rote Fläche in Fig. 3).

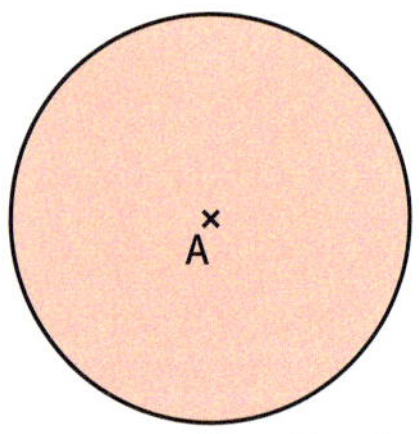

Fig. 2

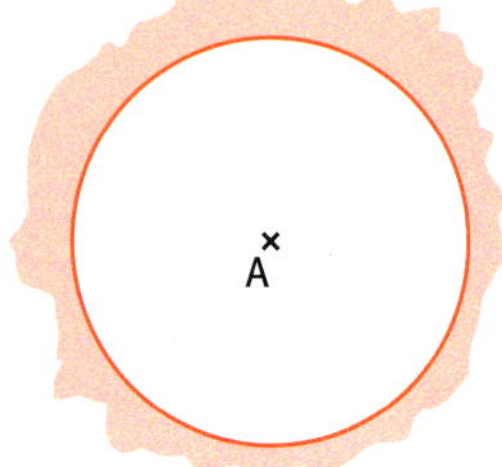

Fig. 3

Beispiel 3
Zeichne in dein Heft zwei Punkte A und B mit einem Abstand von 5 cm.
a) Bestimme alle Punkte, die von A 4 cm und zugleich 3 cm von B entfernt sind.
b) Welche Punkte sind von A weniger als 4 cm und zugleich von B weniger als 3 cm entfernt?
c) Welche Punkte sind von A weniger als 4 cm und zugleich von B mehr als 3 cm entfernt?

Lösung:
a) Die Punkte P und Q in Fig. 1.
b) Die Punkte der grünen Fläche in Fig. 1.
c) Die Punkte der blauen Fläche in Fig. 1.

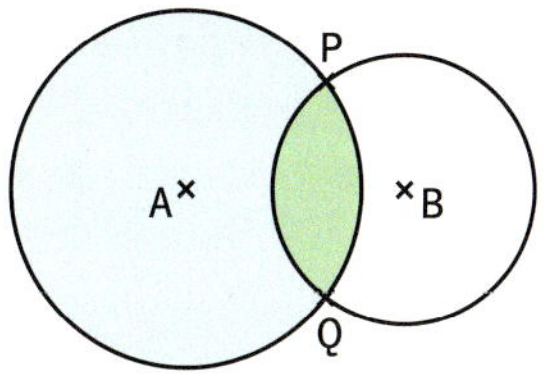

Fig. 1

Aufgaben

1 Beim Basketball erfolgt das Anspiel durch zwei Spieler aus einem Kreis in der Mitte des Spielfeldes heraus. Alle anderen Spieler dürfen den Kreis dabei nicht betreten.
Warum wird hier ein Kreis und kein Rechteck benutzt?

2 Markiere einen Punkt M. Zeichne um M Kreise mit einem
a) Radius von 3,5 cm (4,5 cm; 5,5 cm),
b) Durchmesser von 6 cm (8 cm; 10 cm)

3 a) Zeichne das Kreismuster aus Fig. 2 in dein Heft. Nimm als Radius 4 cm.
b) Erfinde selbst zwei weitere Muster.

Fig. 2

4 Inge will im Garten ihrer Eltern ein kreisförmiges Blumenbeet anlegen. Dafür kann sie ihren Zirkel natürlich nicht verwenden. Wie kann Inge das Problem lösen?

5 Zeichne drei Kreise ohne Hilfsmittel. Überprüfe deine Versuche mit dem Zirkel.

6 Übertrage Fig. 3, Fig. 4 und Fig. 5 in dein Heft.

a)
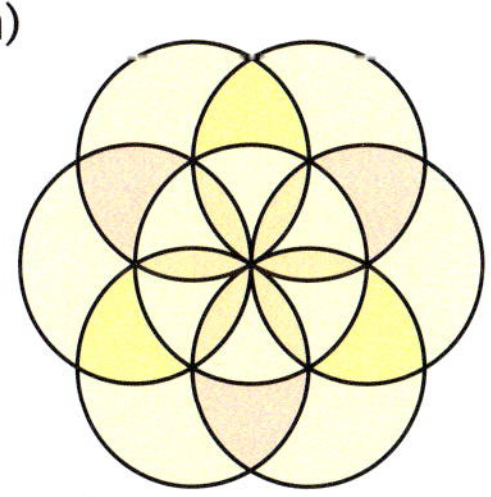
Fig. 3

b)
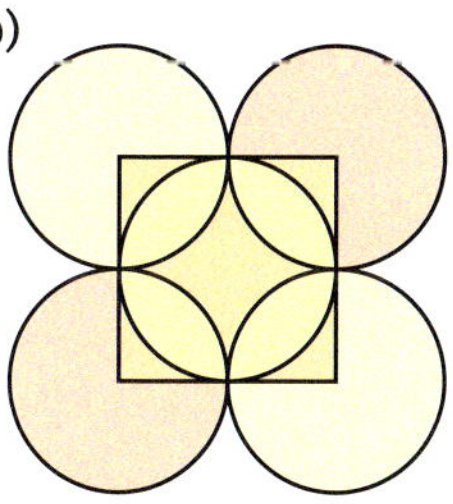
Fig. 4

c)
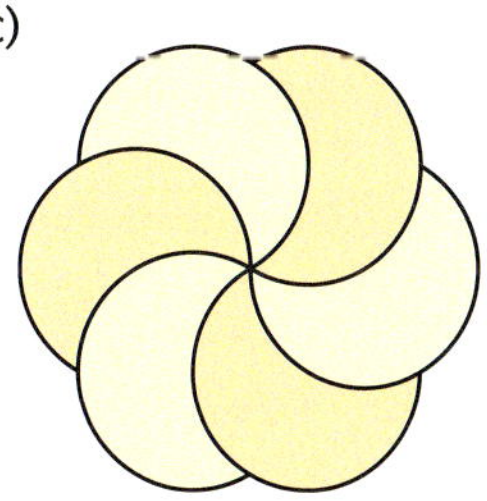
Fig. 5

7 Entwirf selbst schöne Kreismuster:
a) eine sechsblättrige Blüte,
b) eine vierblättrige Blüte,
c) einen Propeller mit 3 Blättern,
d) ein vierblättriges Kleeblatt.

8 a) Eine Ziege und ein Schaf sind an den Stellen M und N angepflockt. Zeichne die Flächen, die die Tiere abgrasen. Wähle 1cm für 1m. Umfahre mit einem Farbstift die gesamte Fläche, die die Tiere abgrasen können. Wo können beide Tiere grasen? Färbe diese Fläche.
b) Wie weit müssen M und N auseinander liegen, damit sich die Tiere nicht ins Gehege kommen?

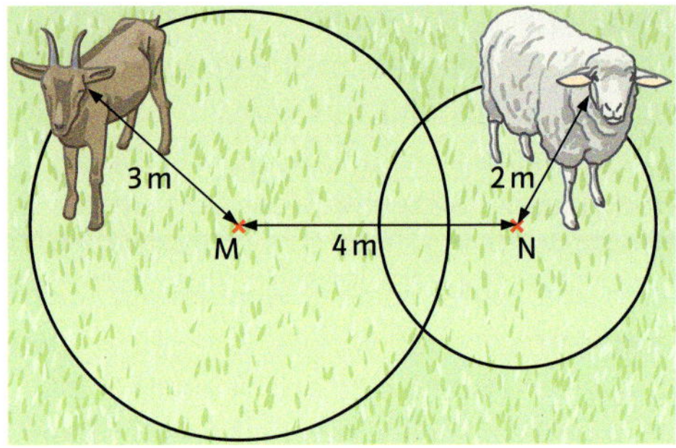

9 Zeichne Fig. 1 und Fig. 2 mit den angegebenen Maßen.

a)

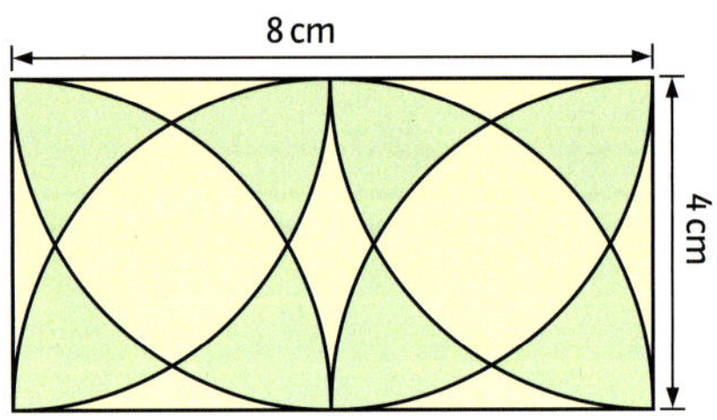

Fig. 1

b)

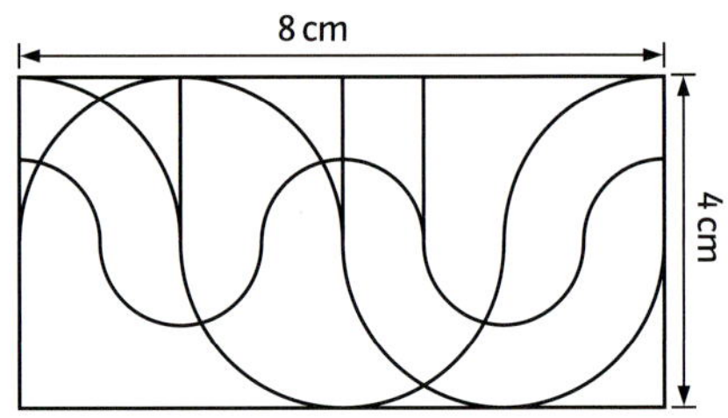

Fig. 2

10 Zeichne ein Koordinatensystem mit der Längeneinheit 1cm. Zeichne um M(6|5) einen Kreis mit dem Radius 5cm.
Welche der Punkte A(3|0), B(3|1), C(3|2), D(3|3), …, K(3|10) liegen auf der Kreislinie (im Inneren des Kreises, außerhalb des Kreises)?

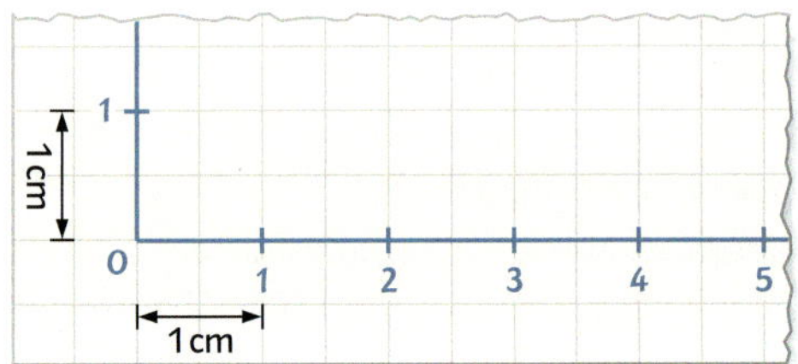

11 Zeichne die Punkte A(2|2) und B(4|4) in ein Koordinatensystem mit der Längeneinheit 1cm.
a) Zeichne um A und um B je einen Kreis mit dem Radius 2cm. Bestimme die Schnittpunkte der beiden Kreise.
b) Zeichne einen Kreis mit dem Mittelpunkt M(6|2), der mit dem Kreis um A nur einen Punkt gemeinsam hat.

12 Zeichne in ein Koordinatensystem mit einem Kästchen als Längeneinheit einen Kreis um den Punkt M(8|8), dessen Inneres
a) einen b) fünf c) neun d) 25
Gitterpunkte enthält.

13 Zeichne zwei Punkte A und B mit dem Abstand 4cm. Wo befinden sich alle Punkte, die
a) von A 3cm und zugleich von B mehr als 2cm entfernt sind,
b) von A weniger als 3cm und zugleich von B mehr als 2cm entfernt sind,
c) von A mehr als 3cm und zugleich von B mehr als 2cm entfernt sind?
Kennzeichne die gesuchten Punkte jeweils mit einer anderen Farbe.

14 Zeichne um einen Punkt R einen Kreis mit dem Radius 4cm.
a) Färbe alle Punkte rot, die von R den Abstand 4cm haben.
b) Färbe alle Punkte blau, die weniger als 4cm von R entfernt sind.

4 Winkel

Frau Möller fährt mit ihrem Auto auf der Bundesstraße 1 von Hildesheim nach Braunschweig. Sie beobachtet, wie sich die Tachonadel bewegt.

Herr Krause geht in den Keller seines Hauses, um am Manometer der Warmwasserheizung den Wasserdruck zu überprüfen. Er stellt eine Veränderung zum Vortag fest.

Der Begriff Winkel wird in vielen Situationen gebraucht.

Ein Flugzeug erreicht seine Flughöhe durch das Starten mit einem **Steigungswinkel**.

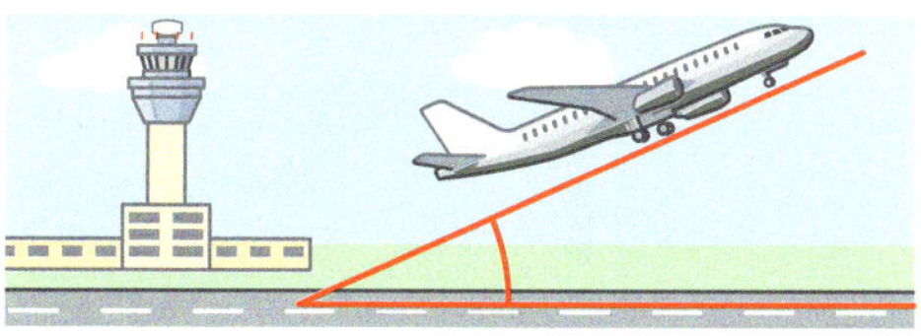

Fig. 1

An einer Straßenkreuzung tritt ein **Kreuzungswinkel** auf.

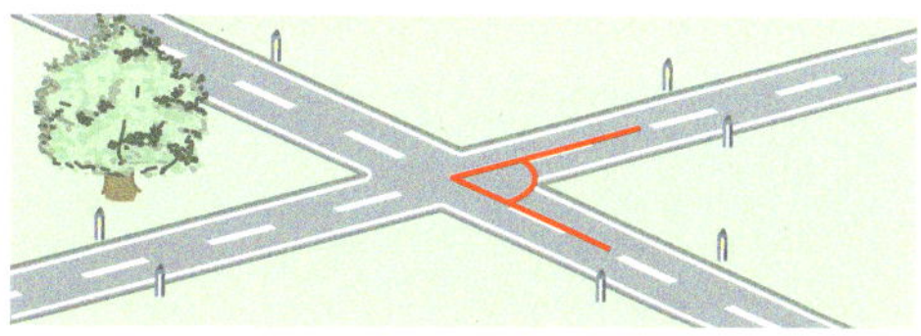

Fig. 2

Deiche an der Meeresküste baut man mit einem bestimmten **Böschungswinkel**.

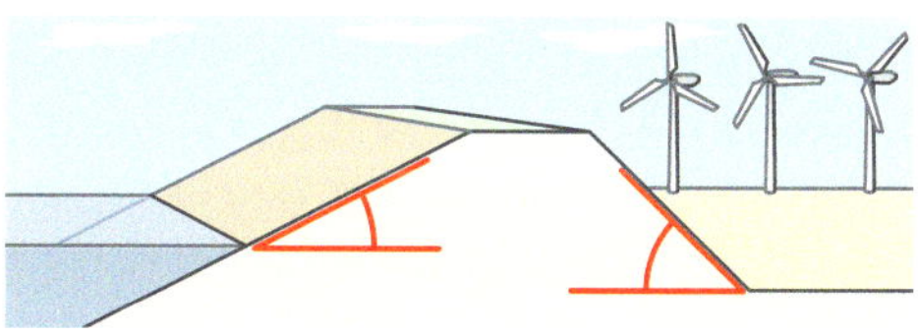

Fig. 3

Ein Dach besitzt einen **Neigungswinkel**.

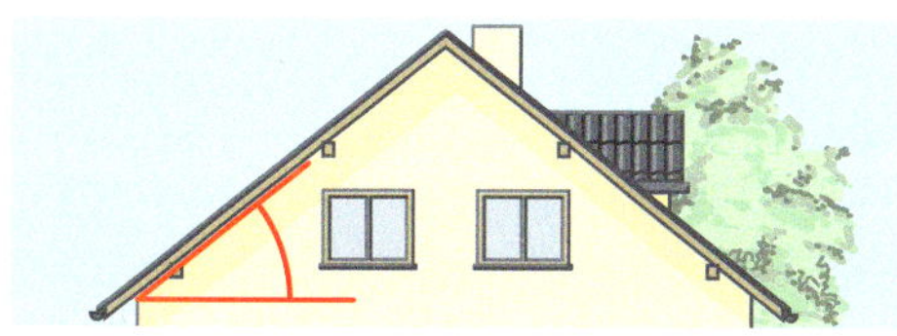

Fig. 4

Dreht man eine Halbgerade um ihren Anfangspunkt S, so entsteht ein **Winkel**.
S heißt **Scheitelpunkt** oder **Scheitel** des Winkels, g und h heißen **Schenkel** des Winkels.

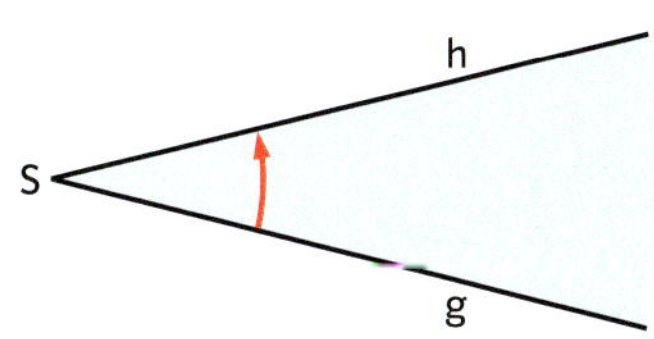

In der Mathematik werden Drehungen, wenn nichts anderes gesagt wird, gegen den Uhrzeigersinn ausgeführt.

Winkel bezeichnet man meist mit griechischen Buchstaben. Die ersten fünf griechischen Buchstaben sind:

α	β	γ	δ	ε
alpha	beta	gamma	delta	epsilon

Der Pfeil hilft dir bei der Reihenfolge der Bezeichnungen.

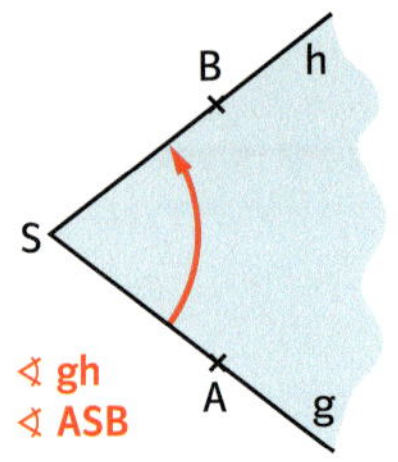

Fig. 1

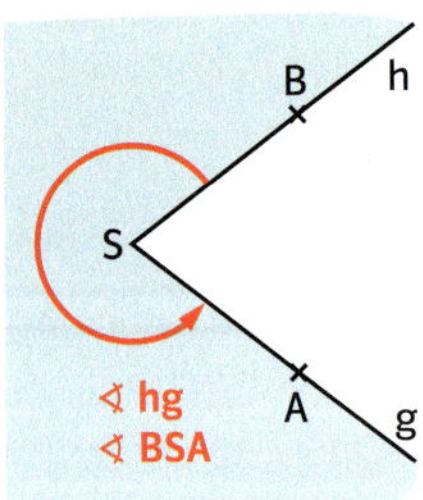

Fig. 2

Bezeichnung von Winkeln durch Schenkel oder Punkte:
Geht bei einer Linksdrehung der **Schenkel g** in den **Schenkel h** über (Fig. 1), so schreibt man: ∢ **gh** (lies: Winkel gh).
Geht der Schenkel h in den Schenkel g über (Fig. 2), so schreibt man: ∢ hg.
Geht der erste Schenkel g durch einen Punkt A und der zweite Schenkel h durch einen Punkt B (Fig. 1), so kann man den Winkel durch **drei Punkte** bezeichnen:
∢ **ASB** (lies: Winkel ASB).
Der Winkel ∢ hg in Fig. 2 wird durch ∢ BSA bezeichnet. Beachte die Reihenfolge der Punkte. Der mittlere Buchstabe bezeichnet immer den Scheitel des Winkels.

Beispiel 1
Bei der Briefwaage zeigt ein Winkel das Gewicht des darauf liegenden Briefes an.
a) Skizziere die Briefwaage und zeichne den Messwinkel ein.
b) Welche Bedeutung hat ein größerer oder kleinerer Messwinkel?
Lösung:

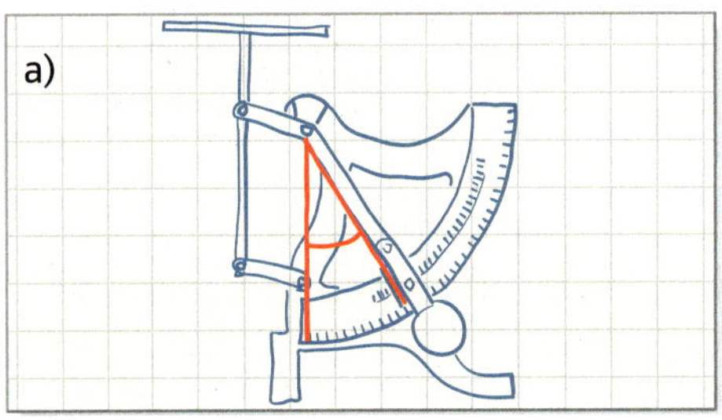

Fig. 3

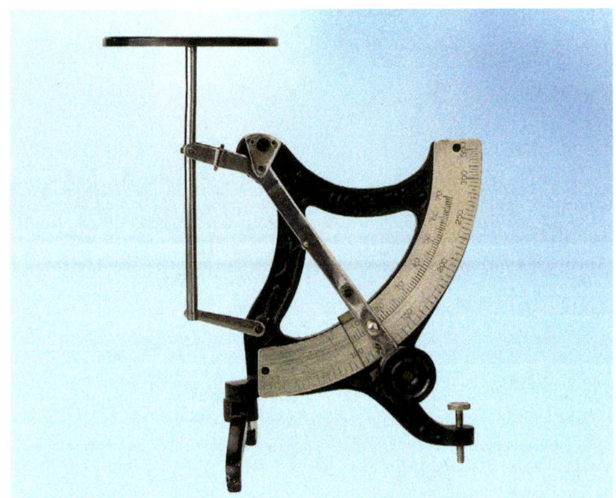

b) Wird der Messwinkel größer, so liegt ein größeres Gewicht auf der Waage, wird der Winkel kleiner, so ist auch das Gewicht auf der Waage kleiner (s. Fig. 3).

Beispiel 2
Notiere die eingezeichneten Winkel mithilfe der angegebenen Punkte oder Schenkel.

a)
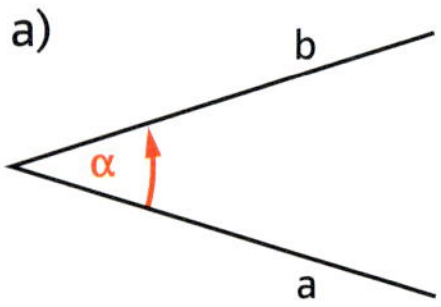

b)
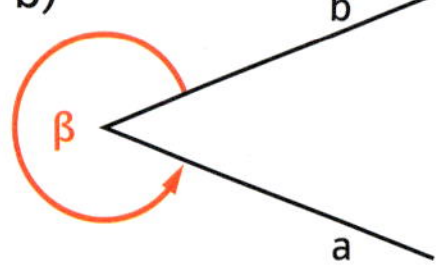

c)
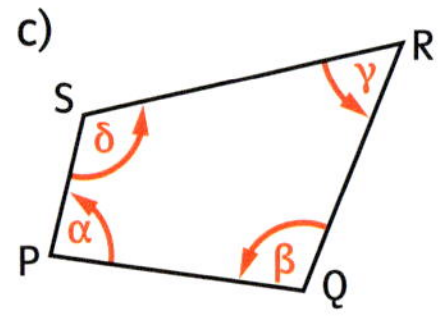

Lösung:
a) α = ∢ ab
b) β = ∢ ba
c) α = ∢ QPS, β = ∢ RQP
γ = ∢ SRQ, δ = ∢ PSR

Aufgaben

1 Im Auto werden wichtige Informationen für den Fahrer durch Drehwinkel angezeigt.

a) Welche Bedeutung haben die angezeigten Winkel?
b) Wie verändert sich der Winkel, wenn man mit dem Auto fährt?

2 Beim Handball grenzt die Torraumlinie den Bereich ab, der von den Feldspielern nicht betreten werden darf. Entscheide, welche Wurfposition am günstigsten ist. Begründe die Entscheidung mit dem Torwinkel. Stelle den Sachverhalt in einer Skizze dar.

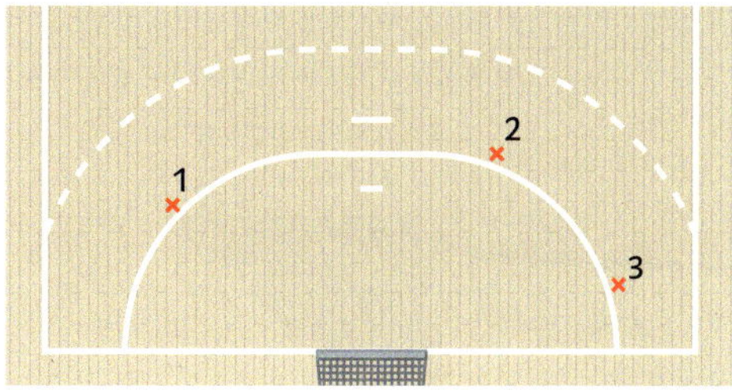

Fig. 1

3 Laura sieht einen Turm unter einem bestimmten Blickwinkel.
Wie ändert sich dieser Blickwinkel, wenn Laura auf den Turm zugeht bzw. sich vom Turm entfernt.

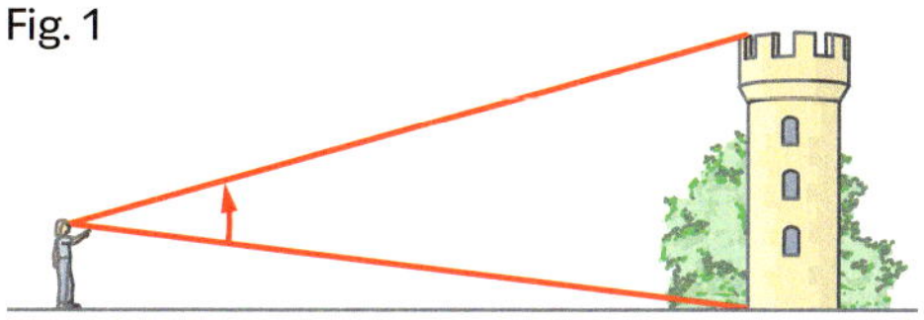
Fig. 2

4 Übertrage Fig. 3 in dein Heft.
Trage mit farbigen Pfeilen die folgenden Winkel ein und bezeichne sie mit den griechischen Buchstaben.
$\alpha = \sphericalangle\, gh$, $\beta = \sphericalangle\, hk$, $\gamma = \sphericalangle\, kl$,
$\delta = \sphericalangle\, lh$, $\varepsilon = \sphericalangle\, kh$

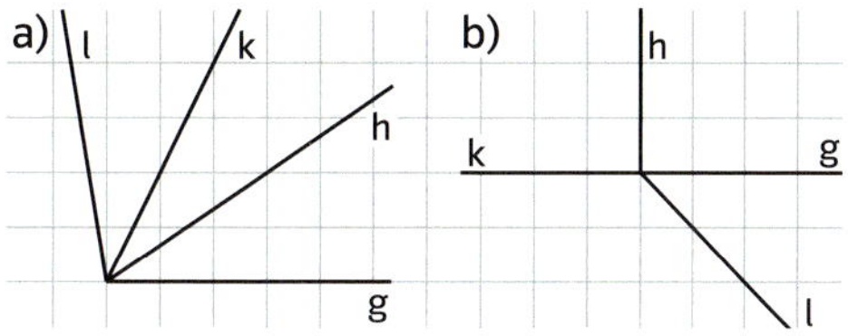

Fig. 3

5 Übertrage Fig. 4 in dein Heft.
Trage mit farbigen Pfeilen die folgenden Winkel ein und bezeichne sie mit den griechischen Buchstaben.
$\alpha = \sphericalangle\, BAE$, $\beta = \sphericalangle\, AEB$, $\gamma = \sphericalangle\, FCB$,
$\delta = \sphericalangle\, CFD$, $\varepsilon = \sphericalangle\, CDF$

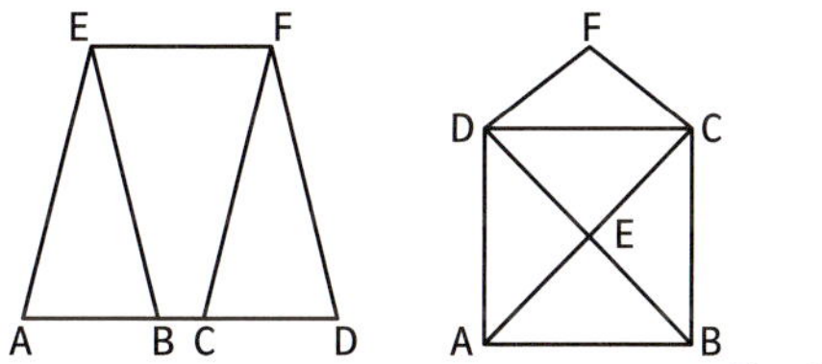

Fig. 4

6 Notiere alle Winkel mithilfe der Eckpunkte.

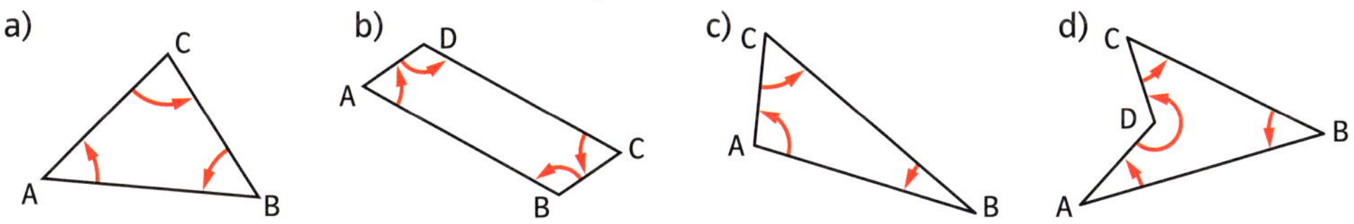

Fig. 5

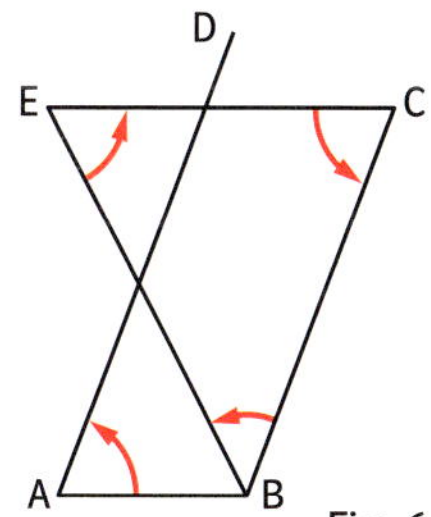

Fig. 6

7 Notiere die in Fig. 6 und Fig. 7 eingezeichneten Winkel mithilfe der angegebenen Punkte oder Schenkel.

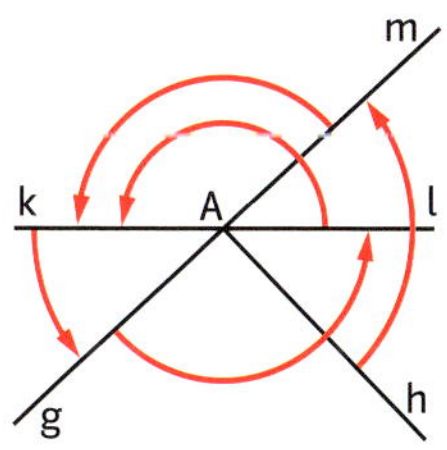

Fig. 7

8 Detektiv Emil Puchmeyer beobachtet aus einer Garageneinfahrt die gegenüberliegende Straßenseite.
a) Übertrage ins Heft.
b) Welche der Personen kann er sehen?
c) Wo sollte er sich in der Einfahrt hinstellen, damit er ein möglichst großes Stück der gegenüberliegenden Straßenseite sehen kann?
Zeichne verschiedene Möglichkeiten.
Trage jeweils sein Blickfeld ein.

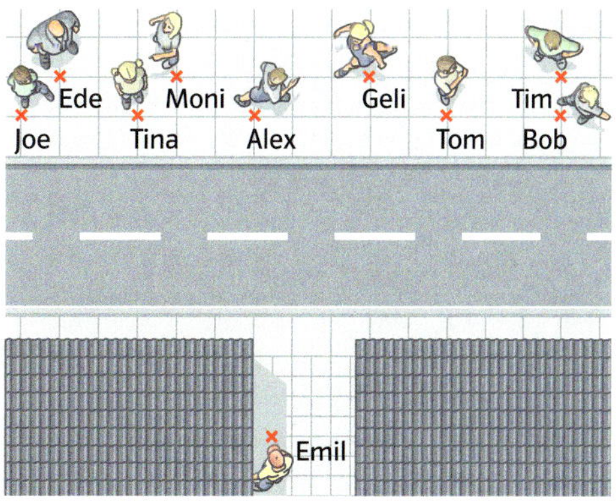

Fig. 8

5 Winkelgrößen

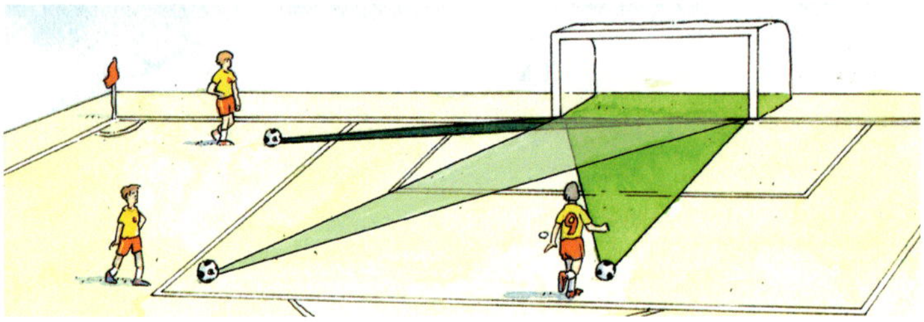

Tor!!!
Das Tor zu treffen, kann einfach, schwierig oder fast unmöglich sein.

*Die Aufteilung des Kreises in **360** gleich große Winkel kann dadurch erklärt werden, dass das babylonische und auch das ägyptische Jahr einst 360 Tage hatten.*
Nach damaliger Vorstellung bewegte sich die Sonne in 360 Tagen auf einer Kreisbahn einmal um die Erde.

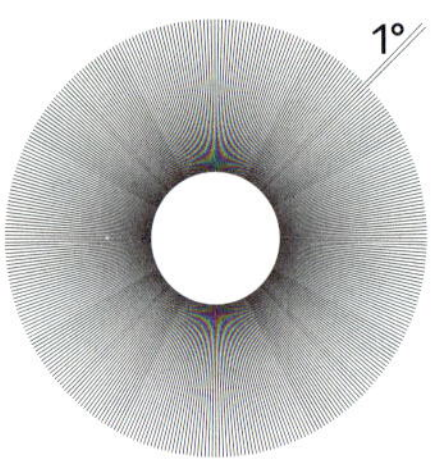

Fig. 2

Zwei Winkel könnte man miteinander vergleichen, indem man sie übereinander legt wie in Fig. 1. Beim größeren Winkel sind die beiden Schenkel weiter auseinander gedreht als beim kleineren.
Um Winkel einfacher zu vergleichen, misst man ihre Größe: Dazu wird ein Kreis vom Mittelpunkt aus in 360 gleich große Winkel geteilt. Die Größe eines solchen Winkels wird mit 1 Grad (kurz: 1°) bezeichnet.

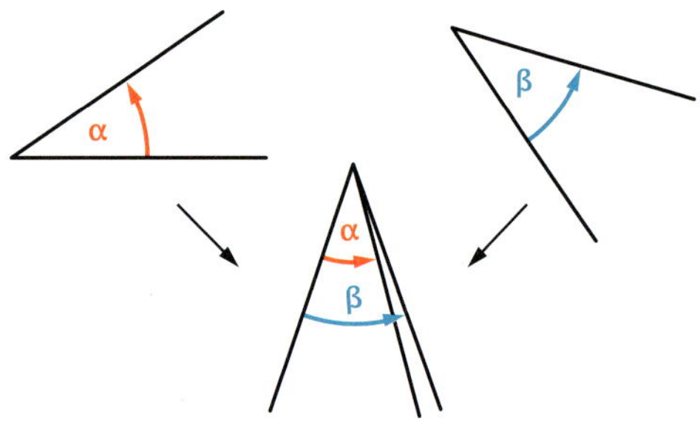

Fig. 1

Um die Größe eines beliebigen Winkels anzugeben, bestimmt man die Anzahl der kleinen 1°-Winkel, die man in den Winkel einzeichnen könnte.

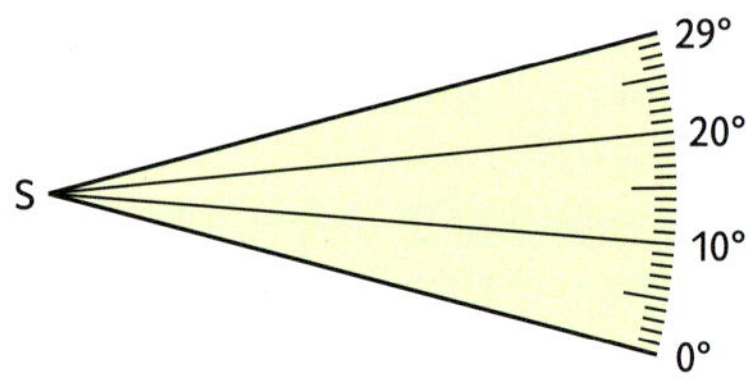

Fig. 3

So wie für die Längenmessung z. B. Meter und Zentimeter als Maßeinheiten verwendet werden, ist Grad die Maßeinheit für die Winkelmessung.

Die **Größe** von Winkeln wird in **Grad** angegeben.
Ein Winkel von 1 Grad (kurz: **1°**) entsteht, wenn ein Kreis in 360 gleiche Kreisausschnitte geteilt wird.

Beispiel 1 Winkel von Kreisausschnitten bestimmen
In Fig. 4 wird ein Kreis in acht, in Fig. 5 in vier gleiche Teile geteilt. Welche Größe hat der Winkel, der zu dem roten Bereich gehört?
Lösung:
Zum gesamten Kreis gehört ein Winkel von 360°.
In Fig. 4 gehören zu jedem Teil:
$360° : 8 = 45°$. Der rote Bereich hat einen Winkel von 45°.
In Fig. 5 gehören zu jedem Teil:
$360° : 4 = 90°$. Der rote Bereich hat einen Winkel von $3 \cdot 90° = 270°$.

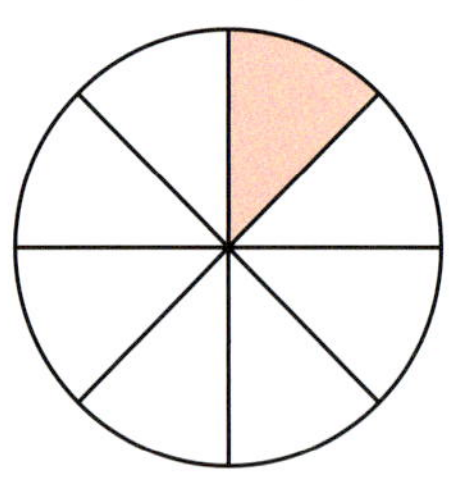

Fig. 4

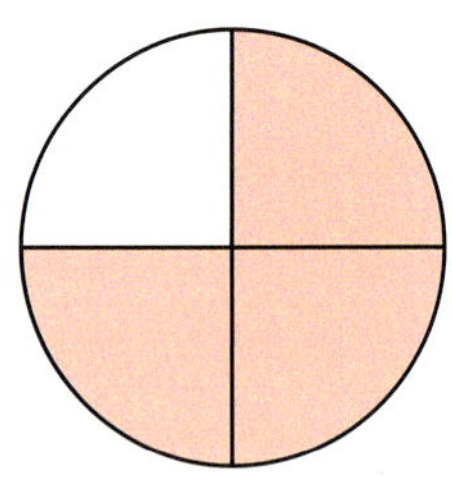

Fig. 5

Beispiel 2

Die Uhr in Fig. 1 zeigt die Zeit 4 Uhr an.
a) Es vergeht eine Zeit von 5 Minuten. Welchen Winkel hat der große Zeiger überstrichen?
b) Wie groß ist der Winkel des gefärbten Bereiches zwischen kleinem und großen Zeiger?

Fig. 1

Lösung:
a) Die Minuteneinteilung teilt den Kreis in 60 gleiche Teile. Zu jedem Teil (jeder Minute) gehören $360°:60 = 6°$. Zu 5 Minuten gehört dann der Winkel $5 \cdot 6° = 30°$.

b) Die Stundeneinteilung teilt den Kreis in 12 gleiche Teile. Zu jedem Teil (jeder Stunde) gehören $360°:12 = 30°$. Zu 4 Stunden gehört dann der Winkel $4 \cdot 30° = 120°$.

Aufgaben

1 Der abgebildete Kreis in Fig. 2 ist in gleich große Teile unterteilt.
a) Um wie viel Grad dreht sich der Zeiger, wenn er um ein Feld weiterrückt?
b) Der Zeiger soll jeweils von „Start" aus nach A, B, ..., F gedreht werden. Welchen Winkel überstreicht der Zeiger dabei?

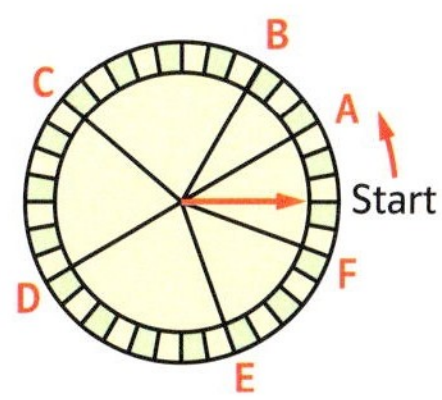

Fig. 2

2 a) Der Wind kommt von Westen (W). Er dreht über Nord-West (NW) nach Norden (N). Um wie viel Grad hat sich der Wind gedreht?
b) Der Wind dreht sich von Süd (S) über Ost (O) nach Nord-Ost (NO). Um wie viel Grad hat sich der Wind gedreht?
c) Um wie viel Grad dreht der Wind, wenn er sich von Süd-Ost (SO) über Süd (S) nach West-Süd-West (WSW) dreht?
d) Der Wind kam aus Süd-Süd-West und hat sich um 135° Richtung Westen gedreht. Aus welcher Richtung bläst er jetzt?

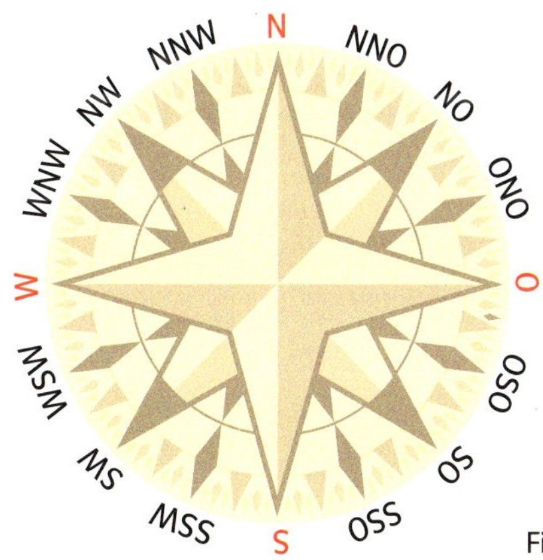

Fig. 3

3 Die Torte ist in gleiche Teile zerschnitten. Welche Größe hat der Winkel bei einem Tortenstück?

a)

Fig. 4

b)

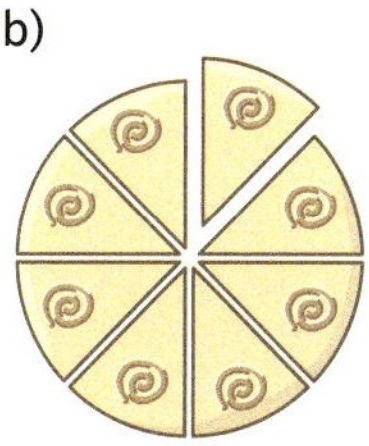
Fig. 5

c)

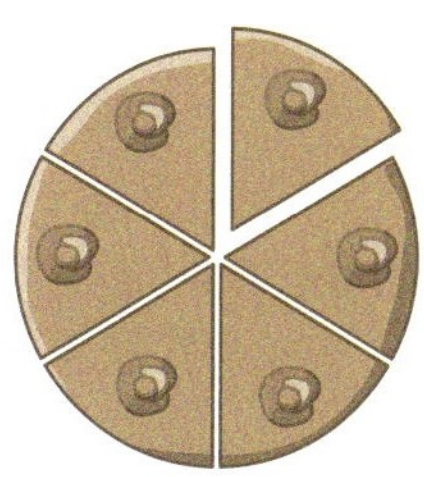
Fig. 6

6 Messen und Zeichnen von Winkeln

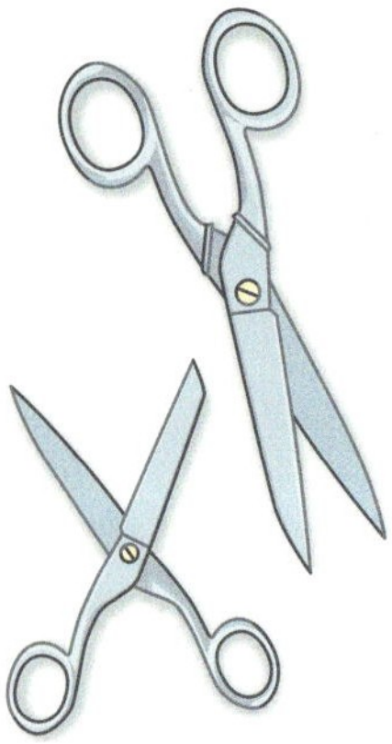

„Ich kann mein Maul weiter aufreißen!"

Die Länge einer Strecke kannst du mit einem Lineal oder Maßband messen. Wie bei Strecken möchte man auch bei Winkeln ihre genaue Größe mithilfe eines Messinstrumentes bestimmen.

Die **Größe eines Winkels** misst man mit einer Kreisskala, wie sie auf dem Geodreieck zu finden ist.
Die Größe des Winkels gibt an, wie weit man den ersten Schenkel drehen muss, um den zweiten zu erreichen.

Messen eines Winkels:

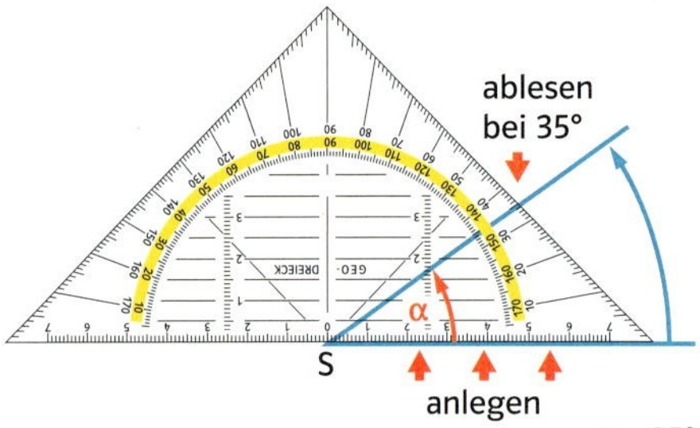

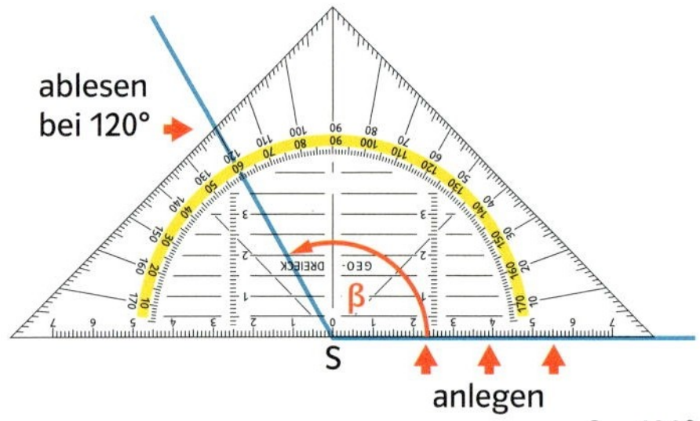

Zeichnen eines Winkels, z. B. $\sphericalangle$ gh = 55°:

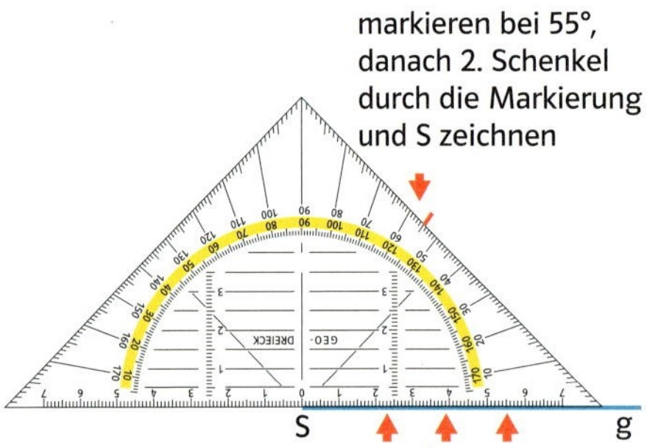

oder

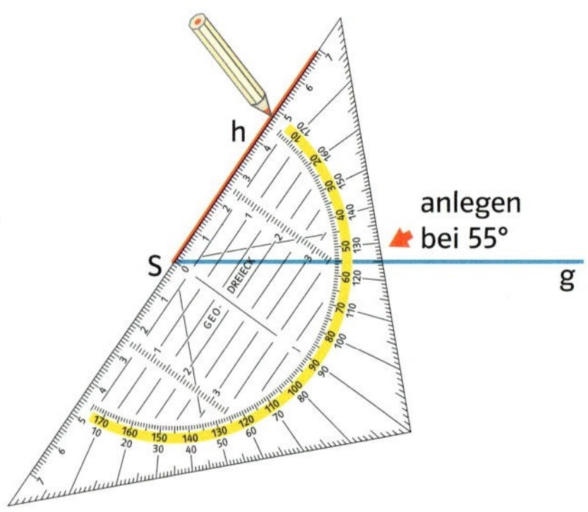

Beachte: Die meisten Geodreiecke haben zwei Skalen. Du musst die Skala benutzen, die bei einem der Schenkel mit 0° beginnt.

Bisher wurden Winkel mit Pfeilen gekennzeichnet. Jetzt wird statt des Pfeils außer bei Drehungen nur noch ein Bogen eingezeichnet.

Einteilung der Winkel

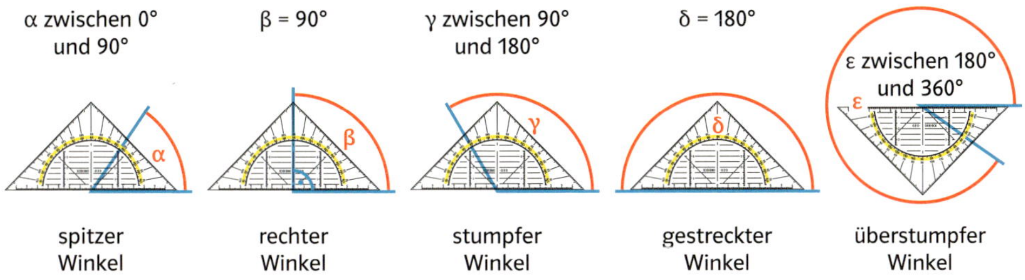

Einen Winkel von 360° nennt man Vollwinkel.

Beachte:
Mit den griechischen Buchstaben bezeichnet man sowohl den Winkel selbst als auch seine Größe.

Tipp:
Zur genauen Messung eines Winkels ist es oft zweckmäßig, die Schenkel länger zu zeichnen.

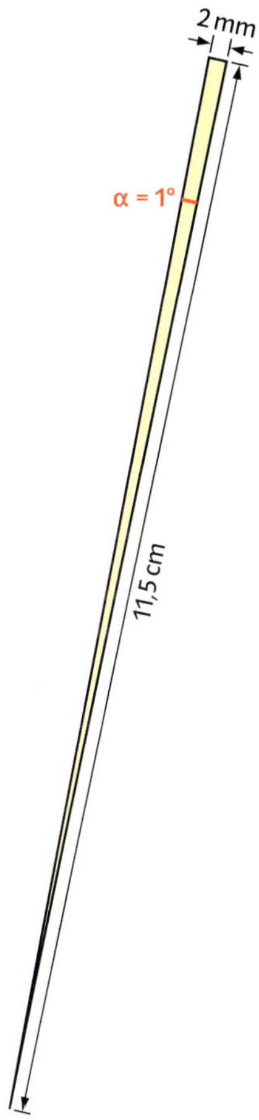

Zwei Winkel, die wie α und β in Fig. 1 nebeneinander liegen und deren Schenkel a und c dabei zusammen eine Gerade bilden, nennt man **Nebenwinkel**. Nebenwinkel sind zusammen 180° groß.

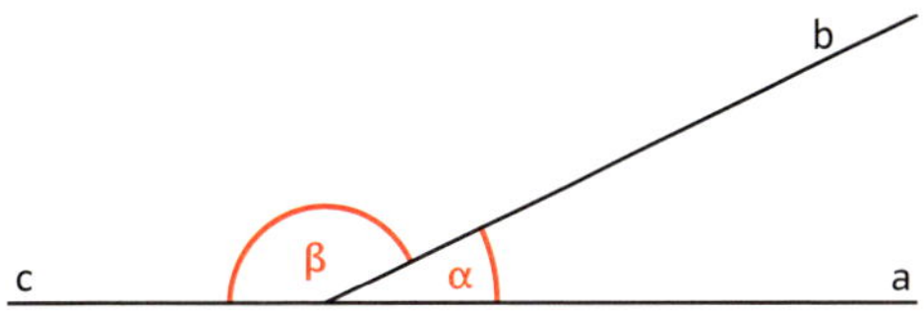

Fig. 1

Aufgaben

1 Bestimme mit dem Geodreieck die Größen der Winkel, α, β, γ und δ.

a)

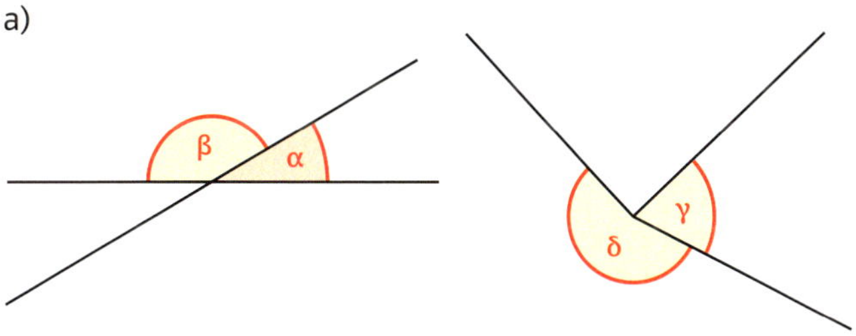

b)

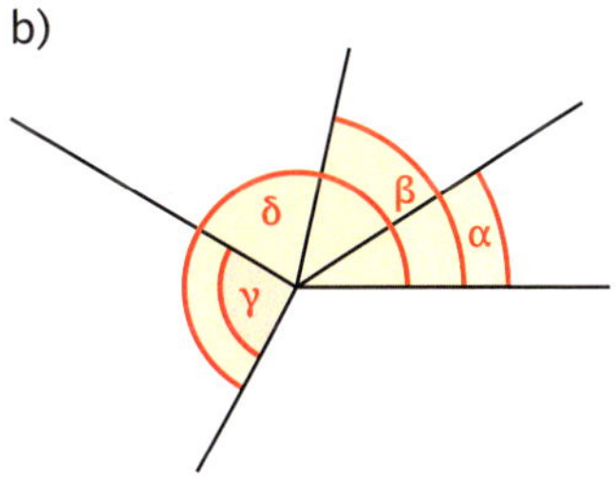

2 Bestimme mit dem Geodreieck die Größen der markierten Winkel.

a)

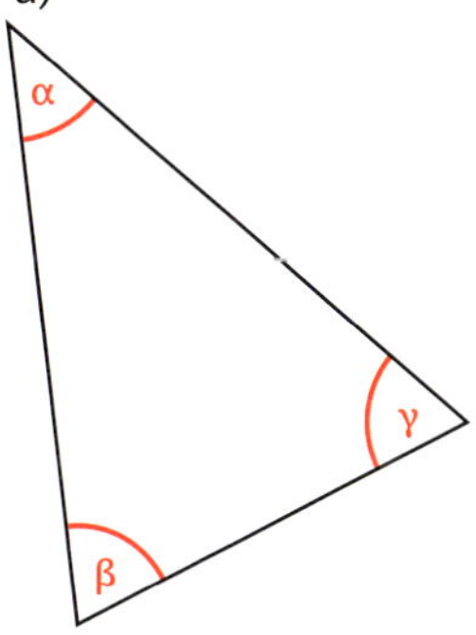

b)

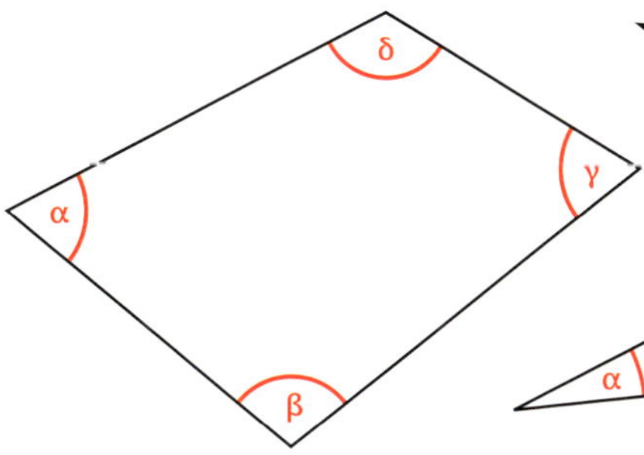

c)

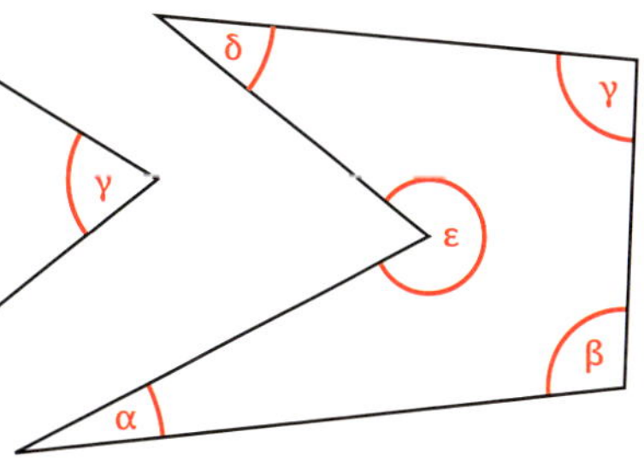

3 Zeichne Winkel mit der angegebenen Größe. Schreibe dazu, von welcher Art der Winkel ist (z. B. spitzer Winkel).

a) 75°   b) 90°   c) 125°   d) 160°
e) 180°   f) 237°   g) 270°   h) 315°

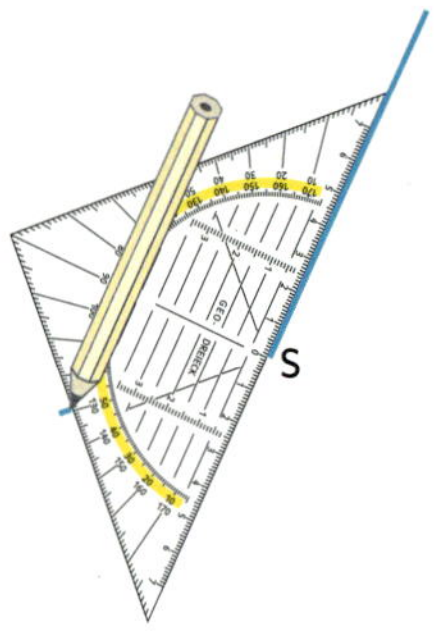

Horst soll einen Winkel von 50° zeichnen. Was macht er falsch?

4 Übertrage Fig. 1 in dein Heft und miss den Winkel α. Berechne die Größe von β. Überprüfe dein Ergebnis durch Messung.

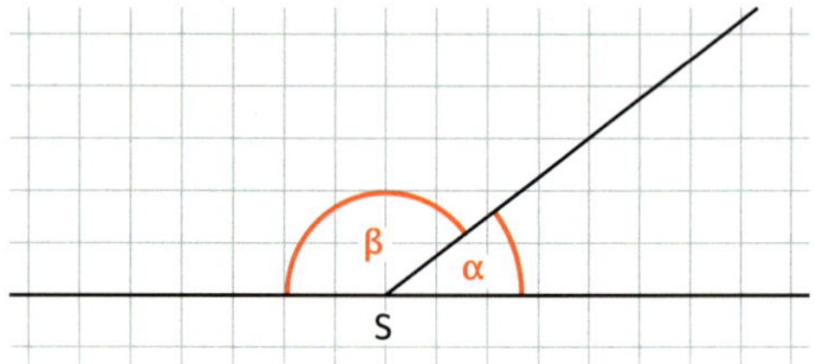

Fig. 1

5 Ein Winkel α ist um 20° größer als sein Nebenwinkel β. Wie groß sind die beiden Winkel jeweils?

6 a) Welche der folgenden Winkelgrößen lassen sich den Winkeln in Fig. 2 zuordnen? Entscheide, ohne zu messen.
16°; 51°; 90°; 42°; 112°; 5°; 27°; 77°; 110°
b) Miss die Größen der Winkel in Fig. 2 und vergleiche mit den in a) angegebenen Werten.

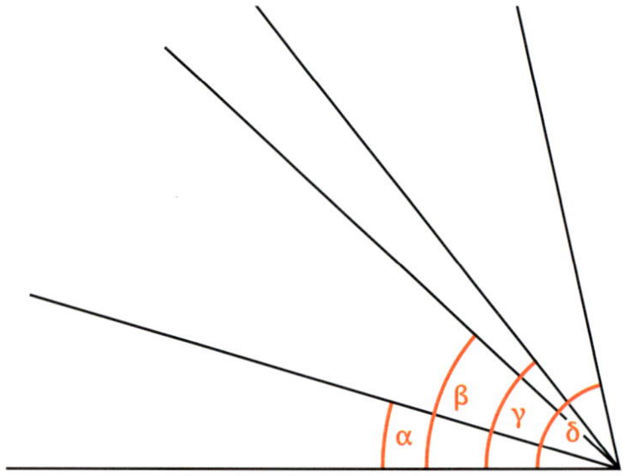

Fig. 2

7 Zeichne nur durch Abschätzen, ohne Verwendung eines Winkelmessers, einen Winkel, der die angegebene Größe hat. Dein Partner misst die Größe, berechnet die Abweichung und überträgt anschließend die Ergebnisse in eine Tabelle wie in Fig. 3.

a)

verlangte Größe	45°	30°	135°	10°	90°
gezeichnete Größe					
Abweichung					

b)

verlangte Größe	56°	120°	7°	153°	98°
gezeichnete Größe					
Abweichung					

Fig. 3

8 Trage in ein Koordinatensystem die Punkte S und A ein. Zeichne einen Winkel mit dem Scheitel S und der Größe α, bei dem ein Schenkel durch den Punkt A geht.
a) S(3|1); A(7|3); $\alpha = 50°$
b) S(7|4); A(1|9); $\alpha = 20°$
c) S(6|7); A(1|2); $\alpha = 175°$
d) S(5|5); A(10|1); $\alpha = 5°$
e) S(1|5); A(4|1); $\alpha = 123°$
f) S(5|5); A(0|1); $\alpha = 102°$

Bist du sicher?

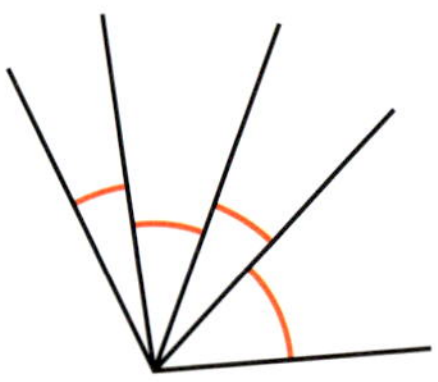

Fig. 4

1 Übertrage die Zeichnung aus Fig. 5 ins Heft. Bestimme die Größen der Winkel.

2 Zeichne vier Winkel der Größen 12°; 33°; 127° und 8° mit gemeinsamem Scheitelpunkt wie in Fig. 4. Welcher Gesamtwinkel entsteht?

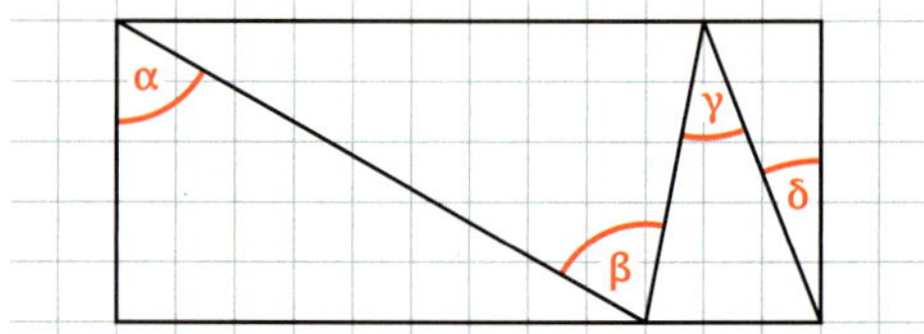

Fig. 5

9 In Fig. 6 sind zwei gleich große Winkel vorgegeben. Übertrage die Figur in dein Heft und ergänze sie so, dass neun dieser Winkel aneinander gereiht sind. Miss den Gesamtwinkel.

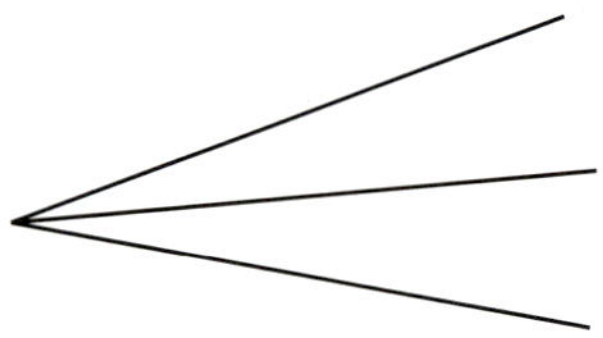

Fig. 6

Winkelgymnastik

10 Zeichne die Strecke $\overline{AB}$. Trage im Punkt A den Winkel α und im Punkt B den Winkel β so an, dass ein Dreieck entsteht. Miss den dritten Winkel γ des Dreiecks.

a) $\overline{AB} = 6\,cm$; $\alpha = 30°$; $\beta = 70°$
$\overline{AB} = 6\,cm$; $\alpha = 20°$; $\beta = 50°$

b) $\overline{AB} = 4\,cm$; $\alpha = 25°$; $\beta = 125°$
$\overline{AB} = 9\,cm$; $\alpha = 12°$; $\beta = 62°$

11 Eine Ameise läuft um das Viereck ABCD in Fig. 1. Sie startet bei A und ändert in B, C, D und A ihre Richtung um die Winkel β, γ, δ und α.
Zeichne das Viereck in dein Heft und miss die Größen der vier Winkel. Berechne die Summe der Winkelgrößen.

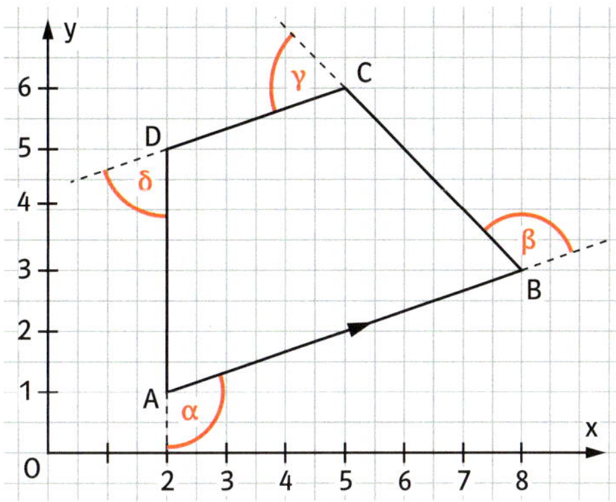

Fig. 1

12 Zeichne ein Viereck
a) mit zwei rechten Winkeln,
b) mit zwei stumpfen und zwei spitzen Winkeln.

13 Zeichne das Dreieck ABC in ein Koordinatensystem. Miss die Größen der Winkel $\sphericalangle$ BAC; $\sphericalangle$ CBA; $\sphericalangle$ ACB.

a) A(1|2); B(6|4); C(3|6)
b) A(2|6); B(4|2); C(8|2)
c) A(1|1); B(5|2); C(6|8)
d) A(0|3); B(12|3); C(12|8)

14 Fig. 2 zeigt die Seitenansicht eines Satteldaches mit dem Neigungswinkel α. Bei C liegt der First des Daches, $\overline{CD}$ nennt man daher Firsthöhe. Die Breite $\overline{AB}$ des Daches beträgt 8 m.
a) Zeichne das Dreieck ABC mit $\alpha = 28°$ in dein Heft. Wähle 1 cm für 1 m. Miss den Winkel γ und die Firsthöhe $\overline{CD}$.

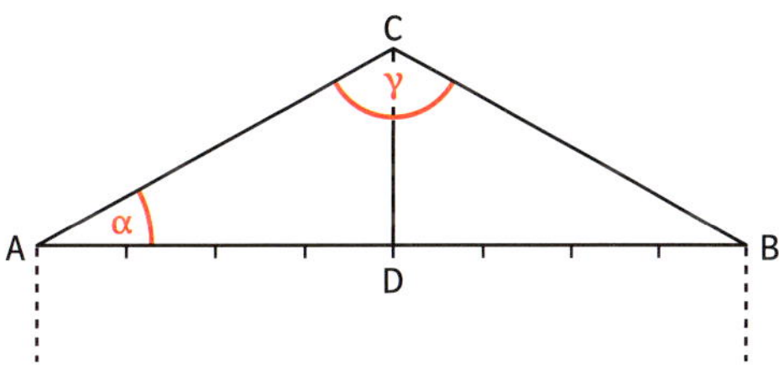

Fig. 2

b) Zeichne ebenso Seitenansichten für Satteldächer mit den Neigungswinkeln 38° und 48°. Wähle als Breite $\overline{AB} = 8\,m$. Miss jeweils den Winkel γ und die Firsthöhe $\overline{CD}$.
c) Welchen Neigungswinkel muss ein 12 m breites Satteldach mindestens haben, damit die Firsthöhe $\overline{CD}$ größer als 2 m ist? Zeichne und miss α.

15 Zum Basteln
a) Stelle aus zwei Kreisen mit 5 cm Radius eine Winkelscheibe her.

Hinweis:
Wenn du auf der gelben Scheibe eine Winkelskala in 10°-Schritten abträgst, kann man die Größe eines eingestellten Winkels schnell ablesen.

b) Stelle unterschiedlich große Winkel mit dem blauen Bereich ein. Lass deinen Partner die Winkelgröße schätzen. In einem Wettbewerb sollen immer 10 Winkel nacheinander von einem Partner geschätzt werden. Ein Schätzwert kann als richtig gelten, wenn er auf 10° genau angegeben wurde.

7 Figuren aus Kreisen und Winkeln

Nordrose der Kathedrale Notre Dame de Paris

Den Kreis als regelmäßige Figur hast du schon kennen gelernt. Mithilfe von Kreisen und Winkeln kann man besondere Kreisfiguren erzeugen, die man häufig bei Mandalas, Kirchenfenstern und Verzierungen an Schmuckstücken findet.

Beim Zeichnen von regelmäßigen Vielecken wird ein Kreis gleichmäßig aufgeteilt. Es entstehen gleich große Kreisausschnitte als Grundlage des Vielecks.
In Fig. 1 ist ein Kreis in sechs gleiche Teile geteilt. Dabei ergeben sich Winkel der Größe 360° : 6 = 60°. Durch Verbinden benachbarter Teilpunkte entsteht ein regelmäßiges Sechseck (Fig. 2).

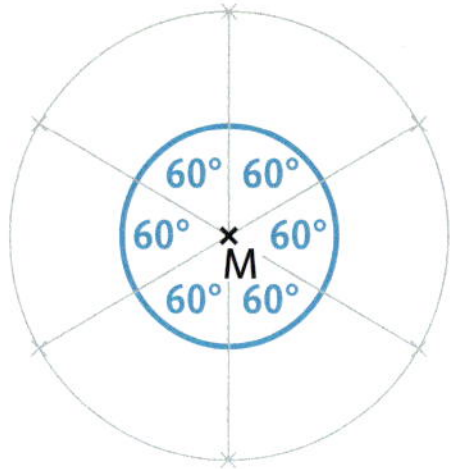

Fig. 1

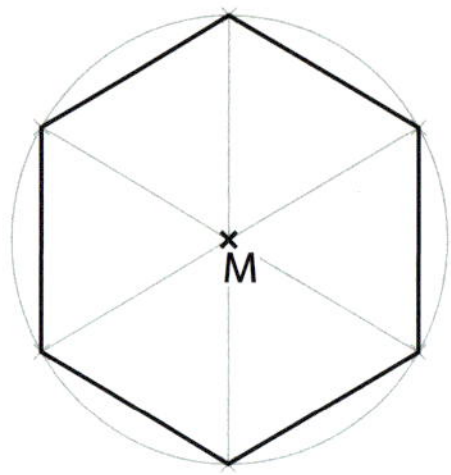

Fig. 2

Teilt man einen Kreis in gleiche Teile und verbindet die benachbarten Teilpunkte miteinander, so erhält man ein **regelmäßiges Vieleck**.
Den Winkel α eines der gleich großen Kreisausschnitte nennt man **Mittelpunktswinkel**. Beim regelmäßigen 10-Eck beträgt der Mittelpunktswinkel
α = 360° : 10 = 36°.

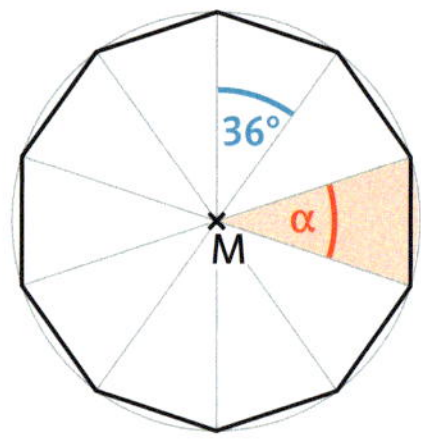

Fig. 3

Beispiel Mittelpunktswinkel und Grundstruktur einer Kreisfigur
a) Welche Aufteilung liegt dem Kirchenfenster in Fig. 4 zugrunde?
Wie groß ist der Mittelpunktswinkel?
b) Zeichne die Grundstruktur des Fensters.
Lösung:
a) Das Fenster besteht aus fünf gleichartigen Teilen.
Mittelpunktswinkel: α = 360° : 5 = 72°
b)

Fig. 4

Fig. 5

Aufgaben

1 Zeichne in einen Kreis mit dem Radius 5 cm ein regelmäßiges
a) Dreieck, b) Viereck, c) 8-Eck, d) 10-Eck.

2 Zeichne Fig. 1 in dein Heft. Beginne mit einem Quadrat der Seitenlänge 6 cm. Zeichne dann die vier Viertelkreise um die Eckpunkte des Quadrats. Die entstehenden Punkte A bis H ergeben ein regelmäßiges 8-Eck. Überprüfe dies mit einem Zirkel und durch Messen der Winkel.

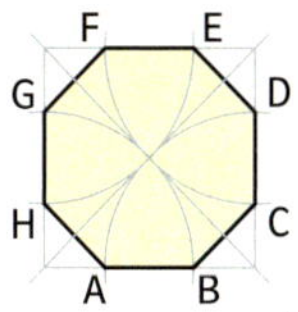

Fig. 1

3 Zeichne Sterne wie in Fig. 2 in dein Heft. Wähle als Kreisradius 5 cm.

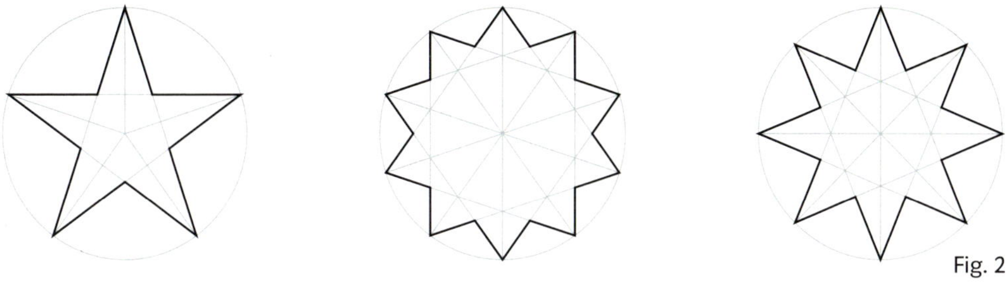
Fig. 2

4 Fig. 3 besteht aus 108°-Winkeln und 4 cm langen Strecken. Übertrage die Figur ins Heft und zeichne sie weiter. Wenn man genau zeichnet, so ergibt sich ein regelmäßiges Vieleck.
a) Bestimme die Anzahl der Ecken des Vielecks.
b) Welchen Mittelpunktswinkel hat die zugehörige Kreisfigur?
c) Zeichne entsprechende Vielecke für 135° und 140° große Winkel.

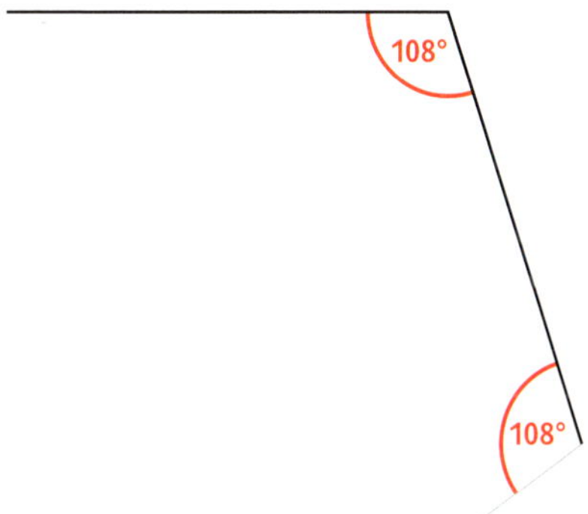

Fig. 3

5 In Kirchen und alten Klöstern findet man besonders gestaltete Fenster, in denen Kreise und Kreisfiguren zu finden sind.
a) Zeichne die Grundfiguren aus Fig. 4 ins Heft.
b) Entwirf mit diesen Grundfiguren ein eigenes Kirchenfenster.

Fig. 4

Mandala (sanskritisch): Kreis

6 Mandalas zeichnen und ausmalen ist eine alte indische Form, sich zu konzentrieren und Ruhe zu finden. Dabei steht der Kreis durch seine Formen ohne Anfang und Ende für das Symbol der Mitte.
a) Zeichne die Formen der Mandalas in Fig. 5 auf ein großes Blatt ab und male sie bunt aus.
b) Entwirf eigene Mandalas.

Fig. 5

Wiederholen – Vertiefen – Vernetzen

Was ist hier falsch? Begründe.

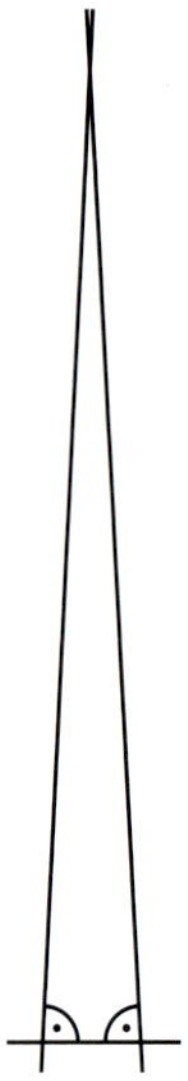

1 Prüfe mit dem Geodreieck, welche Geraden zueinander parallel sind.
Schreibe so: a || b; ...

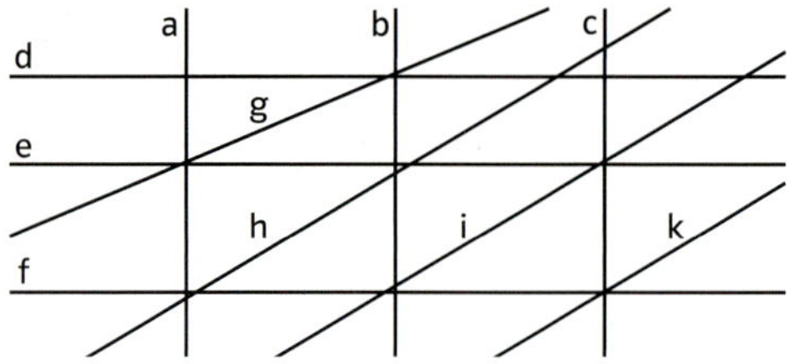

Fig. 1

2 Zeichne eine Gerade g und einen Punkt A, der nicht auf g liegt. Zeichne dann die Gerade h durch A, die parallel zu g ist.

3 Zeichne zwei Geraden a und b, die sich schneiden, und einen Punkt M, der weder auf a noch auf b liegt.
Zeichne durch M eine Parallele zu a und eine Parallele zu b.

4 a) Zeichne auf einem Blankopapier ohne Geodreieck oder Lineal (also freihand) eine Strecke.
b) Zeichne freihand zu der Strecke zwei verschiedene Parallelen ein. Überprüfe deine Versuche mit dem Geodreieck.
c) Zeichne freihand zu den Parallelen drei verschiedene Senkrechten ein. Überprüfe wiederum mit dem Geodreieck.

5 Zeichne die Punkte A, B, C, D in ein Koordinatensystem. Verbinde sie der Reihe nach zu einem Viereck. Welche Vierecke haben eine besondere Form? Begründe.
a) A(2 | 6); B(8 | 6); C(8 | 10); D(2 | 10)
b) A(0 | 8); B(6 | 8); C(8 | 12); D(2 | 11)
c) A(0 | 4); B(4 | 0); C(8 | 4); D(4 | 8)
d) A(8 | 0); B(14 | 2); C(13 | 5); D(7 | 3)

6 a) Tragt die Punkte in ein Koordinatensystem ein und verbindet sie der Reihe nach. Verbindet R mit A.
Welches Bild entsteht? Malt das Bild aus.
A(4 | 8); B(2 | 6); C(3 | 6); D(1 | 4); E(3 | 4); F(0 | 1); G(3 | 1), H(3 | 0); K(5 | 0); L(5 | 1); M(8 | 1); N(5 | 4); P(7 | 4); Q(5 | 6); R(6 | 6).
b) Entwerft ein eigenes Bild und gebt es mit Koordinaten an.

7 In einem Koordinatensystem sind durch die Punkte A(1 | 3), B(5 | 2), C(3 | 7), D(8 | 8), E(12 | 6), F(11 | 5) und G(11 | 2) die Strecken $\overline{AB}$, $\overline{AC}$, $\overline{BD}$, $\overline{CF}$, $\overline{DE}$ und $\overline{EG}$ gegeben.
a) Welche Strecken sind zueinander parallel?
b) Welche Strecken sind zueinander orthogonal?

8 a) Übertrage Fig. 2 in dein Heft.
b) Bestimme die Koordinaten der Eckpunkte der Vierecke ABCD und EFGH.
c) Zeichne die Mittelpunkte der Vierecksseiten ein. Lies ihre Koordinaten ab.

9 Zeichne mit dem Geodreieck einen Winkel von 40° (15°; 75°) und verdopple ihn freihand (also ohne Geodreieck). Überprüfe dein Ergebnis mit dem Geodreieck.

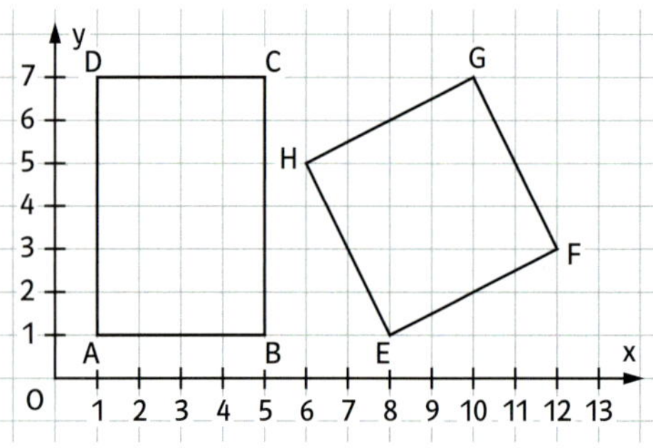

Fig. 2

10 Zeichne die Rosetten aus Fig. 1 in dein Heft.

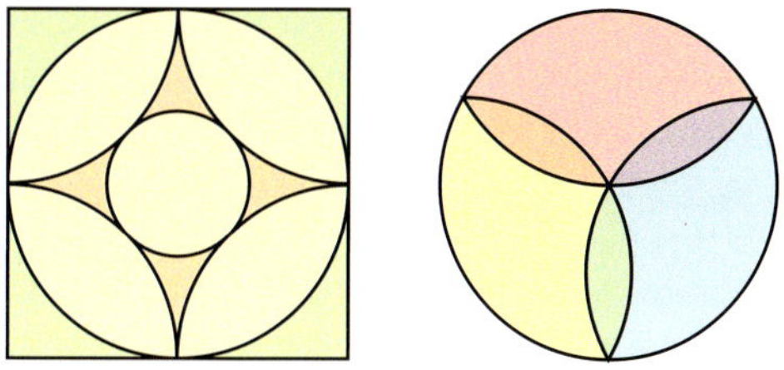

Fig. 1

Fig. 2

11 Zeichne einen Punkt A. Bestimme alle Punkte, die mehr als 3 cm und zugleich weniger als 4 cm von A entfernt sind. Beschreibe ihre Lage.

12 Wie groß ist bei einer Uhr wie in Fig. 2 der Winkel zwischen den Zeigern um
a) 6.00 Uhr, b) 8.00 Uhr, c) 17.30 Uhr?

13 Zeichne Winkel mit den Größen 15°, 30°, 55°, 76°, 110°, 142° und 178°.

14 Übertrage das Dreieck aus Fig. 3 ins Heft.
a) Bezeichne die Winkel im Dreieck mit griechischen Buchstaben. Notiere die Winkel auch mithilfe der Eckpunkte.
b) Miss die Größen der Winkel.

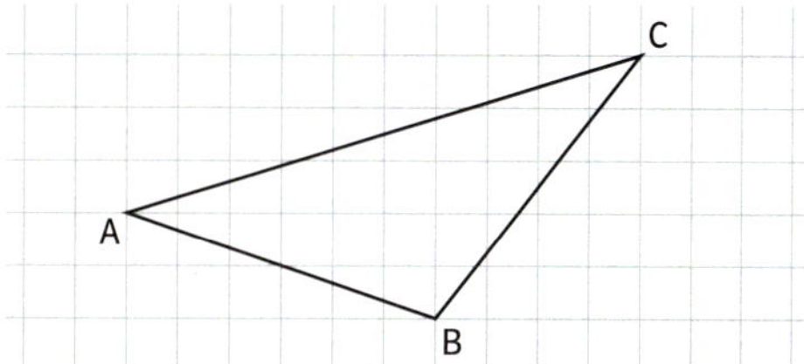

Fig. 3

Fig. 5

15 Wenn man ohne den Kopf zu drehen geradeaus schaut, so überblickt man vor sich ein bestimmtes Sehfeld, dessen Größe durch den Sehwinkel beschrieben wird. Verschiedene Lebewesen haben ganz unterschiedlich große Sehwinkel.

Fig. 4

a) Fertige eine Zeichnung an, in der die Sehwinkel aus Fig. 5 miteinander verglichen werden.
b) Bestimmt eure eigenen Sehwinkel. Fixiert mit den Augen einen Gegenstand. Bittet eine Klassenkameradin oder einen Klassenkameraden, erst von links hinten und dann von rechts hinten einen Gegenstand in euren Sehbereich hinein zu bewegen. Markiert jeweils die Stelle, wo ihr den Gegenstand zum ersten Mal erkennt. Messt den Sehwinkel. Benutzt dazu das große Geodreieck von eurem Lehrer.

16 Wie groß ist der Winkel an der Spitze eines Tortenstücks, wenn die Torte
a) in 8, b) in 10, c) in 12, d) in 18
gleich große Stücke geteilt wurde?

17 Durch Vertauschen der x- und y-Koordinaten erhält man zu einem Punkt A einen zugehörigen Punkt B. Zum Beispiel ergibt sich zum Punkt A(7 | 3) der zugehörige Punkt B(3 | 7).
Zeichne den Punkt A, seinen zugehörigen Punkt B, den Punkt O(0 | 0) und den Winkel ∢ AOB in ein Koordinatensystem. Miss die Größe des Winkels.
a) A(7 | 3) b) A(6 | 1) c) A(5 | 3) d) A(10 | 1)
e) Wie muss der Punkt A gewählt werden, damit ein rechter Winkel entsteht?

18 Zeichne mit dem Geodreieck einen Winkel von 40° (15°; 75°) und verdopple ihn freihand (also ohne Geodreieck). Überprüfe dein Ergebnis mit dem Geodreieck.

Bögen und Maßwerke

Westfassade des Kölner Doms

Der Kölner Dom gehört zu den größten gotischen Kathedralen. Für die Gotik sind Spitzbögen besonders typisch. Es gibt aber auch einige andere Bögen in gotischen Kirchen. Fig. 1 bis Fig. 8 zeigen, wie man besondere Bögen mithilfe von Hilfslinien und dem Zirkel zeichnen kann.

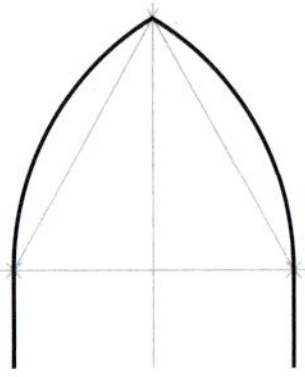

Spitzbogen (Fig. 1)

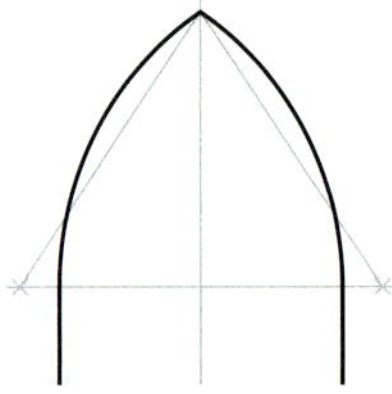

Lanzettbogen (Fig. 2)

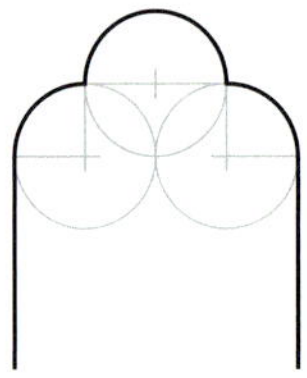

runder Kleeblattbogen (Fig. 3)

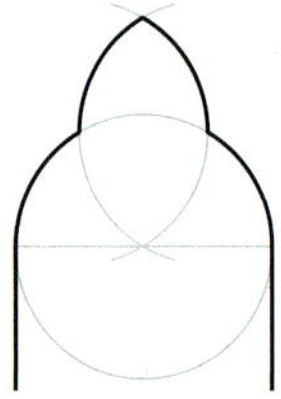

spitzer Kleeblattbogen (Fig. 4)

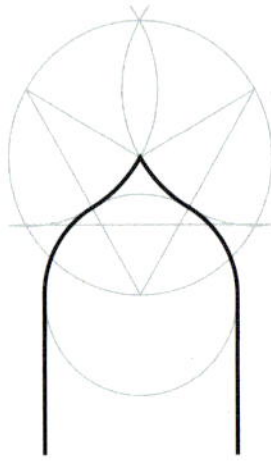

Kielbogen (Fig. 5)

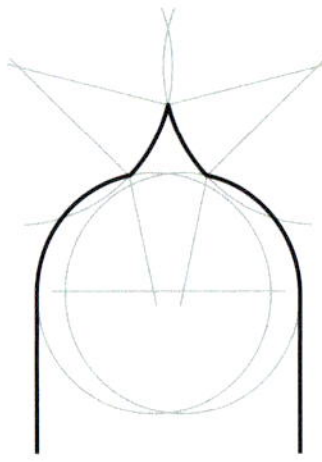

Eselsrücken (Fig. 6)

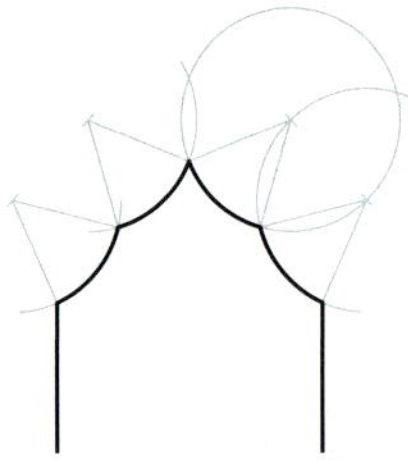

Vorhangbogen (Fig. 7)

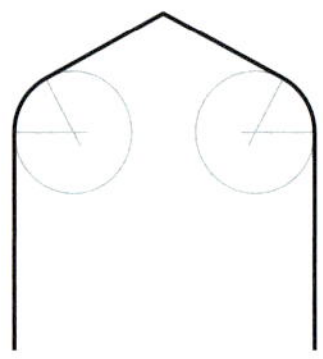

Tudorbogen (Fig. 8)

Große Fenster und Wandflächen wurden durch steinerne Verzierungen aufgelockert. Diese Verzierungen wurden vorher mit dem Zirkel entworfen. Man nennt sie daher auch „Maßwerke“.

Fig. 9 bis Fig. 14 zeigen einige Grundmuster von Maßwerken.

Dreipass (Fig. 9)

Vierpass (Fig. 10)

Sechspass (Fig. 11)

Dreiblatt (Fig. 12)

Fünfblatt (Fig. 13)

Dreischenkel (Fig. 14)

Entwurf der Westfassade des Straßburger Münsters, um 1300 auf Pergament gezeichnet.

Winkelmesser früher

Im Jahr 1727 veröffentlichte Jacob Leupold, Mathematico und Mechanico, sein Buch Theatrum Arithmetico-Geometricum, im Cap. XXII., von Winkelmaaß, heißt es:

> **Eines von denen allernöthigſten und nützlichſten Inſtrumenten iſt der Transporteur.**
>
> Denn vermittelſt deſſelben werden die Gröſſen aller Winckel erkennet, und abgenommen. Nun ſind aber die Winckel die vornehmſten Stücke, darum wir in Geometricis, und andern darauf gegründeten Wiſſenſchafften, am meiſten bekümmert ſeyn müſſen,

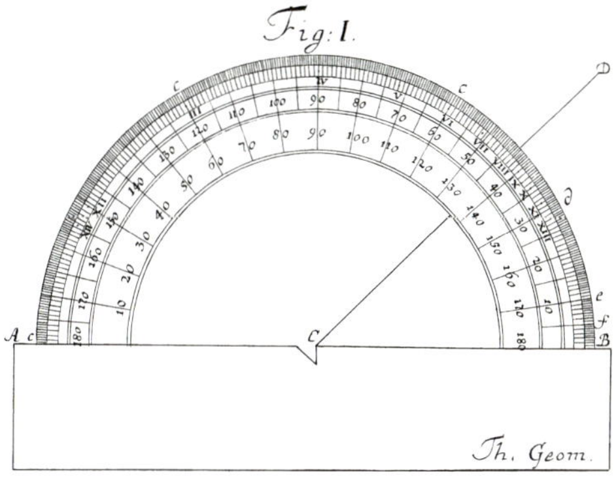

Was aber ist ein „Transporteur"? Nun, ein Winkelmesser, wie er bis vor 30 Jahren noch üblich war, gelegentlich gibt es ihn auch heute noch (Fig. I).

Die anschließend vorgestellten „Winckel-Messer" sind alle am Punkt C beweglich, und zwar so, dass mit den Linealen A und B der zu messende Winkel eingestellt werden kann. Am „Transporteur", also an der Kreisskala, kann dann bei i die Größe des Winkels abgelesen werden.

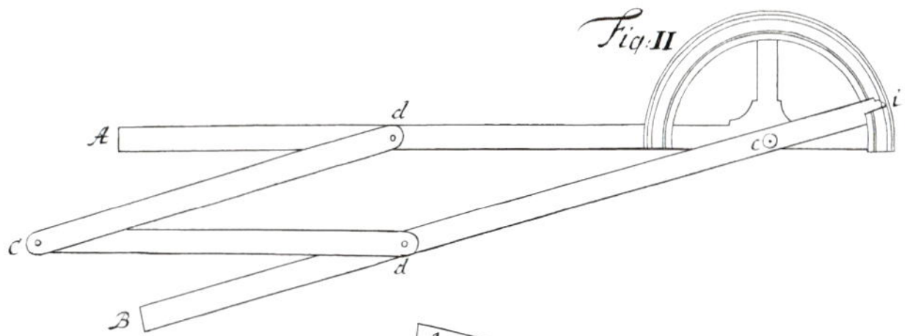

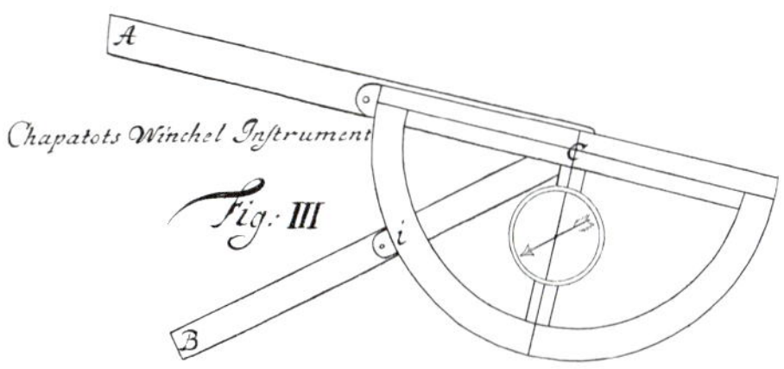

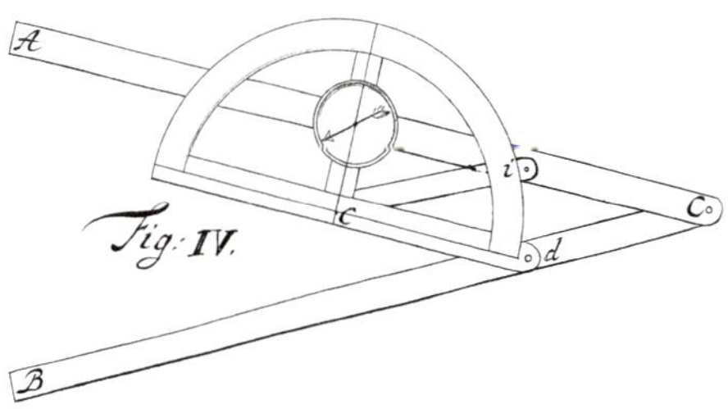

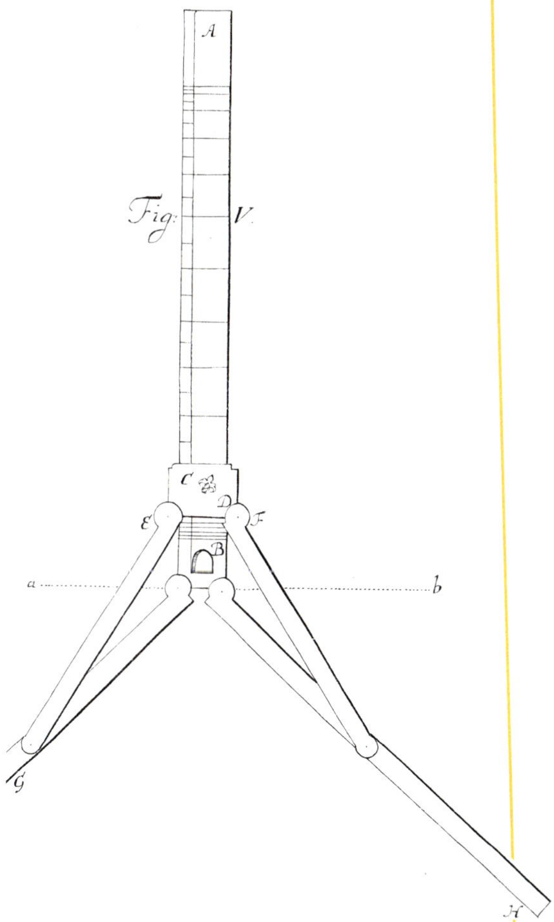

Ein interessantes Gerät zeigt Fig. V. Es ist besonders für Winkel zwischen 90° und 270° geeignet. Die Lineale G und H sind bei B drehbar befestigt. Wenn man sie auf den zu messenden Winkel einstellt, dann verschiebt sich das Teil C längs der Skala A, auf der dann die Größe des Winkels abgelesen werden kann.

Rückblick

Orthogonale und parallele Geraden
Besondere Lage von zwei Geraden
orthogonale Geraden $h \perp g$
parallele Geraden $h \parallel g$

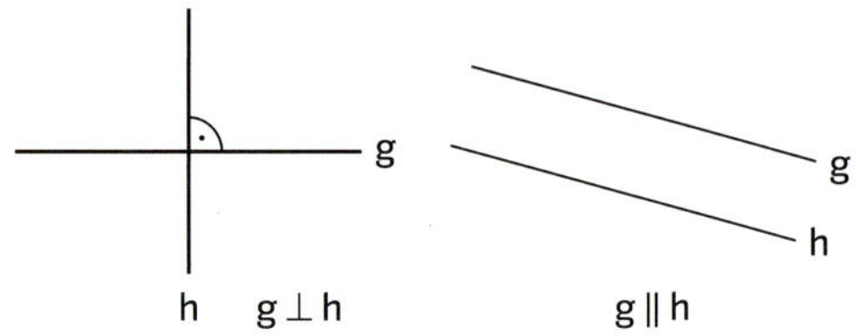

Koordinatensystem
Die Lage eines Punktes in einem Koordinatensystem lässt sich durch eine x-Koordinate und eine y-Koordinate beschreiben.

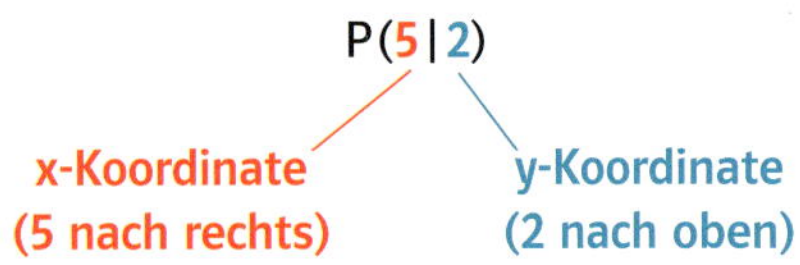

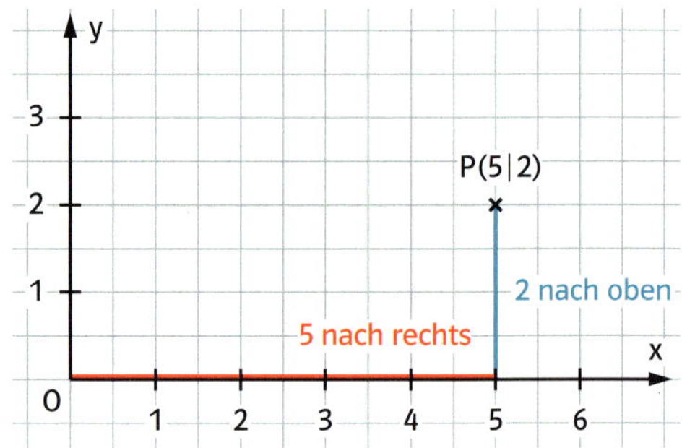

Kreis
Ein Kreis wird durch Angabe seines Mittelpunktes und seines Radius eindeutig festgelegt.
Alle Punkte eines Kreises haben von seinem Mittelpunkt den gleichen Abstand.
Der Durchmesser ist doppelt so lang wie der Radius.

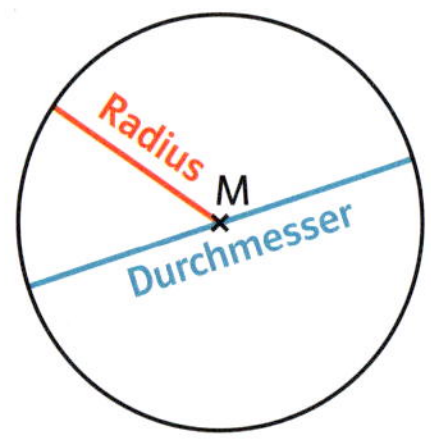

Winkel
Dreht man eine Halbgerade um ihren Anfangspunkt S, so entsteht ein Winkel.
S heißt Scheitel des Winkels, g und h heißen Schenkel des Winkels. Winkel bezeichnet man
- mit griechischen Buchstaben: α, β, γ, δ, ε;
- durch die Schenkel: $\sphericalangle$ gh;
- durch drei Punkte: $\sphericalangle$ ASB.

Zum Messen von Winkeln benutzt man Kreisskalen, wie man sie auf dem Geodreieck findet.
Die Größe von Winkeln misst man in Grad. 1° entsteht, wenn ein Kreis in 360 gleich große Kreisausschnitte geteilt wird.

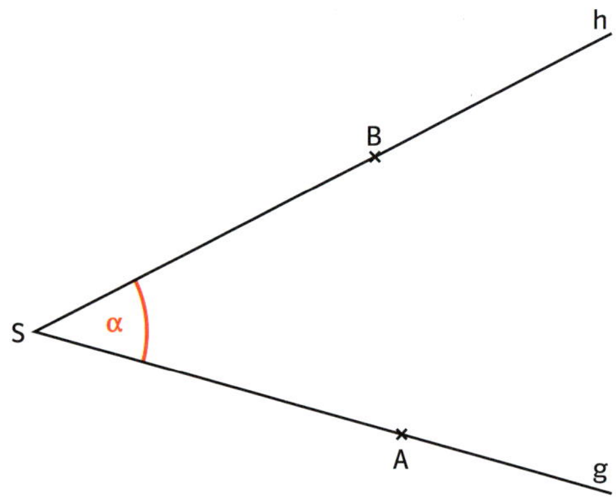

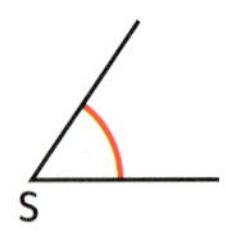

spitzer Winkel

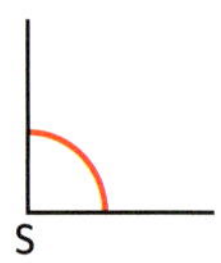

rechter Winkel

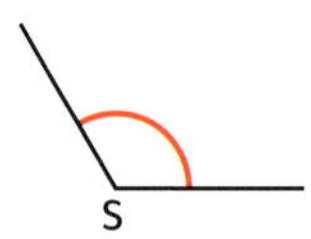

stumpfer Winkel

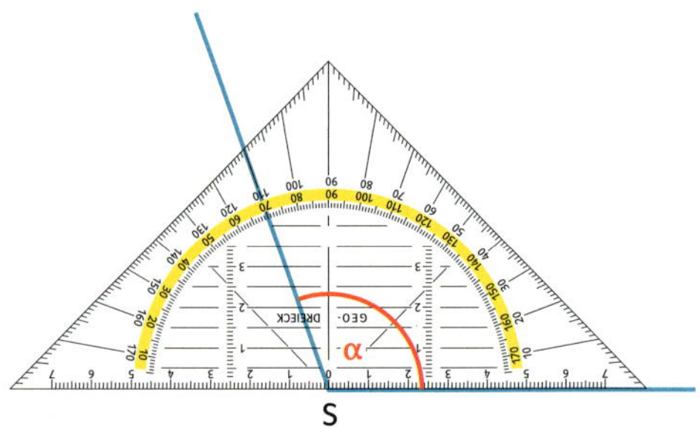

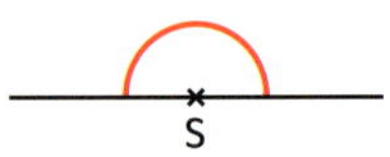

gestreckter Winkel

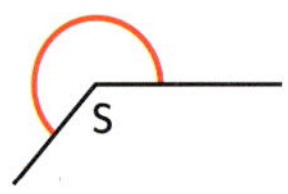

überstumpfer Winkel

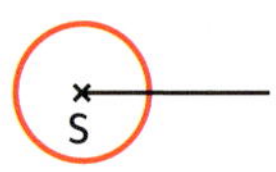

Vollwinkel

Training

Runde 1

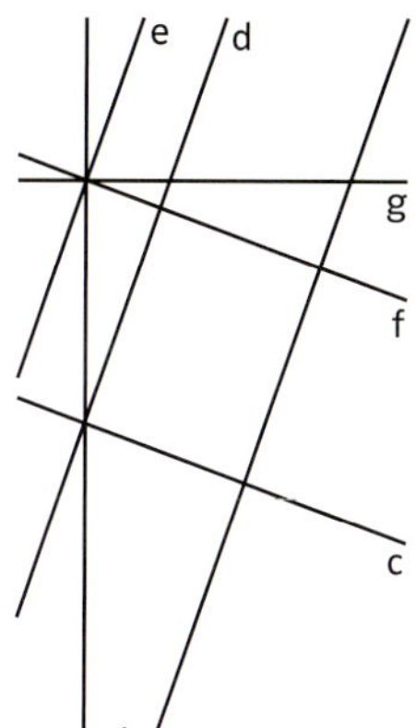

Fig. 1

1 Welche Geraden in Fig. 1 sind zueinander senkrecht, welche zueinander parallel? Schreibe mit ⊥ bzw. ∥.

2 Zeichne ein Koordinatensystem. Trage ein: A(0|3); B(6|0); C(4|4); D(8|8).
a) Zeichne die Geraden AB und CD. Lies die Koordinaten ihres Schnittpunktes ab.
b) Zeichne zu AB die Parallele durch C (durch D).
c) Zeichne zu CD die Senkrechte durch A (durch B).

3 Zeichne das Viereck aus Fig. 2 in dein Heft.
a) Notiere die eingezeichneten Winkel mithilfe der Punkte A, B, C, D, E und F.
b) Miss die Größen der Winkel.

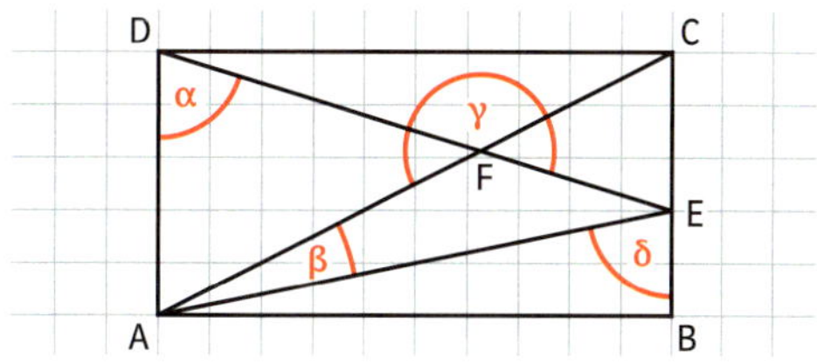

Fig. 2

4 Zeichne zwei Punkte A und B mit $\overline{AB}$ = 5 cm. Bestimme alle Punkte,
a) die von A 4 cm und zugleich von B 3 cm,
b) von A und B je 4 cm
entfernt sind.

5 In einem Koordinatensystem liegen die Punkte A(3|7); B(12|6); C(7|4) und D(6|1). Bestimme die Größen der Winkel ∢ ABC, ∢ DAB, ∢ BDC und ∢ DCA.

Runde 2

1 In einem Koordinatensystem sind durch die Punkte A(0|1), B(2|4), C(8|0), D(7|2), E(9|5) und F(16|1) die Strecken $\overline{AB}$, $\overline{BC}$, $\overline{DE}$ und $\overline{EF}$ gegeben. Zeichne die Strecken und untersuche sie auf Parallelität und Orthogonalität.

2 Zeichne die Punkte A(4|3), B(8|7), C(4|7) in ein Koordinatensystem. Zeichne um A, B und C jeweils einen Kreis mit dem Radius 3 cm. Markiere alle Punkte, die von A, B und C zugleich jeweils höchstens 3 cm entfernt sind.

3 Zeichne Winkel mit der angegebenen Größe.
a) α = 37°
b) β = 135°
c) γ = 215°
d) δ = 321°

4 Die Uhr in Fig. 3 zeigt die Zeit 6.15 Uhr.
a) Es vergehen 17 min. Gib die Größe des Winkels an, den der große Zeiger überstreicht.
b) Der Minutenzeiger der Uhr bewegt sich um einen Winkel von 240° weiter. Welche Uhrzeit zeigt die Uhr jetzt an? Wie viel Zeit ist vergangen?

Fig. 3

5 Zeichne eine Strecke $\overline{BC}$ mit 4 cm. Trage im Punkt B den Winkel β = 110° und im Punkt C den Winkel γ = 20° so an, dass ein Dreieck entsteht. Miss den dritten Winkel.

6 Zeichne das Dreieck ABC mit A(1|5), B(5|1) und C(7|3) ins Heft. Miss die Größen der Winkel im Dreieck.

Lösungen auf Seite 240 – 242.

Das kannst du schon

- addieren
- subtrahieren
- multiplizieren
- dividieren

bir iki üc ... uno due tre ... one two three ...

een twee drie ... un deux trois ... uno dos tres ...

Zahlen und Operationen

Größen und Messen

Raum und Form

Funktionaler Zusammenhang

Daten und Zufall

II Natürliche Zahlen

Zahlen, Zahlen, überall Zahlen

Und du bist weg
1, 2, 3, 4, 5 Millionen, Billionen, Trillionen,
meine Mutter, die kocht Bohnen.
22 Quadrillionen kostet das Pfund,
und ohne Speck bist du weg.

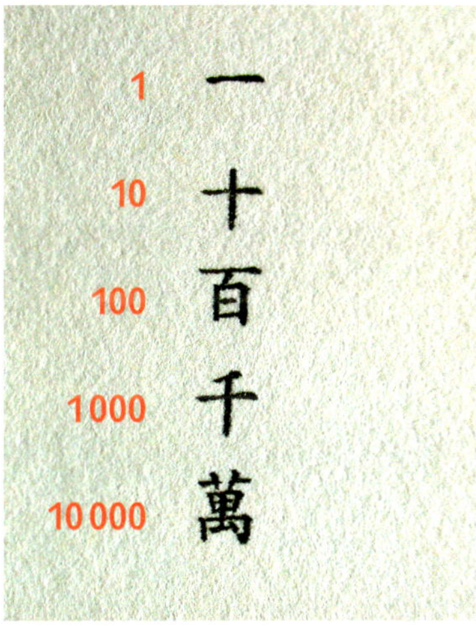

Das kannst du bald

- Große Zahlen schreiben und darstellen
- Zahlen vergleichen und anordnen
- Rechenausdrücke vereinfachen
- Anwendungsaufgaben lösen

1 Zählen und Darstellen

Sportart: Ballwurf
Klasse: 5a

Name	Weite	Platz
Tobias	29 Meter	3
Bilal	32 Meter	2
André	22 Meter	8
Till	27 Meter	4
Mario	18 Meter	9
David	24 Meter	7
Christopher	36 Meter	1
Gordon	25 Meter	6
Simon	26 Meter	5

Der kalte Winter ist vorbei und die Seehunde vor Helgoland wärmen sich in der Sonne. Naturschützer zählen die kleinen Seehunde regelmäßig. So kann man beurteilen, ob die Schutzmaßnahmen Erfolg haben.
Auch in vielen anderen Bereichen des täglichen Lebens wird gezählt.
Die Jungen der Klasse 5 a erzielen beim Sportfest im Ballwurf sehr unterschiedliche Ergebnisse.

Für die Menge aller natürlichen Zahlen wird häufig auch das Zeichen ℕ verwendet.

Die Zahlen 1, 2, 3, ..., die man zum Zählen und Ordnen beliebiger Dinge (Personen, Tiere, Gegenstände usw.) verwendet, werden gemeinsam mit der Zahl 0 als **natürliche Zahlen** bezeichnet. Sie haben einen Anfang bei null, jedoch kein Ende.

Beim Abzählen und beim Messen kommt es auf die Reihenfolge der natürlichen Zahlen an. Wir verwenden die natürlichen Zahlen auch, um zu ordnen bzw. um Reihenfolgen festzulegen. Wir sprechen dann vom ersten, zweiten, dritten, ... Wir schreiben dafür 1., 2., 3., ... Zu jeder natürlichen Zahl gibt es eine um 1 größere folgende Zahl, ihren **Nachfolger**. So ist zum Beispiel die 16 der Nachfolger der natürlichen Zahl 15. Ebenso gibt es zu jeder natürlichen Zahl (außer der Zahl Null) eine um 1 kleinere vorangehende Zahl, ihren **Vorgänger**. Die Zahl 14 ist beispielsweise der Vorgänger der natürlichen Zahl 15.

Die Reihenfolge der natürlichen Zahlen 0, 1, 2, 3, ... kann man am **Zahlenstrahl** darstellen. In Richtung der Pfeilspitze des Zahlenstrahls werden die Zahlen immer größer (**Ordnung** der natürlichen Zahlen).

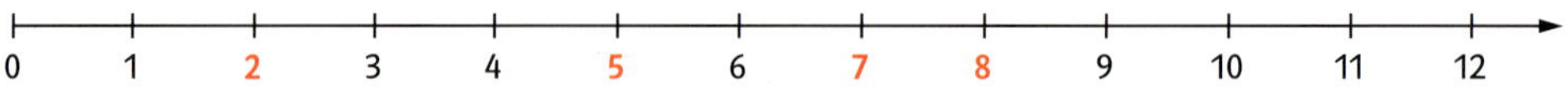

2 liegt links von 7, also ist 2 kleiner als 7. Man schreibt: $2 < 7$.

8 liegt rechts von 5, also ist 8 größer als 5. Man schreibt: $8 > 5$.

An einem Zahlenstrahl sind die Abstände zwischen aufeinander folgenden natürlichen Zahlen gleich groß. Oft nimmt man dabei die Längeneinheit 1 cm als Abstand zwischen zwei benachbarten natürlichen Zahlen. Möchte man auch größere Zahlen an einem Zahlenstrahl darstellen, so muss man die Abstände zwischen allen Zahlen entsprechend verkleinern.

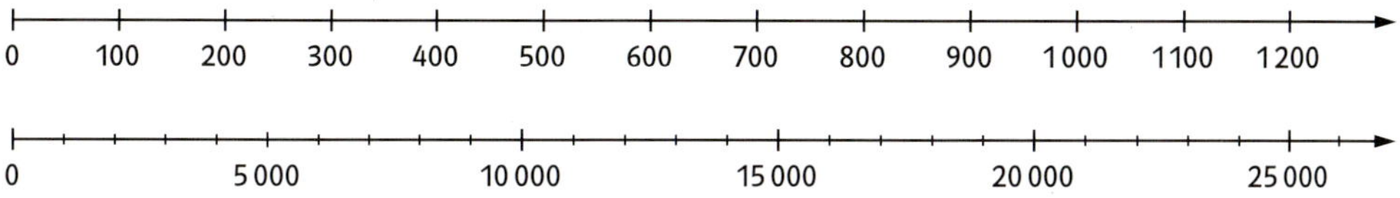

Beispiel 1
a) Benutze die Zeichen < und > bei den folgenden Zahlenpaaren: 13 und 11; 4 und 0; 6 und 9.
b) Ordne die nachfolgenden Zahlen in aufsteigender Reihenfolge und schreibe als Kleinerkette: 31; 129; 45; 14; 0; 89; 131; 98; 7.
Lösung:
a) Es gelten die Beziehungen:
13 > 11 bzw. 11 < 13; 4 > 0 bzw. 0 < 4 und 6 < 9 bzw. 9 > 6.
b) 0 < 7 < 14 < 31 < 45 < 89 < 98 < 129 < 131

Eine Kette wie 3 < 6 < 8 < 12 bezeichnet man als Kleinerkette. Eine Kette wie 15 > 12 > 7 > 3 bezeichnet man als Größerkette.

Beispiel 2
Zeichne die Zahlen 100; 125; 180; 222 und 253 möglichst genau auf einem Zahlenstrahl ein.
Lösung:
Erster Versuch:

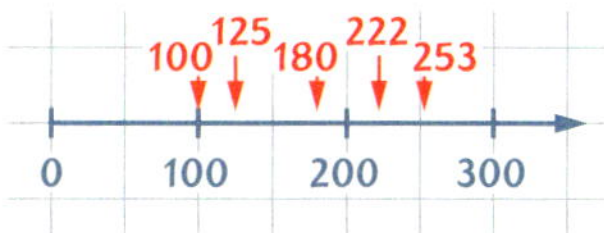

Hier geht es sehr eng und ungenau zu!

Zweiter Versuch:

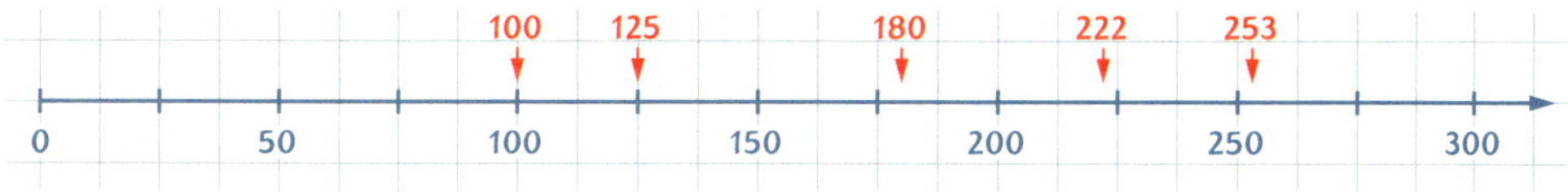

Durch geschicktes „Ausprobieren“ erreicht man, dass der Zahlenstrahl noch ins Heft passt und die gegebenen Zahlen auch sinnvoll eingetragen werden können.

Aufgaben

1 Was wird hier gemessen? Wie sind dabei die Zahlen angeordnet? Vergleiche auch jeweils die Abstände zwischen den Zahlen.

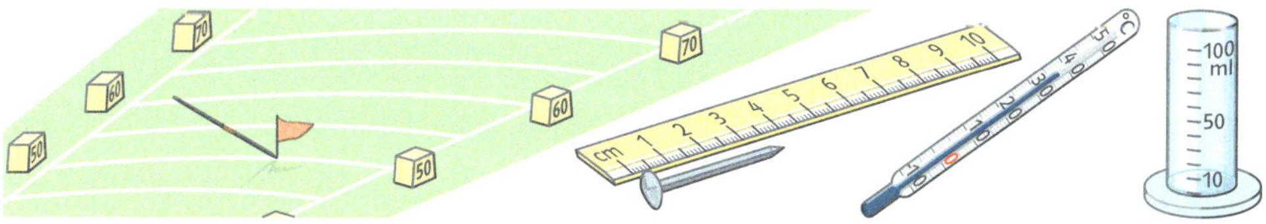

2 Suche in der Tageszeitung Artikel, in denen Zahlen vorkommen. Beschreibe jeweils, ob sie zum Zählen oder zum Ordnen verwendet werden.

3 Bestimme den Nachfolger und den Vorgänger von
a) 23; 45; 49; 51; 79; 80,
b) 100; 909; 990; 999; 1009; 1999.

4 a) Von welcher natürlichen Zahl ist 17 (35; 100; 501) der Vorgänger?
b) Welche natürliche Zahl hat 20 (19; 100; 21100) als Nachfolger?

5 Gib möglichst viele Möglichkeiten an, eine 20-Cent-Münze in kleinere Münzen umzutauschen. Ordne dabei die Münzen nach zunehmendem Wert.

6 Schreibe mit dem Zeichen < oder >.
a) 27 ist kleiner als 73. b) 91 ist größer als 55.
c) 99 ist kleiner als 990. d) 8 liegt zwischen 5 und 10.

7 Setze im Heft jeweils das richtige Zeichen < oder > für ☐.
a) 14 ☐ 17; 37 ☐ 41; 67 ☐ 69; 82 ☐ 79 b) 31 ☐ 13; 52 ☐ 25; 45 ☐ 54; 74 ☐ 47
c) 235 ☐ 205; 350 ☐ 503; 989 ☐ 1210 d) 786 ☐ 745; 1353 ☐ 1624; 1222 ☐ 1321

8 a) Schreibe als Kleinerkette: 312; 212; 231; 321; 123; 323; 132
b) Schreibe als Größerkette: 9099; 9009; 9990; 9090; 9000; 9999
c) Schreibe als Kleiner- und Größerkette: 1001, 1101, 1100, 1111, 1010.

9 Was ist richtig, was ist falsch?
a) 898 < 989 b) 2023 > 2202 c) 4242 < 4224 d) 5212 > 5112
e) 9989 < 9998 f) 7577 > 7755 g) 3222 < 3220 h) 6868 > 8666

10 Schreibe alle dreistelligen Zahlen auf, in denen jede der Ziffern 1, 3 und 5 vorkommt. An welcher Stelle steht die Zahl 315, wenn man die Zahlen aufsteigend der Größe nach ordnet?

11 Inge würfelt dreimal und erzielt dabei insgesamt die Augenzahl 10. Gib alle möglichen Wurffolgen an. Notiere diese in einer übersichtlichen Reihenfolge.

12 Bringe die Einwohnerzahlen der 16 deutschen Bundesländer in Erfahrung. Ordne sie in absteigender Reihenfolge, indem du mit dem einwohnerstärksten Bundesland beginnst. Welche Länder haben über 10 Millionen und welche haben weniger als 2 Millionen Einwohner?

13 Zeichne die folgenden Zahlen möglichst genau auf einem Zahlenstrahl ein.
a) 8; 17; 21; 35; 52; 78; 83; 96; 113 b) 12; 37; 61; 75; 89; 93; 107; 117

14 Wie lange würdest du etwa brauchen, um von 1 bis 10 000 000 zu zählen? Stelle deine Überlegungen ausführlich dar.

15 In der folgenden Tabelle findest du die Zahlen von 1 bis 6 in fünf verschiedenen Sprachen dieser Erde. Ergänze die Tabelle um weitere Sprachen im Heft.

	1	2	3	4	5	6
dänisch	En	To	Tre	Fire	Fem	Seks
estnisch	Üks	Kaks	Kolm	Neli	Viis	Kuus
japanisch	Ichi	Ni	San	Yon	Qo	Roku
niederländisch	Een	Twee	Drie	Vier	Vijf	Zes
spanisch	Uno	Dos	Tres	Cuatro	Cinco	Seis

2 Große Zahlen

Der Stern Alpha Centauri ist nach der Sonne der nächstgelegene Stern. Seine Entfernung von der Erde beträgt etwa $4 \cdot 10^{13}$ km.

In vielen Bereichen des Lebens spielen große Zahlen eine Rolle. Für große Zahlen gibt es eigene Namen und in manchen Fällen auch eine besondere Schreibweise.

Bei unseren Zahlen hängt die Bedeutung einer **Ziffer** davon ab, an welcher Stelle sie steht.
4107 bedeutet: 4 Tausender, 1 Hunderter, 0 Zehner, 7 Einer.
1074 bedeutet: 1 Tausender, 0 Hunderter, 7 Zehner, 4 Einer.
Der Wert einer Stelle ist das **Zehnfache** der vorhergehenden Stelle. Man sagt: Unsere Zahlen sind im **Zehnersystem** geschrieben.

Das Zehnersystem hat die zehn Ziffern 0, 1, 2, 3, 4, 5, 6, 7, 8, 9.

Übersicht über den Wert der Stellen im Zehnersystem (**Dezimalsystem**)

(von rechts nach links jeweils $\cdot 10$)

...	H	Z	E	H	Z	E	H	Z	E	H	Z	E
Billionen	Milliarden			Millionen			Tausender					

Man kann große Zahlen leichter lesen, wenn man die Ziffern von rechts her in Dreierpäckchen einteilt: 7354 055 780. Gesprochen: sieben Milliarden dreihundertvierundfünfzig Millionen fünfundfünfzigtausendsiebenhundertachtzig.

Für Zahlen wie 10, 100, 1000, 10 000, ... gibt es eine besondere Schreibweise:
Zum Beispiel ist $1000 = \underbrace{10 \cdot 10 \cdot 10}_{\text{3-mal}}$. Dafür schreibt man kurz: 10^3 (sprich: zehn hoch drei).

10^6 ist eine 1 mit 6 Nullen.

Entsprechend gilt:
$10^1 = 10$, $10^2 = 100$, $10^3 = 1000$ ..., $10^6 = 1$ Million, $10^9 = 1$ Milliarde. Die Zahlen 10^1, 10^2, 10^3 usw. nennt man Zehnerpotenzen.

Bei großen Zahlen ist manchmal der ganz genaue Wert nicht wichtig. In einem solchen Fall kann man die Zahl **runden**. Vor dem Runden muss man sich entscheiden, auf welche Stelle man runden möchte. Beim Runden auf Zehner sucht man die nächstgelegene Zehnerzahl: 67348 gerundet auf Zehner ergibt 67350. Beim Runden auf Hundert sucht man die nächstgelegene Hunderterzahl: 67348 gerundet auf Hunderter ergibt 67300.

Für gerundete Zahlen verwendet man das Zeichen ≈.
Man liest: Ist ungefähr.

Rundungsstelle (z.B. Tausender) $35\,761 \approx 36\,000$	Steht rechts von der Rundungsstelle eine 5, 6, 7, 8, 9, so wird **aufgerundet**.
$35\,261 \approx 35\,000$	Steht rechts von der Rundungsstelle eine 0, 1, 2, 3, 4, so wird **abgerundet**.

Im amerikanischen Englisch steht der Ausdruck „one billion" übrigens nur für die Zahl 10^9 (1 Milliarde).

Weitere Namen für große Zahlen sind:
1 Billion = 1000 Milliarden = $1\,000\,000\,000\,000 = 10^{12}$,
1 Billiarde = 1000 Billionen = $1\,000\,000\,000\,000\,000 = 10^{15}$,
1 Trillion = 1000 Billiarden = $1\,000\,000\,000\,000\,000\,000 = 10^{18}$,
1 Trilliarde = 1000 Trillionen = $1\,000\,000\,000\,000\,000\,000\,000 = 10^{21}$.

So schreibt man Zahlen in Worten: Liegt die Zahl unter einer Million, schreibt man sie klein und zusammen, Zahlen über einer Million schreibt man getrennt.

Beispiel 1 Zahlen im Zehnersystem
a) Lies die Zahl 11 176 003 154 laut vor.
b) Wie viele Nullen hat die Zahl vier Milliarden? Schreibe die Zahl in Ziffern.
c) Ist 9900 größer als 10^4?
Lösung:
a) Elf Milliarden einhundertsechsundsiebzig Millionen dreitausendeinhundertvierundfünzig.
b) Die Zahl vier Milliarden hat neun Nullen. In Ziffern geschrieben: 4 000 000 000.
c) $10^4 = 10\,000$. Also gilt: $9900 < 10^4$.

Beispiel 2 Zahlen runden
a) Runde 6472 auf Zehner.
b) Runde 14 507 auf Tausender.
Lösung:
a) $6472 \approx 6470$ (abgerundet)
b) $14\,507 \approx 15\,000$ (aufgerundet)

Beispiel 3 Große Entfernungen
Die Entfernung von der Sonne zum Pluto, dem äußersten Planeten unseres Sonnensystems, beträgt etwa 6000 Millionen Kilometer. Die Entfernung von der Erde zu einem der nächsten Fixsterne, dem Alpha Centauri, beträgt etwa 40 Billionen Kilometer. Stelle die Entfernungen mithilfe von Zehnerpotenzen dar.
Lösung:
Sonne – Pluto: 6000 Millionen km = $6\,000\,000\,000$ km = $6 \cdot 1\,000\,000\,000$ km = $6 \cdot 10^9$ km
Erde – Alpha Centauri: 40 Billionen km = $40\,000\,000\,000\,000$ km = $4 \cdot 10^{13}$ km

Aufgaben

1 Lies die Zahlen laut vor. Runde die Zahlen auf Hunderter.
a) 4677; 24 080; 104 512; 89 045; 287 052; 3 700 449; 9959
b) 5904; 76 777; 19 501; 100 100; 6 999 960; 34 409; 222 222

Personalbogen
(auf Hunderter gerundet)
Geburtsjahr: 2000
Postleitzahl: 72700
Telefon: 0707206500
Autokennzeichen: RT – JF 00

2 Schreibe die Zahl in Ziffern. Schreibe sie dann gerundet auf Tausender.
a) Dreiundvierzigtausendsechshundertsiebenundachtzig
b) Drei Millionen sechshundertvierzigtausendneunhundertdreiundachtzig

3 Runde die Zahl 3 455 093 auf
a) Zehner, b) Hunderter, c) Tausender, d) Zehntausender, e) Hunderttausender.

Die Stellen werden immer von rechts gezählt.

4 a) Welchen Wert hat die Ziffer 7 in der Zahl 673?
b) Welchen Wert hat die Ziffer 3 in der Zahl 1023?
c) Welchen Wert hat die Ziffer 4 in der Zahl 14 289?

5 Welche Zahl ist größer? Schreibe mit dem Größerzeichen.
a) 102; 222 b) 103; 3000 c) 10^5; 4109 d) 10^4; 14 000 e) 10^6; 6 000 000

6 Wie heißt die Zahl?
a) Sie ist die kleinste Zahl mit neun Ziffern.
b) Sie ist die größte Zahl, in der jede Ziffer genau einmal vorkommt.
c) Sie ist die kleinste Zahl, in der jede Ziffer genau einmal vorkommt.

7 Gib jeweils Vorgänger und Nachfolger an.
a) 456 789 b) 99 999 c) 750 000 d) 7 000 000
e) 5 000 999 f) 8 099 000 g) 100 100 h) 909 909

12 13 14
Vorgänger von 13 *Nachfolger von 13*

8 Gib den Vorgänger und den Nachfolger der Zahl an.
a) eine Million; 10^5 b) 10^2; 10^7 c) zehntausend; drei Millionen d) 10^4; zwei Milliarden

9 a) Eine Zahl wurde auf Zehner gerundet und lautet jetzt 340. Um welche Zahl kann es sich gehandelt haben?
b) Wie viele Zahlen gibt es, die auf Zehner gerundet die Zahl 630 ergeben?
c) Wie viele Zahlen gibt es, die auf Hunderter gerundet die Zahl 600 ergeben?

Bist du sicher?

1 Wie viele Stellen hat die Zahl drei Millionen vierundachtzigtausendneunhundertacht? Schreibe die Zahl in Ziffern und runde sie auf Tausender.

2 Schreibe in Worten: 43 012, 107 846

10 Charlotte hat die Erbsen im Gefäß in Fig. 1 genau gezählt. Sie verrät aber das Ergebnis nur auf Hunderter gerundet: 4400 Erbsen. Wie viele Erbsen sind mindestens (höchstens) im Gefäß?

Fig. 1

11 Schreibe ohne Zehnerpotenz.
a) $7 \cdot 10^2$ b) 10^4 c) $3 \cdot 10^1$ d) $6 \cdot 10^3$
e) $2 \cdot 10^5$ f) $4 \cdot 10^7$ g) $9 \cdot 10^6$ h) $1 \cdot 10^8$

12 Schreibe mithilfe einer Zehnerpotenz.
a) 800 b) 10 000 c) 6000 d) 23 000
e) 170 000 f) 6 000 000 g) 464 000 h) 3 672 200

13 Wie musst du die Zahlenkärtchen in Fig. 2 nebeneinander legen, damit
a) eine möglichst große, b) eine möglichst kleine
zehnstellige Zahl entsteht?

Fig. 2

Die Wega ist der dritthellste Stern am nördlichen Nachthimmel und etwa 25 Lichtjahre von der Erde entfernt.

14 Verwende für die Entfernungsangaben die Zahlschreibweise mit und ohne Zehnerpotenz.
a) Erde – Mond: 400 Tausend Kilometer
b) Erde – Sonne: 150 Millionen Kilometer
c) Jupiter – Sonne: 780 Millionen Kilometer
d) Erde – Wega: 230 Billionen Kilometer

15 Im Blut eines Erwachsenen sind ungefähr 25 000 000 000 000 Blutkörperchen. Lies diese Zahl. Wie viele Millionen sind es? Schreibe die Zahl mithilfe einer Zehnerpotenz.

Enrico Fermi (1901 – 1954)

16 Fermi-Fragen
Der berühmte italienische Physiker Enrico Fermi stellte seinen Studenten häufig ungewöhnliche Fragen, deren Beantwortung etwas Überlegung erfordert und nur durch Schätzen möglich ist. Versuche, die folgenden „Fermi-Fragen" zu beantworten.
a) Wie viele Stunden schläfst du in deinem Leben?
b) Wie viele Buchstaben „e" stehen in deinem Mathebuch?
c) Wie viele Stühle gibt es in deiner Schule?
d) Wie viele Haare hast du auf deinem Kopf?
e) Wie viele Pizzen werden in diesem Jahr von den Deutschen gegessen?
f) Wie viele Briefträger gibt es in deiner Stadt?

Zum Knobeln

17 Welches ist die kleinste Zahl, die du mit genau 12 Streichhölzern legen kannst?

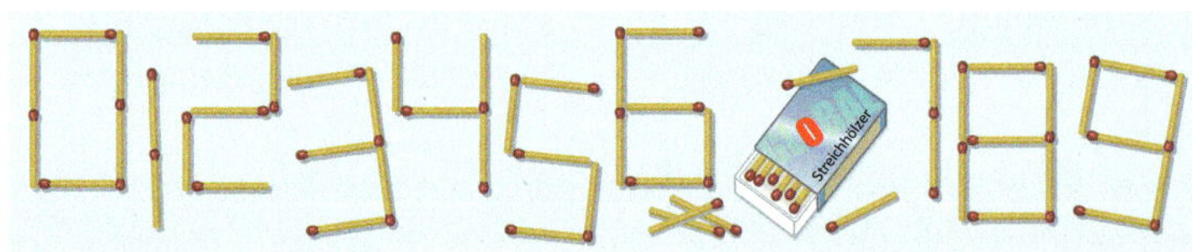

Fig. 1

Wer spielt der Klasse die Diskussion vor?

18 **Eine Diskussion über das Runden**
„Mir ist beim Runden etwas aufgefallen, was ich nicht verstehe."
„Erzähl doch."
„Ich sollte 847 auf Hunderter runden und … "
„Ist doch ganz einfach: Das gibt 800."
„Stimmt. Aber pass auf: Ich habe aus Versehen zuerst auf Zehner gerundet, das gibt 850. Dann habe ich diese Zahl auf Hunderter gerundet, das gibt 900. Was sagst du nun?"
„Eigenartig. Ich probiere mal mit einer anderen Zahl, zum Beispiel 837. Auf Hunderter gerundet gibt das 800. Wenn man zuerst auf Zehner rundet, kommt man auf 840 und dann beim Runden auf Hunderter auf 800. Hier stimmen die Ergebnisse überein."
„Aber welches Ergebnis nehme ich, wenn sie nicht übereinstimmen?"
„Das ist doch klar: 847 liegt näher bei 800 als bei 900. Also ist 800 richtig. Du musst immer gleich auf die gewünschte Stelle runden. Wenn du nacheinander rundest, kommst du manchmal auf falsche Zahlen."
„Ach so. Ist ja eigentlich ganz einfach."

Spiel für 2 bis 4 Spieler. Man braucht: Einen Würfel und ein Blatt Papier.

19 **Würfelspiel: Hausnummer**
Die Spielregel für „Die große Hausnummer" lautet so:
Der Spieler würfelt dreimal hintereinander. Nach jedem Wurf sagt er sofort, ob die gewürfelte Zahl die Einerziffer, die Zweierziffer oder die Hunderterziffer einer dreistelligen Zahl sein soll. Es gewinnt der Spieler, der die größte dreistellige Zahl erwürfelt.
Beim Würfelspiel „Die kleine Hausnummer" versucht jeder Spieler aus den drei gewürfelten Zahlen eine möglichst kleine dreistellige Zahl zu bilden. Nach jeder Runde erhält der beste Spieler einen Punkt. Wer zuerst zehn Punkte erreicht, gewinnt.

3 Das Zweiersystem

Conny spielt mit ihren Freundinnen Volleyball. Um den Mannschaftskolleginnen unauffällig Spielzüge anzuzeigen, gibt sie mit einer Hand hinter dem Rücken den anderen Zeichen.

Im **Zehnersystem** hängt der Wert einer Ziffer davon ab, an welcher Stelle sich die Ziffer befindet. Bei der Ziffernfolge 1111 hat die rote 1 den Wert $1 = 10^0$, die blaue 1 den Wert $10 = 10^1$, die grüne 1 den Wert $100 = 10^2$ und die schwarze 1 den Wert $1000 = 10^3$. Rückt die 1 um eine Stelle nach links, so verzehnfacht sich ihr Wert.
Die Ziffernfolge 1111 bedeutet im Zehnersystem: $1 \cdot 1000 + 1 \cdot 100 + 1 \cdot 10 + 1 \cdot 1 = 1111$.

$1000 = 10 \cdot 10 \cdot 10 = 10^3$
$100 = 10 \cdot 10 = 10^2$
$10 = 10^1$
$1 = 10^0$

Im **Zweiersystem** ist das anders: Bei der Ziffernfolge 1111 im Zweiersystem hat die rote 1 ebenfalls den Wert $1 = 2^0$, die blaue 1 besitzt den Wert $2 = 2^1$, die grüne 1 den Wert $4 = 2^2$ und die schwarze 1 den Wert $8 = 2^3$. Rückt die 1 hier um eine Stelle nach links, so verdoppelt sich jeweils ihr Wert.
Die Ziffernfolge **1111** im Zweiersystem bedeutet im Zehnersystem: $1 \cdot 8 + 1 \cdot 4 + 1 \cdot 2 + 1 \cdot 1$, also die Zahl 15. Wenn man die Ziffernfolge **1111** im Zweiersystem meint, schreibt man dafür $(1111)_2$ und man sagt „eins eins eins eins im Zweiersystem".

$8 = 2 \cdot 2 \cdot 2 = 2^3$
$4 = 2 \cdot 2 = 2^2$
$2 = 2^1$
$1 = 2^0$

Übersicht über den Wert der Stellen im **Zweiersystem:**

(Von rechts nach links jeweils $\cdot 2$)

…	32er	16er	8er	4er	2er	1er	
					(1	$1\ )_2$	$= 1 \cdot 2 + 1 \cdot 1 = 3$
			(1	1	0	$1\ )_2$	$= 1 \cdot 8 + 1 \cdot 4 + 0 \cdot 2 + 1 \cdot 1 = 13$

Im Zweiersystem benötigt man für die Darstellung von Zahlen nur die zwei Ziffern 0 und 1, im Zehnersystem die zehn Ziffern 0 bis 9.

$(1)_2 = 1$
$(10)_2 = 2$
$(11)_2 = 3$
$(100)_2 = 4$
$(101)_2 = 5$
$(110)_2 = 6$
$(111)_2 = 7$
$(1000)_2 = 8$
$(1001)_2 = 9$
$(1010)_2 = 10$

Beispiel
a) Schreibe $(11011)_2$ im Zehnersystem.
b) Schreibe 22 im Zweiersystem.

Lösung:
a) $(11011)_2 = 1 \cdot 16 + 1 \cdot 8 + 0 \cdot 4 + 1 \cdot 2 + 1 \cdot 1$
$= 27$

b) $22 = 1 \cdot 16 + 0 \cdot 8 + 1 \cdot 4 + 1 \cdot 2 + 0 \cdot 1$
$= (10110)_2$

Aufgaben

Zu Aufgabe 1:
Die Summe aller Ergebnisse ist
a) 51, b) 46, c) 33, d) 58, e) 91.

1 Um welche Zahl handelt es sich jeweils?

a) $(10)_2$	b) $(110)_2$	c) $(11)_2$	d) $(111)_2$	e) $(10)_2$
$(101)_2$	$(1110)_2$	$(1)_2$	$(1011)_2$	$(1111)_2$
$(1101)_2$	$(1001)_2$	$(1000)_2$	$(11000)_2$	$(10111)_2$
$(11111)_2$	$(10001)_2$	$(10101)_2$	$(10000)_2$	$(110011)_2$

Das Zweiersystem wird auch als „Dualsystem" oder „Binärsystem" bezeichnet. Es wurde im 17. Jahrhundert von Gottfried Wilhelm Leibnitz entwickelt.

2 Schreibe die Zahl jeweils im Zweiersystem.

a) 6	b) 4	c) 8	d) 5	e) 3
9	10	11	16	7
14	12	20	30	17
32	40	33	34	50

3 Zähle laut im Zweiersystem von eins bis zwanzig (oder noch weiter):
eins, eins null, eins eins, eins null null, ...

4 Schreibe die nächstkleinere und die nächstgrößere Zahl im Zweiersystem.
a) $(11)_2$ b) $(111)_2$ c) $(10)_2$ d) $(100)_2$ e) $(1010)_2$

5 Computer speichern Zahlen im Zweiersystem. Dabei wandelt der Computer die Zahlen beim Eintippen automatisch um. Früher musste man dem Computer die Zahlen im Zweiersystem eingeben. Dazu stanzte man Löcher in eine Karte.
Wann wurde Robert geboren?

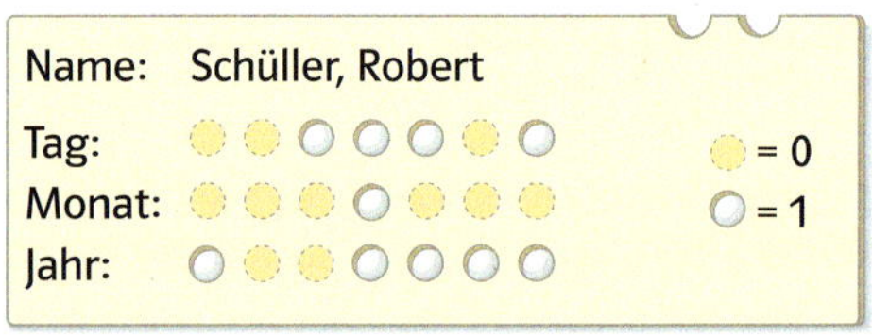

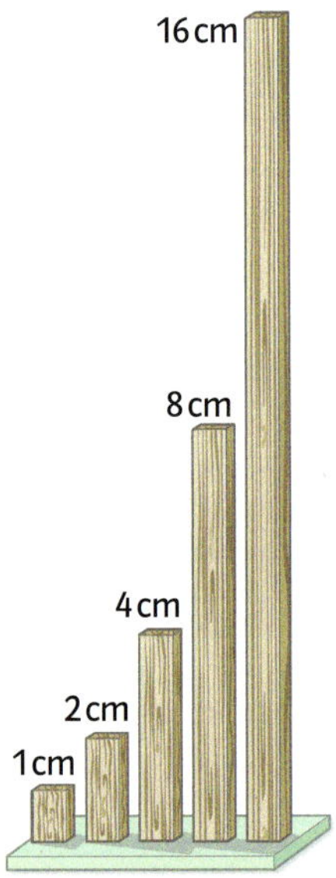

Fig. 1

6 a) Wie viele Zahlen kann man im Zweiersystem mit höchstens sechs Stellen schreiben?
b) Wie viele Stellen braucht man im Zweiersystem für die Zahl 100?

7 Beate sagt: „Mir genügen diese fünf Holzstücke, um alle vollen Zentimeterlängen von 1 cm bis 31 cm abzumessen." Kann das stimmen?

8 **Zum Erforschen**
a) Wie ändert sich eine Zahl, wenn man im Zweiersystem eine Null anhängt?
b) Woran erkennt man im Zweiersystem, ob eine Zahl gerade oder ungerade ist?

9 **Ein Zauberspiel**
Stelle zunächst vier Spielkarten wie die gezeigten her.

8	9	10	11
12	13	14	15

1	3	5	7
9	11	13	15

4	5	6	7
12	13	14	15

2	3	6	7
10	11	14	15

So kannst du dann damit zaubern:
Dein Spielpartner denkt sich eine Zahl bis 15, sagt sie aber nicht. Zeige ihm nacheinander die vier Zauberkärtchen und frage ihn, ob seine Zahl darauf steht. Er soll nur mit Ja oder Nein antworten. Du musst nur die links oben stehende Zahl aller Ja-Kärtchen im Kopf zusammenzählen. Das Ergebnis ist die gedachte Zahl.

4 Rechnen mit natürlichen Zahlen

Maren darf an ihrem Geburtstag mit ihren Freundinnen und Freunden eine Bootsfahrt unternehmen. Sie sind zusammen 19 Personen.
Michael behauptet: „Ganz egal, mit wie vielen Personen man fährt, es ist immer am günstigsten, so viele 10-Personen-Blockkarten zu kaufen wie möglich, dann so viele 5-Personen-Blockkarten wie möglich und dann für den Rest Einzelkarten."

Bei vielen Fragestellungen im Alltag benötigt man die vier Grundrechenarten:

Addieren	**Subtrahieren**	**Multiplizieren**	**Dividieren**
23 + 15	43 − 9	8 · 12	42 : 6
Sprich:			
23 plus 15	43 minus 9	8 mal 12	42 geteilt durch 6.

Diese Begriffe stammen aus dem Lateinischen:

addere: *hinzufügen*

subtrahere: *entfernen*

multiplicare: *vervielfachen*

dividere: *teilen*

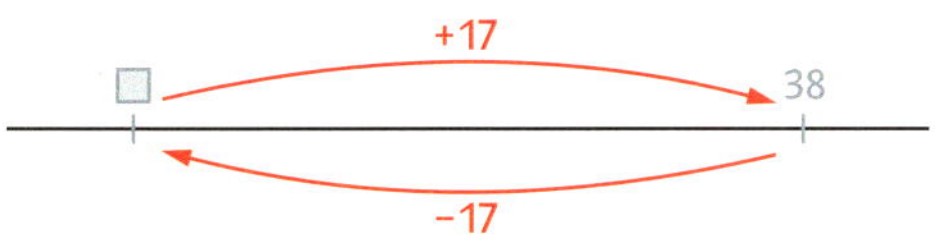

Um bei der Additionsaufgabe □ + 17 = 38 die Zahl im Kästchen zu finden, führt man die Subtraktion 38 − 17 = 21 aus.

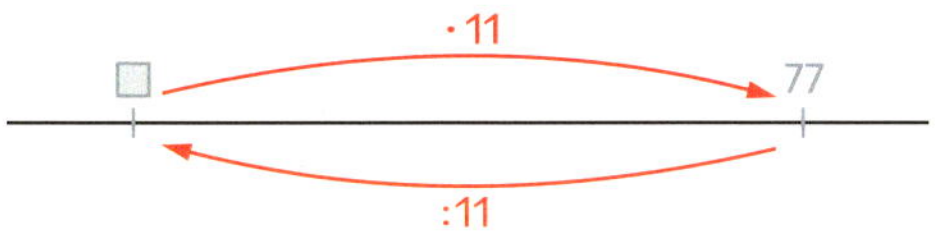

Um bei der Multiplikationsaufgabe □ · 11 = 77 die Zahl im Kästchen zu finden, führt man die Division 77 : 11 = 7 aus.

Addieren:	13	+	24	=	37
	1. Summand		2. Summand		Berechnete Summe
		Summe			
Subtrahieren:	41	−	19	=	22
	Minuend		Subtrahend		Berechnete Differenz
		Differenz			
Multiplizieren:	16	·	4	=	64
	1. Faktor		2. Faktor		Berechnetes Produkt
		Produkt			
Dividieren:	36	:	12	=	3
	Dividend		Divisor		Berechneter Quotient
		Quotient			

Anstelle der Summe 16 + 16 + 16 + 16 schreibt man auch 4 · 16 oder 16 · 4. Die Multiplikation ist also eine Abkürzung für eine Summe mit mehreren gleichen Summanden.

Mit der Null muss man aufpassen:

5 · 0 = 0,
0 · 7 = 0,
0 : 4 = 0.

6 : 0 kann man nicht rechnen.

Bei den verschiedenen Rechenarten unterscheidet man:

Strichrechnungen	und	**Punktrechnungen**
Addition +		Multiplikation ·
und Subtraktion −		und Division :

*Beispiele für **Rechenausdrücke**:*
$3 + 25$
$13 - 5 + 7 + 21 - 7 \cdot 3$
$5 \cdot (14 + 7 \cdot 4)$
$42 - 5 \cdot (3 \cdot [7 - 4] + 21)$

Kommen bei einer Rechnung Strichrechnungen ohne Klammern vor, so rechnet man von links nach rechts: $5 + 3 - 2 = 8 - 2 = 6$.

Muss man bei einem Rechenausdruck sowohl addieren als auch multiplizieren, so ist das Ergebnis durch die **Reihenfolge der Rechenschritte** bestimmt.
Dafür gibt es die folgenden Regeln:
Bei fehlenden Klammern werden Punktrechnungen zuerst ausgeführt.

$2 + 5 \cdot 4$ Hier soll zuerst multipliziert werden, also $2 + 20 = 22$.

Durch Einfügen von **Klammern** kann die Reihenfolge der Rechenschritte verändert werden.

$(2 + 5) \cdot 4$ Hier soll zuerst addiert werden, also $7 \cdot 4 = 28$.

Kurz:
Klammer vor Punkt
Punkt vor Strich

Reihenfolge beim Berechnen von Rechenausdrücken:
1. Bei Rechenausdrücken mit Klammern berechnet man zuerst das, was in der Klammer steht.
2. Punktrechnungen (· und :) werden vor Strichrechnungen (+ und −) ausgeführt.

Wenn Klammern innerhalb von Klammern vorkommen, wird der Inhalt der inneren Klammer zuerst ausgerechnet. Häufig wird zur Unterscheidung dabei innen rund und außen eckig geklammert.

Rechenbäume
zu Beispiel 1:

a)
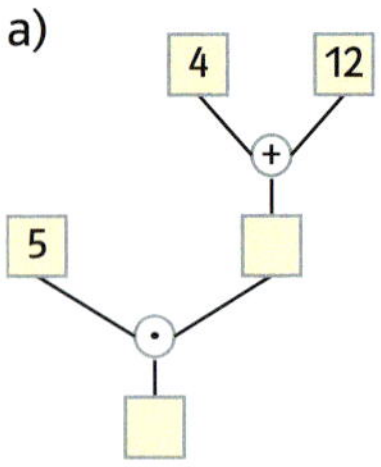

c)
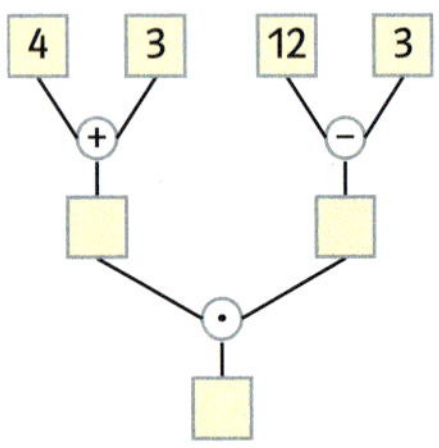

Beispiel 1 Klammerinhalt zuerst ausrechnen
Berechne: a) $5 \cdot (4 + 12)$ b) $18 : (5 + 4)$ c) $(4 + 3) \cdot (12 - 3)$
Lösung:
a) $5 \cdot (4 + 12) = 5 \cdot 16 = 80$ b) $18 : (5 + 4) = 18 : 9 = 2$ c) $(4 + 3) \cdot (12 - 3) = 7 \cdot 9 = 63$

Beispiel 2 Punktrechnung vor Strichrechnung
Berechne: a) $3 \cdot 12 - 9$ b) $6 \cdot 3 + 2 \cdot 7$ c) $2 \cdot 15 - 7 + 4 \cdot 6$
Lösung:
a) $3 \cdot 12 - 9$
$= 36 - 9 = 27$
b) $6 \cdot 3 + 2 \cdot 7$
$= 18 + 14 = 32$
c) $2 \cdot 15 - 7 + 4 \cdot 6$
$= 30 - 7 + 24 = 23 + 24 = 47$

Beispiel 3 Verwendung beider Regeln
Berechne: $38 - (8 + 6 \cdot 12) : 4$.
Lösung:
$38 - (8 + 6 \cdot 12) : 4$ *Punkt- vor Strichrechnung in der Klammer.*
$= 38 - (8 + 72) : 4$ *Klammerinhalt berechnen.*
$= 38 - 80 : 4$ *Punkt- vor Strichrechnung.*
$= 38 - 20 = 18$

Beispiel 4 Klammern innerhalb von Klammern
Berechne: $[7 + 2 \cdot (6 + 3)] : 5$.
Lösung:
$[7 + 2 \cdot (6 + 3)] : 5$ *Zuerst die innere Klammer berechnen.*
$= [7 + 2 \cdot 9] : 5$ *Punkt- vor Strichrechnung in der Klammer.*
$= [7 + 18] : 5$ *Äußere Klammer berechnen.*
$= 25 : 5 = 5$

Aufgaben

1 Rechne im Kopf.

a) 500 + 250 b) 20 · 10 c) 600 − 120 d) 800 : 200
e) 150 : 3 f) 8000 − 2000 g) 3 · 42 h) 78 + 88
i) 67 − 29 j) 56 + 89 k) 42 : 7 l) 345 − 55
m) 14 · 7 n) 72 : 3 o) 27 + 207 p) 19 · 5

2 a) 6 · (3 + 17) b) (4 + 22) · 3 c) 12 · (4 + 89) d) (4 + 2) · (1 + 7)
e) 5 · (23 − 16) f) (7 + 9) · 4 g) 4 · (24 + 11 − 22) h) (120 − 115) · (34 − 22)
i) 2 · (24 + 11) j) (42 − 19) · 5 k) (4 + 8 − 7) · 5 l) (33 − 13) · (54 + 16)

3 a) 3 · (4 + 5) · 6 b) (3 · 4) + (5 · 6) c) (3 · 4 + 5) · 6 d) 3 · 4 + 5 · 6
e) 5 + 2 · (3 − 2) f) (5 + 2) · (3 − 2) g) 5 + (2 · 3) − 2 h) 5 + 2 · 3 − 2

4 Welche Zahl muss man für ☐ einsetzen, damit die Rechnung stimmt?

a)

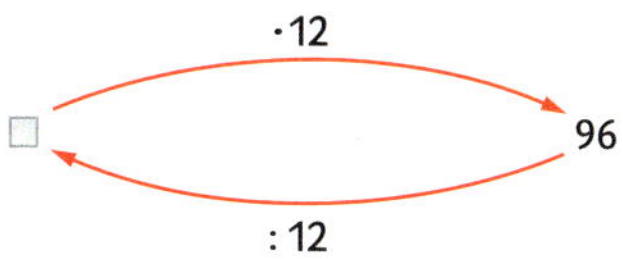

b)

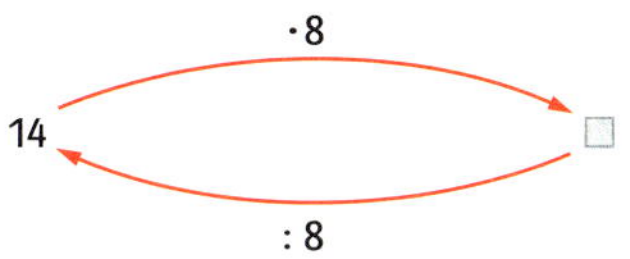

c)

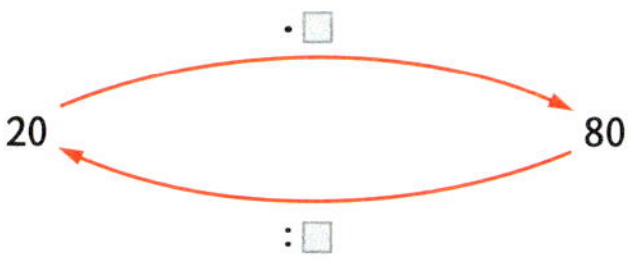

d)

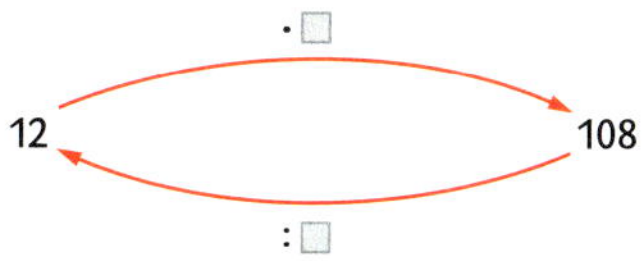

5 Übertrage in dein Heft und berechne die fehlenden Zahlen.

a)

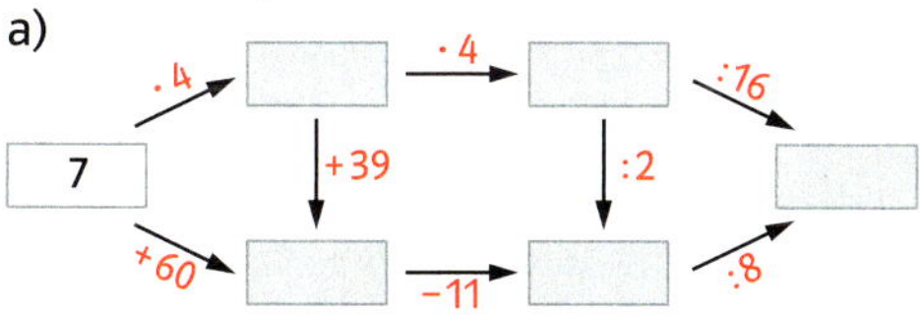

b)

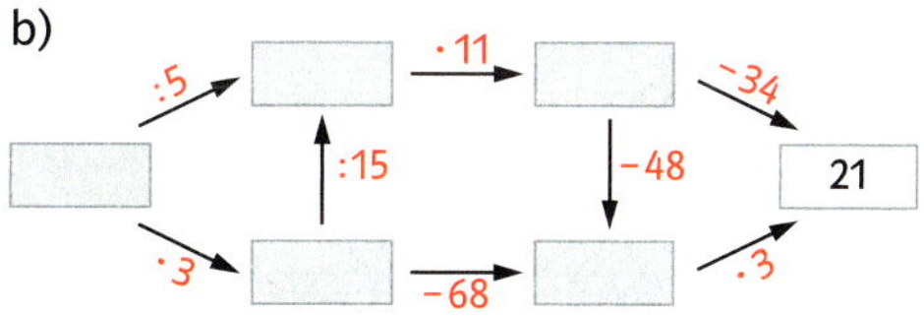

6 Berechne und vergleiche.

a) 3 · 7 + 13
3 · (7 + 13)

b) 8 · 6 − 2
8 · (6 − 2)

c) 2 · 6 + 3 · 9
2 · (6 + 3) · 9

d) 8 · 6 − 2 · 4
8 · (6 − 2) · 4

7 Schreibe als Rechenausdruck und berechne.

a)

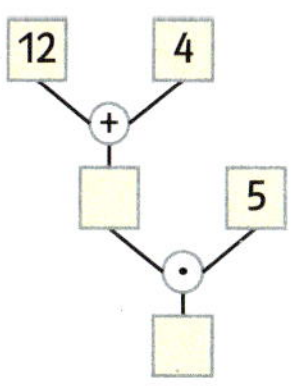

b)

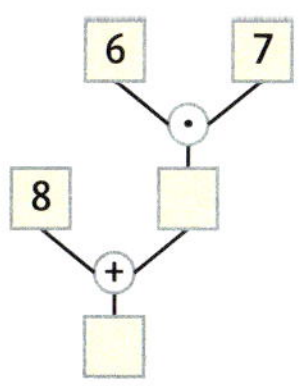

c)

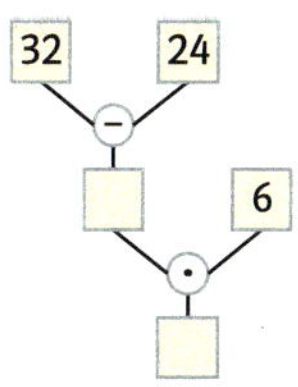

d)

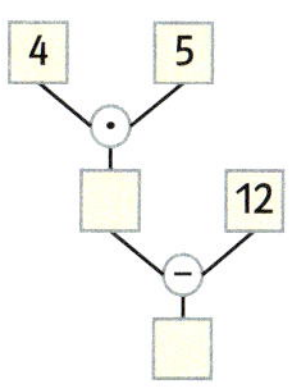

8 Berechne.

a) (6 + 34) · (21 − 2 · 7 + 5) + 13
b) 33 − 3 + 7 · 6 · (77 − 4 · 5 + 6)
c) (390 − 4 · 72 + 2 · 9 − 6) · (12 + 2 · 8)
d) 9 + [12 − 2 · (14 − 9)]
e) 5 · [3 + (24 · 8 − 32)] · 3
f) [(45 − 3) · 13 + 2] · (17 + 2 · 4)

9 Setze Klammern so, dass du das angegebene Ergebnis erhältst.

a) $4 \cdot 5 + 9 \cdot 3$ Ergebnis: 168
b) $2 \cdot 3 + 11 \cdot 5$ Ergebnis: 85
c) $5 \cdot 26 - 3 \cdot 6$ Ergebnis: 40
d) $8 + 2 \cdot 14 - 7$ Ergebnis: 70

10 Übertrage ins Heft und setze dabei für ▢ die richtige Zahl ein.

a) $5 \cdot (4 + ▢) = 30$
b) $7 \cdot (▢ - 16) = 14$
c) $2 \cdot (▢ + 11) = 26$
d) $▢ \cdot (4 + 7) = 55$
e) $(4 + 5) \cdot ▢ = 45$
f) $(▢ - 4) \cdot 7 = 63$

11 Stelle zuerst einen Rechenausdruck auf und berechne dann seinen Wert.

a) Addiere das Produkt aus 7 und 11 zum Produkt aus 13 und 6.
b) Multipliziere das Produkt aus 49 und 28 mit der 5fachen Differenz von 38 und 21.

12 Schreibe auf, wie der Rechenausdruck in Worten lautet, und berechne dann.

a) $12 \cdot 25 + 3 \cdot 4$
b) $23 + 24 \cdot (5 - 3)$
c) $(27 - 12) \cdot (8 + 17)$
d) $4 \cdot 12 - 3 \cdot 8$
e) $(12 \cdot 6 + 34) \cdot 15$
f) $511 \cdot (11 \cdot 307 - 235)$

13 Bei einem Tunnelbau fahren 6 Lastwagen mit je 10 t Tragfähigkeit, 7 Lastwagen mit je 12 t Tragfähigkeit und 15 Lastwagen mit je 15 t Tragfähigkeit die Erde ab. Jeder Lastwagen fährt täglich 8-mal. Gib einen Rechenausdruck an, mit dem du berechnen kannst, wie viel Erde an einem Tag abgefahren wird.

14 Ein Computer kostet bei Barzahlung 722 €, bei Ratenzahlung muss man 18 Monatsraten zu je 45 € bezahlen. Gib einen Rechenausdruck an, mit dem du berechnen kannst, wie viel man bei Barzahlung spart.

Man kann dann rechnen:
$2 + 5 + 6 = 13$ oder
$2 \cdot 5 + 6 = 16$ oder
$(6 : 2) \cdot 5 = 15$.

15 **Fünfzehn gewinnt** – Ein Spiel für mindestens zwei Spieler und drei Würfel
Die Aufgabe besteht darin, aus den drei gewürfelten Zahlen mithilfe von +, −, ·, : und Klammern eine Zahl möglichst nahe an 15 zu bilden oder sogar die Zahl 15 selbst.

Zum Knobeln

16 Der Rechenbaukasten von Anika enthält nur noch die abgebildeten Bausteine. Doch kann man mit den Bausteinen Rechenausdrücke für alle Zahlen von 1 bis 33 bilden. (Beispiel: $31 = 5 \cdot 5 + 4 + 2$.)

a) Bilde zusammen mit deinem Nachbarn Rechenausdrücke für die Zahlen von 1 bis 33. Oft gibt es dabei mehrere Möglichkeiten.
b) Für welche Zahlen von 34 bis 40 findet ihr einen Rechenausdruck mit diesen Bausteinen? Gib diesen Ausdruck an.

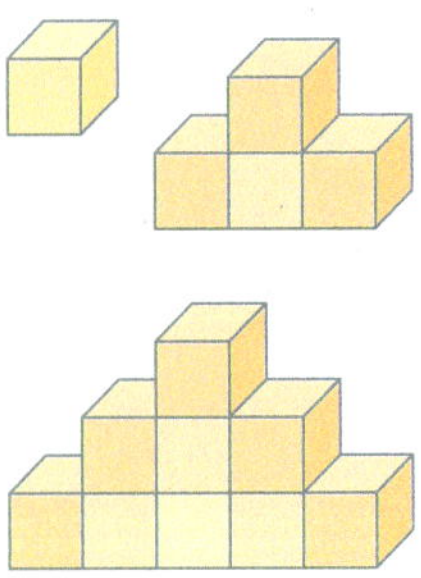

17 Sebastian baut aus Würfeln Treppen. Um die Höhe seiner Treppen vergleichen zu können, stellt er folgende Tabelle auf.

Höhe der Treppe	1	2	3
Würfel in der unteren Reihe	1	3	5
Gesamtzahl der Würfel	1	4	9

a) Zeichne zwei Treppen, deren Höhe 4 und 5 Würfel betragen. Ergänze dann in deinem Heft die Tabelle bis zur Höhe 8.
b) Janine möchte eine Treppe der Höhe 12 bauen. Wie viele Würfel muss sie in die untere Reihe legen und wie viele Würfel benötigt sie insgesamt?
c) Wie erhältst du aus der Höhe der Treppe die Anzahl der Würfel in der unteren Reihe und die Gesamtzahl der Würfel?

5 Rechengesetze und Rechenvorteile I

Brigitte und ihre Schwester Karin kaufen sich Fahrkarten am Automaten. Beide haben das Geld abgezählt bereit. Brigitte wirft zuerst ein 2-€-Stück und dann ein 50-ct-Stück ein. Karin macht es in umgekehrter Reihenfolge.

Vertauscht man in einer Summe die beiden Summanden, erhält man dasselbe Ergebnis. So ist z. B. $3 + 5 = 8$ und $5 + 3 = 8$. Man kann dies am Zahlenstrahl veranschaulichen:

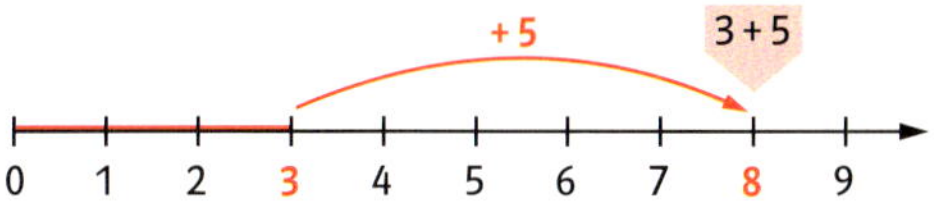

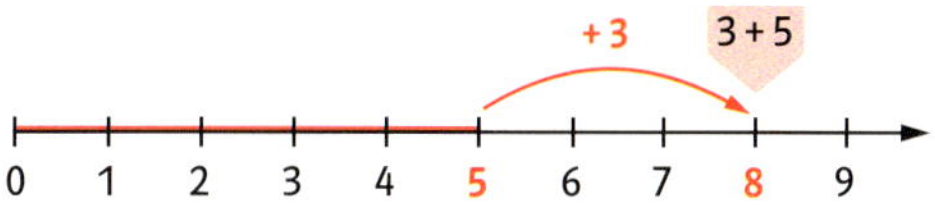

Beim Addieren darf man Summanden vertauschen. Dies gilt für beliebige natürliche Zahlen.

Wenn man in einer Summe mit drei oder mehr Summanden beliebig Klammern setzt, so erhält man ebenfalls jeweils dasselbe Ergebnis. Beispielsweise ist $(3 + 2) + 4 = 9$, ebenso ist $3 + (2 + 4) = 9$. Auch dies kann man am Zahlenstrahl verstehen:

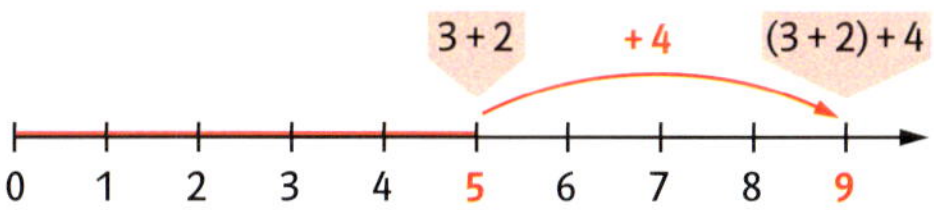

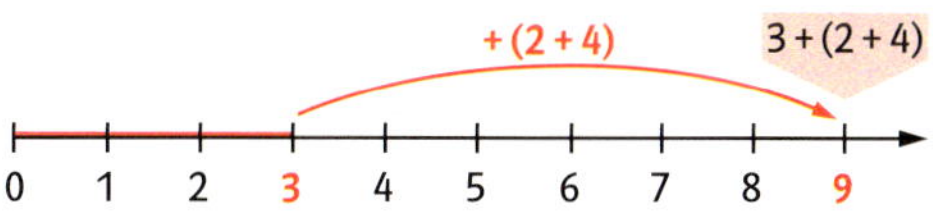

Beim mehrfachen Addieren darf man Klammern beliebig umsetzen oder weglassen. Dies gilt für alle natürlichen Zahlen.

Statt der Zahlen in den obigen Beispielen kann man auch Buchstaben wie a, b und c schreiben.

Kommutativgesetz der Addition:
Für alle natürlichen Zahlen a, b gilt:
$a + b = b + a$,
z. B. $3 + 5 = 5 + 3$.

Assoziativgesetz der Addition:
Für alle natürlichen Zahlen a, b, c gilt:
$(a + b) + c = a + (b + c)$,
z. B. $(3 + 5) + 4 = 3 + (5 + 4)$.

commutare *(lat.): vertauschen*
associare *(lat.): verbinden*

Bei Anwendung der beiden Rechengesetze ergeben sich häufig Rechenvorteile:

Beispiel 1

$338 + 489 + 162$
$= 338 + 162 + 489$
$= 500 + 489 = 989$

Beispiel 2

$(48 + 178) + 122$
$= 48 + (178 + 122)$
$= 48 + 300 = 348$

Achtung: Das Kommutativgesetz gilt nicht für die Subtraktion:
5 − 3 = 2,
3 − 5 ergibt keine natürliche Zahl.

Achtung: Das Assoziativgesetz gilt nicht für die Subtraktion:
(8 − 5) − 2 = 1,
8 − (5 − 2) = 5.

Bei zusammengesetzten Wörtern gibt es kein Assoziativgesetz.

Aufgaben

1 Rechne möglichst geschickt.
a) 305 + (95 + 217) b) 483 + 246 + 117 c) 410 + (1330 + 690) + 1070
d) Erfinde Aufgaben, die sich durch Anwendung der Rechengesetze leichter lösen lassen.

Riesenrad-Fahrer

2 Schreibe jeweils den beschriebenen Rechenausdruck auf. Berechne dann seinen Wert.
a) Addiere die Summe der Zahlen 456 und 378 zur Zahl 144.
b) Addiere die Summe der Zahlen 188 und 173 zur Summe der Zahlen 212 und 227.
c) Addiere zur Zahl 1340 die Summe der Zahlen 890 und 660.

3 Formuliere zu den folgenden Aufgaben einen Text wie in Aufgabe 2.
a) 245 + (188 + 465) b) (465 + 342) + (168 + 673)

Riesen-Radfahrer

4 a) Wie ändert sich der Wert einer Summe von vier Zahlen, wenn man jeden Summanden um 4 vergrößert?
b) Wie ändert sich der Wert einer Summe von drei Zahlen, wenn man jeden Summanden um 5 verkleinert?
c) Wie ändert sich der Wert einer Summe von vier Zahlen, wenn man zwei davon um 3 verkleinert und zwei davon um 5 vergrößert?

5 Berechne im Kopf.
a) 998 + 453 + 67 + 547 + 2 + 23 b) 487 − 127 + 864 + 540 + 136
c) 2000 + 364 + 258 − 104 + 1242 d) 4711 + 3599 + 401 + 289 + 3000

96			68
88	69	91	
	86	18	
		66	81

Fig. 1

6 Bei einem magischen Quadrat ergibt die Summe der Zahlen in jeder Zeile, Spalte und Diagonalen jeweils dieselbe Zahl. Vervollständige das magische Quadrat in Fig. 1.

7 Katrin, Susanne und Carla haben 126 − 55 − 25 − 19 berechnet. Katrin hat 77, Susanne 27 und Carla 115 als Ergebnis erhalten. Erkläre, wie sie jeweils gerechnet haben und wer das richtige Ergebnis erhalten hat.

8 Elke schlägt Achim das folgende Spiel vor: „Du nennst mir eine beliebige Zahl von 1 bis 10. Wir zählen dann abwechselnd immer eine Zahl von 1 bis 10 dazu. Wer zuerst 55 erreicht, hat gewonnen." Achim wundert sich, dass Elke immer gewinnt. Mit welcher Strategie schafft sie das wohl?

9 a) Berechne und vergleiche die Ergebnisse:
531 − (248 + 123) und 531 − 248 − 123; 355 − 78 − 169 und 355 − (78 + 169)
b) Rechne zwei selbst gewählte Beispiele, die mit denen aus a) vergleichbar sind.
c) Beschreibe deine Beobachtung in einigen Sätzen als allgemeine Regel.
d) Berechne und vergleiche dann geeignete Ergebnisse:
437 − (248 − 123) und 437 − 248 − 123 und 437 + 248 − 123 und 437 − 248 + 123 und 437 + 248 + 123. Gehe nun so vor wie in b) und c), um eine Regel zu formulieren.

6 Rechengesetze und Rechenvorteile II

Die Gallier zählen die ankommenden römischen Truppen, jeder auf seine Art.
Asterix: „Es sind 12 mal 6 Römer."
Obelix: „Es sind 6 mal 12 Römer."
Majestix: „Es sind 3 Gruppen mit je 20 plus 4 Römern."
Miraculix: „Es sind 3 Gruppen mit 20 und 3 Gruppen mit 4 Römern."
Verleihnix: „Es sind 3 Gruppen mit 6 mal 4 Römern."
Methusalix: „Es sind 3 mal 6 Reihen mit je 4 Römern."

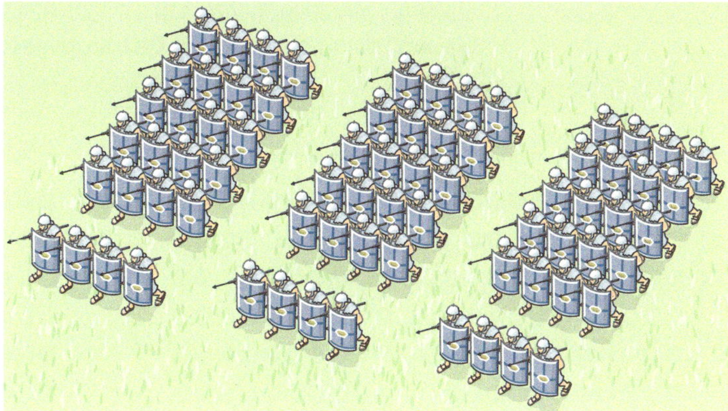

Beim Multiplizieren darf man die Faktoren vertauschen:

$2 \cdot 3 = 3 \cdot 2$

Beim mehrfachen Multiplizieren darf man Klammern beliebig umsetzen oder weglassen:

$2 \cdot (3 \cdot 4) = (2 \cdot 3) \cdot 4$

Erinnere dich an das Kommutativgesetz und das Assoziativgesetz der Addition!

Kommutativgesetz der Multiplikation
Für alle natürlichen Zahlen a, b gilt:
$a \cdot b = b \cdot a$,
z. B.: $3 \cdot 4 = 4 \cdot 3$.

Assoziativgesetz der Multiplikation
Für alle natürlichen Zahlen a, b, c gilt:
$a \cdot (b \cdot c) = (a \cdot b) \cdot c$,
z. B.: $3 \cdot (4 \cdot 5) = (3 \cdot 4) \cdot 5$.

Für a, b und c kann auch Null eingesetzt werden.

Achtung: Das Kommutativgesetz gilt **nicht für die Division:**
$4 : 2 = 2$; $2 : 4$ ergibt keine natürliche Zahl.

Achtung: Das Assoziativgesetz gilt **nicht für die Division:**
$(18 : 6) : 3 = 3 : 3 = 1$; $18 : (6 : 3) = 18 : 2$

Um die Aufgabe $7 \cdot 23$ im Kopf zu lösen, kann man folgendermaßen vorgehen:
$7 \cdot 23 = 7 \cdot (20 + 3) = 7 \cdot 20 + 7 \cdot 3 = 140 + 21 = 161$.

Anstatt die Zahl 7 mit 23 (also dem Wert der Summe 20 + 3) malzunehmen, multipliziert man die 7 mit den beiden Summanden und addiert anschließend die Werte dieser Produkte. Es gilt also: $7 \cdot (20 + 3) = 7 \cdot 20 + 7 \cdot 3$.
Dieser Zusammenhang wird **Distributivgesetz** genannt.

Grafisch lässt sich dieses Gesetz folgendermaßen veranschaulichen:

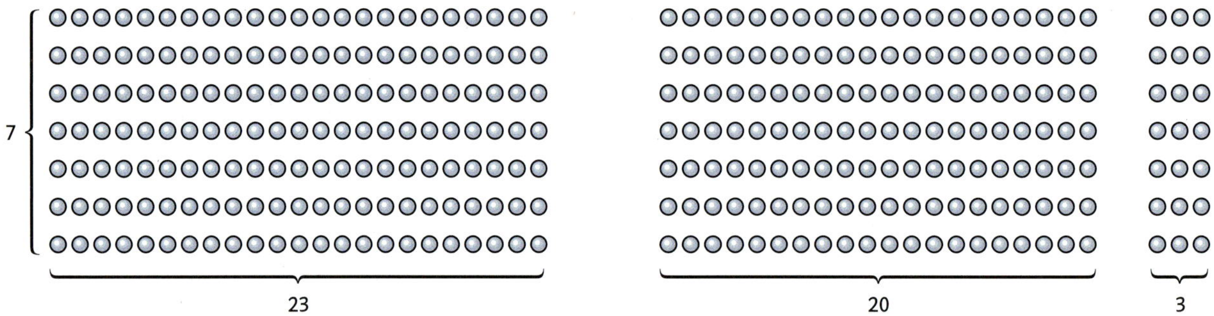

distribuere *(lat.): verteilen*

Für a, b und c kann auch Null eingesetzt werden.

Distributivgesetz der Multiplikation:

Für alle natürlichen Zahlen a, b, c gilt:
$(a + b) \cdot c = a \cdot c + b \cdot c$,
z. B.: $(5 + 4) \cdot 3 = 5 \cdot 3 + 4 \cdot 3$.

Für alle natürlichen Zahlen a, b, c gilt:
$(a - b) \cdot c = a \cdot c - b \cdot c$,
z. B.: $(5 - 4) \cdot 3 = 5 \cdot 3 - 4 \cdot 3$.

Wie bei der Multiplikation kann man auch bei der Division durch Anwendung des Distributivgesetzes der Division oft das Rechnen vereinfachen, z. B.:
$168 : 7 = (140 + 28) : 7 = 140 : 7 + 28 : 7 = 20 + 4 = 24$,
$225 : 5 - 25 : 5 = (225 - 25) : 5 = 200 : 5 = 40$.

Für a und b kann auch Null eingesetzt werden, ***nicht*** *jedoch für c.*

Distributivgesetz der Division:

Für alle natürlichen Zahlen a, b, c gilt:
$(a + b) : c = a : c + b : c$,
z. B.: $(4 + 8) : 2 = 4 : 2 + 8 : 2$.

Für alle natürliche Zahlen a, b, c gilt:
$(a - b) : c = a : c - b : c$,
z. B.: $(15 - 9) : 3 = 15 : 3 - 9 : 3$.

Durch die Anwendung des Assoziativ-, Kommutativ- oder Distributivgesetzes ergeben sich häufig Rechenvorteile.

Beispiel 1
Berechne möglichst geschickt:
$4 \cdot 35 \cdot 2 \cdot 25$
Lösung:
$4 \cdot 35 \cdot 2 \cdot 25 = 4 \cdot 25 \cdot 2 \cdot 35$
$= (4 \cdot 25) \cdot (2 \cdot 35)$
$= 100 \cdot 70$
$= 7000$

Beispiel 2
Berechne geschickt im Kopf: $58 \cdot 6$
Lösung:
$58 \cdot 6 = (50 + 8) \cdot 6$
$= 50 \cdot 6 + 8 \cdot 6 = 300 + 48 = 348$
oder
$58 \cdot 6 = (60 - 2) \cdot 6$
$= 60 \cdot 6 - 2 \cdot 6 = 360 - 12 = 348$

Beispiel 3

Wende das Distributivgesetz an: a) $8 \cdot (60 + 3)$ b) $8 \cdot 13 + 8 \cdot 27$

Lösung:

a) **Ausmultiplizieren**

$8 \cdot (60 + 3) = 8 \cdot 60 + 8 \cdot 3$

$= 480 + 24 = 504$

b) **Ausklammern**

$8 \cdot 13 + 8 \cdot 27 = 8 \cdot (13 + 27)$

$= 8 \cdot 40 = 320$

Der Faktor wird auf beide Summanden „verteilt".

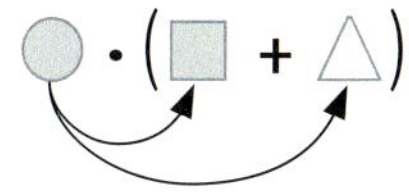

Beispiel 4

Berechne: $(6300 + 360 - 27) : 9$

Lösung:

$(6300 + 360 - 27) : 9 = 6300 : 9 + 360 : 9 - 27 : 9$

$= 700 + 40 - 3 = 737$

Aufgaben

1 Berechne mit Rechenvorteil, indem du Klammern umsetzt oder Faktoren vertauschst.

a) $2 \cdot (5 \cdot 17)$	b) $4 \cdot 36 \cdot 25$	c) $(17 \cdot 125) \cdot 8$	d) $14 \cdot 7 \cdot 5$
e) $(3 \cdot 2) \cdot (25 \cdot 3)$	f) $125 \cdot 7 \cdot 8 \cdot 3$	g) $29 \cdot 25 \cdot 2 \cdot 2$	h) $(87 \cdot 5) \cdot 10 \cdot 2$
i) $4 \cdot 39 \cdot 2 \cdot 125$	j) $500 \cdot 39 \cdot 3 \cdot 2$	k) $(2 \cdot 3 \cdot 4) \cdot (5 \cdot 25)$	l) $5 \cdot 170 \cdot 4 \cdot 5$

2 Berechne mithilfe des Distributivgesetzes.

a) $5 \cdot (20 + 3)$	b) $(30 - 4) \cdot 8$	c) $4 \cdot 13 + 7 \cdot 13$	d) $3 \cdot 7 + 3 \cdot 3$
e) $(300 - 30) : 3$	f) $399 \cdot 33 - 399 \cdot 23$	g) $14 \cdot (20 + 5)$	h) $3 \cdot 45 + 55 \cdot 3$
i) $(500 + 50) : 25$	j) $12 \cdot (20 - 5)$	k) $50 \cdot 67 - 27 \cdot 50$	l) $(7000 + 50) : 50$

3 Berechne im Kopf (wie in Beispiel 2).

a) $31 \cdot 8$	b) $76 \cdot 8$	c) $38 \cdot 4$	d) $72 \cdot 4$
e) $49 \cdot 7$	f) $77 \cdot 7$	g) $93 \cdot 5$	h) $9 \cdot 72$
i) $89 \cdot 9$	j) $92 \cdot 6$	k) $112 \cdot 5$	l) $11 \cdot 109$

4 Wer rechnet geschickter (Fig. 1)? Begründe deine Antwort.

5 Die Drillinge der Familie Schäfer brauchen neue Hosen, Jacken und Schuhe. Auf Wunsch der Kinder kauft Frau Schäfer dreimal die gleichen Kleidungsstücke. Wie teuer ist die Kinderkleidung insgesamt (Fig. 2)?

Fig. 1

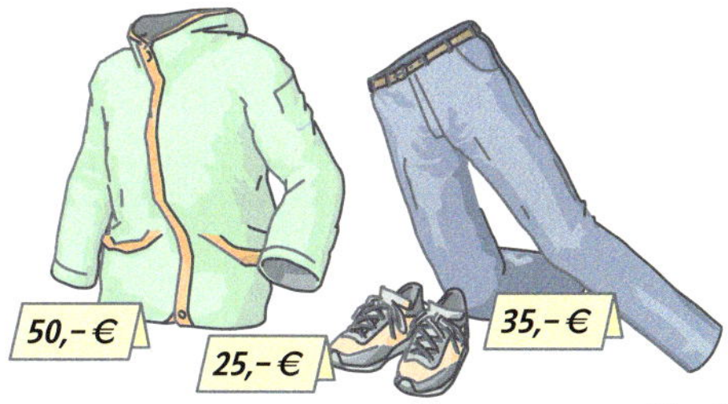

Fig. 2

6 Eine Firma verpackt in drei verschieden große Kartons zugleich Schokoladenriegel und Bonbontüten. Von jeder Kartongröße werden pro Tag 235 Stück bepackt. In einen kleinen Karton kommen 18 Tüten und 24 Riegel, in einen mittleren 36 Tüten und 48 Riegel, in einen großen 54 Tüten und 72 Riegel. Wie viele Tüten und Riegel werden an 5 Tagen verpackt?

7 Die fünften Klassen einer Schule fahren gemeinsam in ein Schullandheim. Die 5a besteht aus 16 Mädchen und 14 Jungen, die 5b aus 17 Jungen und 12 Mädchen, die 5c aus 20 Mädchen und 11 Jungen. Für die Mädchen gibt es nur 4er-Zimmer, für die Jungen nur 3er-Zimmer. Wie viele Zimmer werden für die Kinder insgesamt benötigt?

7 Schriftliches Addieren

	Otto Hahne		Heinrich Hein	
100 m	11,7 s	(711 Punkte)	12,2 s	(612 Punkte)
Weitsprung	6,30 m	(652 Punkte)	6,60 m	(720 Punkte)
Kugelstoßen	14,20 m	(741 Punkte)	14,40 m	(753 Punkte)
Hochsprung	1,84 m	(661 Punkte)	1,80 m	(627 Punkte)
400 m	55,3 s	(587 Punkte)	52,3 s	(712 Punkte)
110 m Hürden	14,9 s	(862 Punkte)	15,2 s	(825 Punkte)
Diskus	38,3 m	(630 Punkte)	40,3 m	(671 Punkte)
Stabhochsprung	4,20 m	(673 Punkte)	3,90 m	(590 Punkte)
Speerwurf	45,80 m	(527 Punkte)	48,30 m	(563 Punkte)
1500 m	4:35,0 s	(712 Punkte)	4:40,0 s	(680 Punkte)

Beim Zehnkampf-Meeting im Göttinger Jahnstadion kam es zum Aufeinandertreffen der beiden Lokalmatadoren Otto Hahne und Heinrich Hein. Die Auseinandersetzung gestaltete sich dabei spannend bis zum abschließenden 1500-Meter-Lauf. Wer setzte sich letztendlich durch?

Beim schriftlichen Addieren schreibt man die Zahlen so untereinander, dass Einer unter Einer, Zehner unter Zehner, Hunderter unter Hunderter usw. stehen.
Dann werden zuerst die Einer addiert, dann die Zehner, dann die Hunderter usw.
Hierbei können Überträge entstehen.

Nutze für die Stellenschreibweise die Kästchen.

	1	2	8
+	5	4	6
		1	
	6	7	4

Schriftliches Addieren

	ZT	T	H	Z	E
		8	4	6	3
+		5	2	7	2
	1		1		
	1	3	7	3	5

Einer (E):	2 + 3 = 5	schreibe 5
Zehner (Z):	7 + 6 = 13	schreibe 3, übertrage 1
Hunderter (H):	1 + 2 + 4 = 7	schreibe 7
Tausender (T):	5 + 8 = 13	schreibe 3, übertrage 1
Zehntausender (ZT):	1 + 0 + 0 = 1	schreibe 1

Beispiel

Berechne:

a) 5113 + 362 + 2524 b) 4807 + 100 700 + 904 c) 6824 € + 8079 € + 25 663 €

Lösung:

a)

	5	1	1	3
+		3	6	2
+	2	5	2	4
	7	9	9	9

b)

			4	8	0	7
+	1	0	0	7	0	0
+				9	0	4
			2		1	
	1	0	6	4	1	1

c)

		6	8	2	4	€
+		8	0	7	9	€
+	2	5	6	6	3	€
	2	1	1	1		
	4	0	5	6	6	€

Aufgaben

1 Übertrage in dein Heft und berechne.

a) 245 + 122
b) 2724 + 215
c) 31 006 + 60 060
d) 2141 + 307
e) 210 415 + 468 574

f) 37 563 + 80 040
g) 60 521 + 42 731
h) 7789 + 9678
i) 98 876 + 87 948
j) 879 467 + 935 559

2 Übertrage in dein Heft und berechne.

a)
```
  9901
+  234
+ 7755
```
b)
```
   6438
+ 22156
+   109
+  2012
```
c)
```
   34692
+ 208905
+     87
+  57922
```
d)
```
  92033
+   167
+  6902
+ 15422
+  5432
```
e)
```
  500500500
+      7740
+  80099900
+1000000623
+  90417870
```

2661949

812223

37850

83107

999036

69103

3 Berechne und suche das richtige Ergebnis auf dem Rand.

a) 3456 + 183 + 4044 + 30167
b) 77848 + 2056101 + 528000
c) 9 + 9009 + 90009 + 900009
d) 89 + 17843 + 60320 + 4855
e) 44999 + 9999 + 9100 + 5005
f) 1001 + 1111 + 9999 + 800112

4 Berechne die fehlenden Zahlen.

a)

999	+	888	+	777	=	□
+		+		+		+
666	+	555	+	444	=	□
+		+		+		+
333	+	222	+	111	=	□
□	+	□	+	□	=	□

b)

612	+	589	+	878	=	□
+		+		+		+
1286	+	2463	+	1619	=	□
+		+		+		+
637	+	842	+	2185	=	□
□	+	□	+	□	=	11111

5 Berechne die fehlenden Zahlen. Jeder Stein enthält die Summe der beiden Zahlen darunter.

a)
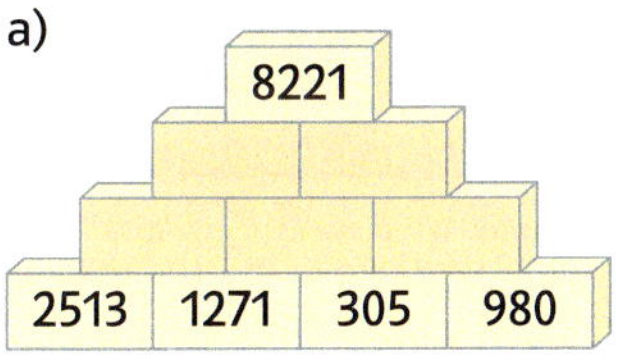

b)
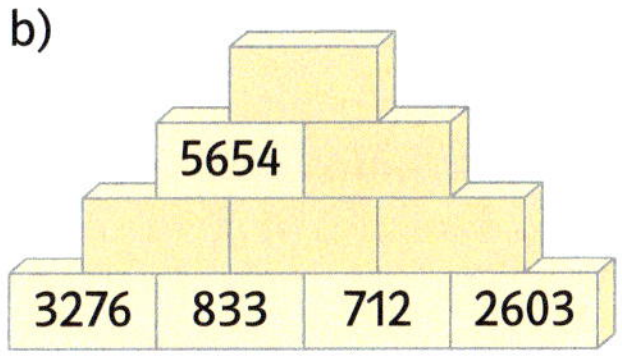

6 Schreibe folgende Zahlen in Ziffern und addiere sie.

a) Siebenhundertsechs, dreiundachtzig, eintausendeinhunderteins

b) Viertausendundsechzig, zwei Millionen einhunderttausendvierundsiebzig, achthundertachtunddreißigtausendfünfhundertfünf

c) Sechshundertdrei, sechs Millionen eintausendneunundachtzig, dreihundertsiebenundzwanzigtausendneunhundertdreiundachtzig

7 Berechne.

a) 83 kg + 172 kg + 88 kg
b) 4066 € + 1290 € + 32811 €
c) 463 km + 1056 km + 79 km + 80 km
d) 26 t + 313 t + 179 t
e) 6024 l + 88791 l + 301 l
f) 259 a + 7002 a + 64 a + 1853 a

8 Ergänze die fehlenden Ziffern in den Kästchen.

a)
```
  □42
+ 3□1
+ 13□
  999
```
b)
```
  1□72
+ 630□
+ □423
  9999
```
c)
```
  67□
+ 7□9
+ □47
 2189
```
d)
```
  □694
+ 3□72
+  7□9
+ 413□
  9999
```

9 Schreibe die Zahlen in Worten und addiere sie.

a) 92, 76, 54
b) 271, 438, 298
c) 822, 647, 531
d) 2012, 3563, 1214

10 Eine Banane erzählt: „Ich bin weit gereist: Von der Plantage bis zum Hafen 123 km. Mit dem Schiff von Südamerika nach Hamburg 12 968 km.
Von Hamburg zum Großhändler nach Essen 507 km. Vom Großhändler zum Supermarkt 172 km. Vom Supermarkt zu dir nach Hause 3 km. Und nun isst du mich auf …" Wie weit ist die Banane gereist? Erfinde selbst eine Geschichte.

11 Die Tabelle gibt die Längen der kürzesten Autobahnverbindungen zwischen den Städten in km an. Zum Beispiel ist die kürzeste Autobahnstrecke zwischen Stuttgart und Hannover 526 km lang.
Familie Weit aus Stuttgart will in den Ferien nacheinander folgende Städte besuchen: Frankfurt/Main – Dortmund – Kassel – Hannover – Hamburg. Wie viele Kilometer legt sie auf der Autobahn zurück?

Autobahnentfernungen in km	Stuttgart	Frankfurt/Main	Dortmund	Hamburg	Hannover	Kassel
Stuttgart		217	451	668	526	366
Frankfurt/Main	217		264	495	352	193
Dortmund	451	264		343	208	165
Hamburg	668	495	343		154	307
Hannover	526	352	208	154		164
Kassel	366	193	165	307	164	

12 a) Schreibe die Zahl 2222 auf mindestens drei verschiedene Weisen als Summe von vier dreistelligen Zahlen.
b) Welches ist die größte und die kleinste Zahl, die sich als Summe von vier dreistelligen Summanden darstellen lässt?
c) Hanni behauptet, dass man immer eine „Schnapszahl" herausbekommt, wenn man eine dreistellige Zahl mit aufsteigenden Ziffern (z. B. 123 oder 234) zu einer dreistelligen Zahl mit absteigenden Ziffern (z. B. 543 oder 654) addiert. Was meinst du dazu?

Bei einer „Schnapszahl" sind alle Ziffern gleich, z. B. 11, 333, 4444.

13 Bilde alle Zahlen, die die Ziffern 2, 5 und 8 genau einmal enthalten und addiere sie. Verfahre ebenso mit den Ziffern 3, 5 und 7. Vergleiche die Ergebnisse und suche eine Erklärung.

14 Aus den Ziffern 1, 2, 3, 6, 7 und 8 sollen zwei dreistellige Zahlen gebildet werden. Jede der Zahlen kommt genau ein Mal vor.
a) Wie musst du die Zahlen wählen, damit die Summe möglichst groß wird?
b) Wie musst du die Zahlen wählen, damit die Summe möglichst klein wird?
c) Wie musst du die Zahlen wählen, damit die Summe 900 beträgt?

15 Was wurde bei der Lösung der Aufgabe 13 + 65 + 28 + 5 + 18 bei der folgenden Rechnung falsch gemacht? Korrigiere die Fehler und notiere den richtigen Rechenweg.

13 + 65 = 78 + 28 = 106 + 5 = 111 + 18 = 129

Bist du sicher?

1 Berechne.
a) 4326 + 3251 + 2422 b) 212 + 8314 + 76 419 + 3888 c) 89 + 1678 + 26 + 40 202 + 5 + 34

2 Schreibe folgende Zahlen in Ziffern und addiere sie:
neunhundertsechsundsechzig, dreitausendvierhundertzwölf, zwei Millionen dreihundertachtundsechzigtausendeinhundertzehn

3 Addiere die folgenden Größen.
a) 25 km + 68 km + 18 km b) 108 kg + 97 kg + 283 kg c) 1076 € + 769 € + 2691 €

8 Schriftliches Subtrahieren

Entlang der Donau wird auf Tafeln angegeben, wie weit es bis zur Mündung ins Schwarze Meer ist.
Eine Pfadfindergruppe möchte in drei Tagen von Regensburg nach Passau paddeln. Mehr als 55 km am Tag können die Teilnehmer auf keinen Fall schaffen.

Beim schriftlichen Subtrahieren benutzt man den Zusammenhang zwischen Addieren und Subtrahieren. Man subtrahiert nicht, sondern macht das Umgekehrte, man addiert. Man schreibt dabei die Zahlen so untereinander, dass Einer unter Einer, Zehner unter Zehner, Hunderter unter Hunderter usw. stehen. Anschließend wird die Zahl bestimmt, welche man zum Subtrahenden ergänzen muss, um den Minuenden zu erhalten. Dabei bestimmt man die zu ergänzenden Ziffern einzeln. Führt die Ergänzung über die nächste Zehnerstelle hinaus, so wird jeweils die Zahl 1 zur nächst höheren Stelle übertragen.

Schriftliches Subtrahieren (Ergänzungsverfahren)

	T	H	Z	E
	6	0	3	5
−	2	0	8	4
	1	1		
	3	9	5	1

Einer (E):	4 + 1 = 5	schreibe 1
Zehner (Z):	8 + 5 = 13	schreibe 3, übertrage 1
Hunderter (H):	1 + 0 + 9 = 10	schreibe 9, übertrage 1
Tausender (T):	1 + 2 + 3 = 6	schreibe 3

Beispiel
a) Berechne: 1012 − 789.
b) Wie viel fehlt von 1689 zu 4388?
c) Berechne: 69 417− 31 929.
Lösung:

a)

	1	0	1	2
−		7	8	9
	1	1	1	
		2	2	3

b)

	4	3	8	8
−	1	6	8	9
	1	1	1	
	2	6	9	9

c)

	6	9	4	1	7
−	3	1	9	2	9
		1	1	1	
	3	7	4	8	8

Aufgaben

1 Berechne.
a) 836 − 588
b) 8206 − 7210
c) 4792 − 3023
d) 23 866 − 11 688
e) 70 007 − 69 008
f) 99 635 − 57 605
g) 345 635 − 38 477
h) 100 047 − 57 008
i) 54 321 − 41 976
j) 101 010 − 90 909
k) 969 696 − 696 969
l) 987 654 − 530 865

2 Übertrage in dein Heft und berechne.

a) 241 − 121	b) 987 − 53	c) 385 − 243	d) 773 − 352	e) 968 − 436
f) 2578 − 435	g) 5614 − 2413	h) 3006 − 2463	i) 5606 − 840	j) 7458 − 376

3 Wie heißt die fehlende Zahl?

a) 4788 − 2605 = ▢
45 800 + ▢ = 56 455

b) 45 972 + ▢ = 81 760
▢ + 17 391 = 222 006

c) ▢ − 78 027 = 16 202
▢ + 145 772 = 791 330

4 Setze die Subtraktion fort, bis das Ergebnis kleiner als die Zahl auf dem Pfeil ist.

a) 453 − $\xrightarrow{89}$ ▢ − $\xrightarrow{89}$ ▢ …
b) 786 − $\xrightarrow{157}$ ▢ − $\xrightarrow{157}$ ▢ …
c) 1456 − $\xrightarrow{213}$ ▢ − $\xrightarrow{213}$ ▢ …
d) 2311 − $\xrightarrow{288}$ ▢ − $\xrightarrow{288}$ ▢ …

5 a) Zu welcher Zahl muss man 11 006 addieren, um 20 060 zu erhalten?
b) Wie viel muss man zu 23 470 addieren, um 70 122 zu erhalten?
c) Welche Zahl muss man zu 687 addieren, um 132 571 zu erhalten?

6 Einige Ziffern an der Tafel wurden in der Pause ausgewischt.
Wie lauten die verwischten Ziffern?

7 Wie viele Stunden ist das Freizeitbad an den jeweiligen Tagen geöffnet und wie viele Stunden insgesamt in einer Woche?

Freizeitbad Aquadrom

Öffnungszeiten:

Montag bis Mittwoch	8 – 19 Uhr
Donnerstag und Freitag	9 – 21 Uhr
Samstag und Sonntag	10 – 18 Uhr

*Die **Quersumme** einer Zahl erhält man, wenn man die Ziffern der Zahl addiert.*
Die Quersumme von 543 ist 5 + 4 + 3 = 12.

Die Quersummen der Ergebnisse aus Aufgabe 9: 14, 18, 19.

8 a) Ergänze 924 087 zu einer Million bzw. zu einer Milliarde.
b) Wie viel muss man zu der Zahl 4359 addieren, um die größte fünfstellige Zahl zu erhalten?
c) Subtrahiere die kleinste fünfstellige Zahl mit der Quersumme 10 von der Zahl 61 111.

9 a) Subtrahiere viertausendneunundneunzig von siebentausenddreihundertacht.
b) Vermindere sechstausenddrei um fünftausendeinhundertachtundvierzig.
c) Berechne die Differenz aus dreihundertsechsundsiebzig Milliarden zweihundertneunundneunzig Millionen siebenhundertdreitausendvierhundertelf und zweihundertdreiundsechzig Milliarden sechsundachtzig Millionen vierhunderttausenddreihunderteins.

10 Übertrage in dein Heft und berechne die fehlenden Zahlen.

a)

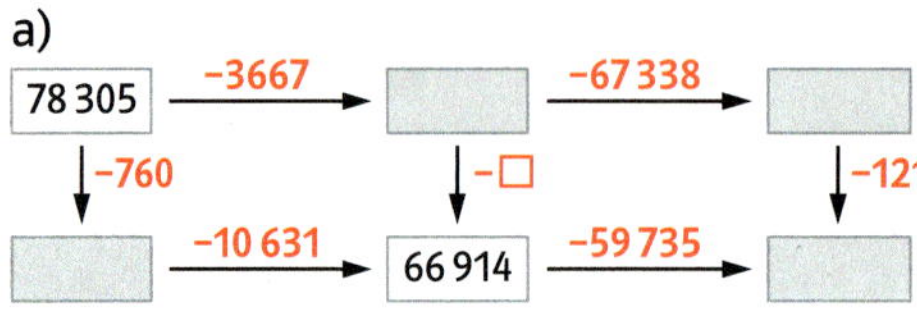

b)

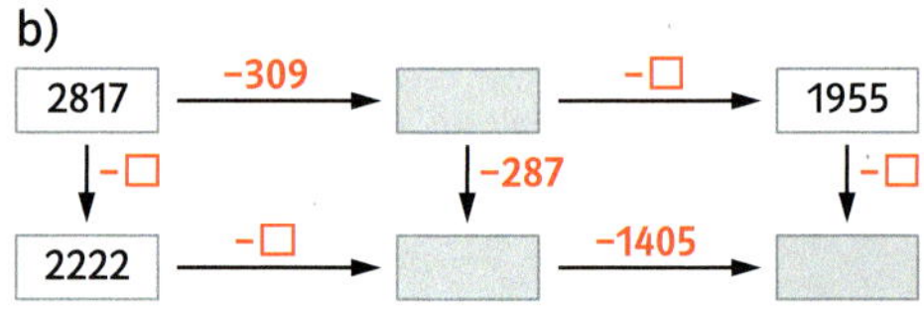

11 Berechne.

a) 6788 kg − 3089 kg
b) 24 688 € − 19 812 €
c) 41 316 km − 20 658 km
d) 8012 t − 237 t
e) 92 505 l − 77 878 l
f) 10 102 a − 8777 a

12 Wie viel hat jeder Anhänger geladen?

Bist du sicher?

1 Berechne.

a) 6745 − 1234 b) 7712 − 3606 c) 330 167 − 41 163 d) 209 901 − 119 010

2 Schreibe folgende Zahlen in Ziffern und subtrahiere sie:
fünfhundertdreizehn Millionen sechshundertfünfundzwanzigtausendzweihunderteins, dreihunderteinundsechzig Millionen vierhundertdreizehntausendeinhundertdreiundneunzig.

3 Subtrahiere die folgenden Größen.

a) 1713 kg − 987 kg b) 87 312 € − 58 696 € c) 11 002 t − 8744 t

13 Berechne das Gewicht der zulässigen Ladung (Nutzlast).

	zulässiges	
Fahrzeug	Gesamtgewicht	Leergewicht
Auto	1465 kg	975 kg
Kleinbus	2390 kg	1412 kg
Linienbus	17 200 kg	10 536 kg
Kleinlaster	7500 kg	3534 kg

	zulässiges	
Fahrzeug	Gesamtgewicht	Leergewicht
Segelflugzeug	459 kg	243 kg
Tankwagen	40 t	16 t
Jumbojet	363 t	304 t
Mondrakete	2837 t	2831 t

14 Bestimme die fehlenden Entfernungsangaben auf den Schildern.

15 Berechne die Differenz von zwölftausendzweihundertzwölf und elftausendeinhundertelf.

16 Ergänze die fehlenden Ziffern in den Kästchen.

a)
```
  □3
− 4□
  42
```
b)
```
  9□5
− 62□
  374
```
c)
```
  8□
− □9
  54
```
d)
```
  5□6
− 27□
  287
```

17 Bilde einen dreistelligen Minuenden aus den Ziffern 9, 8 und 7 sowie einen dreistelligen Subtrahenden aus den Ziffern 1, 2 und 3. Wie musst du Minuend und Subtrahend wählen, damit

a) die Differenz möglichst groß (klein) ist,

b) die Differenz den Wert 666 besitzt?

9 Schriftliches Multiplizieren

Als Peter die Zeitungen der letzten zwei Wochen für das Altpapier bündelt, stellt er fest, dass der Stapel eine Höhe von 8 cm hat. Dann überlegt er, wie hoch der Stapel wäre, wenn man die Zeitungen einen Monat oder ein Jahr lang sammeln würde.

„Die Zeit will heute aber gar nicht vergehen. Der Zeiger bewegt sich kaum", sagt Karin zu Petra in der Mathestunde. „Das kommt dir nur so vor", antwortet Petra. „Überlege einmal, wie viele Umdrehungen der große Zeiger der Uhr im Jahr macht."

Ein Hilfsmittel zur Multiplikation großer Zahlen ist das schriftliche Multiplizieren. Hierbei wird die Zerlegung eines Faktors in Einer, Zehner, Hunderter usw. ausgenutzt.
Bei der Multiplikation mit einem einstelligen Faktor sieht das Verfahren so aus:

453 · 7 = (400 + 50 + 3) · 7
21 ⟵ 3 · 7
\+ 350 ⟵ 50 · 7
\+ 2800 ⟵ 400 · 7
1
3171

Kurzform:
453 · 7
3171
7 · 3 = 21 schreibe 1, übertrage 2
7 · 5 = 35, 35 + 2 = 37 schreibe 7, übertrage 3
7 · 4 = 28, 28 + 3 = 31 schreibe 31

Beim Multiplizieren einer Zahl mit einem mehrstelligen Faktor wird dieses Verfahren mehrfach durchgeführt. Dabei müssen die Teilergebnisse stellenweise untereinander geschrieben und addiert werden.

Überschlag:
500 · 400 = 200 000

Schriftliches Multiplizieren

5	2	7	·	3	6	1								
	1	5	8	1	0	0	⟵	5	2	7	·	3	0	0
+		3	1	6	2	0	⟵	5	2	7	·		6	0
+				5	2	7	⟵	5	2	7	·			1
		1	1											
	1	9	0	2	4	7								

5	2	7	·	3	6	1
	1	5	8	1		
+		3	1	6	2	
+				5	2	7
		1	1			
	1	9	0	2	4	7

Menschlicher Computer:
In 28 Sekunden multiplizierte Shakuntala Devi aus Indien zwei 13-stellige Zahlen. Die Rechenaufgabe lautete:
7686369774870
· 2465099745779.
Das korrekte Resultat:
18947668177995426462773730.

Es ist vorteilhaft, bei der schriftlichen Multiplikation von großen Zahlen eine Überschlagsrechnung im Kopf zu machen. In der Regel genügt es, jeden Faktor auf die höchste Stelle genau zu runden. Dann kann man im Kopf rechnen.
Beispielsweise ist 42 · 492 ≈ 40 · 500 = 20 000.
Dazu muss man Zahlen mit vielen Nullen im Kopf multiplizieren.
Die folgenden Beispiele zeigen, dass man dafür die Nullen zählen muss:
4 · 5 = 20
40 · 5 = 200
40 · 500 = 20 000
4000 · 50 000 = 200 000 000.

Beispiel 1
Mache zuerst einen Überschlag und berechne dann.
a) 179 · 314 b) 34 · 4036

Lösung:
a) Überschlag:
200 · 300 = 60 000

b) Überschlag: 30 · 4 000 = 120 000
Beim Multiplizieren gibt es zwei Möglichkeiten:
34 · 4136 oder 4136 · 34.

```
1 7 9 · 3 1 4
    5 3 7
  +   1 7 9
  +     7 1 6
        2 1
-------------
    5 6 2 0 6
```

```
3 4 · 4 1 3 6
  1 3 6
+     3 4
+     1 0 2
+       2 0 4
      1
-------------
  1 4 0 6 2 4
```

```
4 1 3 6 · 3 4
  1 2 4 0 8
+   1 6 5 4 4
    1   1
-------------
  1 4 0 6 2 4
```

Durch Vertauschen der Faktoren kann die Rechnung kürzer werden.

Beispiel 2 Die Ziffer 0 beim Multiplizieren
Berechne: a) 3105 · 4003. b) 4052 · 2300.
Lösung:
Bei Nullen im 2. Faktor kann man anstelle einer Zeile mit lauter Nullen diese an das vorherige Teilergebnis anhängen.

a) 1. Möglichkeit:

```
3105 · 4003
-----------
  1242000
+    9315
-----------
 12429315
```

2. Möglichkeit:

```
3105 · 4003
-----------
  12420
+   0000
+    0000
+    9315
-----------
 12429315
```

b) 1. Möglichkeit:

```
4052 · 2300
-----------
   8104
+  1215600
-----------
   9319600
```

2. Möglichkeit:

```
4052 · 2300
-----------
   8104
+   12156
+     0000
+      0000
-----------
   9319600
```

Merkwürdige Produkte:
1 · 1 = 1
11 · 11 = 121
111 · 111 = 12 321
...
Setze die Zeilen fort.

Aufgaben

1 Multipliziere.
a) 36 · 5 b) 33 · 8 c) 7 · 93 d) 6 · 78
e) 231 · 5 f) 2 · 385 g) 822 · 6 h) 3 · 749
i) 4 · 1321 j) 3219 · 3 k) 5 · 5152 l) 3874 · 7

2 Führe eine Überschlagsrechnung durch und multipliziere dann.
a) 23 · 29 b) 42 · 17 c) 98 · 67 d) 68 · 87
e) 142 · 12 f) 420 · 170 g) 96 · 957 h) 680 · 870
i) 142 · 1200 j) 948 · 618 k) 960 · 9570 l) 928 · 468
m) 2301 · 409 n) 2031 · 409 o) 2031 · 490 p) 8007 · 130

3 Führe eine Überschlagsrechnung durch und suche das richtige Ergebnis auf dem Rand.
a) 195 · 73
475 · 2219
b) 52 · 3195
999 · 5223
c) 92 · 2379
5213 · 42 890

32 145
218 868
5 217 777
14 235
166 140
442 233
1 054 025
223 585 570

4 Multipliziere. Findest du ähnliche Produkte?

a) 37 037 · 21 b) 271 · 205 c) 1089 · 64 d) 851 · 546

5 Übertrage in dein Heft und fülle aus.

a)

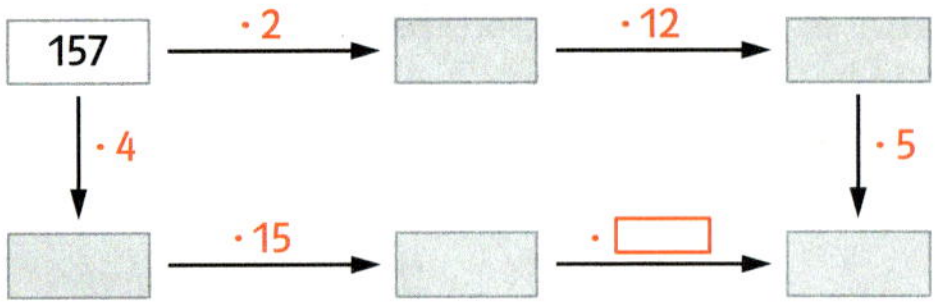

b)

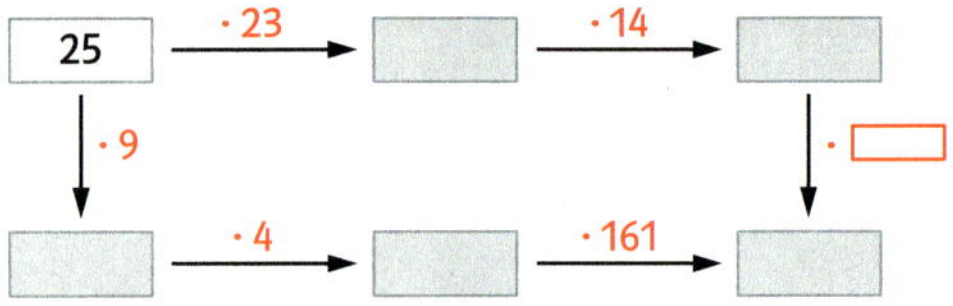

6 Die Ziffer an der letzten Stelle eines Produkts gibt Auskunft über die Ziffern der letzten Stelle der beiden Faktoren.

a) Welche Möglichkeiten gibt es für die letzten Ziffern der beiden Faktoren, wenn das Produkt als letzte Ziffer eine 6 besitzt?

b) Welche Möglichkeiten gibt es für die letzte Ziffer des Produkts, wenn einer der Faktoren als letzte Ziffer eine 9 besitzt?

Bist du sicher?

1 Berechne.

a) 49 · 12 b) 153 · 805 c) 930 · 107 d) 70 707 · 6008

2 Bestimme die fehlende Zahl.

a) $20 \xrightarrow{\cdot 13} \square$ b) $12 \xrightarrow{\cdot \square} 108$ c) $\square \xrightarrow{\cdot 18} 126$ d) $\square \xrightarrow{\cdot 6} 0$

3 In einem großen Saal sind 18 Doppelreihen Stühle aufgestellt. Jede einfache Reihe hat 24 Plätze. Wie viele Personen finden in dem Saal Platz?

Info

Andere Länder, andere Sitten

Eine alte Geschichte erzählt von einem abessinischen Bauernvolk, das die schriftliche Multiplikation nicht kannte. Dennoch halfen sich die Leute auf eine recht merkwürdige Art.

Die abessinischen Bauernregeln:

1. Der erste Faktor des zu berechnenden Produkts wird so oft halbiert, bis man auf 1 kommt. Tritt beim Halbieren von ungeraden Zahlen ein Rest auf, so lässt man diesen weg.
2. Der zweite Faktor wird so oft verdoppelt, wie der erste Faktor halbiert wurde.
3. Man streicht nun in der Tabelle die Zeilen weg, in denen der erste Faktor eine gerade Zahl ist.
4. Die Zahlen, die in der rechten Tabellenspalte übrig bleiben, werden zum Schluss addiert (oberste Zahl nicht vergessen!).
5. Die Summe ist das Ergebnis der Multiplikationsaufgabe.

80 · 123	
~~80~~	~~123~~
~~40~~	~~246~~
~~20~~	~~492~~
~~10~~	~~984~~
5	1968
~~2~~	~~3936~~
1	7872
	111
	9840

Führe folgende Multiplikationen nach der abessinischen Bauernmethode durch und prüfe das Ergebnis mithilfe der schriftlichen Multiplikation.

16 · 15, 18 · 52, 84 · 39, 128 · 7, 111 · 11, 298 · 24

10 Schriftliches Dividieren

Ziehung vom Samstag: 10, 15, 19, 24, 38, 41, Zusatzzahl 12. Beim Vergleich mit ihrem Tippschein bricht die 14-köpfige Tippgemeinschaft „Wir werden Millionäre" in Jubel aus.

Gewinnplan:

Rang	Gewinn
6 Richtige + Superzahl	unbesetzt
6 Richtige	3 × 965 244 €
5 Richtige + Zusatzzahl	23 × 73 332 €

Beim Dividieren von 762 : 6 überlegt man, wie oft die Zahl 6 in der Zahl 762 enthalten ist. Kann eine Divisionsaufgabe nicht mehr im Kopf gelöst werden, so wird diese in schriftlicher Form durchgeführt.

```
 H|Z|E           H|Z|E
 7 6 2     : 6 =  1 2 7
-6   ←—— · 6 ←—┘  |  |
 1 6              |  |
-1 2 ←—— · 6 ←————┘  |
   4 2               |
 - 4 2 ←— · 6 ←———————┘
     0
```

6 geht in 7 einmal, schreibe 1 Hunderter, rechne 1 · 6.
7 − 6 = 1, hole 6 nach unten (16 Zehner bleiben).
6 geht in 16 zweimal, schreibe 2 Zehner, rechne 2 · 6.
16 − 12 = 4, hole 2 nach unten (42 Einer bleiben).
6 geht in 42 siebenmal, schreibe 7 Einer, rechne 7 · 6.
42 − 42 = 0.

Wenn die Division nicht aufgeht, bleibt ein Rest, der immer kleiner ist als die Zahl, durch die geteilt wird.

Schriftliches Dividieren

```
 3247 : 24 = 135 Rest 7
-24
  84
 -72
  127
 -120
    7
```

24 geht einmal in 32, schreibe 1.
Subtrahiere 24 von 32.
Hole 4 nach unten. 24 geht dreimal in 84, schreibe 3.
Subtrahiere 72 von 84.
Hole 7 nach unten. 24 geht fünfmal in 127, schreibe 5.
Subtrahiere 120 von 127.
24 geht nicht in 7, Rest 7.

Eine andere Schreibweise für 3247 : 24 = 135 Rest 7 ist: 3247 : 24 = 135 + 7 : 24.

Beispiel 1

Berechne 5105 : 12 und kontrolliere durch Überschlag.

Lösung:

```
 5105 : 12 = 425 Rest 5
-48
  30
 -24
   65 ←——
  -60
    5
```

Auch die Null muss berücksichtigt werden.

Überschlag: 5105 : 12 ≈ 5000 : 10 = 500

Beispiel 2

Berechne 4635 : 15.

Lösung:

```
 4635 : 15 = 309
-45
  13
 - 0
  135 ←——
 -135
    0
```

15 ist nullmal in 13 enthalten.

Auch bei Divisionsaufgaben kann man eine Überschlagsrechnung durchführen. Außerdem kann die zugehörige Multiplikationsaufgabe als Probe dienen.

Beispiel 3

Berechne 94 532 : 9 und kontrolliere durch eine Überschlagsrechnung. Führe die Probe durch.

Lösung:

```
94532:9 = 10503 Rest 5
-9
--
 04
-  0
 --
  45
 -45
  --
  03
 -  0
  --
   32
  -27
   --
    5
```

Überschlag: 94 532 : 9 ≈ 100 000 : 10 = 10 000

Probe: 10 503 · 9 = 94 527

94 527 + 5 = 94 532

Bei der Probe darf man den Rest nicht vergessen!

Aufgaben

Bei den Aufgaben 1, 2 und 3 gibt es garantiert keinen Rest.

1 Berechne.

a) 104 : 2 b) 148 : 2 c) 184 : 4 d) 105 : 5 e) 147 : 7
f) 342 : 2 g) 2744 : 4 h) 1650 : 5 i) 3647 : 7 j) 4568 : 8

Ordne die Buchstaben nach den Lösungen von Aufgabe 2.

698	E	69	N	907	R
123	E	89	L	351	N
537	A	91	I	93	S
807	T	45	K	121	I

2 Mache zuerst einen Überschlag, berechne dann.

a) 3025 : 25 b) 2139 : 31 c) 4183 : 47 d) 5278 : 58
e) 8424 : 24 f) 7011 : 57 g) 3534 : 38 h) 4140 : 92
i) 49 941 : 93 j) 33 894 : 42 k) 26 524 : 38 l) 46 257 : 51

3 Für welche Zahl steht □ jeweils?

a) 3776 : 59 = □ b) 54 · □ = 2754 c) 6768 : □ = 752
d) □ · 572 = 7436 e) □ : 37 = 5772 f) □ · 257 = 17 219

4 Mache zuerst einen Überschlag, berechne dann.

a) 243 : 11 b) 815 : 19 c) 2398 : 74 d) 2636 : 26
e) 41 396 : 55 f) 87 521 : 36 g) 78 492 : 28 h) 59 804 : 51

5 Berechne.

a) 479 : 34 b) 629 : 39 c) 821 : 29 d) 532 : 52
e) 3902 : 47 f) 2006 : 45 g) 3020 : 51 h) 7771 : 66
i) 5420 : 235 j) 6020 : 402 k) 9402 : 717 l) 5892 : 496

6 Ersetze das Zeichen □ durch die größtmögliche Zahl.
Berechne den Rest △.

a) 89 = □ · 11 + △ b) 175 = 12 · □ + △ c) 344 = □ · 3 + △
205 = 34 · □ + △ 394 : □ = 13 Rest △ 534 : □ = 38 Rest △

7 Welche Endziffern hat eine Zahl, die bei der Division durch

a) 10 den Rest 3 lässt, b) 5 den Rest 2 lässt,
c) 25 den Rest 14 lässt, d) 50 den Rest 11 lässt?

8 a) Berechne den Quotienten der Zahlen 3108 und 37.
b) Dividiere die Summe der Zahlen 87 und 810 durch 13.
c) Dividiere das Produkt von 38 und 49 durch die Summe der Zahlen 65 und 68.

9 Peter hat die folgenden Rechnungen durchgeführt. Dabei sind ihm Fehler unterlaufen. Finde und erläutere die Fehler.

a)
```
 8235 : 27 = 35
-81
 ---
   135
 - 135
 -----
     0
```

b)
```
 8235 : 27 = 3041
-81
 ---
    13
  -  0
  ----
   135
 - 108
 -----
    27
  - 27
  ----
     0
```

Info

Der Taschenrechner kennt keinen Rest

Als Ergebnis der Divisionsaufgabe 45:7 erhältst du 6 Rest 3. Tippst du jedoch 45:7 in deinen Taschenrechner ein, so zeigt dieser dir das Ergebnis 6,428571429 an.
Die Stellen nach dem Komma ersetzen dabei den Rest, denn der Taschenrechner zeigt das Ergebnis der Aufgabe 3:7 als 0,428571429 an.

10 Eine gesunde, hundertjährige Buche produziert pro Stunde etwa 2 kg Sauerstoff.
Ein Düsenflugzeug „frisst“ je Minute Flugzeit 600 kg Sauerstoff.
Wie viele solcher Buchen sind nötig, um den von einem Flugzeug verbrauchten Sauerstoff genauso schnell wieder zu erzeugen?

11 Zum Bau von Holzkisten mit den angegebenen Maßen ist noch folgender Holzvorrat vorhanden:
25 Böden,
24 Dreikantholzlatten zu je 100 cm,
104 Holzlatten zu je 100 m.
Für wie viele Kisten reicht der Vorrat höchstens?

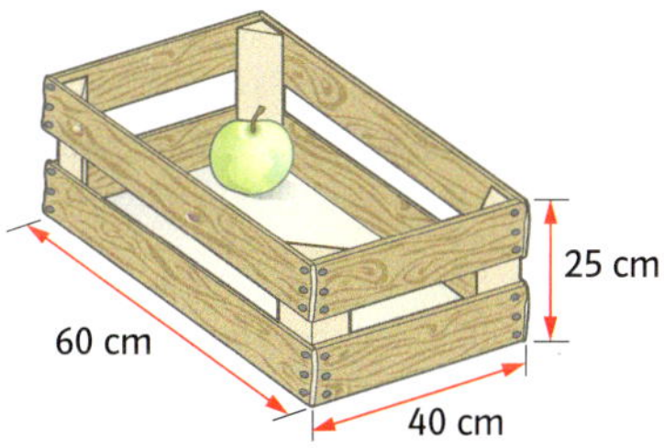

Fig. 1

12 a) 1000 Tage – Konntest du in diesem Alter schon laufen?
b) 1000 Wochen – Bist du schon so alt?
c) 1000 Monate – Kennst du jemanden, der so alt ist?

Bist du sicher?

1 Mache zuerst einen Überschlag, berechne dann und mache die Probe.
a) 325 : 25 b) 8910 : 135 c) 33 661 : 382 d) 27 531 : 253

2 Durch welche Zahl muss man 2771 dividieren, um 163 zu erhalten?

3 In einer Molkerei werden 1000 Milchflaschen in 6er-Kästen ausgeliefert.
Wie viele Kästen können gefüllt werden? Wie viele Flaschen bleiben übrig?

13 Wie ändert sich der Wert eines Quotienten, wenn
a) Dividend und Divisor verdoppelt werden,
b) der Dividend verdoppelt und der Divisor halbiert wird,
c) der Dividend vervierfacht und der Divisor verdoppelt wird?

11 Anwendungen

Petra und Klaus haben beide einen Walkman, den sie ausgiebig benutzen. Die zwei Batterien reichen bei häufiger Benutzung für etwa zwei Nachmittage.
In einem Elektronikladen sehen sie das nebenstehende Angebot.
„Viel zu teuer", sagt Klaus. „Das rentiert sich", meint Petra.

Bei umfangreichen Sachaufgaben ist es entscheidend, die wichtigen Angaben im Text zu erkennen. Bei den Rechnungen, die je nach Aufwand auch mit dem Taschenrechner durchgeführt werden können, ist auf eine ausführliche Beschreibung des Lösungsweges zu achten.
Die Angabe der Lösung erfolgt dann in einem Antwortsatz.

Beim Lösen ist folgendes Vorgehen zu empfehlen:

1. Lies die ganze Aufgabe genau durch.
2. Beschaffe dir die notwendigen Angaben und stelle sie übersichtlich dar.
3. Stelle die notwendigen Rechenschritte auf und führe sie aus.
4. Schreibe das Ergebnis in einem Satz auf.

Beispiel 1

Die Tribüne des FC Neuhof wird umgebaut. Hierdurch verringert sich die Anzahl der Sitzplätz um 20. Der Vorstand hat beschlossen, nach dem Umbau für alle Tribünenplätze den gleichen Eintrittspreis zu verlangen.
Bei voll besetzter Tribüne soll aber die gleiche Einnahme wie vor dem Umbau erzielt werden.
Wie viel Euro muss dann ein Tribünenplatz kosten?
Lösung:
Zusammenstellung der Angaben.
1. Vor dem Umbau:

	Anzahl der Plätze	Preis pro Platz	Einnahmen
	100	13 €	1300 €
	200	10 €	2000 €
	200	7,50 €	1500 €
Summe	500		4800 €

Fig. 1

Die Angaben lassen sich gut in einer Tabelle darstellen.

2. Sitzplätze der Tribüne nach dem Umbau: $500 - 20 = 480$ — *Anzahl der Plätze nach dem Umbau.*

3. Kosten des künftigen Tribünenplatzes: 4800 € : 480 = 10 € — *Einnahmen sollen gleich bleiben.*

4. Antwortsatz: Die Kosten eines Tribünenplatzes müssten nach dem Umbau 10 € betragen.

Beispiel 2

Passen fünf Personen mit Feriengepäck in einen gewöhnlichen PKW?

Lösung:

1. Zuladung eines PKWs: 490 kg — *Informiere dich, wie viel kg ein PKW zuladen kann (z. B. im Fahrzeugschein).*
2. Gewicht der Personen:
   zwei Erwachsene ca. $2 \cdot 80\,\text{kg} = 160\,\text{kg}$
   drei Kinder ca. $3 \cdot 50\,\text{kg} = 150\,\text{kg}$ — *Schätze das Gewicht der fünf Personen.*
3. Mögliches Gewicht des Gepäcks:
   $490\,\text{kg} - (160\,\text{kg} + 150\,\text{kg}) = 180\,\text{kg}$ — *Berechne das mögliche Gewicht des gesamten Gepäcks.*
4. Gewicht des Feriengepäcks pro Person:
   $180\,\text{kg} : 5 = 36\,\text{kg}$

Da jede Person ca. 36 kg Gepäck mitnehmen kann, reicht der PKW aus. — *Überlege, ob das Ergebnis realistisch ist.*

Aufgaben

1 Die Klassen 5a (27 Kinder) und 5c (30 Kinder) machen einen Ausflug zu einem Aussichtsturm. Es gibt zwei Fahrstühle zur Aussichtsplattform. Der eine kann zwölf, der andere neun Personen gleichzeitig befördern. Wie oft müssen die Fahrstühle mindestens fahren, bis alle Schülerinnen und Schüler oben sind?

2 Der Sportverein hat die Mitglieder der Jugendfußballmannschaft zum Essen in die Dorfschenke eingeladen. Die Mitglieder können unter drei verschiedenen Menüs wählen: Menü I kostet 7,50 €, Menü II 8 € und Menü III 8,50 €. Fünf Spieler bestellen Menü I, 17 Menü II und vier Menü III. Ferner werden acht Gläser Cola zu je 1,50 €, 15 Gläser Mineralwasser zu je 1,20 € und zwölf Gläser Fruchtsaft zu je 2 € getrunken.
Wie viel Euro muss der Sportverein bezahlen?

3 Die elektrische Energie für 10 Minuten Haareföhnen kostet ca. 2 Cent.
Frau Meier föhnt sich 3-mal in der Woche die Haare, sie benötigt hierzu jeweils 15 Minuten. Ihre Tochter föhnt sich ihre Haare alle 5 Tage jeweils 20 Minuten lang. Ihr Sohn föhnt sich jeden Monat 20-mal die Haare, er braucht jedes Mal 10 Minuten. Herr Meier hat eine Glatze. Berechne die Energiekosten, die Familie Meier jährlich fürs Haareföhnen entstehen.

4 a) Schätze, wie viel Euro die Fahrräder, die in deiner Schule stehen, kosten.
b) Schätze das Gesamtgewicht aller Schülerinnen und Schüler deiner Schule.

5 a) Schätze die Anzahl der Autos in der Stadt Braunschweig.
b) Diese Autos werden hintereinander gestellt. Welche Länge hätte diese Autoschlange?
c) Welche Länge hätte die Autoschlange aller PKWs in Deutschland?

6 a) Wie lange fährt die S-Bahn von Celle nach Hannover Hbf?
b) Welche Fahrt dauert mit der S-Bahn länger, Celle – Lehrte oder Otze – Ahlten?
c) Wie lange fährt der Regionalexpress von Celle nach Hannover Hbf?
d) Mit welcher Aufenthaltsdauer rechnet die S-Bahn für einen Halt zwischen Celle und Hannover?

Celle – Hannover

Linie	S3	RE	S3	RE
Celle ab	6.06	6.36	7.06	7.36
Ehlershausen	6.14	6.45	7.14	7.45
Otze	6.17	6.49	7.17	7.49
Burgdorf	6.21	6.54	7.21	7.54
Aligse	6.25	6.59	7.25	7.59
Lehrte an	6.29	–	7.29	–
Lehrte ab	6.36	–	7.36	–
Ahlten	6.40	–	7.40	–
H-Anderten	6.44	–	7.44	–
H-Karl-W.-Allee	6.47	7.12	7.47	8.12
H-Kleefeld	6.49	–	7.49	–
Hannover Hbf	6.53	7.17	7.53	8.17

7 Wie viele Honigbienen haben insgesamt genauso viele Beine wie 27 Spinnen, 206 Eintagsfliegen und 6 Frösche zusammen?

Fig. 1

8 Die Wohnzimmeruhr von Familie Scheuer schlägt zu jeder Viertelstunde einmal, zu jeder halben Stunde zweimal, zu jeder Dreiviertelstunde dreimal, zu jeder vollen Stunde viermal.
a) Wie oft schlägt die Uhr an einem Tag?
b) Wie oft schlägt die Uhr in einem Monat?
c) Wie oft schlägt die Uhr in einem Jahr?
d) Letzten Sonntag ist sie um 12 Uhr 12 stehen geblieben. Wie oft hat Scheuers Uhr seit Montag 0 Uhr geschlagen?

9 An der Kasse eines Kinos hängt das nebenstehende Schild.
Jede Reihe hat 30 Plätze. Für den nächsten Film möchte der Kinobesitzer für alle Plätze den gleichen Preis verlangen. Wie viel Euro kostet dann eine Eintrittskarte, wenn bei voll besetztem Kino die Einnahmen genauso hoch sein sollen wie bei den alten unterschiedlichen Preisen?

Fig. 2

10 Herr Weiß holt Milch bei Bauern ab und bringt sie zur Molkerei. Seine Fahrt beginnt bei der Molkerei, dann besucht er die Bauern A, B, C, D und E.
Danach fährt er auf dem kürzesten Weg zur Molkerei zurück. Wie lang ist seine gesamte Fahrstrecke?

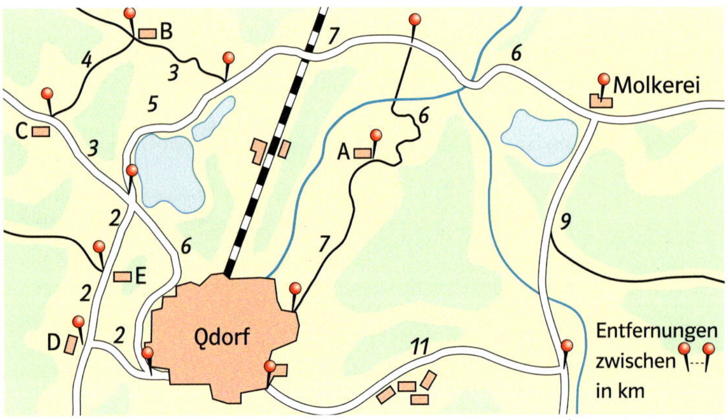

Fig. 3

11 In einem großen Bürogebäude arbeiten im Erdgeschoss in 7 Büros je 3 Personen. Im ersten Obergeschoss in 3 Büros je 4 in 6 Büros je 5 und in 5 Büros je 6 Angestellte. Im zweiten Obergeschoss arbeiten in 15 Büros je 2 Sachbearbeiter und im dritten Obergeschoss in 4 Büros je ein Firmenangehöriger. Das Bürogebäude soll durch ein neues ersetzt werden, das 4 Büros hat, in denen jeweils eine Person arbeitet und sonst nur Büros für maximal 3 Personen. Wie viele Büros müssen in dem neuen Gebäude mindestens eingerichtet werden?

Bist du sicher?

1 Ein Auto darf mit 450 kg beladen werden. Wie viel darf das Gepäck wiegen, wenn zwei Erwachsene mit 81 kg und 62 kg und zwei Kinder mit 43 kg und 31 kg mitfahren?

2 30 000 Wassertropfen ergeben ungefähr einen Liter Wasser. Aus einem undichten Wasserhahn tropft in jeder Sekunde ein Wassertropfen. Wie viele Literflaschen können mit dem Wasser gefüllt werden, das aus diesem Wasserhahn in einem Jahr tropft?

12 Von 1200 Sitzplätzen in einer Konzerthalle werden maximal 800 Karten im Vorverkauf vergeben. Die Karten kosten 30; 25 bzw. 20 €. An der Abendkasse sind alle Plätze 1 € günstiger. Im Vorverkauf wurden für ein Konzert 402 Karten abgegeben, je gleich viele zu 30; 25 und 20 Euro. An der Abendkasse wurden 122 der teuersten und jeweils doppelt so viele der anderen Plätze verkauft. Vor dem Konzert gingen 27 Karten zurück. Das Geld wurde erstattet.
a) Überschlage, wie viel Geld nach dem Vorverkauf in der Kasse war.
b) Um zu berechnen, wie viele der 1200 Sitzplätze nicht besetzt waren, braucht man nicht alle Informationen. Welche sind dafür überflüssig?
c) Wie viele Sitzplätze waren nicht besetzt?
d) Welche Zusatzinformationen bräuchte man, um die Gesamteinnahmen zu berechnen? Überschlage den Wert ohne diese Information.

13 Eine Pfadfindergruppe wandert (rote Linie) von der Waldhütte zum Weißenstein.
a) Wie viele Höhenmeter geht es auf der Wanderung bergauf (bergab)?
b) Wie viele Höhenmeter ginge es insgesamt bergauf (bergab), wenn die Gruppe den selben Weg zurückginge?

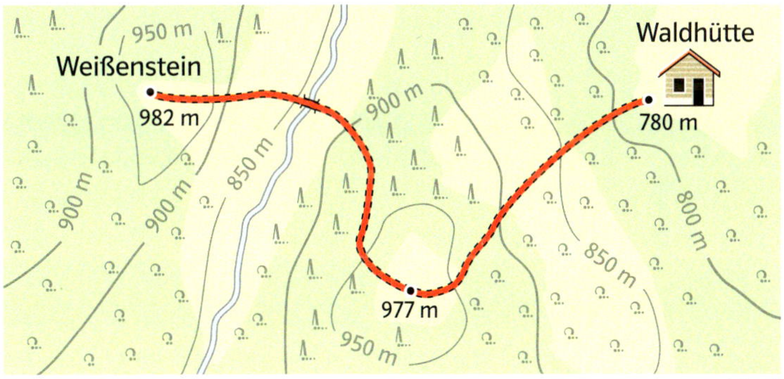

Fig. 1

14 Im Fass 1 sind 120 l Wasser und im Fass 2 sind 40 l eines Saftkonzentrats. Die Flüssigkeiten sollen in drei Schritten gemischt werden:
1) Die Hälfte von Fass 1 in Fass 2.
2) Die Hälfte der neuen Menge von Fass 2 in Fass 1.
3) Die Hälfte der neuen Menge von Fass 1 in Fass 2.
a) Stelle nach jedem Schritt für den Inhalt eines jeden Fasses einen Rechenausdruck auf.
b) Wie viel Liter sind am Ende in jedem der beiden Fässer?
c) Wie viel Liter Saftkonzentrat und wie viel Liter Wasser sind am Ende in jedem Fass?

Kannst du das noch?

15 Zeichne die Punkte A(2|4), B(6|5) und P(4|2) in ein Koordinatensystem und anschließend die Strecke $\overline{AB}$.
a) Trage auf der y-Achse einen Punkt C so ein, dass die Strecke $\overline{PC}$ parallel zu $\overline{AB}$ ist. Wie lauten die Koordinaten des Punktes C?
b) Trage auf der x-Achse einen Punkt D so ein, dass die Strecke $\overline{AD}$ orthogonal zu $\overline{AB}$ ist. Wie lauten die Koordinaten des Punktes D?

12 Primzahlen

Zu Beginn der Sportstunde sollen sich die 24 Schülerinnen der Klassen 5a und 5b in gleich große Gruppen aufteilen, damit sie ein Turnier austragen können.

Eine Klasse von 28 Schülerinnen und Schülern kann man in 4 gleich große Gruppen einteilen, aber nicht in 5 gleich große Gruppen. Die Division 28 durch 4 geht ohne Rest auf, während bei der Division 28 durch 5 ein Rest bleibt.

Teilbar durch 1; 2; 3; 4; 6; 8; 12 und 24.

Bei der Division 28 : 4 bleibt kein Rest. Dafür sagt man auch:

28 ist durch 4 **teilbar**
oder 4 **teilt** 28
oder 4 ist ein **Teiler** von 28
oder 28 ist ein **Vielfaches** von 4.

} Diese vier Aussagen bedeuten alle dasselbe.

Eine Klasse von 29 Schülerinnen und Schülern kann man nicht in gleich große Gruppen einteilen (außer in 29 Gruppen von einem Schüler oder einer Gruppe von 29 Schülern). Das liegt daran, dass die Zahl 29 keine „echten“ Teiler hat. Sie hat nur die zwei Teiler 1 und 29.

Die Zahl 1 wird nicht zu den Primzahlen gezählt.

Eine Zahl, die nur zwei Teiler hat, nämlich die Zahl 1 und sich selbst, heißt **Primzahl**.
Die Zahlen 2; 3; 5; 7; 11; 13; 17; 19; 23; 29; 31; 37 … sind Primzahlen.

Wenn man eine Zahl wie 60 beispielsweise als Produkt schreibt und die Faktoren so klein wie möglich wählt, ergibt sich am Ende immer ein Produkt von Primzahlen.

$60 = 6 \cdot 10$ $\quad$ $60 = 4 \cdot 15$ $\quad$ $60 = 5 \cdot 12$

$60 = 2 \cdot 3 \cdot 2 \cdot 5$ $\quad$ $60 = 2 \cdot 2 \cdot 3 \cdot 5$ $\quad$ $60 = 5 \cdot 2 \cdot 2 \cdot 3$

Man erhält stets die gleichen Faktoren 2 (zweimal), 3 (einmal) und 5 (einmal). Nur die Reihenfolge ist anders. Die Faktoren 2; 3; 5 heißen die **Primfaktoren** von 60. Das Produkt $2 \cdot 2 \cdot 3 \cdot 5$ heißt die **Primfaktordarstellung** oder **Primfaktorzerlegung** von 60.

Beispiel

a) Gib alle Teiler von 12 an. b) Ist 91 eine Primzahl?
c) Wie lautet die Primfaktordarstellung von 84?

Lösung:
a) Die Teiler von 12 sind: 1; 2; 3; 4; 6; 12.
b) $91 = 7 \cdot 13$. Die Zahl 91 hat die Teiler 7 und 13. Also ist 91 keine Primzahl.
c) $84 = 2 \cdot 42 = 2 \cdot 2 \cdot 21 = 2 \cdot 2 \cdot 3 \cdot 7$. Die Primfaktordarstellung lautet: $2 \cdot 2 \cdot 3 \cdot 7$.

Aufgaben

1 a) Ist 84 durch 6 teilbar?
b) Teilt 15 die Zahl 125?
c) Ist 220 ein Vielfaches von 40?
d) Ist 14 ein Teiler von 80?

2 Gib nach der Größe geordnet alle Teiler der Zahl an.
a) 18 b) 40 c) 72 d) 77 e) 81

3 a) Welche Zahlen sind Vielfache von 8: 4; 8; 28; 32; 60; 64; 80; 400; 800; 1000?
b) Welche Zahlen sind Teiler von 210: 1; 2; 3; 4; 5; 6; 7; 10; 70; 210; 420?

4 Gib die Primfaktordarstellung an.
a) 12 b) 20 c) 34 d) 80 e) 100 f) 144

5 Die Firma Schoki-Lado möchte eine Schokoladentafel herstellen, die für möglichst viele Familiengrößen passt, d.h., jedes Familienmitglied soll beim Teilen die gleiche Anzahl Schokoladenstückchen erhalten. Welche Tafelgröße soll die Firma herstellen?

Fig. 1

6 Beschreibe, wie du ohne Rechnung erkennen kannst, ob eine Zahl durch 10 (durch 5, durch 2) teilbar ist?

7 Richtig oder falsch?
a) Wenn eine Zahl durch 2 teilbar ist, dann ist sie auch durch 4 teilbar.
b) Wenn eine Zahl durch 10 teilbar ist, dann ist sie auch durch 5 teilbar.
c) Wenn eine Zahl durch 2 und 3 teilbar ist, dann ist sie auch durch 6 teilbar.

8 Gib alle Möglichkeiten an, wie man 2€ mit nur einer Sorte von Münzen auszahlen kann.

9 Informiere dich, was man unter armen, reichen und vollkommenen Zahlen versteht. Notiere dir jeweils drei Beispiele.

10 Der deutsche Mathematiker Christian Goldbach (1690 bis 1764) teilte 1742 dem berühmten Mathematiker Leonhard Euler eine Vermutung mit. Er vermutete, dass jede gerade Zahl, die größer als 3 ist, als Summe zweier Primzahlen dargestellt werden kann, z.B. $4 = 2 + 2$; $6 = 3 + 3$; $8 = 3 + 5$; $10 = 5 + 5$.
a) Überprüfe diese Vermutung für die Zahlen 12; 44; 60; 100.
b) Gib drei gerade Zahlen an, für die es mehrere Zerlegungen gibt, z.B. $24 = 7 + 17$; $24 = 11 + 13$.
c) Gib drei ungerade Zahlen an, die sich ebenfalls als Summe zweier Primzahlen schreiben lassen.

Wer wird Millionär? Die Vermutung von Goldbach ist bis heute nicht bewiesen und der Verlag Faber and Faber hat eine Million Dollar für denjenigen ausgesetzt, der die Goldbach´sche Vermutung beweist.

11 Prüfe, ob die Aussage wahr ist. Begründe deine Antwort.
a) Von zwei aufeinander folgenden Zahlen ist eine durch zwei teilbar.
b) Von drei aufeinander folgenden Zahlen ist eine durch drei teilbar.
c) Wenn man die natürlichen Zahlen in der nebenstehenden Tabelle aufschreibt, dann können die Primzahlen ab der zweiten Zeile nur in der ersten oder der fünften Spalte stehen.
d) In der fünften Spalte der Tabelle stehen nur Primzahlen.

Führe die Tabelle weiter.

1	2	3	4	5	6
7	8	9	10	11	12
13	14	15	16	17	18
19	20	21	22	23	24
25	26	…	…	…	…

13 Römische Zahlzeichen

An alten Gebäuden ist das Jahr der Erbauung häufig nicht mit unseren Ziffern angeschrieben. Die dort auftauchenden Zahlzeichen werden auch heute noch auf Zifferblättern von Uhren verwendet.

Fig. 1

Vor etwa 2000 Jahren umfasste das römische Weltreich große Teile des heutigen Europa. Die Römer haben damals vieles, was sie aus ihrer Heimat gewohnt waren, in die eroberten Gebiete mitgebracht. Manches davon wird bis heute gepflegt, z. B. der Weinanbau. Anders erging es den Zahlzeichen, mit denen die Römer Zahlen geschrieben haben. Diese **römischen Zahlzeichen** wurden vor etwa 500 Jahren durch unsere heute gebräuchliche Ziffernschreibweise ersetzt. Wenn man alte Inschriften und Texte verstehen will, muss man die römische Schreibweise der Zahlen kennen.

Es bedeuten:
I = 1, V = 5, X = 10, L = 50, C = 100, D = 500, M = 1000.

Weitere Zahlen schreibt man durch Aneinandersetzen dieser Zeichen:

VI = V + I = 6 XII = X + I + I = 12
Hier steht I rechts von V und X.
Es wird addiert.

IV = V − I = 4 IX = X − I = 9
Hier steht I links von V und X.
Es wird subtrahiert.

Die römischen Zahlzeichen haben immer den gleichen Wert, unabhängig von der Stelle, an der sie stehen. Die römische Zahlschreibweise bildet kein Stellenwertsystem. Das ist ein bedeutender Unterschied zu unseren Ziffern. Es gilt stattdessen:

Regeln für die römische Zahlschreibweise:
Steht ein Zahlzeichen rechts neben einem gleichen oder höheren, so wird sein Wert addiert.
Steht ein Zahlzeichen links neben einem höheren, so wird sein Wert subtrahiert.

Mit diesen Regeln kann man manche Zahlen auf verschiedene Weise schreiben:
9 = IX oder 9 = VIIII. Meistens wurde die erste Schreibweise benutzt, weil die zusätzliche Regel beachtet wurde: Ein Zahlzeichen kommt höchstens dreimal hintereinander vor.

Beispiel

a) Schreibe MCCXII im Zehnersystem.
Lösung: MCCXII = M + C + C + X + I + I
= 1000 + 100 + 100 + 10 + 1 + 1 = 1212

b) Schreibe 96 mit römischen Zahlzeichen.
96 = 100 − 10 + 5 + 1
= C − X + V + I = XCVI

Aufgaben

1 Schreibe im Zehnersystem.

a)	b)	c)	d)	e)
V	XII	VII	XV	CXX
CC	MC	CM	XC	DX
CLII	XCI	MCM	MMCM	CMX
MXCVI	MMDCC	MMXL	MMMDC	MMMDCCX

2 Schreibe mit römischen Zahlzeichen.

a)	b)	c)	d)	e)
8	16	13	9	14
17	22	40	24	25
79	160	190	197	189
788	1450	1600	1379	1677

3 Schreibe mit römischen Zahlzeichen:
a) dein Geburtsdatum, b) das heutige Datum.

4 Welche Jahreszahl gehört zu welchem Ereignis?

Kolumbus entdeckt Amerika.

Der erste Mensch landet auf dem Mond.

Karl der Große wird zum Kaiser gekrönt.

Der Eiffelturm wird gebaut.

MDCCCLXXXIX

MCMLXIX

DCCC

MXDII

5 Über dem Eingang der Universität Tübingen steht der Wahlspruch ATTEMPTO (Ich wage es). Daneben stehen die Jahreszahlen der Gründung der Universität und der Fertigstellung des Neubaus.
Wann wurde die Universität gegründet und wann wurde der Neubau fertiggestellt?

Vorgesagt wird nicht!

Fig. 1

6 Streichholzrechnen
Wenn man ein einziges Streichholz umlegt, wird die falsche Rechnung richtig.

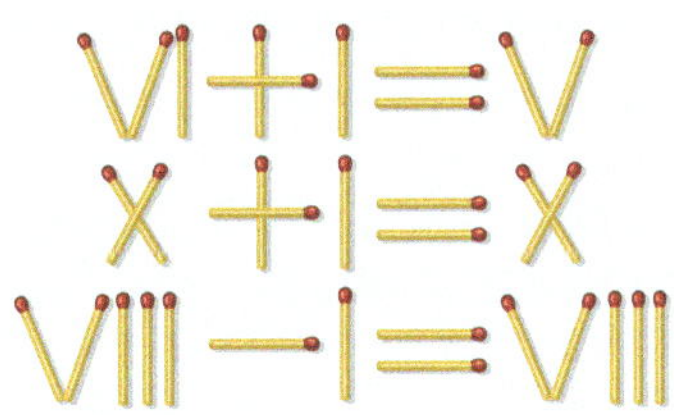

Fig. 2

7 Eine Lügengeschichte
Lange Zeit war umstritten, an welchem Ort Cäsar den Heerkönig Ariovist besiegt hat. Bis eines Tages ein Hobbyforscher behauptete, eine Steintafel mit folgender Inschrift gefunden zu haben (übersetzt):
In diesem Jahr brachte der große Cäsar an dieser Stelle dem Volke der Sueven den Untergang. Claudius, der die Schlacht überlebte. Anno LVIII v. Chr.
Ein Gelehrter erklärte die Inschrift sofort als Fälschung. Warum?

1 Berechne.

a) $7 \cdot (14 - 3) \cdot (4 + 2 \cdot 6 - 13)$
b) $8 - 120 : (14 - 9) + 8 \cdot 7$
c) $53 \cdot 3 + (7 + 72 : 9) \cdot (56 - 24 \cdot 2)$
d) $43 - 12 \cdot (2 - 45 \cdot 2 + 88)$
e) $(392 - 4 \cdot 72 + 2 \cdot 9) : (102 + 4 \cdot 5) - 1$
f) $(21 - 5 \cdot 7 + 2500 : 50) : 6 - (5 \cdot 5 - 20)$

2 Rechne möglichst geschickt.

a) $37 - 18 + 53$
b) $47 - 18 + 13 + 5$
c) $49 + 23 - 31 + 11 + 27$
d) $13 \cdot 17 + 13 \cdot 3$
e) $(909 - 333) : 3$
f) $96 : 12 - 60 : 12$

Fig. 1

3 Alexander bewahrt seine Dias in Magazinen zu je 36 Stück auf. Er hat seine Magazine in zwölf Reihen zu je neun Stück gestapelt. Wie viele Dias hat er?

4 Fügst du zwischen die ungeraden Zahlen 1, 3, 5, 7 und 9 in dieser Reihenfolge beliebig Rechenzeichen und Klammern ein, so kannst manche – aber nicht alle – der Zahlen 1 bis 10 erhalten. Es ist z. B. $(1 + 3) \cdot 5 - 7 - 9 = 4$.

a) Finde Rechenausdrücke für die Zahlen 3, 6, 7 und 10.

b) Nun darfst du die Reihenfolge der Zahlen vertauschen. Gib Rechenausdrücke für die Zahlen 1, 2, 5, 8 und 9 an.

5 Herr Gruber will im Bad und Flur Fußbodenplatten verlegen. Im Bad braucht er in der Breite 19 und in der Länge 20 Platten, im Flur in der Breite 8 und in der Länge 11 Platten. Auf Nachfrage unterbreitet ihm eine Firma für diesen Auftrag ein Angebot über 1976 €. Überschlage, wie viel Herr Gruber spart, wenn er diese Arbeit selbst durchführt. Er kann dabei die Platten in 20-Stück-Packungen zu je 38,50 € kaufen und benötigt noch 87,40 € für Kleber und 65,30 € für sonstige Materialien.

6 Ein Buch hat einen Umfang von 177 Seiten. Neun Seiten enthalten nur Bilder, alle anderen nur Text. Jede dieser Seiten hat 48 Zeilen mit durchschnittlich 75 Zeichen pro Zeile.

a) Wie viele Zeichen enthält das Buch etwa?

b) Zur leichteren Lesbarkeit werden bei einem Neudruck größere Buchstaben verwendet. Jetzt hat jede Seite nur noch 42 Zeilen mit je etwa 64 Zeichen. Welchen Umfang hat das Buch nun?

7 Zu Hansis Geburtstag kommen acht Kinder. Seine Mutter sagt, er soll für jedes Kind als Mitbringsel einen Leuchtstab zu je 1,50 € und einen Notizblock zu je 0,90 € mit einem Stift zu je 0,50 € kaufen. Kann Hansi etwas für sich kaufen, wenn er für diesen Einkauf 25 € erhält?

8 Wo steckt der Fehler?

Das U-Boot U 345 bewegt sich 1076 m über dem Meeresgrund. Während einer Übung taucht es 35 m tiefer, taucht danach 40 m höher, taucht langsam 62 m tiefer, dann weitere 20 m tiefer und taucht abschließend 70 m höher, wo es die Wasseroberfläche erreicht.

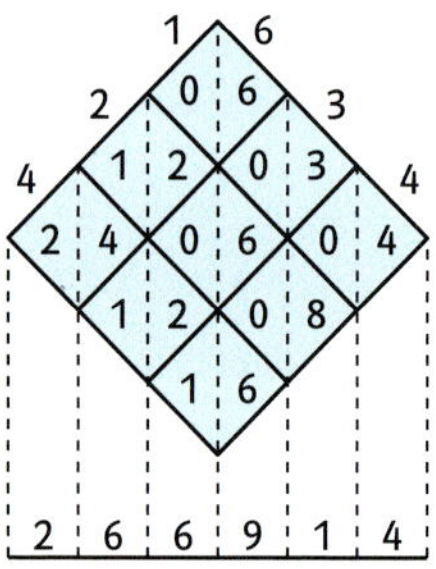

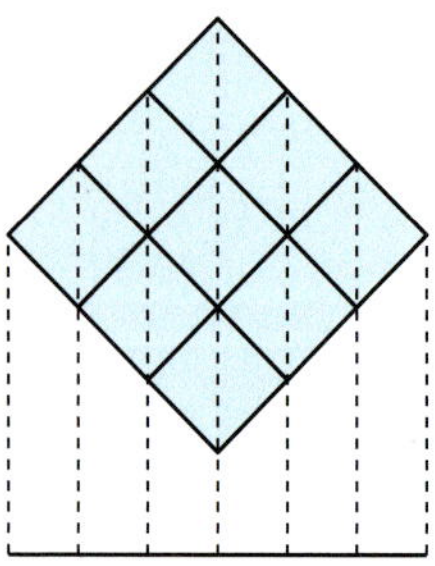
Fig. 2

9 Tom entdeckt in seinem Mathebuch (vgl. Fig. 2) eine Methode für die Multiplikation aus dem Mittelalter. „Das ist ja wie beim schriftlichen Multiplizieren!“, behauptet er.

a) Berechne $421 \cdot 634$ schriftlich.
Stimmt das Ergebnis in der Figur 2?

b) Versuche, das Schema zu entschlüsseln und berechne dann ebenso $532 \cdot 981$.

c) Hat Tom mit seiner Behauptung Recht?

10 Zwei Lehrer spendieren ihrer Klasse Pizzen. Eine kleine Margherita kostet 4€, eine große 6€. Jede weitere Zutat kostet 1€. Acht Schüler wählen eine kleine Pizza mit drei Zutaten, fünf eine kleine mit zwei Zutaten und zehn eine große mit zwei Zutaten. Wie viel muss jeder der beiden Lehrer zahlen, wenn jeder selbst eine große Pizza mit vier Zutaten verzehrt und sie den Betrag gleichmäßig unter sich aufteilen?

11 Die Großhandelsfirma Südfrucht kauft 85 Kisten Pfirsiche zu 23€ pro Kiste. Dazu kommen noch Transportkosten von 170€. Da die Früchte unterschiedliche Qualität besitzen, werden 47 Kisten für 38€ und die restlichen Kisten für 32€ weiterverkauft.
a) Wie viel muss die Firma Südfrucht für die Lieferung bezahlen?
b) Wie viel verdient die Firma an den Pfirsichen?

12 Für ein Konzert kosten die Karten im Vorverkauf 24€ und an der Abendkasse 21€.
a) Wie hoch wären die Einnahmen, wenn 810 Karten im Vorverkauf und der Rest der insgesamt 1560 Karten an der Abendkasse verkauft würden?
b) Wie hoch müsste ein Einheitspreis für alle Karten sein, damit man dieselben Einnahmen erhält, wie wenn jede dritte Karte im Vorverkauf und der Rest an der Abendkasse verkauft werden?

13 Anika sagt zu ihrer Freundin Julia: „Denke dir eine Zahl. Addiere 5, multipliziere das Ergebnis mit 4, subtrahiere nun 20, dividiere danach durch 2."
a) Zu welcher Zahl gelangt Julia, wenn sie sich die Zahl 6 (7; 8; 10) denkt?
b) Julia gelangt zur Zahl 42. Welche Zahl hat sie sich gedacht?
c) Versuche eine eigene Rechenanweisung aufzustellen, mit der du jeweils das Dreifache der gedachten Zahl erhältst.

14 Ein Lehrer antwortet auf die Frage, wie viele Schüler und Schülerinnen an seiner Schule sind: „ Stellt man alle in 3er-Reihen auf, so bleibt ein Schüler übrig, ebenso bei 4er-Reihen, 5er-Reihen und 6er-Reihen, aber bei 7er-Reihen geht es auf."

15 Claudia stellt fest: Wenn ich drei aufeinander folgende Zahlen addiere, wie zum Beispiel 5, 6 und 7 oder 20, 21 und 22, ist diese Summe durch 3 teilbar.
a) Kontrolliere Claudias Behauptung an einigen Zahlenbeispielen.
b) Versuche, die Behauptung allgemein zu erklären.

16 Wie ändert sich ein Produkt aus zwei Faktoren, wenn man
a) einen Faktor verdoppelt (halbiert),
b) beide Faktoren verdoppelt (halbiert),
c) einen Faktor halbiert und einen Faktor versechsfacht?

17 Wie ändert sich ein Quotient aus zwei Faktoren, wenn man
a) den Dividenden verdoppelt (halbiert)
b) den Dividenden und den Divisor halbiert,
c) den Dividenden versechsfacht und den Divisor halbiert?

Von Kerbhölzern, Hieroglyphen und Ziffern

Ein Forscher beobachtete einmal, wie ein südafrikanischer Stamm eine große Viehherde zählte. Er erzählt:
„Drei Männer gehen zum Gatter, durch das die Herde getrieben wird. Der erste hebt für jeden an ihm vorüberziehenden Kopf der Herde einen Finger. Sobald er alle zehn Finger erhoben hat, hebt der zweite Mann einen Finger und der erste beginnt von Neuem. Wenn der zweite Mann auch alle Finger erhoben hat, hebt der dritte Mann einen Finger und die beiden ersten Männer beginnen von Neuem.
Sind sie fertig, ritzen sie das Ergebnis in ein Stück Holz, das sie bis zur nächsten Zählung aufheben."

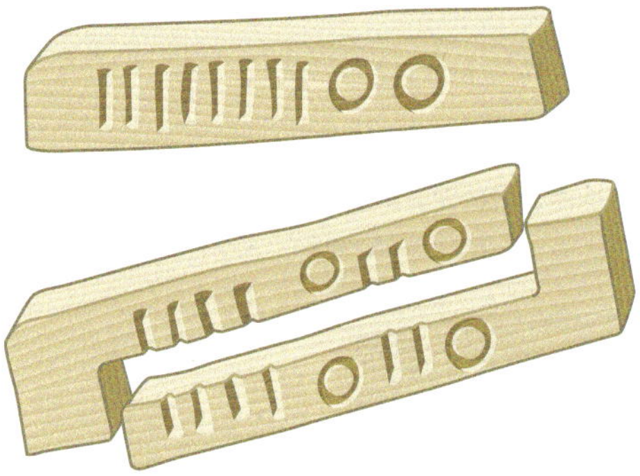

Fig. 1

Früher haben die Menschen das Ergebnis einer Zählung oft mit dem Messer in ein Stück Holz geritzt. Ein so beschriebenes Holzstück nennt man **Kerbholz**. Aus dieser Zeit stammen noch einige Sprichwörter:

„Der hat einiges auf dem Kerbholz."
(Der hat viele Schulden oder hat viele Untaten begangen.)

„Das kommt nicht aufs Kerbholz."
(Das braucht nicht bezahlt zu werden.)

„Ich mache die Rechnung glatt."
(Ich begleiche die Rechnung, d.h., das Kerbholz wird wieder glatt gehobelt.)

Das Bild in Fig. 1 zeigt ein Doppelholz. Nach dem Einritzen hat jeder Geschäftspartner ein Kerbholz mit nach Hause genommen.

Wenn viele Menschen zusammenarbeiten, z.B. beim Bau einer Pyramide, ist es sinnvoll, dass alle Beteiligten die gleichen Zahlzeichen benutzen. Ein bekanntes Beispiel dafür ist die vor mehr als 3000 Jahren in Ägypten entstandene **Hieroglyphenschrift**.
In dieser Schrift haben die Pharaonen von Schreibern alle wichtigen Staatsgeschäfte auf Papyrus- oder Lederrollen festhalten lassen. Auf einer Rolle steht z.B. folgender Text:
Es soll eine Rampe gemacht werden, 730 Ellen lang und 55 Ellen breit, die 120 Kästen enthält und mit Rohr und Balken gefüllt ist, oben 30 Ellen hoch …
Man erkundigt sich nun bei den Generälen nach dem Bedarf an Ziegeln für sie.

Von Kerbhölzern, Hieroglyphen und Ziffern

In der Hieroglyphenschrift gab es jeweils für die Zahlen 1, 10, 100, 1000, 10 000, 100 000 und 1 000 000 ein eigenes Zeichen.

Unsere Zahlzeichen	1	10	100	1000	10 000	100 000	1 000 000
Ägyptische Zahlzeichen							

Bei einer Zahl wurde dann einfach aufgeschrieben, wie viele Einer, Zehner, Hunderter, Tausender … sie enthielt.

Dabei spielte die Anordnung der Zeichen keine Rolle, zum Beispiel bedeutete

 oder  beides 32.

Das **Addieren** wie das **Subtrahieren** in Hieroglyphenschrift ist einfach. Man muss sich nur die folgenden Abkürzungen merken:

Dann sieht die Addition in Hieroglyphenschrift so aus:

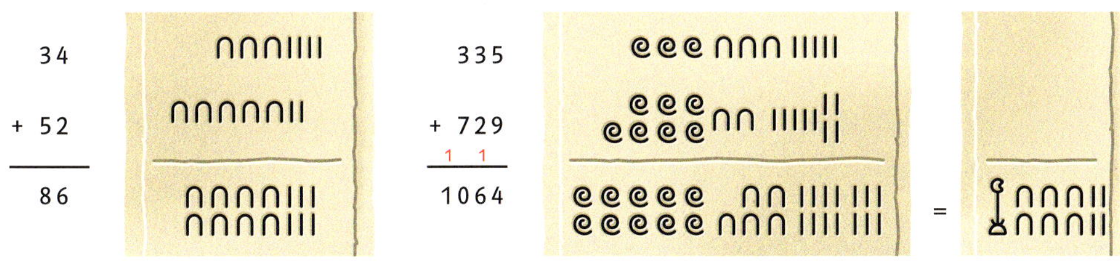

Fig. 2

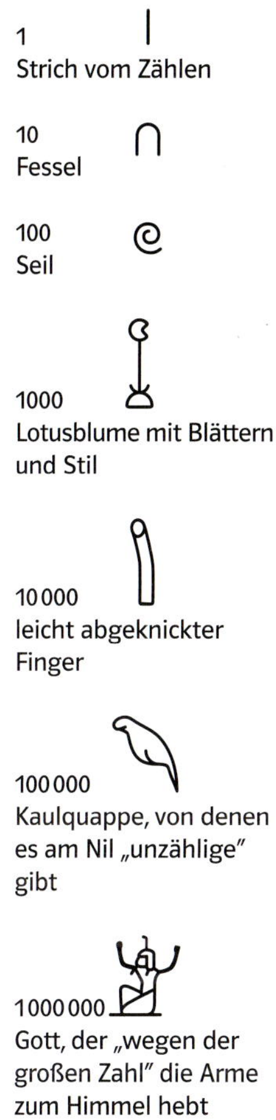

Fig. 1

Etwa im 9. Jahrhundert n. Chr. lernten arabische Kaufleute in Indien eine Zahlschrift kennen, die ganz anders geartet war. Bisher kannten sie nur Zahlzeichen, deren Wert immer derselbe war, unabhängig von der Stelle, an der sie standen. Die Inder benützten dagegen Zahlzeichen, deren Wert sich veränderte, wenn man sie an eine andere Stelle setzte. Außerdem reichten nur zehn verschiedene Zeichen (die Ziffern), um beliebig große Zahlen zu schreiben. Die Kaufleute brachten diese indischen **Ziffern** und die **Stellenschreibweise** nach Nordafrika und Spanien. Von dort gelangten sie vor etwa 500 Jahren zu uns.

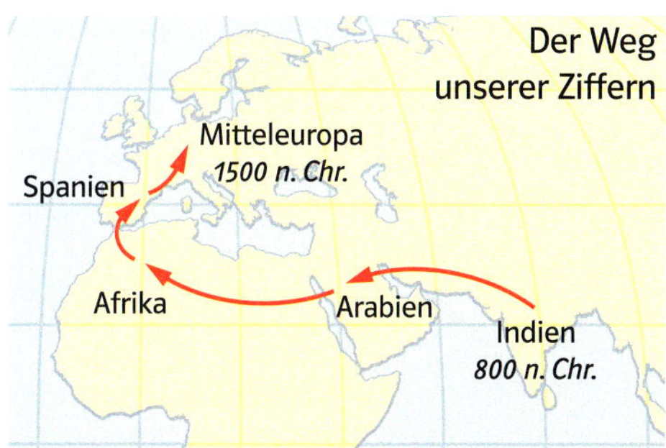

Von Kerbhölzern, Hieroglyphen und Ziffern

Mit diesen ursprünglich aus Indien stammenden Ziffern schreiben wir heute unsere Zahlen. Damals hatten die Menschen besonders mit der Ziffer Null ihre Schwierigkeiten. Die Gründe dafür sind im linken Kasten geschildert. Im rechten Kasten sieht man, wie sich die Schreibweise unserer Ziffern im Laufe der Zeit verändert hat.

Heutzutage wird die Null in arabischen Ländern meist als ♦ gedruckt. Das ist auf der abgebildeten ägyptischen Briefmarke rechts unten deutlich zu sehen.

Beim Zählen braucht man keine **Null**. Deshalb hatten die alten Inder zunächst auch kein Zeichen dafür. Als sie dann begannen, die Zahlen in Stellenschreibweise aufzuschreiben, schrieben sie z. B.
für dreiundzwanzig 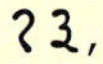
für zweihundertdrei 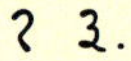
Das konnte man natürlich leicht verwechseln. Und wie sollte man dann zweihundertdrei von zweitausenddrei unterscheiden, etwa so:

(zweihundertdrei) (zweitausenddrei)

Das konnte nicht gut gehen, denn die alten Inder schrieben auch nicht sehr viel sorgfältiger als wir. Wollten sie Klarheit schaffen, dann mussten sie deutlich machen, dass in 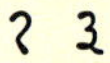 eine Stelle, in  dagegen zwei Stellen leer sind.
Sie schrieben deshalb schon bald

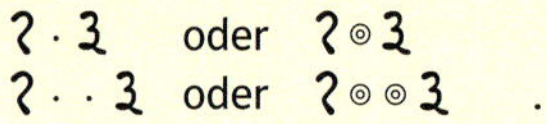

Später wurde aus · oder ⊚ einfach o .
So entstand als letzte der Ziffern die Null.

Schreibweise der Ziffern

Indien 800 n. Ch.

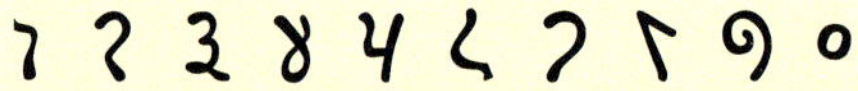

Arabien 1100 n. Ch.

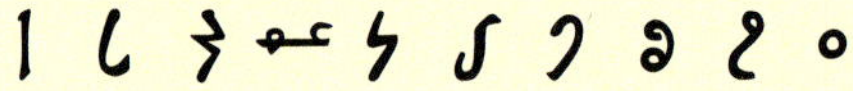

Deutschland 1500 n. Ch.

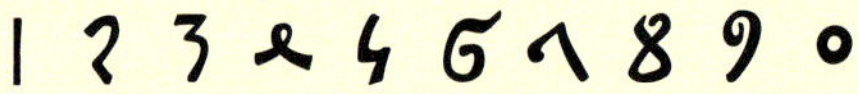

Deutschland 2005 n. Ch.

1 2 3 4 5 6 7 8 9 0

Die folgende Jahreszahl ist am Chorgestühl in der Stiftskirche von Bad Urach zu sehen. Wie schreiben wir sie heute?

Fig. 1

Ein Rätsel

zwi (altdeutsch): zwei

Die versteckte Zwei

Die Zahlwörter eins, zwei, drei, vier … tauchen in vielen Begriffen unserer Sprache auf. Manchmal sind sie leicht zu erkennen wie im Wort Vierling, manchmal kommen sie auch leicht verändert vor, wie im Wort Zwielicht. Im folgenden Text ist das Zahlwort **zwei** in elf Wörtern versteckt. Findest du die Wörter?

Wenn man nicht weiß, ob man Vanille- oder Erdbeereis nehmen soll, ist man im Zweifel und überlegt lange, bis man sich zwischen den beiden Eissorten entscheidet. Wer so eine Frage sehr ernst nimmt, kann gar in einen Zwiespalt geraten. Dann erscheint ihm jede Entscheidung zweifelhaft. Selbst Zwillinge können sich vor einer Eisdiele entzweien. Statt in trauter Zweisamkeit leben sie jetzt in Zwietracht. Dabei kann es vorkommen, dass sie sich mit Daumen und Zeigefinger zwicken und sie auf diese Weise ihren Zwist austragen. Dann schlägt auf dem Heimweg bei einer Abzweigung jeder eine andere Richtung ein.

Vom Linienbrett zur Rechenmaschine

Der Bildausschnitt aus dem Jahre 1503 zeigt einen Rechenmeister bei der Arbeit. Das Linienbrett war unter Kaufleuten und Händlern weit verbreitet.
Auf der untersten Linie wurden die Einer dargestellt, darüber die Zehner, Hunderter usw. Die Tausenderlinie erhielt ein Kreuz. Die Zwischenräume bedeuteten das Fünffache der Linie darunter.

Der Rechenmeister auf dem Stich sieht vor sich links vom Teilungsstrich die Zahl 1241 und rechts davon die Zahl 82.
Der Rechenmeister Adam Ries (1492 bis 1559) lehrte unter anderem das Rechnen auf den Linien.

Nur knapp hundert Jahre nach Adam Ries hat der schottische Mathematiker John Neper (1550 bis 1619) das erste Rechenhilfsmittel der Welt erfunden, mit dem man multiplizieren konnte. Es bestand aus Rechenstäben, die auf vier Seiten das kleine Einmaleins für die Zahlen 1 bis 9 aufwiesen. Die Einer und Zehner wurden durch schräge Linien getrennt.

Im Bild ist dargestellt, wie man die Multiplikation 87 · 6 mithilfe der Rechenstäbe löst.
Das Ergebnis kann man an den Stäbchen 8 und 7 ermitteln, indem man die Zahlen in der 6. Zeile addiert. Dabei sind die Überträge zu beachten.

Diese „Rechenmaschine" kannst du dir mit Papierstreifen nachbauen. Wenn du mehrstellige Zahlen multiplizieren willst, musst du die zugehörigen Streifen nebeneinander legen.

8	7	
0/8	0/7	1
1/6	1/4	2
2/4	2/1	3
3/2	2/8	4
4/0	3/5	5
4/8	4/2	6
5/6	4/9	7
6/4	5/6	8
7/2	6/3	9
8/0	7/0	10

4/8 4/2 · 6
1
5 2 2

Um 1623 stellte der Tübinger Professor Wilhelm Schickard (1592 bis 1635) eine erste Rechenmaschine vor. Die Rechenmaschine setzte für die Multiplikation Walzen mit aufgedruckten Nepertabellen ein. An den Walzen (Knöpfe oben) wurde der erste Faktor eingestellt, mit den Fensterstäben der Blick auf die Vielfachen freigegeben. Die abgelesenen Zahlen wurden unten stellengerecht auf die Knöpfe des Additionsteils übertragen. Der Zehnerübertrag erfolgte dabei nach Art von Kilometerzählern.

Heute sind elektronische Rechner viel billiger herzustellen, außerdem sind sie schneller und vielseitiger als die besten mechanischen Rechenmaschinen.

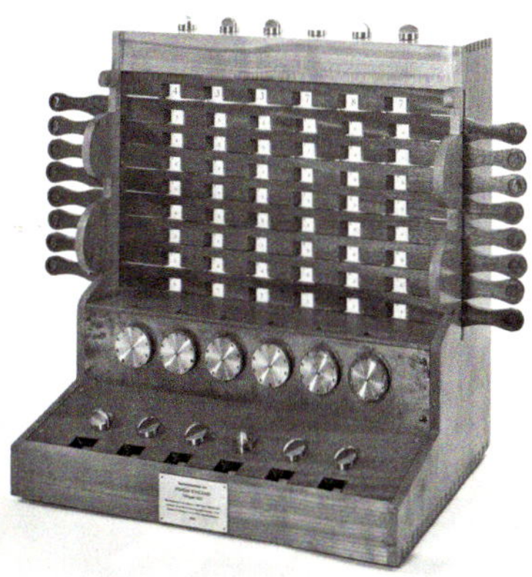

Rückblick

Zahlenstrahl
Bei einem Zahlenstrahl sind die Abstände zwischen zwei aufeinander folgenden Zahlen gleich groß.
Liegt eine Zahl links (rechts) von einer anderen, so drückt man dies mit einem Kleinerzeichen (Größerzeichen) aus. Die Spitze des Kleiner- bzw. Größerzeichens zeigt jeweils auf die kleinere Zahl.

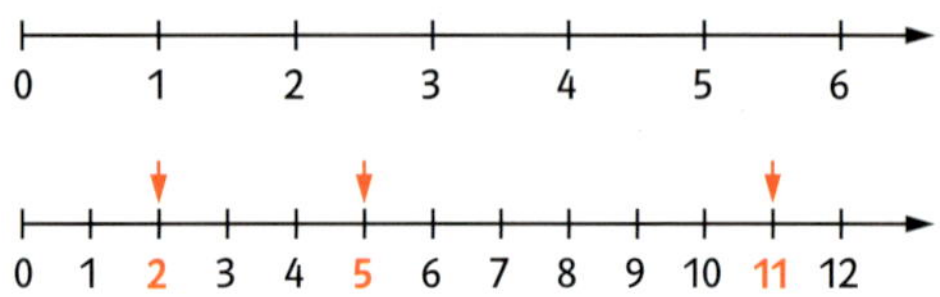

2 < 5 *11 > 5*

Große Zahlen
1 Tausend = 1000 = 10^3
1 Million = 1 000 000 = 10^6
1 Milliarde = 1 000 000 000 = 10^9

1000 Tausender = 1 Million
1000 Millionen = 1 Milliarde
1000 Milliarden = 1 Billion

Runden
Steht rechts von der Rundungsstelle eine 5, 6, 7, 8 oder 9, so wird aufgerundet. Steht rechts von der Rundungsstelle eine 0, 1, 2, 3 oder 4, so wird abgerundet.

34 761 ≈ 34 800 (auf Hunderter gerundet)
34 721 ≈ 34 720 (auf Zehner gerundet)

Rechenausdrücke
Rechenausdrücke, die in Klammern stehen, werden zuerst berechnet. Punktrechnungen (·,:) werden vor Strichrechnungen (+, −) ausgeführt.

$7\cdot(12-8)=7\cdot4=28$
$32-(4+3\cdot8)=32-(4+24)=32-28=4$

Kommutativgesetz
Für alle natürlichen Zahlen a, b gilt:
$a+b=b+a$, $a\cdot b=b\cdot a$.

$12+35=35+12=37$
$12\cdot5=5\cdot12=60$

Assoziativgesetz
Für alle natürlichen Zahlen a, b, c gilt:
$(a+b)+c=a+(b+c)$, $(a\cdot b)\cdot c=a\cdot(b\cdot c)$.

$(23+28)+2=23+(28+2)=23+30=53$
$(15\cdot12)\cdot5=15\cdot(12\cdot5)=15\cdot60=900$

Distributivgesetz
Für alle natürlichen Zahlen a, b, c gilt:
$(a+b)\cdot c=a\cdot c+b\cdot c$ und $(a-b)\cdot c=a\cdot c-b\cdot c$,
$(a+b):c=a:c+b:c$ und $(a-b):c=a:c-b:c$.
Bei der Division kann man für c nicht null einsetzen.

$(34+45)\cdot5=34\cdot5+45\cdot5=170+225$
$=395$
$(400+40):20=400:20+40:20=20+2$
$=22$

Schriftliches Addieren und schriftliches Subtrahieren
Man schreibt die Zahlen mit den entsprechenden Stellen untereinander und berechnet die Ziffern der Summe bzw. der Differenz von rechts nach links. Überträge nicht vergessen.

```
  3 4 5 7 2        9 5 7 4 8
+ 5 9 3 4 9      -   9 7 3 9
  1   1 1          1     1
-----------      -----------
  9 3 9 2 1        8 6 0 0 9
```

Schriftliches Multiplizieren
Beim Multiplizieren berechnet man der Reihe nach die Teilprodukte mit einstelligen Faktoren, schreibt sie stellenweise untereinander und addiert sie.

Schriftliches Dividieren
Man überlegt, wie oft der Teiler in der jeweiligen Zahl enthalten ist. Alle Reste sind kleiner als der jeweilige Teiler.

```
 2 0 3 7 : 1 9 = 1 0 7  Rest 4
-1 9
   1 3
 -   0
   1 3 7
 - 1 3 3
       4
```

```
4 2 1 · 2 1 9
    8 4 2
      4 2 1
      3 7 8 9
    1 1
-------------
    9 2 1 9 9
```

Training

Runde 1

1 Berechne.
a) $(18 - 3 \cdot 4) : 2$ b) $(2 + 3) + (4 + 5) \cdot 6$ c) $(15 + 3 \cdot 3) - (5 \cdot 4 + 2)$

2 Berechne schriftlich.
a) $68\,431 + 52\,314$ b) $654\,321 - 209\,877$ c) $271 \cdot 369$ d) $54\,321 : 25$

3 Übertrage ins Heft und setze dabei für □ die richtige Zahl ein.
a) $6 \cdot 5 + □ = 40$ b) $□ - 3 \cdot 10 = 20$ c) $5 \cdot □ - 36 : 12 = 12$

4 Berechne vorteilhaft.
a) $4 \cdot (17 \cdot 25)$ b) $5 \cdot 160 \cdot 4 \cdot 5$ c) $8 \cdot 6 \cdot 2 \cdot 125 \cdot 50$

5 Ein Sportfahrrad kostet bei Barzahlung 985 €. Bei Ratenzahlung sind für das Rad 12 Monatsraten von 91 € zu bezahlen. Wie viel spart man bei Barzahlung?

6 Ein Lastkraftwagen hat ein zulässiges Gesamtgewicht von 7500 kg. Sein Leergewicht beträgt 2800 kg. Wie viele Steinplatten mit je 25 kg Gewicht können geladen werden, wenn das Gewicht des Fahrers mit 75 kg berücksichtigt werden muss?

7 Für den Dreikampf beim Schulsportfest ist die Jahrgangsstufe 5 in neun Riegen zu je zwölf Schülern und die Jahrgangsstufe 6 in sechs Riegen zu je 16 Schülern eingeteilt worden. Da aber drei Riegenführer fehlten, wurden beide Jahrgänge zusammengelegt und in zwölf gleich große Riegen aufgeteilt. Wie groß war jede Riege?

Runde 2

1 Berechne.
a) $64 - (2 \cdot (3 + 19))$ b) $2 \cdot 3 + (4 + 5 \cdot 6)$ c) $20 : [5 \cdot (6 - 2) - 16]$

2 Berechne schriftlich.
a) $542\,351 + 4832$ b) $9657 - 3232$ c) $168 \cdot 1443$ d) $64\,258 : 255$

3 Berechne vorteilhaft.
a) $38 \cdot 73 + 38 \cdot 27$ b) $23 \cdot 169 + 49 \cdot 169 + 28 \cdot 169$ c) $24 \cdot 57 + 57 \cdot 62 + 14 \cdot 57$

4 Stelle zuerst einen Rechenausdruck auf. Berechne dann. Subtrahiere von der Differenz der Zahlen 184 und 122 den Quotienten der Zahlen 364 und 14.

5 Ein Kühlschiff hat 200 000 Kartons Bananen geladen. In jedem Karton befinden sich etwa 250 Stück. Eine Banane hat ein Gewicht von 120 g. Berechne das Gesamtgewicht der Bananenladung.

6 Für eine Werbeveranstaltung mietete der Ortsverband einer Partei einen Saal mit 436 Plätzen. Der Ortsverband selbst schickte 184 Besucher. Von den weiteren 69 Personen verließen 43 wieder den Saal, als sie erfuhren, dass die Ministerin nicht kommen würde. Der Ersatzredner kam mit 12 Freunden. Wie viele Stühle blieben leer?

7 21 Mitglieder der Foto-AG kaufen 18 Filme mit jeweils 24 Bildern. Die Dreierpackung kostet 8 €. Zusätzlich werden 15 Filme mit jeweils 36 Bildern gekauft. Hiervon kostet eine Dreierpackung 9,50 €. Wie viel Euro muss jedes Mitglied der Foto-AG bezahlen?

Lösungen auf Seite 243–244.

Das kannst du schon

- Lineal, Zirkel und Geodreieck als Zeichenhilfsmittel verwenden
- Streckenlängen und Winkel messen
- Mit dem Koordinatensystem umgehen

Zahlen und Operationen | Größen und Messen | **Raum und Form** | Funktionaler Zusammenhang | Daten und Zufall

III Figuren und Körper

Körper machen 'ne gute Figur

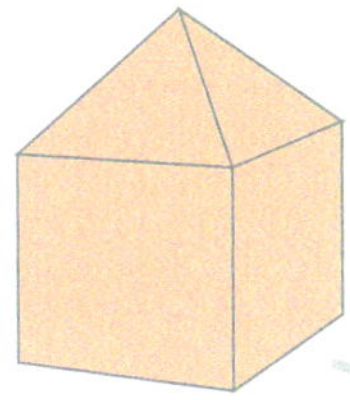

Maler zu Beginn des 20. Jahrhunderts haben die Formen aus geometrischen Körpern wie z. B. Würfeln, Quadern oder Zylindern zusammengesetzt.
Man nennt diesen Stil „Kubismus".
Der Maler Paul Cezanne hat es so zusammengefasst: „Alle Formen in der Natur lassen sich auf Kugel, Kegel und Zylinder zurückführen."

Kirche St. Michaelis, Hildesheim

Paul Gris; Häuser in Paris 1911

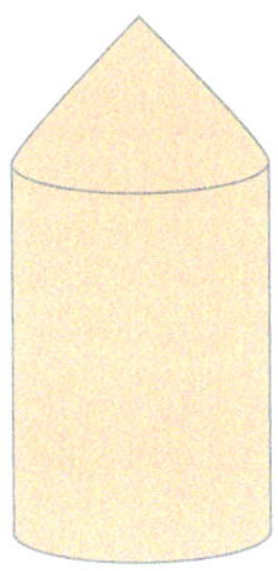

Das kannst du bald

- Figuren wie Dreiecke, Quadrate, Rechtecke, Parallelogramme benennen, beschreiben und zeichnen
- Geometrische Körper wie Quader, Würfel, Prisma, Pyramide, Zylinder, Kegel benennen und beschreiben
- 3-D-Bilder von geometrischen Körpern zeichnen
- Netze zu speziellen Körpern entwickeln und als Bastelvorlage nutzen

1 Ebene Figuren

In der Umwelt und in der Technik gibt es verschiedene Flächen. Manche davon haben besondere Namen.

Ebene geometrische Flächen werden in der Mathematik auch als ebene Figuren bezeichnet. Beispiele für mathematische **Figuren** sind:

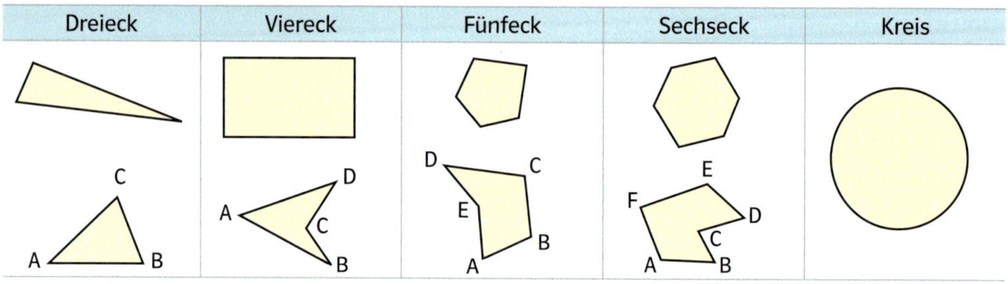

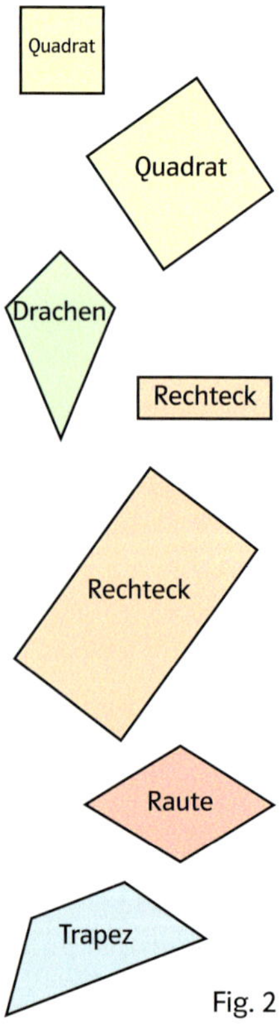

Fig. 2

Fig. 1 zeigt, wie Eckpunkte, Seiten und Winkel von Vielecken durch Verwendung großer, kleiner und griechischer Buchstaben bezeichnet werden.

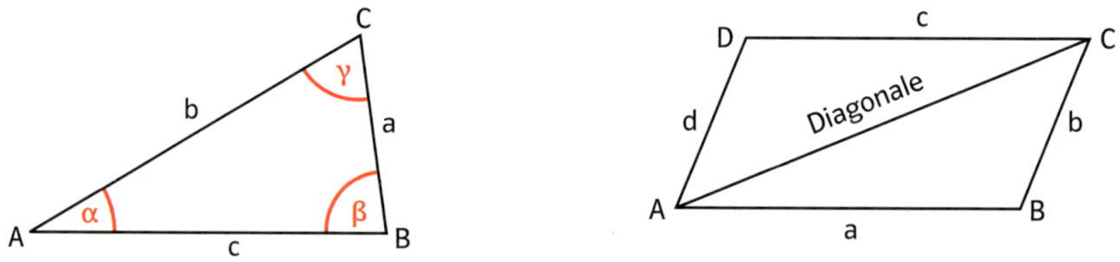

Fig. 1

Bei Vierecken treten besondere Formen auf (Fig. 2). Es gibt Vierecke mit gleich langen Seiten oder mit vier rechten Winkeln oder mit parallelen Seiten.

Ein Viereck mit vier gleich langen Seiten und vier rechten Winkeln heißt **Quadrat**.

Ein Viereck mit vier rechten Winkeln heißt **Rechteck**.

Ein Viereck, in dem die gegenüberliegenden Seiten parallel sind, heißt **Parallelogramm**.

Vergleicht man Quadrat, Rechteck und Parallelogramm miteinander, so stellt man fest:
1. Jedes Quadrat ist auch ein Rechteck, weil alle Winkel im Quadrat rechte Winkel sind.
2. Jedes Rechteck ist auch ein Parallelogramm, weil die gegenüberliegenden Seiten jedes Rechtecks parallel zueinander sind.

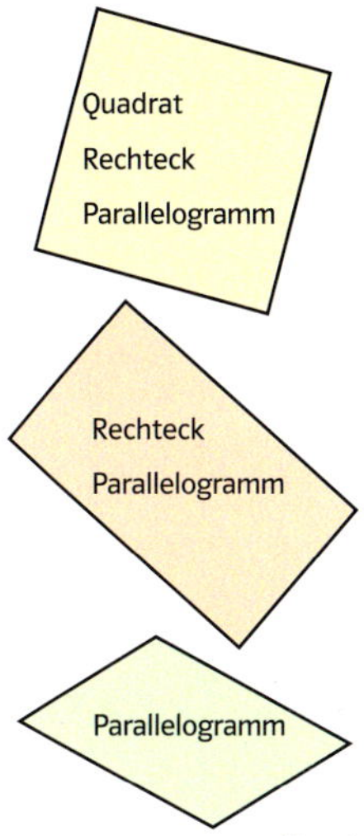

Fig. 1

Beispiel 1
Zeichne ein Parallelogramm ABCD mit den Seitenlängen 5 cm und 3 cm. Wähle 58° für die Größe des Winkels bei A, also $\alpha = 58°$. Miss die Größe des bei B liegenden Winkels β.
Lösung:
Schrittfolge:

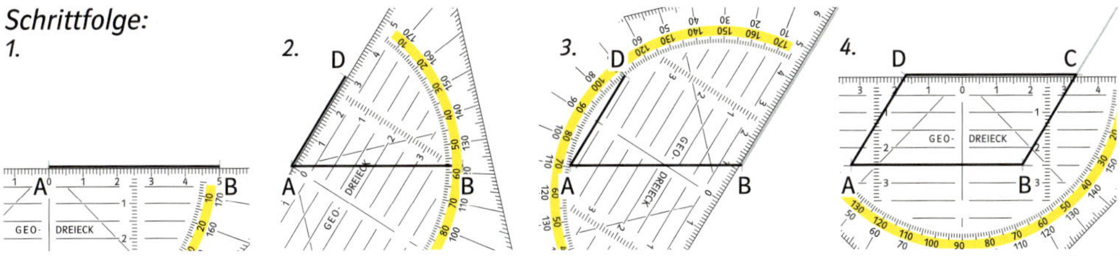

Fig. 2

Zeichnung:

Fig. 3

Für den Winkel bei B ergibt sich $\beta = 122°$. Die Winkel α und β ergänzen sich zu 180°:

$$\alpha + \beta$$
$$= 58° + 122°$$
$$= 180°.$$

Beispiel 2
Zeichne ein Dreieck ABC, in dem alle drei Seiten 4 cm lang sind. Miss die Winkel.
Lösung:
Schrittfolge:

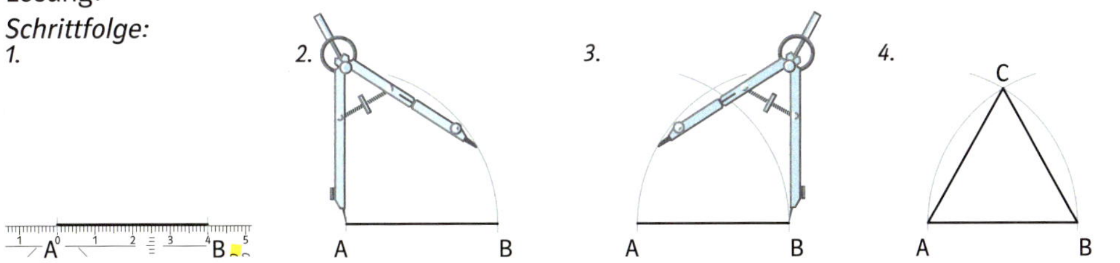

Fig. 4

Im Dreieck ABC sind alle drei Seiten gleich lang:

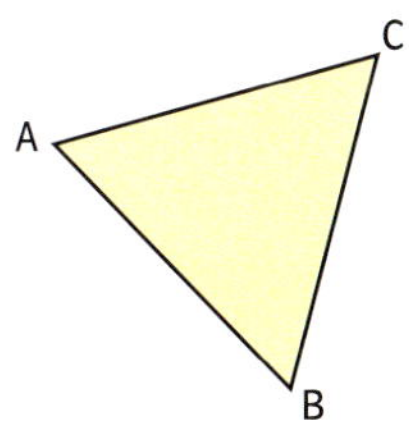

gleichseitiges Dreieck

Zeichnung:

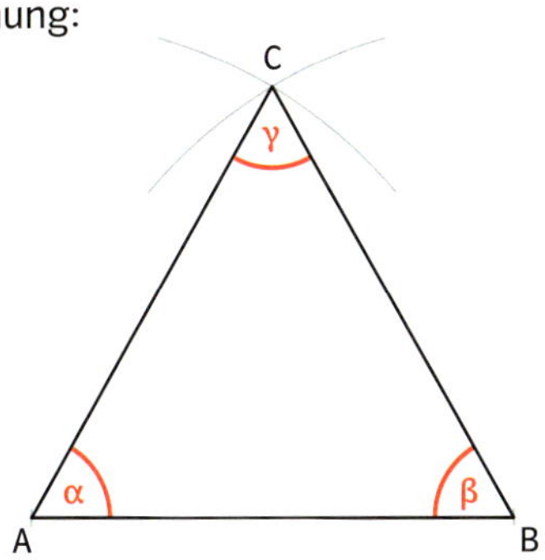

Fig. 5

Die Winkel des Dreiecks ABC sind jeweils 60° groß:
$\alpha = 60°$,
$\beta = 60°$,
$\gamma = 60°$.

Aufgaben

Die Länge der Strecke $\overline{AB}$ bezeichnet man ebenfalls mit $\overline{AB}$.

1 Übertrage die Strecken aus Fig. 1 ins Heft. Ergänze jeweils so, dass ein Parallelogramm entsteht. Sind besondere Parallelogramme dabei?

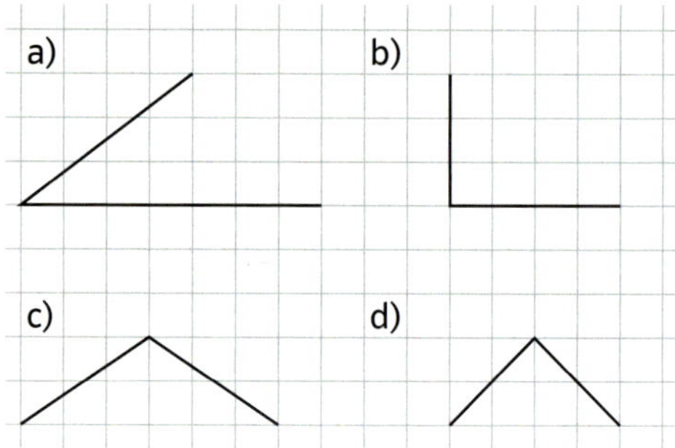

Fig. 1

2 Zeichne folgende Parallelogramme ABCD.
a) $\overline{AB} = 4\,cm$; $\overline{AD} = 3\,cm$; $\alpha = 60°$
b) $\overline{AB} = 6{,}5\,cm$; $\overline{BC} = 4{,}5\,cm$; $\beta = 130°$
c) $\overline{AB} = 4\,cm$; $\overline{BC} = 4\,cm$; $\beta = 45°$

3 Zeichne auf Blankopapier
a) ein Quadrat ABCD mit der Seitenlänge 3 cm,
b) eine Raute ABCD mit der Seitenlänge 5 cm, die jedoch kein Quadrat ist,
c) zwei verschiedene Parallelogramme ABCD mit den Seitenlängen 4 cm und 2 cm, von denen eines einen rechten Winkel bei A hat.

Im Dreieck ABC sind zwei der drei Seiten gleich lang:

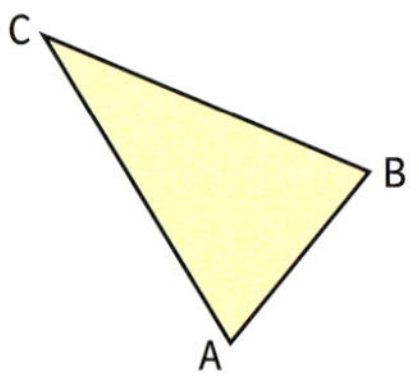

gleichschenkliges Dreieck

4 Zeichne ein gleichseitiges Dreieck, dessen Seiten 3 cm (45 mm; 7 cm; 8 mm) lang sind.

5 Zeichne ein Dreieck, in dem zwei der drei Seiten 4 cm lang sind. Der von den gleich langen Seiten eingeschlossene Winkel soll 40° (120°; 75°) groß sein. Miss die Länge der dritten Dreieckseite.

6 Für jedes Quadrat gilt:
- Die vier Seiten sind gleich lang.
- Gegenüberliegende Seiten sind parallel.
- Benachbarte Seiten sind zueinander orthogonal.
- Die Diagonalen sind gleich lang.
- Die Diagonalen halbieren sich.
- Die Diagonalen sind orthogonal zueinander.

a) Welche der Eigenschaften der Quadrate gelten auch für alle Rechtecke?
b) Welche der Eigenschaften der Quadrate gelten auch für alle Parallelogramme?

7 Welche besonderen Vierecke können entstehen, wenn sich zwei Eisenbahngleise kreuzen?

8 Ein Viereck mit vier gleich langen Seiten heißt Raute.
a) Zeichne eine Raute, die jedoch kein Quadrat ist.
b) Welche Eigenschaften hat die Raute mit einem Quadrat gemeinsam?
c) Welche Quadrateigenschaften hat die Raute im Allgemeinen nicht?

Bist du sicher?

1 Zeichne ein Parallelogramm ABCD, das die Seitenlängen $\overline{AB} = \overline{AD} = 4\,cm$ hat und bei A einen rechten Winkel besitzt. Welcher Spezialfall des Parallelogramms entsteht dadurch?

2 Zeichne ein Quadrat ABCD mit der Seitenlänge 6 cm und dazu einen Kreis, der durch alle vier Eckpunkte des Quadrats verläuft.
Wie findet man den Mittelpunkt des Kreises?

9 Um einige spezielle Vierecke kann man einen Kreis zeichnen, sodass alle vier Eckpunkte auf dem Kreis liegen (vgl. Fig. 3). Untersuche die Figuren Quadrat, Rechteck und Parallelogramm auf dieses Verhalten.
Beschreibe dein Vorgehen.

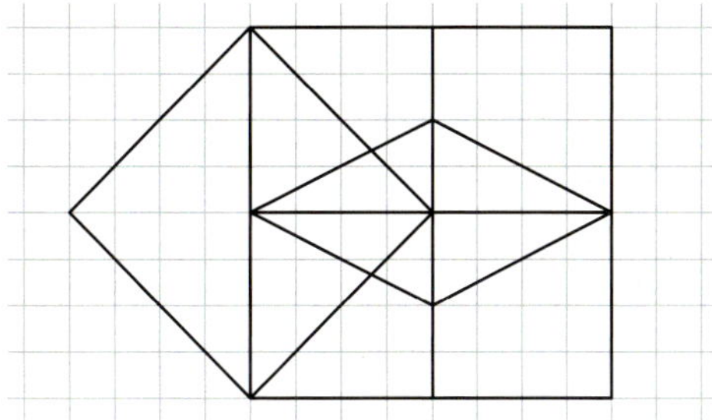
Fig. 1

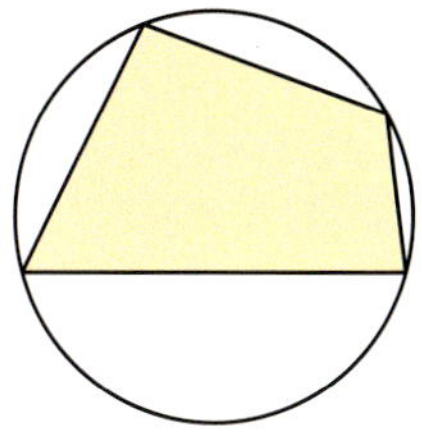
Fig. 3

10 Das Muster in Fig. 1 enthält sechs Quadrate. Suche sie.
Welche anderen mathematischen Figuren kann man in diesem Muster erkennen? Zeichne das Bild ins Heft und male verschiedene Figuren mit unterschiedlichen Farben aus.

11 Die Skizze in Fig. 2 zeigt den Scheibenwischer eines Busses.
a) Zeichne den Scheibenwischer für $\alpha = 40°$, $\alpha = 75°$ und $\alpha = 120°$. Benutze dabei 1 cm für 10 cm im Original.
b) Vergleiche die Anordnung in Fig. 2 mit Scheibenwischern, die du von PKWs her kennst.

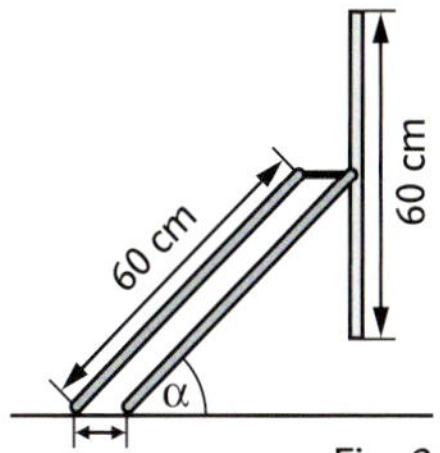

Fig. 2

12 Zeichne ein Rechteck mit den Seitenlängen 4 cm und 6 cm. Zeichne drei verschiedene Kreise mit dem größtmöglichen Radius in das Rechteck. Wie groß ist der Radius? Wo liegen die Mittelpunkte aller dieser Kreise?

Kannst du das noch?

13 Schreibe die Zahlen im Wortlaut.
a) 120 000 b) 4 230 126 c) $23 \cdot 10^5$ d) $432 \cdot 10^4$

14 Schreibe mit Ziffern.
a) drei Millionen vierhunderzweiundneunzigtausendzweihundertsiebenundzwanzig
b) achthunderttausendzweiundfünfzig

15 **Wie Varignon Parallelogramme zeichnete**
Varignon zeichnete erst ein ganz beliebiges Viereck; ganz dünn natürlich, damit es später nicht mehr auffalle. Dann markierte er von jeder Vierecksseite den Mittelpunkt. Durch das Verbinden der Mittelpunkte erhielt er ein Parallelogramm.
Versucht auf gleiche Weise, Parallelogramme zu zeichnen. Achtet darauf, dass ihr mit möglichst unterschiedlich aussehenden Vierecken beginnt.

Pierre de Varignon franz. Mathematiker (1654 bis 1722)

16 Zeichne die Punkte A, B, C und D in ein Koordinatensystem. Verbinde sie zu einem Viereck ABCD und nenne besondere Eigenschaften des Vierecks.
a) A(0|4), B(6|0), C(8|3), D(2|7) b) A(1|2), B(5|0), C(7|4), D(3|6)

17 Bestimme bei den zu Aufgabe 16 gezeichneten Vierecken die Seitenmitten. Verbinde diese zu einem neuen Viereck. Was stellst du fest?

18 Zeichne die Punkte P(2|2), Q(6|4) und R(4|6) in ein Koordinatensystem. Ergänze durch einen vierten Punkt S zu einem Parallelogramm. Gib die Koordinaten dieses Punktes an. Findest du verschiedene Möglichkeiten?

2 Achsensymmetrie

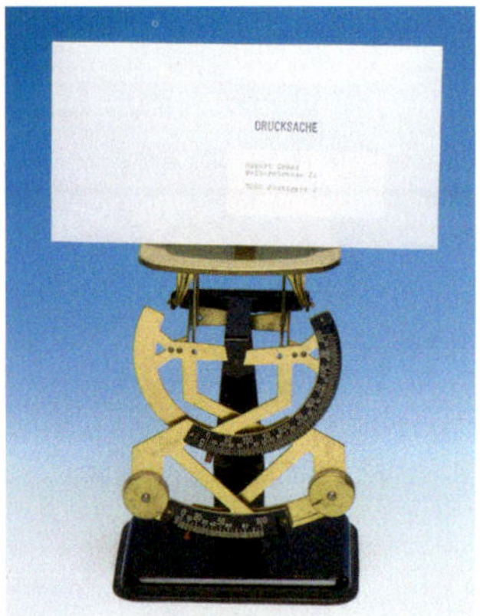

Viele Dinge in der Natur und in der Technik sind scheinbar aus zwei gleichen Hälften zusammengesetzt. In der Natur haben sich solche Formen im Laufe der Zeit entwickelt. Sie sind teilweise für die Pflanzen und Tiere lebensnotwendig. Der Mensch baut aus technischen Überlegungen viele Gegenstände und Maschinen in dieser Form.

Faltet man ein Blatt Papier einmal (Fig. 1) und schneidet ein Gebilde aus, dann erhält man nach dem Aufklappen eine Figur, die aus zwei gleichen, sich gegenüberliegenden Hälften besteht (Fig. 2).

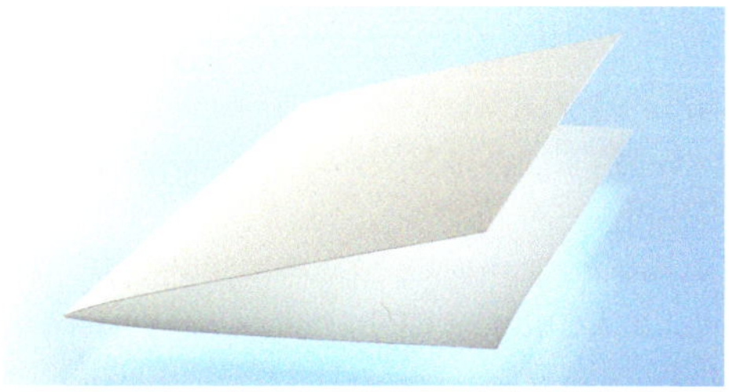

Fig. 1

Fig. 2

*Das Wort **Symmetrie** kommt aus dem Griechischen und bedeutet Ebenmaß.*

Klecksbild

Eine solche Figur nennt man **achsensymmetrisch**. Die Faltlinie, die die Figur teilt, ist die **Symmetrieachse** der aufgeklappten Figur.
Bei einer achsensymmetrischen Figur findet man zu jedem Punkt auf der einen Seite einen dazugehörigen Punkt auf der anderen Seite. In Fig. 5 ist die Verbindungsstrecke für ein solches Punktepaar eingezeichnet.

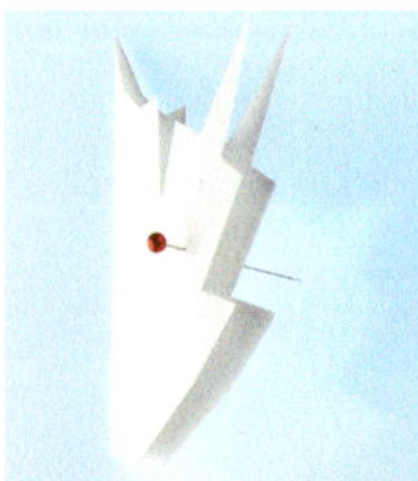

Fig. 3

Fig. 4

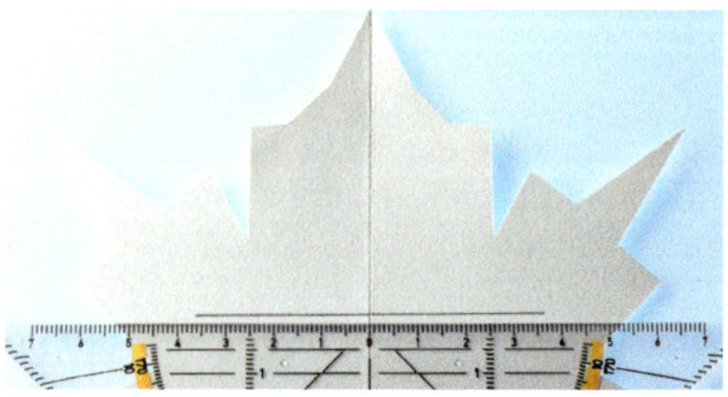

Fig. 5

Für zwei zueinander gehörende Punkte gilt:
- Die Verbindungsstrecke beider Punkte steht senkrecht auf der Symmetrieachse.
- Die beiden Punkte haben den gleichen Abstand zur Symmetrieachse.

Achsensymmetrische Figuren kann man durch Zeichnen herstellen. Diesen Vorgang nennt man **Spiegeln** an einer **Spiegelachse**. Dabei geht man folgendermaßen vor:

1. Man legt eine Spiegelachse fest.
2. Dann zeichnet man durch einen Eckpunkt A der Figur eine Hilfslinie, die senkrecht zur Spiegelachse verläuft. Als Hilfslinie kann auch eine Kästchenlinie dienen.
3. Man legt den Spiegelpunkt A' so auf der Hilfslinie fest, dass der Punkt A und der Spiegelpunkt A' den gleichen Abstand von der Spiegelachse haben.
4. Nun wiederholt man die Schritte 2 und 3 für alle weiteren Eckpunkte der Figur.
5. Zum Schluss verbindet man die Spiegelpunkte in der richtigen Reihenfolge.

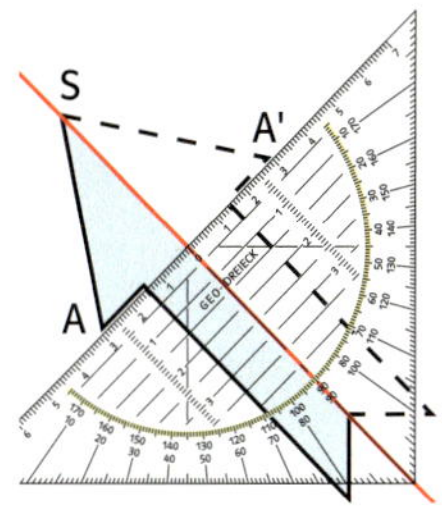

Fig. 1

Spiegeln mit dem Geodreieck

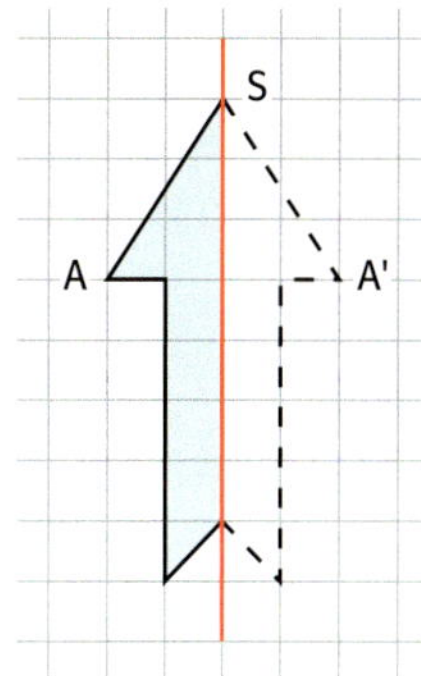

Fig. 2

Spiegeln durch Abzählen auf Kästchenpapier

Eine Figur heißt **achsensymmetrisch**, wenn sie durch eine geeignete Achse in zwei spiegelbildliche Teile zerlegt werden kann. Spiegelt man die Figur an dieser Achse, so erhält man wieder dieselbe Figur. Diese Achse heißt **Symmetrieachse**.

Hinweis:
Die Punkte der Figur, die auf der Spiegelachse liegen wie z. B. der Punkt S in Fig. 1, stimmen mit ihrem eigenen Spiegelpunkt überein. Solche Punkte nennt man **Fixpunkte**.

Beispiel 1
Spiegle das Dreieck ABC in Fig. 3 an der rot gezeichneten Spiegelachse AB.
Lösung:
Es genügt, allein den Eckpunkt C zu spiegeln. A und B sind Punkte der Spiegelachse und somit Fixpunkte. Das Bilddreieck AC'B ergänzt das Dreieck ABC zu einem achsensymmetrischen Viereck, dem Drachen AC'BC.

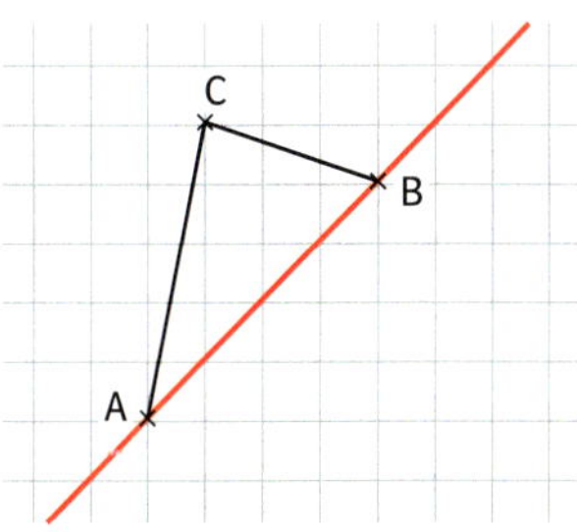

Fig. 3

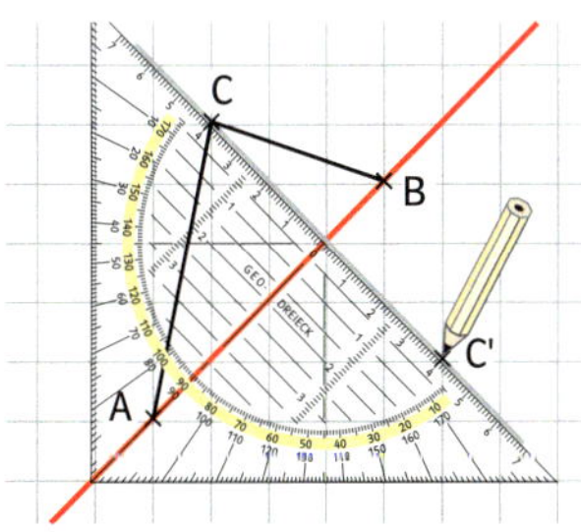

Fig. 4

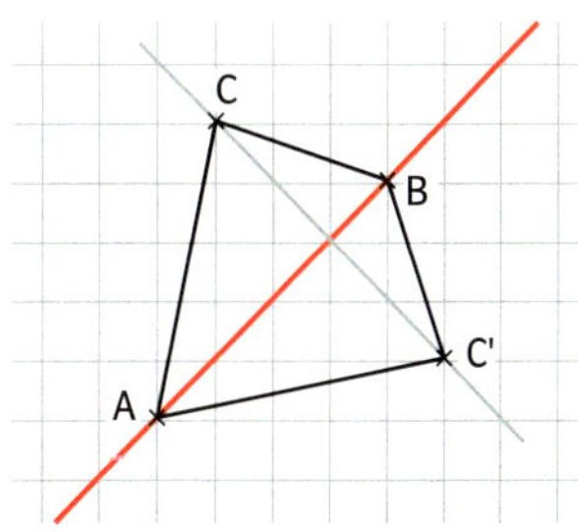

Fig. 5

Beispiel 2
Zeichne ein Quadrat ABCD und trage alle Symmetrieachsen ein.
Lösung:
Es gibt vier Symmetrieachsen: die Geraden AC und BD und die Verbindungsgeraden durch die Mittelpunkte gegenüberliegender Seiten.

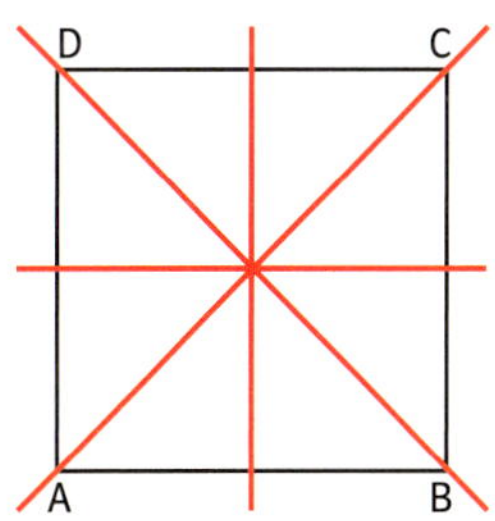

Fig. 6

Aufgaben

1 Übertrage die Würfelbilder in dein Heft und zeichne die Symmetrieachsen ein.

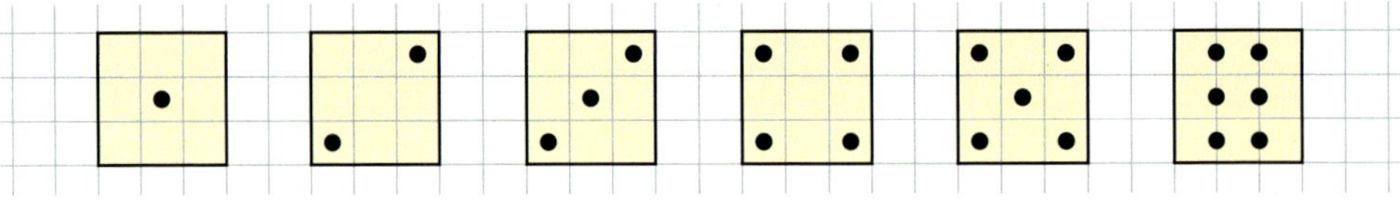

Fig. 1

Fig. 2

2 Untersuche die Verkehrszeichen in Fig. 2 auf Achsensymmetrie.

3 Übertrage die Figuren aus Fig. 3 in dein Heft. Ergänze sie zu achsensymmetrischen Figuren.

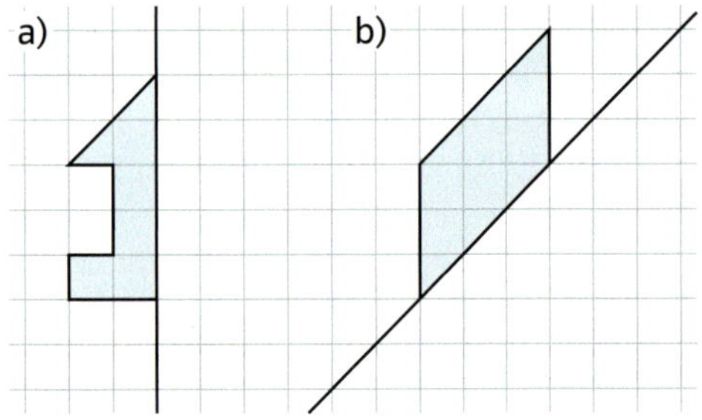

Fig. 3

4 Übertrage die geometrischen Figuren aus Fig. 4 in dein Heft. Zeichne alle Symmetrieachsen ein.

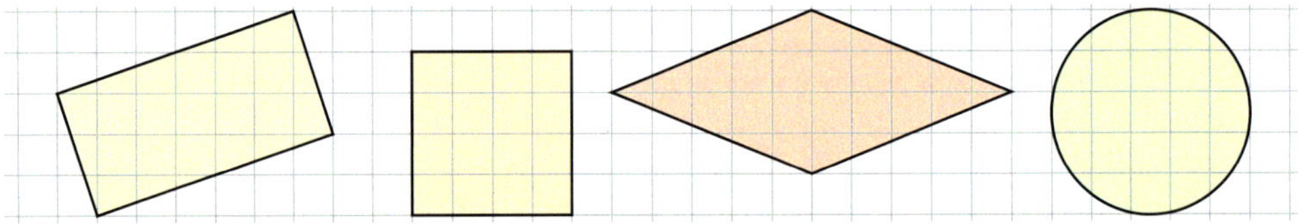

Fig. 4

5 Zeichne das Dreieck mit den Eckpunkten A(4|0), B(8|4) und C(0|8). Verbinde die Seitenmitten mit den gegenüberliegenden Eckpunkten. Welche dieser Verbindungsgeraden ist Symmetrieachse des Dreiecks ABC? Begründe.

6 Die Namensschilder in Fig. 5 wurden ungeschickt gefaltet. Wie heißt die Dame, wie heißt der Herr?

Fig. 5

Bist du sicher?

1 Die vier Figuren haben zusammen acht Symmetrieachsen. Finde alle heraus.

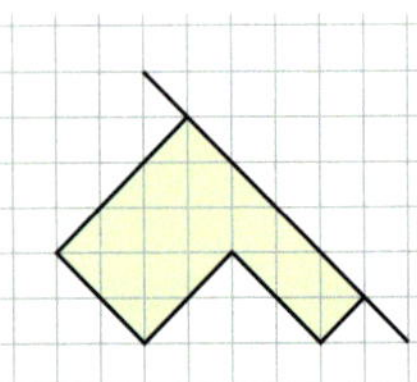

Fig. 6

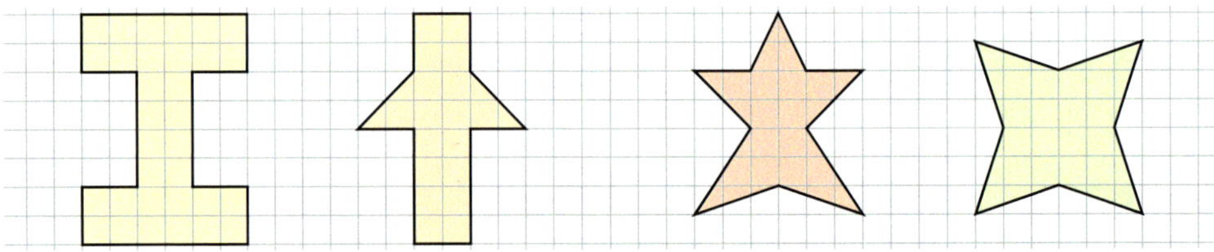

Fig. 7

2 Vervollständige das Bild aus Fig. 6 so, dass eine achsensymmetrische Figur entsteht.

3 Zeichne ein Viereck auf Blankopapier. Benutze eine Seite als Spiegelachse und ergänze zu einer achsensymmetrischen Figur.

7 a) Falte ein Blatt Papier zweimal wie in (1). Schneide eine Ecke ab. Wie viele Symmetrieachsen hat die ausgeschnittene Figur?
b) Falte und schneide ein Blatt wie in (2). Wie viele Symmetrieachsen hat die Figur?

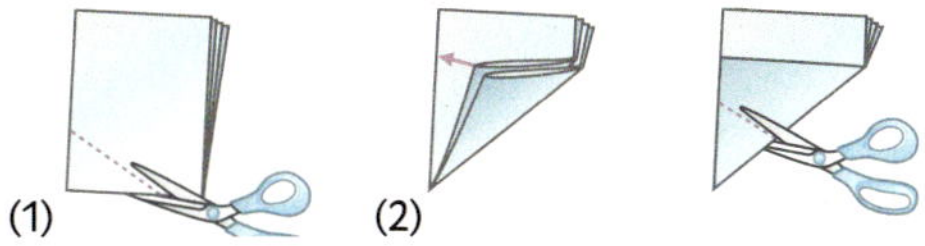

Fig. 1

8 a) Ergänze im Heft das Ahornblatt zu einem achsensymmetrischen Blatt.
b) Entwirf weitere achsensymmetrische Blätter nach dem Vorbild der Natur.

Ahorn Fig. 2

Eiche *Birke*

9 a) Welche Druckbuchstaben haben eine waagerechte bzw. eine senkrechte Symmetrieachse?
b) Welche Buchstaben haben mehrere Symmetrieachsen?
c) Entziffere die Worte, die als Spiegelvorlagen geschrieben sind. Um die vollständigen Worte zu sehen, kann man einen Spiegel auf die Achse stellen.
d) Suche nach anderen Wörtern, die Symmetrieachsen besitzen.

ABCDEFGHIJKLMNOPQRSTUVWXYZ

10 Zeichne ein Rechteck mit den Kantenlängen 3 cm und 2 cm wie in Fig. 3. Spiegle das Rechteck
a) an einer der längeren Seiten,
b) an einer der kürzeren Seiten,
c) an einer der Diagonalen.

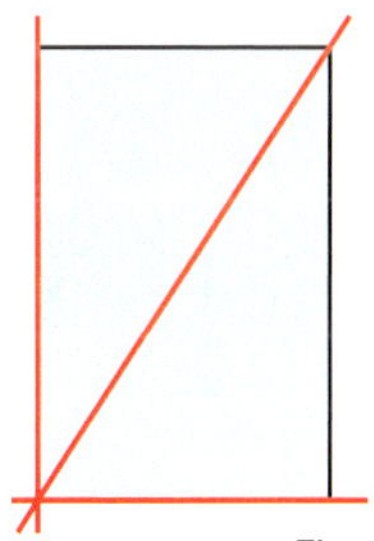

Fig. 3

11 Lässt sich aus einem Rechteck durch Spiegelung an einer der Seiten eine quadratische Gesamtfigur herstellen? Probiert es aus. Sucht geeignete Maße für das Ausgangsrechteck.

12 Das Gartentor in Fig. 4 ist so gezeichnet, wie ein Besucher es von außen sehen würde.
Zeichne das Tor so in dein Heft, wie man es sieht, wenn man von der anderen Seite zum Öffnen des Tores kommt.
Wie unterscheiden sich die beiden Bilder voneinander?

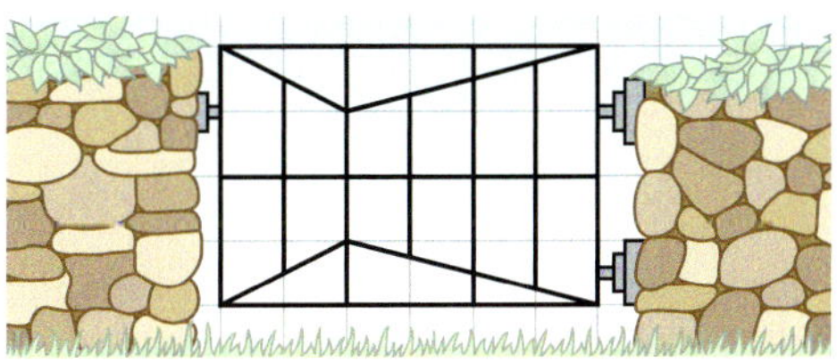

Fig. 4

13 Wie viele Symetrieachsen haben die Scherenschnitte in Fig. 5?

Fig. 5

Original und Fälschung

Achsensymmetrische Figuren hast du bereits kennen gelernt und kannst sie selbst zeichnen. Die Symmetrieachse war dabei das entscheidende Hilfsmittel. Es gibt noch andere regelmäßige Figuren, die nicht achsensymmetrisch sind.

Obwohl die Windmühlenflügel regelmäßig angeordnet sind, ist keine Symmetrieachse zu finden. Verbindet man je zwei gegenüberliegende Punkte, so schneiden sich die Verbindungslinien alle in einem Punkt. Eine solche Figur ist **punktsymmetrisch**. Der Schnittpunkt ist das **Symmetriezentrum**.

Wie achsensymmetrische Figuren so kann man auch punktsymmetrische Figuren durch Zeichnen herstellen. Diesen Vorgang nennt man **Punktspiegelung**.

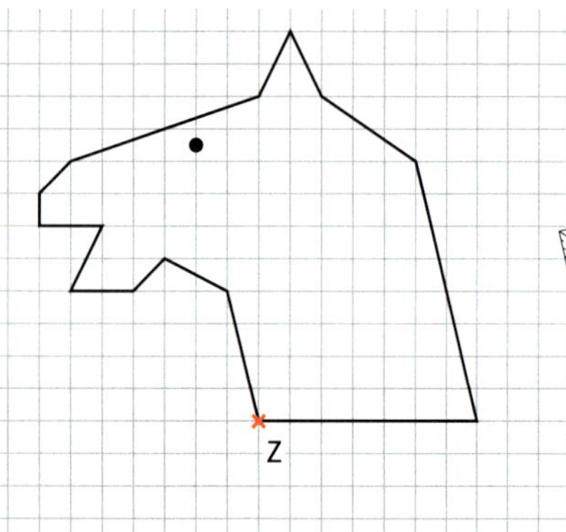

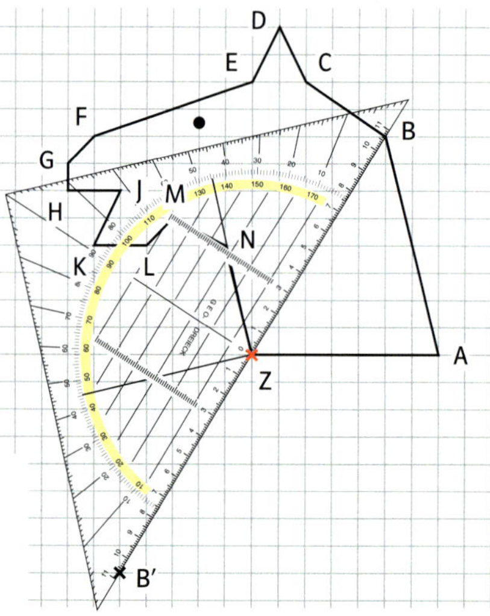

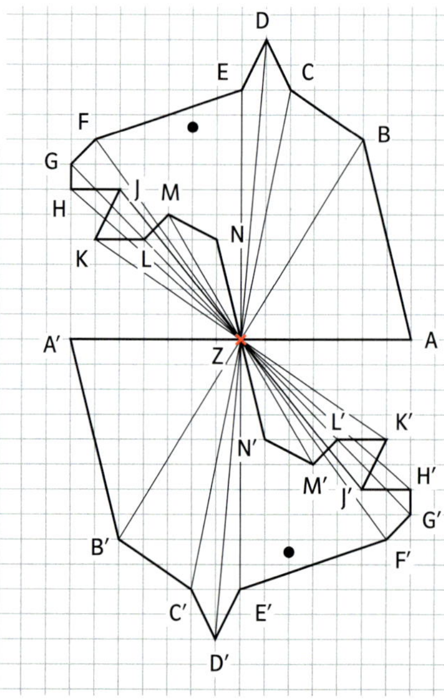

Dabei geht man so vor:

1. Man legt ein Spiegelzentrum Z fest.
2. Man verbindet einen Punkt der Figur (z. B. B) mit dem Spiegelzentrum Z und verlängert die Strecke über den Punkt Z hinaus.
3. Dann trägt man die Länge der Strecke $\overline{BZ}$ nochmals an Z an. Der Endpunkt der Strecke ist der Spiegelpunkt B′.
4. Man wiederholt die Schritte 2 und 3 mit allen Eckpunkten der Figur.
5. Dann verbindet man die Spiegelpunkte in der richtigen Reihenfolge.

Eine Figur heißt **punktsymmetrisch**, wenn sie ein **Symmetriezentrum Z** besitzt. Spiegelt man die Figur an diesem Zentrum Z, so erhält man wieder die gleiche Figur.

Beispiel 1

Logos von Firmen enthalten oft Symmetrien. Welche der abgebildeten Logos sind punktsymmetrisch, welche achsensymmetrisch?

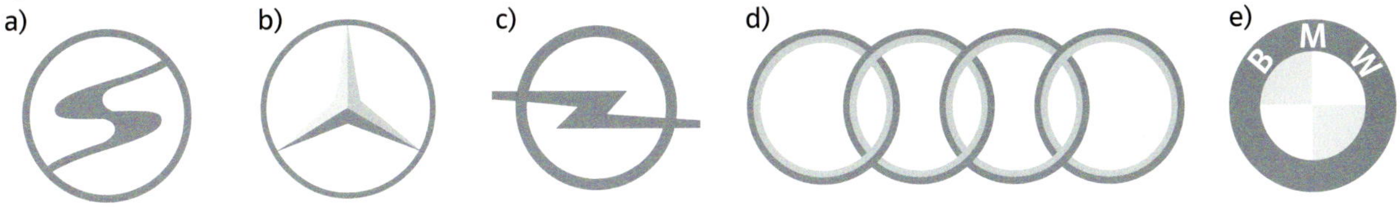

Fig. 1

Lösung:
a) punktsymmetrisch
b) achsensymmetrisch (drei Symmetrieachsen)
c) punktsymmetrisch
d) punkt- und achsensymmetrisch
e) punkt- und achsensymmetrisch (ohne Schrift)

Beispiel 2

Zeichne das Viereck ABCD ins Heft. Ergänze durch Spiegelung am Punkt Z zu einer punktsymmetrischen Gesamtfigur.

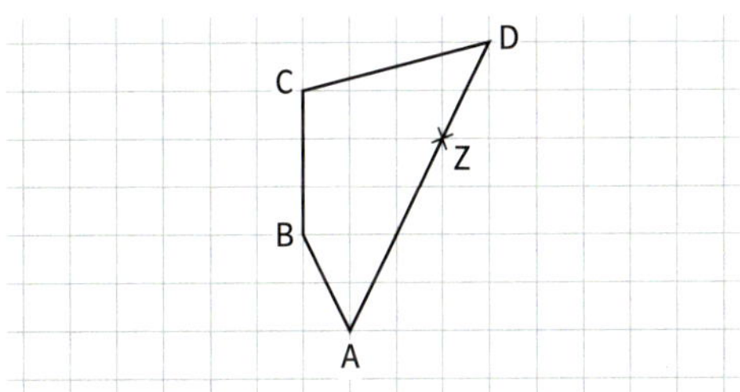

Fig. 2

Lösung:

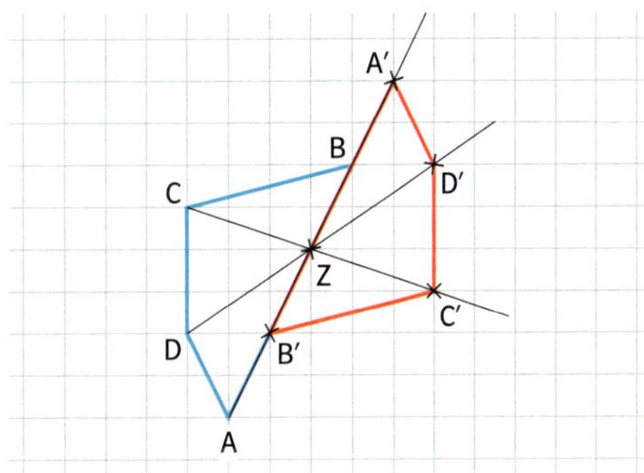

Fig. 3

Aufgaben

1 Welche der Abbildungen in Fig. 5 sind punktsymmetrisch?

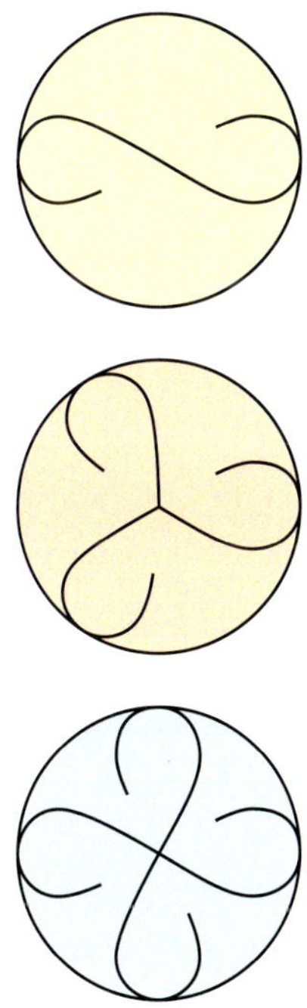

Fig. 5

2 Untersuche die folgenden Vierecke auf Achsen- und Punktsymmetrie.

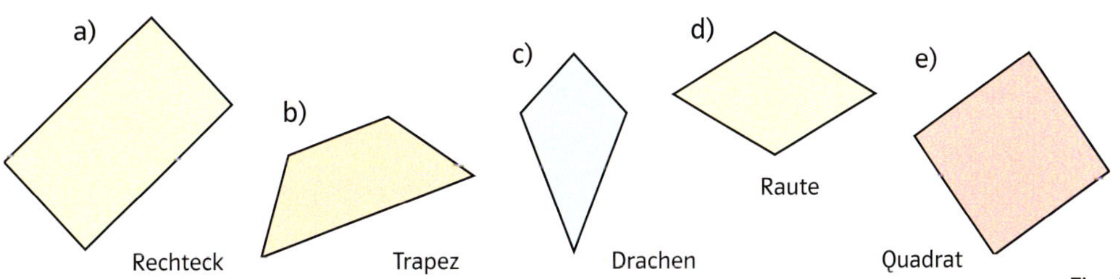

Fig. 4

3 Übertrage das Fünfeck ABCDE und den Punkt Z aus Fig. 6 ins Heft.
Spiegle das Fünfeck
a) am Punkt Z,
b) am Punkt B,
c) am Punkt E.

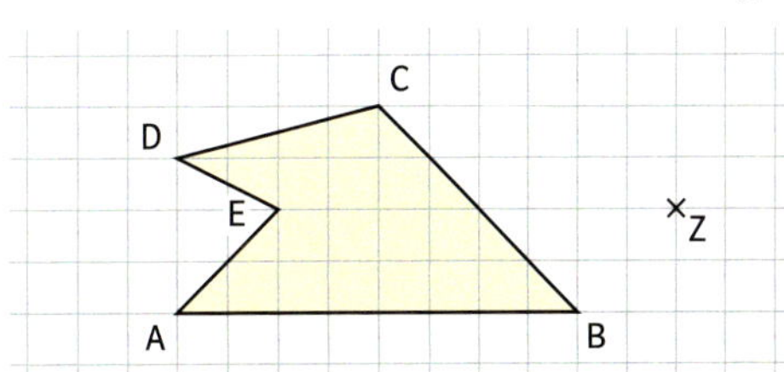

Fig. 6

4 Zeichne die Figur ABCDE mit den Punkten A(5 | 3), B(5 | 4), C(4 | 4), D(3 | 5), E(1 | 3) und den Punkt Z(3 | 3) ins Heft.
Spiegle die Figur am Punkt Z (am Punkt A) und gib die Koordinaten der Bildpunkte an.

5 Gegeben ist das Viereck ABCD mit A(5 | 8), B(1 | 5), C(0 | 2) und D(4 | 0). Bei einer Punktspiegelung wird der Punkt A auf den Punkt A′(7 | 4) gespiegelt. Auf welche Punkte B′, C′ und D′ werden die Punkte B, C und D gespiegelt? Zeichne das Viereck ABCD und das gespiegelte Viereck A′B′C′D′.

6 Übertrage die nebenstehende Figur in dein Heft und ergänze so, dass eine
a) punkt-, aber nicht achsensymmetrische,
b) achsen-, aber nicht punktsymmetrische,
c) punkt- und achsensymmetrische
Figur entsteht.

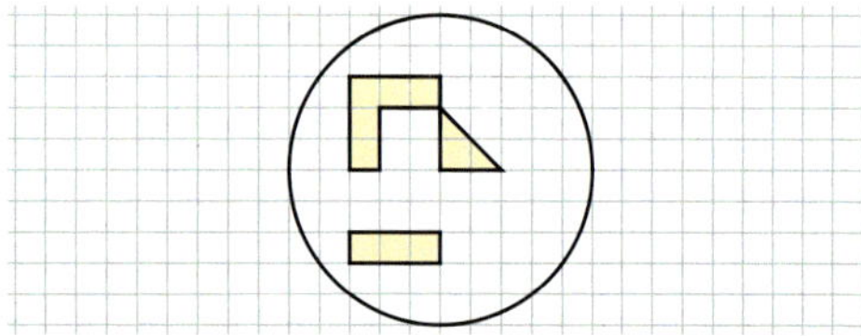

Bist du sicher?

1 Untersuche die abgebildeten Dinge auf Punkt- und Achsensymmetrie.

Seestern

Buschwindröschen

Ornament

Ornament

2 Gegeben ist das Fünfeck ABCDE mit A(1 | 1), B(3 | 1), C(3 | 2), D(2 | 4) und E(1 | 3). Ergänze die Figur zu einer punktsymmetrischen Figur durch Spiegelung am Punkt C.

7 Der Form nach sind die folgenden Figuren punkt- und achsensymmetrisch. Welche sind auch noch symmetrisch, wenn die Färbung berücksichtigt wird?

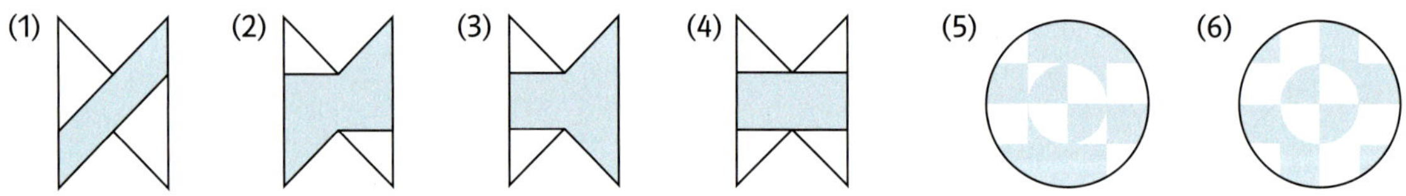

Fig. 1

8 Zeichne Fig. 2 in dein Heft. Färbe die Karos so, dass eine Figur entsteht, die auch bei Berücksichtigung der Färbung
a) punkt-, aber nicht achsensymmetrisch,
b) achsen-, aber nicht punktsymmetrisch,
c) punkt- und achsensymmetrisch ist.

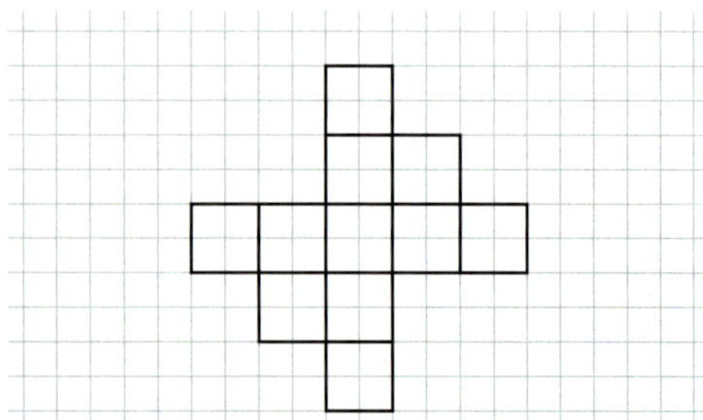
Fig. 2

9 Zeichne ein Viereck, das
a) punkt-, aber nicht achsensymmetrisch,
b) achsen-, aber nicht punktsymmetrisch
ist.

10 Claudia hat versucht, die linke Figur am Punkt Z zu spiegeln. Dabei sind ihr Fehler unterlaufen. Kannst du sie finden?

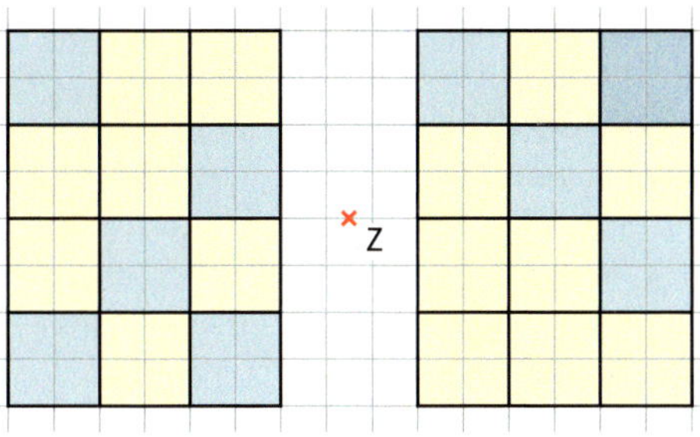

Fig. 1

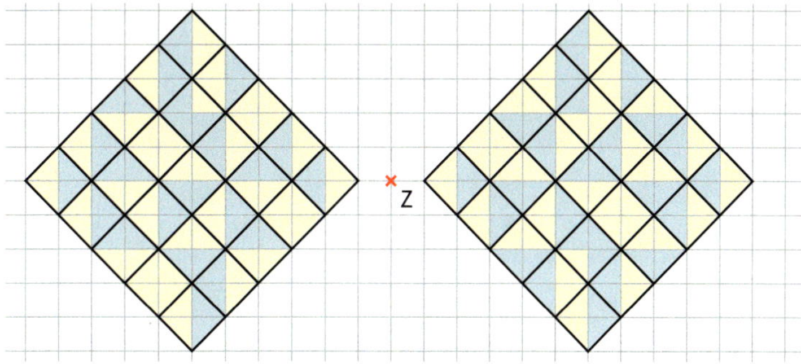

Fig. 2

Kannst du das noch?

11 Ordne die Begriffe richtig an.

Faktor + Produkt = Summe

Differenz : Dividend = Minuend

Summand · Faktor = Summand

Quotient − Divisor = Subtrahend

Zum Forschen und Basteln

12 Übertrage die Figur in dein Heft und führe eine Achsenspiegelung an der Geraden g aus. Spiegle die erhaltene Figur noch einmal an der Achse h.

a) Vergleiche die Ausgangsfigur mit der zuletzt gezeichneten Figur. Was fällt dir auf?

b) Gilt die Beobachtung von a) auch für andere Figuren?

c) Untersuche die Erkenntnis für andere Lagen der Spiegelachsen.

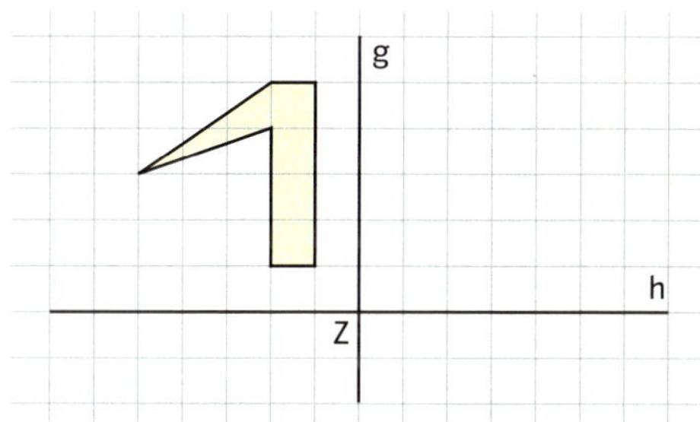

Fig. 3

13 Schneide ein Blatt Papier zu einem Quadrat.

a) Falte das Quadrat zweimal und schneide eine Figur aus. Welche Eigenschaft hat die Figur, die nach dem Aufklappen des Blattes entsteht?
Skizziere sie in deinem Heft.

b) Erhält man dieselben Ergebnisse wie in a), wenn man das Quadrat entlang der Diagonalen faltet?
Probiere es zusammen mit deinem Nachbarn aus.

14

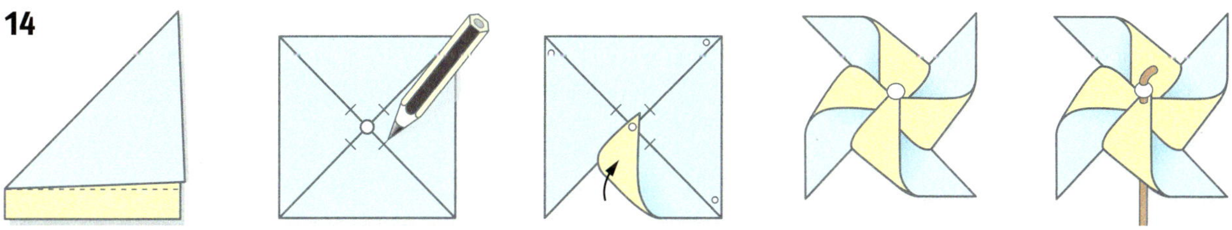

Fig. 4

Schneide aus einem etwas dickeren DIN-A4-Bogen Tonpapier ein möglichst großes Quadrat.

Zeichne die Diagonalen ein und miss vom Diagonalenschnittpunkt 2 cm in jede Diagonalenrichtung ab.

Schneide die Diagonalen bis 2 cm vor den Mittelpunkt ein und befestige die Ecken mit einem Draht.

Eine Perle vor und eine Perle hinter dem Windrad stellen sicher, dass sich die Windmühle leicht dreht.

Zum Schluss wird die Mühle noch an einem Holzstab befestigt.

4 Körper und ihre Netze

„So eine Burganlage können wir doch selbst aus Papier basteln!"
„Und wie gehen wir da vor?"
„Zuerst überlegen wir uns, wie man die einzelnen Bauteile auf das Papier zeichnet."
„Und dann schneiden wir sie aus und kleben sie zusammen."
„Für die Häuser bekomme ich das noch hin. Aber wie geht das für die Türme?"

In einem Spielwarengeschäft, im Supermarkt oder zu Hause findet man eine Vielzahl räumlicher Figuren, die sich zum Beispiel durch ihre Größe, Verpackung, Inhalt, Farbe, Gewicht oder Geruch unterscheiden. In der Geometrie werden räumliche Figuren als **Körper** bezeichnet. Hier ist allein die **Form** von Interesse. Ordnet man Gegenstände nach ihrer Form, so treten vielfach die gleichen **Grundkörper** auf:

Geometrische Grundkörper

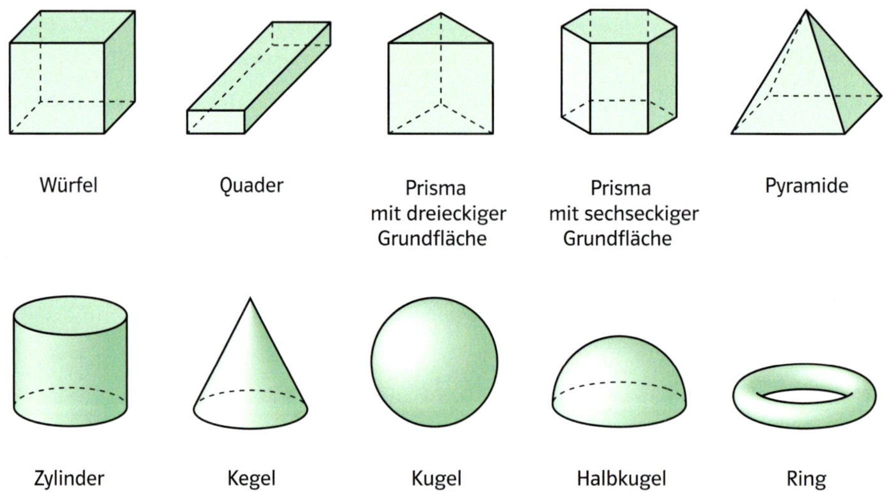

Körper werden von **Flächen** begrenzt. Wo zwei Flächen aufeinander treffen, entsteht eine **Kante**. Wo mehrere Kanten aufeinander treffen, ergibt sich eine **Ecke**.

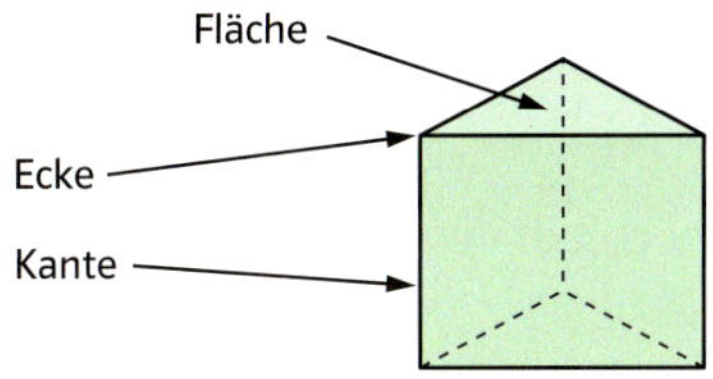

Fig. 1

Manche geometrische Körper kann man entlang einzelner Kanten aufschneiden, auseinander falten und auf dem Tisch ausbreiten. Die entstehende ebene Figur nennt man **Netz** des Körpers.
Umgekehrt kann man den Körper basteln, indem man sein Netz aufzeichnet, Klebeflächen hinzufügt, ausschneidet, entlang der Kanten faltet und zusammenklebt.

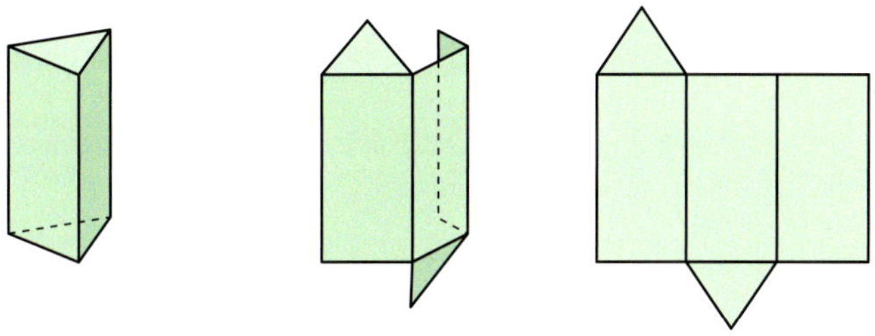

Prisma | aufgeschnittenes Prisma | Netz des Prismas

Fig. 2

Beispiel 1
Aus welchen Grundkörpern ist der Körper in Fig. 3 zusammengesetzt?
Lösung:
Der gelbe Turm ist ein Prisma mit dreieckiger Grundfläche. Das aufgesetzte rote Dach ist eine Pyramide mit dreieckiger Grundfläche.

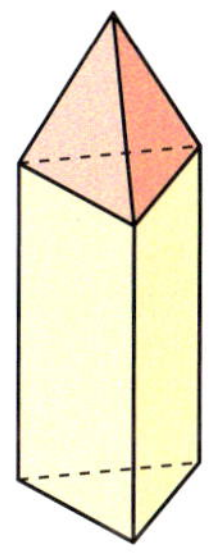

Fig. 3

Beispiel 2
Wie viele Flächen, wie viele Kanten, wie viele Ecken hat das Prisma in Fig. 4?
Lösung:
Das Prisma hat sechs Seitenflächen, eine Grundfläche und eine Deckfläche, zusammen also acht Flächen.
Zur Grundfläche und Deckfläche gehören je sechs Kanten. Zusammen mit den sechs Seitenkanten ergeben sich 18 Kanten.
Zur Grundfläche und Deckfläche gehören je sechs Ecken, zusammen ergeben sich zwölf Ecken.

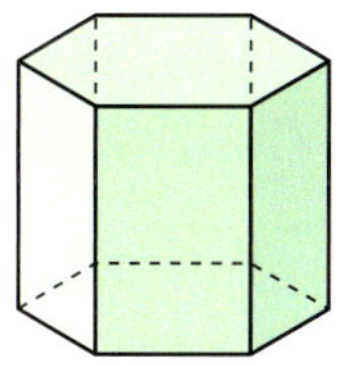

Fig. 4

Aufgaben

1 Schreibe mindestens zehn Gegenstände auf, die man in einem Supermarkt oder in einem Spielwarengeschäft kaufen kann. Ordne den Gegenständen nach Möglichkeit eine der Grundformen zu. Schreibe als Tabelle wie in Fig. 5.

Gegenstand	Grundkörper
Orange	Kugel
Dose	...

Fig. 5

2 a) Aus welchen Grundkörpern sind die Körper in Fig. 6 zusammengesetzt?
b) Gib Gegenstände oder Bauwerke an, die entsprechend aufgebaut sind.
c) Zeichne weitere zusammengesetzte Körper. Du kannst sie auch aus Verpackungen, Papprollen, Korken und ähnlichen Gegenständen basteln.

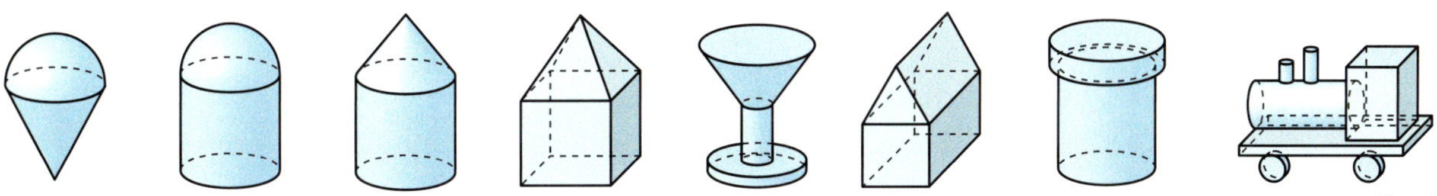

Fig. 6

3 Geometrische Grundkörper sind oft vereinfachte Modelle für Dinge in der Natur. Welche Grundkörper passen am besten zu den in den beiden Fotos dargestellten Motiven?

4 Wie viele Flächen, wie viele Kanten, wie viele Ecken hat
a) ein Prisma mit dreieckiger Grundfläche (Fig. 1),
b) eine Pyramide mit quadratischer Grundfläche (Fig. 2)?

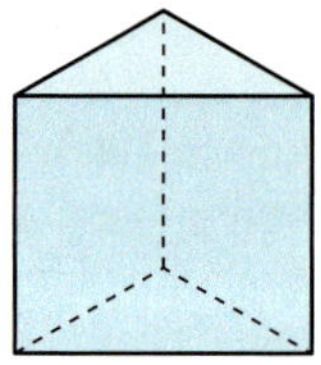

Fig. 1

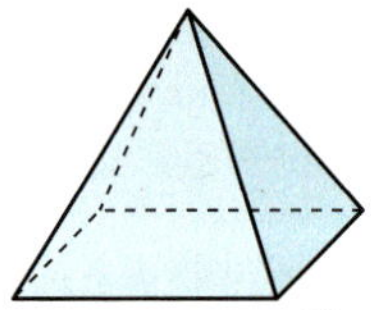

Fig. 2

Körper gesucht!
100 € Belohnung!
Merkmale:
- *7 Flächen, davon 5 Rechtecke,*
- *15 Kanten mit 2 verschiedenen Längen*
- *10 Ecken,*

Unbewaffnet!

Fig. 3

5 In Fig. 3 ist der Steckbrief eines geometrischen Körpers abgebildet. Hast du ihn gefunden? Schreibe auch Steckbriefe von anderen Grundkörpern. Lass deine Mitschülerinnen und Mitschüler raten, welche Körper du beschrieben hast.

6 a) Welche geometrischen Grundkörper können fest auf einem ebenen Tisch stehen? Welche können rollen? Welcher Körper kann auf einem ebenen Tisch schaukeln?
b) Lies die Geschichte „Mein Tisch, mein Körper und ich" auf Seite 113. Welche Gegenstände, die zu geometrischen Grundkörpern passen, kommen in dem Text vor?

7 a) Fig. 4 zeigt eine Pyramide von der Seite. Sie hat als Grundfläche ein Quadrat. Die Pyramide wird entlang der roten Linie parallel zur Grundfläche durchgeschnitten. Die Spitze wird weggenommen, die Schnittfläche rot gefärbt. Zeichne, wie die Schnittfläche jetzt von oben aussieht.
b) Verfahre genauso bei der Kugel (Fig. 5).
c) Zeichne und löse eine entsprechende Aufgabe für einen Ring.

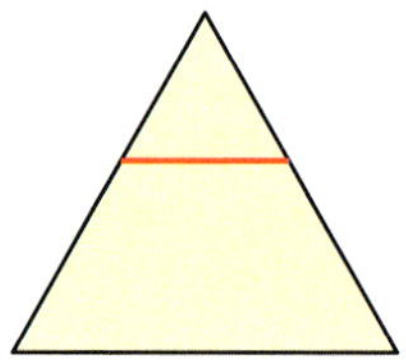

Fig. 4

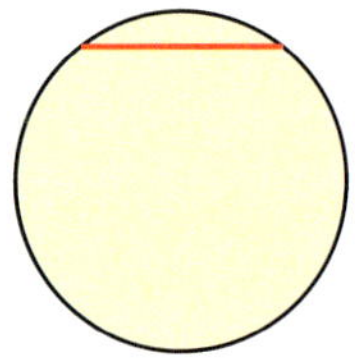

Fig. 5

8 Zu welchen geometrischen Grundkörpern gehören die Netze in Fig. 6?

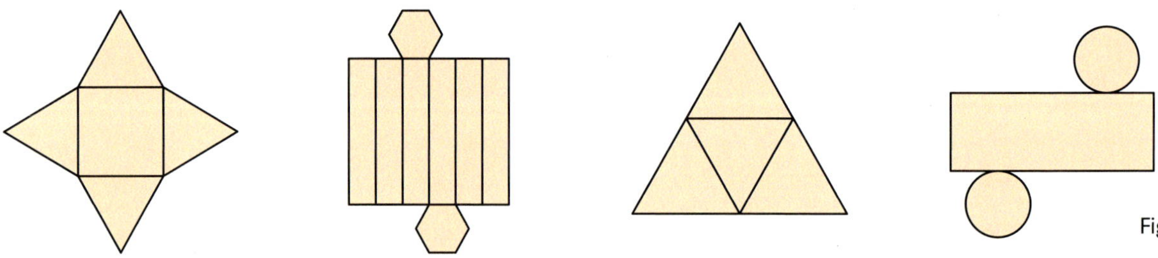

Fig. 6

9 Welche der Figuren in Fig. 7 sind Netze einer quadratischen Pyramide wie in Fig. 2?

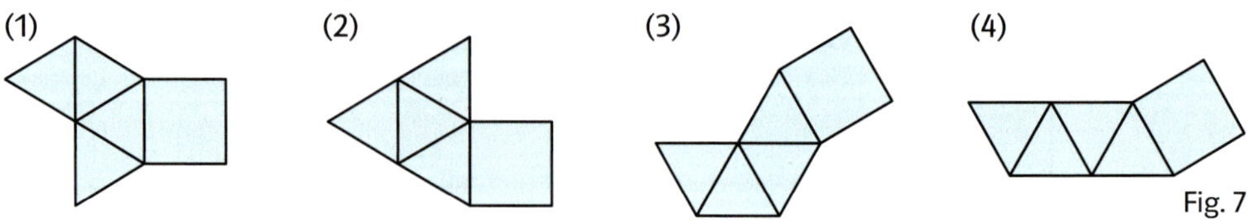

Fig. 7

10 Die Netze in Fig. 1 sind fehlerhaft gezeichnet. Warum lässt sich daraus kein Körper falten? Wandle geeignet ab, sodass das Netz eines Prismas entsteht.

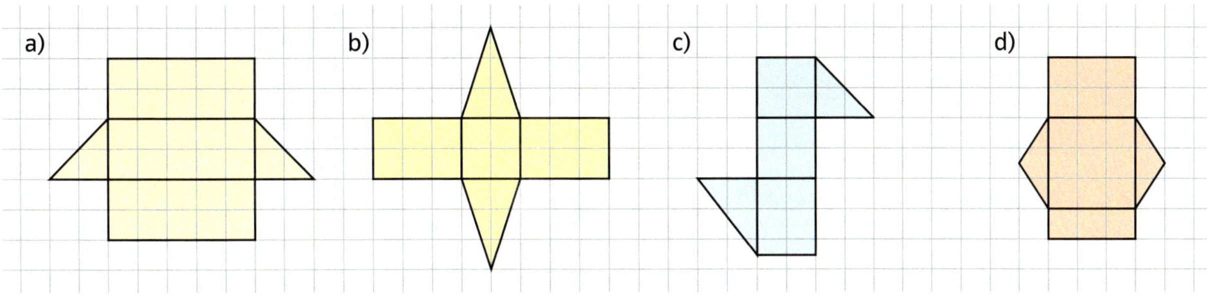

Fig. 1

Zum Basteln und Experimentieren

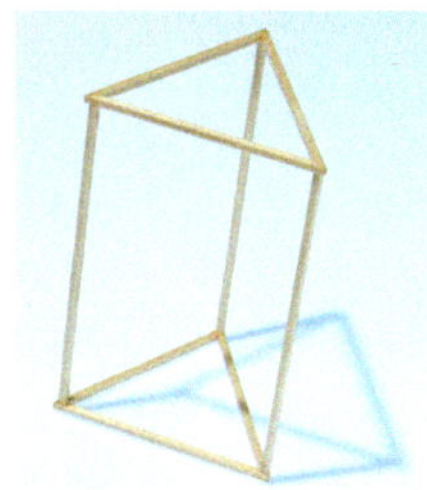
Fig. 2

11 Aus Holzstäbchen kannst du **Kantenmodelle** basteln (Fig. 2).
a) Zu welchen geometrischen Grundkörpern kann man Kantenmodelle aus lauter gleich langen Stäbchen basteln?
b) Baue Kantenmodelle von möglichst vielen Körpern. Bei manchen Körpern solltet ihr zusammenarbeiten, um euch beim Zusammenbauen zu helfen.

12 a) Schneide aus Papier ein Rechteck aus und klebe die beiden kürzeren Seiten zusammen. Welcher geometrische Grundkörper entsteht?
b) Wie verändert sich dieser Körper, wenn du die längere Seite des Rechtecks größer wählst? Wie verändert er sich, wenn du die kürzere Seite vergrößerst?

13 In Fig. 3 siehst du, wie du einen Zylinder und einen Kegel aus Papier basteln kannst. Versuche es selbst!

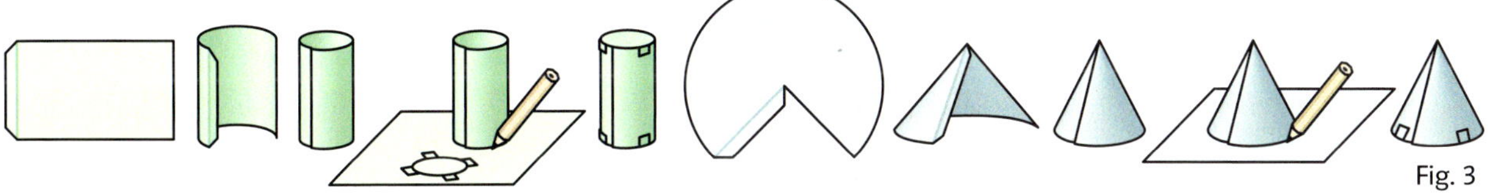
Fig. 3

14 Schneide aus Papier drei gleich große Kreise aus. Zeichne wie in Fig. 4 dargestellt Winkel von 60°, 100° und 150° ein. Aus dem gelb gefärbten Teil sollen drei Kegel gebastelt werden. Schneide dazu die rot gefärbten Teile heraus und berücksichtige geeignete Klebeflächen. Wodurch unterscheiden sich die drei Kegel?

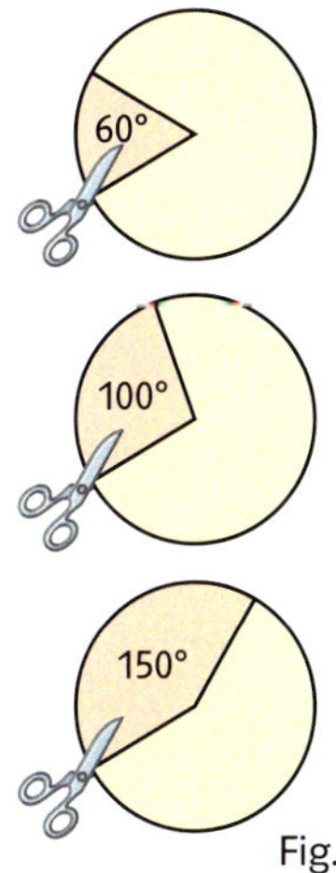

Fig. 4

Kannst du das noch?

15 Zeichne in ein Koordinatensystem die Punkte A(5|1), B(10|1), C(9|7).
a) Zeichne eine Parallele p zu AB durch C und eine Orthogonale q zu AC durch B. In welchem Punkt S schneiden sich die Geraden p und q?
b) Miss die Winkel α, β und γ im Dreieck ABC. Bestimme auch die Größen von $\sphericalangle$ BSC und $\sphericalangle$ CSB.

16 Zeichne einen Rechenbaum und berechne anschließend ohne Taschenrechner.
a) $(54 - 21) \cdot 6$ b) $32 \cdot (24 - 8 \cdot 2)$ c) $[712 - (65 - 11)] : (208 - 194)$

5 Quader und Würfel

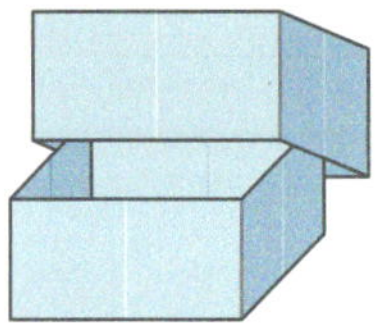
Fig. 1

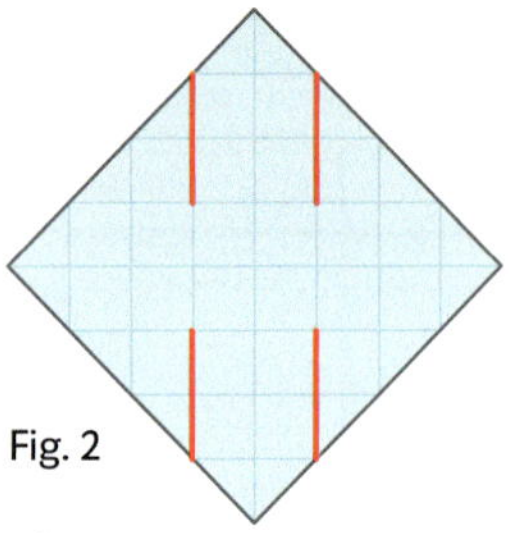
Fig. 2

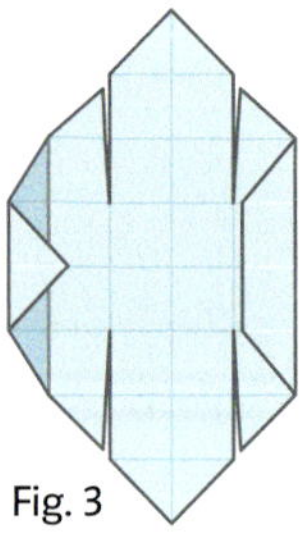
Fig. 3

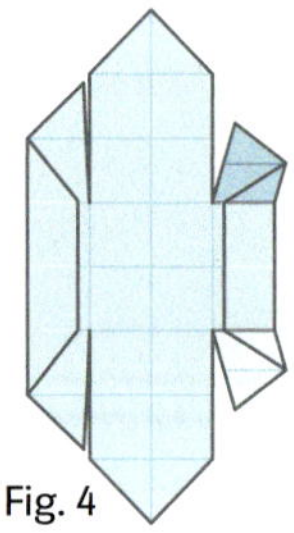
Fig. 4

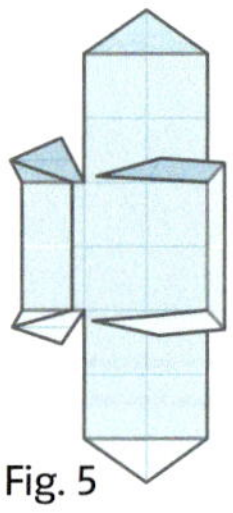
Fig. 5

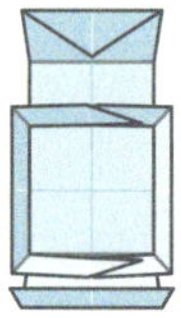
Fig. 6

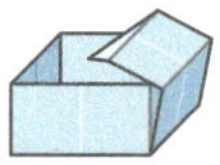
Fig. 7

Man kann Schachteln in Quaderform auch falten (Fig. 1). Nimm ein quadratisches Stück Papier und falte es so, dass die dünn gezeichneten Faltlinien entstehen (Fig. 2). Dann werden in dem Liniennetz die rot markierten Linien eingeschnitten. Jetzt werden die linke und die rechte Ecke zweimal nach innen umgefaltet (Fig. 3 und Fig. 4).
Sie werden zu Seitenteilen hochgebogen (Fig. 5). Die obere und die untere Ecke werden auch nach innen gefaltet und über die Seitenteile geschlagen (Fig. 6 und Fig. 7). Den Deckel macht man genauso. Er passt aber besser, wenn man ein quadratisches Stück Papier mit etwas größerer Seitenlänge nimmt.

Den **Quader** hast du bereits als einen der Grundkörper kennen gelernt. Er ist durch **Länge**, **Breite** und **Höhe** bestimmt. An jeder Quaderecke treffen drei Kanten orthogonal aufeinander. Die **Oberfläche** des Quaders besteht aus sechs Rechtecken, von denen je zwei gleich sind. Schneidet man den Quader entlang einzelner Kanten auf, faltet ihn auseinander und breitet ihn auf dem Tisch aus, so erhält man ein **Netz des Quaders**.
Eine besondere Form des Quaders ist der **Würfel**. Bei einem Würfel sind Länge, Breite und Höhe gleich groß. Er hat somit sechs gleiche Quadrate als Seitenflächen. Das Netz eines Würfels besteht also aus sechs gleichen Quadraten.

Quader

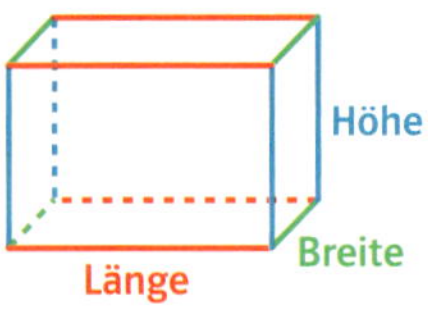

Netz des Quaders

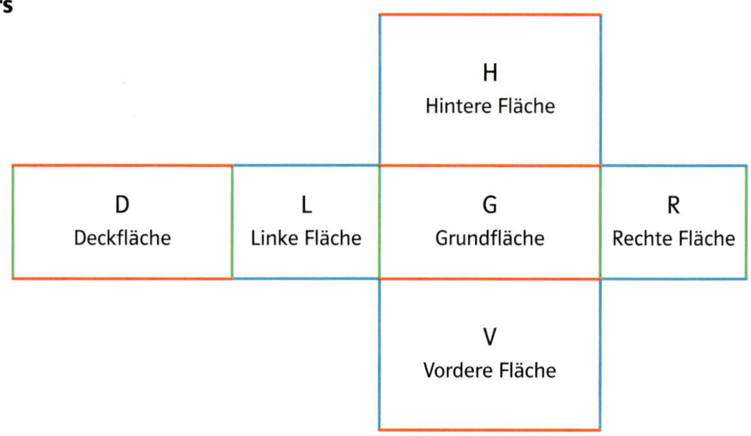

Genau wie andere Körper auch kann man einen Quader basteln, indem man sein Netz aufzeichnet, geeignete Klebeflächen hinzufügt, ausschneidet, faltet und zusammenklebt.

Beispiel

a) Ein Quader hat die Länge 3 cm, die Breite 2 cm und die Höhe 1 cm. Zeichne zwei Netze des Quaders. Überlege, welche Strecken beim Falten zusammentreffen.

b) Wie lang muss ein Draht sein, mit dem man ein Kantenmodell des Quaders basteln kann, wie lang ist also die Gesamtkantenlänge des Quaders?

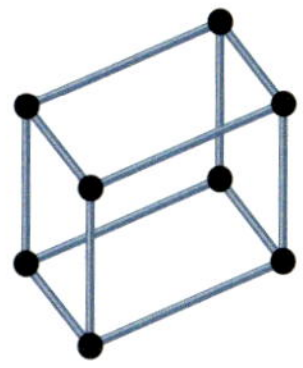

Kantenmodell eines Quaders

Lösung:

a)

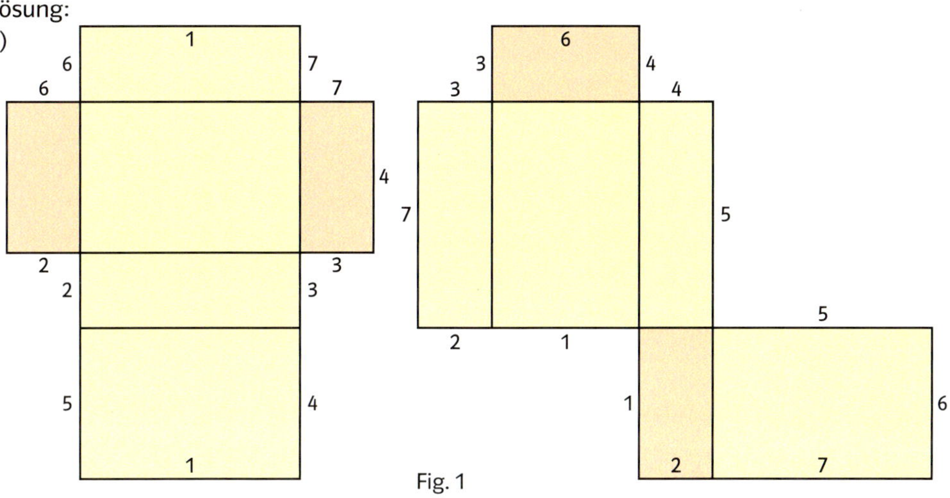

Fig. 1

Es gibt viele Möglichkeiten, das Netz eines Quaders zu zeichnen! Die Abbildung zeigt zwei davon.

Jede Fläche des Quaders kommt zweimal vor. Je zwei Außenstrecken des Netzes werden zu einer Quaderkante. Jede Kantenlänge des Quaders kommt viermal vor.

Beide Netze haben 14 Außenstrecken, von denen je zwei beim Falten zusammentreffen. So ergeben sich sieben Streckenpaare, die in Fig. 1 durchnummeriert sind.

b) Die Gesamtkantenlänge des Quaders ist $4 \cdot 3\,\text{cm} + 4 \cdot 2\,\text{cm} + 4 \cdot 1\,\text{cm} = 24\,\text{cm}$.

Aufgaben

1 a) Übertrage die Quadernetze auf Karopapier.

b) Nummeriere die Strecken, die beim Falten zusammentreffen, mit gleichen Ziffern.

c) Zeichne geeignete Klebeflächen hinzu und schneide die Netze aus. Falte und klebe die Quader zusammen.

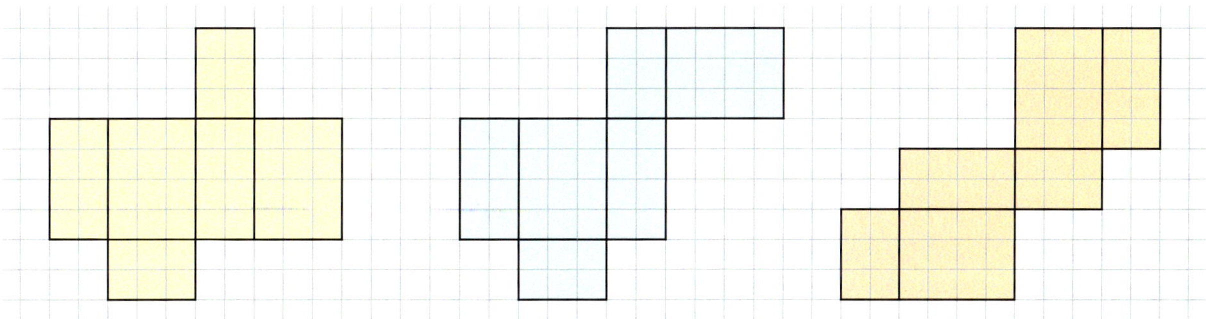

Fig. 2

2 Zeichne zu den Quadermaßen jeweils ein Netz. Wie viele Quadrate treten in den Netzen auf?
Gibt es Quadernetze mit genau einem Quadrat (vier bzw. sechs Quadraten)?

	a)	b)	c)	d)
Länge in cm	5	2	6	4
Breite in cm	3	2	1	1
Höhe in cm	2	5	1	4

3 Aus welchen der folgenden Netze lassen sich Quader falten? Bei welchen ist dies nicht möglich? Begründe.

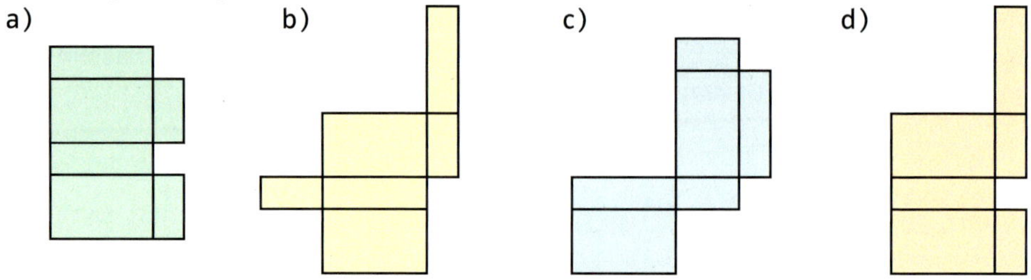

Fig. 1

4 Die Netze in Fig. 2 sind fehlerhaft gezeichnet. Warum lässt sich kein Quader falten?
Wandle geeignet ab, sodass jeweils ein Quadernetz entsteht.

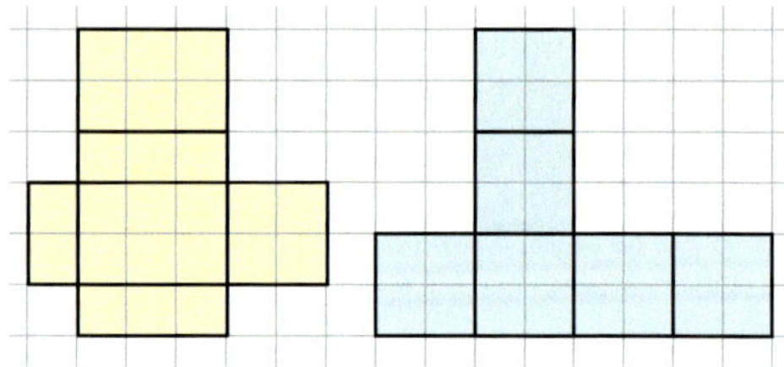
Fig. 2

Bist du sicher?

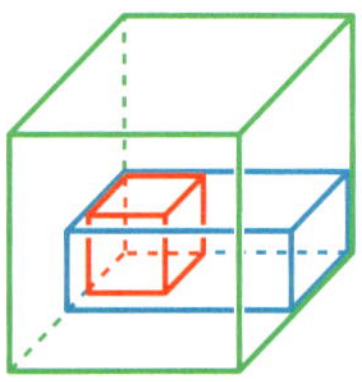
Fig. 3

1 Der blaue Quader in Fig. 3 hat die Länge 6 cm, die Breite 3 cm und die Höhe 2 cm.
a) Zeichne ein Netz des Quaders.
b) Bestimme die Gesamtkantenlänge des Quaders.

2 a) Welche Kantenlänge haben die zu dem Quader in Fig. 3 farbig hinzugezeichneten Würfel?
b) Zeichne ein Netz des kleinen Würfels.

5 Ein Quader ist 8 cm lang, 4 cm breit und 1 cm hoch.
a) Zeichne ein Netz des Quaders, das auf ein quadratisches Stück Papier mit 10 cm Seitenlänge passt.
b) Könnte ein Netz dieses Quaders auch auf ein quadratisches Stück Papier mit 9 cm Seitenlänge passen?

6 Ein quaderförmiges Stück Käse ist 120 mm lang, 80 mm breit und 40 mm hoch. Es wird in 20 gleiche Scheiben aufgeschnitten. Welche Maße können die Käsescheiben haben?

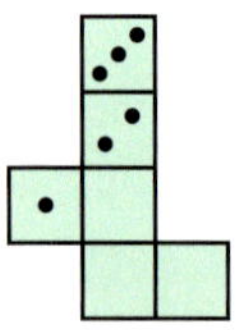
Fig. 4

7 Übertrage die Würfelnetze von Fig. 4 und Fig. 5 in dein Heft. Trage alle Würfelaugen des Spielwürfels ein. Beachte dabei, dass bei einem Spielwürfel gegenüberliegende Augenzahlen immer die gleiche Summe haben. Gibt es verschiedene Möglichkeiten?

8 Ein blau angemalter Holzwürfel wird mit drei Schnitten in acht gleiche kleinere Würfel zersägt. Wie viele Flächen haben die kleinen Würfel insgesamt? Wie viele davon sind unbemalt?

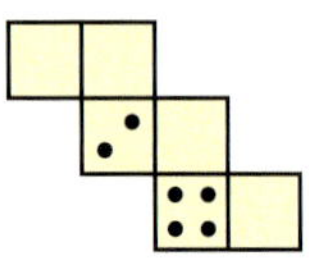
Fig. 5

9 Ein Holzquader mit den Kantenlängen 4 cm, 4 cm und 6 cm soll in gleich große Würfel mit möglichst großer Kantenlänge zersägt werden, ohne dass Abfall entseht. Wie viele Würfel ergeben sich?

6 Schrägbilder

Julian und Sarah haben eine Milchpackung aus verschiedenen Blickrichtungen gezeichnet. Sarah hat an Julians Zeichnungen in Fig. 2 noch einiges auszusetzen.

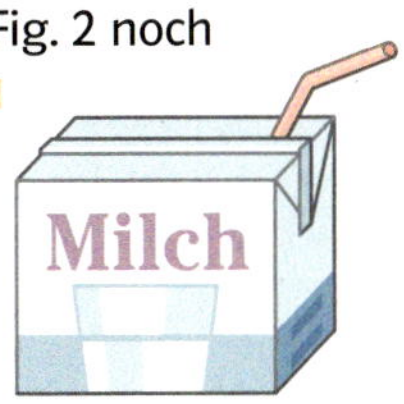

Fig. 1

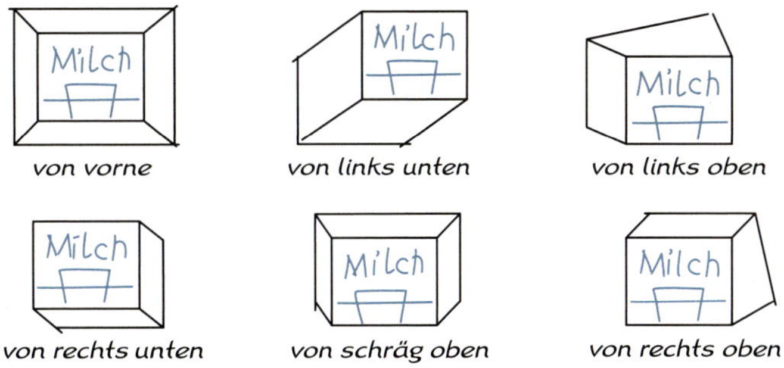

Fig. 2

Einen gezeichneten Quader kann man sich besser vorstellen, wenn man ein 3-D-Bild, man sagt auch ein **Schrägbild**, von ihm zeichnet. Je nach Blickrichtung auf den Quader sind die Schrägbilder unterschiedlich. Damit die Zeichnung einen guten räumlichen Eindruck vermittelt und auf Karopapier einfach herzustellen ist, zeichnet man nach hinten verlaufende Kanten schräg, verkürzt und parallel zueinander. Nicht sichtbare Kanten können gestrichelt eingezeichnet werden. Die folgenden Schritte zeigen, wie man mithilfe der Karolinien Schrägbilder zeichnen kann. Wir wählen dabei die Blickrichtung von rechts oben.

Schrägbild eines Quaders mit der Länge 35 mm, der Breite 20 mm und der Höhe 15 mm

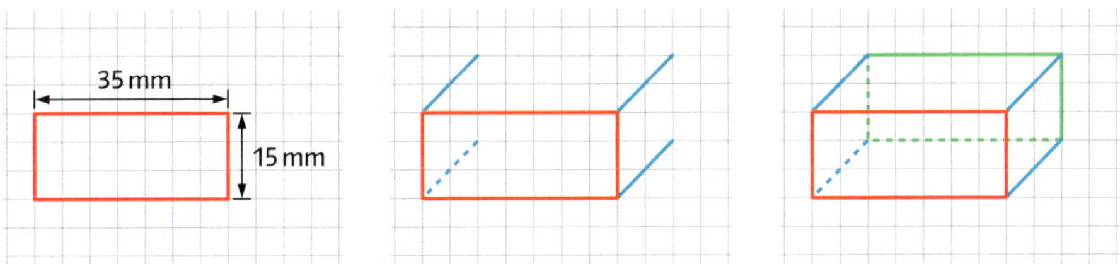

1. Man zeichnet eine geeignete vordere Fläche mit den angegebenen Maßen.
Wir haben das Rechteck mit den Kantenlängen 35 mm und 15 mm gewählt.

2. Man zeichnet die Kanten, die nach hinten laufen, schräg und verkürzt. Für 10 mm zeichnet man eine Kästchendiagonale. Die nicht sichtbare Kante wird gestrichelt.

3. Zum Zeichnen der hinteren Fläche werden die Endpunkte der schräg nach hinten gezeichneten Kanten verbunden. Die nicht sichtbaren Kanten werden gestrichelt.

Beispiel 1

Die Maße eines L-ähnlichen Körpers sind in Fig. 3 angegeben. Zeichne ein Schrägbild des Körpers mit der orangen Fläche als Vorderfläche.
Lösung: siehe Fig. 4.

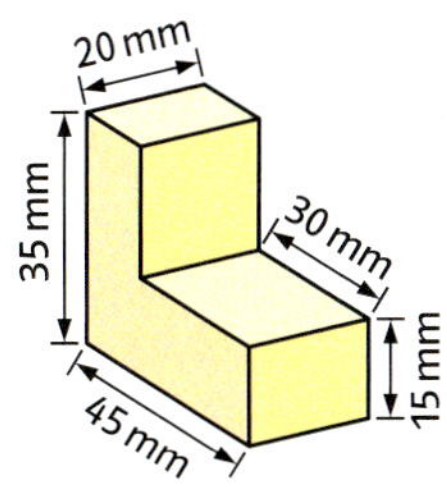

Fig. 3

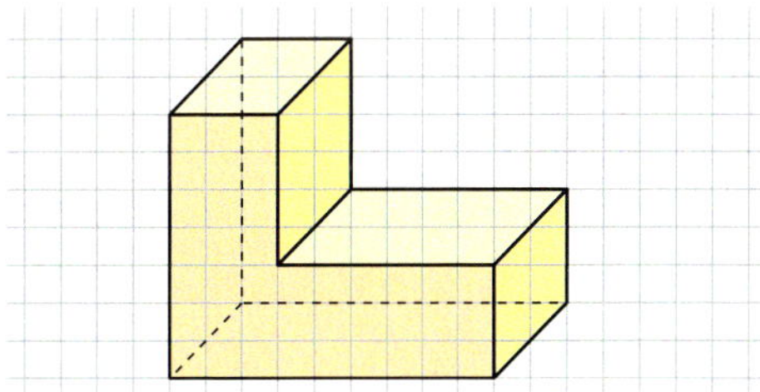

Fig. 4

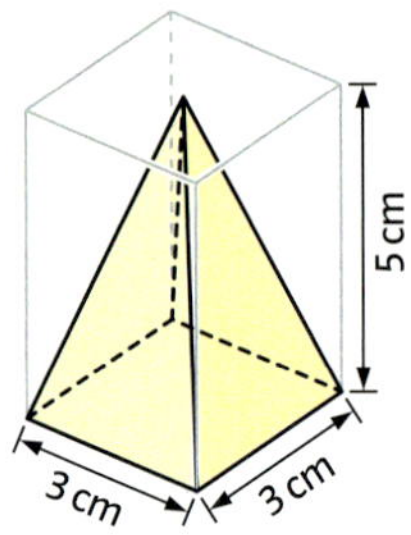

Fig. 1

Beispiel 2
Eine 5 cm hohe Pyramide hat eine quadratische Grundfläche mit der Kantenlänge 3 cm. Zeichne ein Schrägbild.
Lösung:
1. Zeichne zunächst das Schrägbild des Quaders, der die Pyramide wie in Fig. 1 umschließt.
2. Zeichne den Mittelpunkt der Quaderdeckfläche ein. Verbinde mit den Eckpunkten der Grundfläche (Fig. 2).

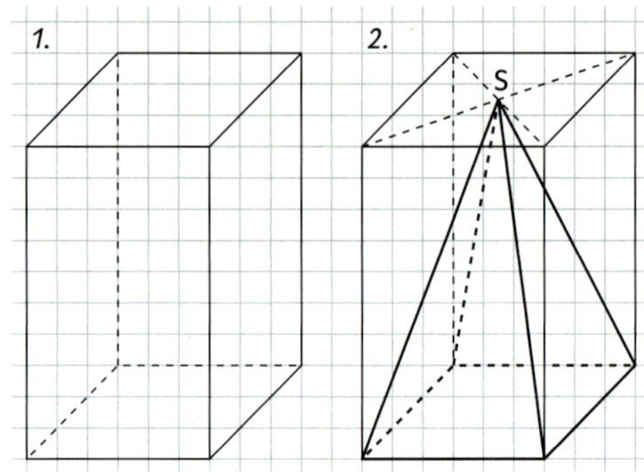

Fig. 2

Aufgaben

1 Zeichne das Schrägbild eines Würfels mit einer Kantenlänge von
a) 4 cm, b) 50 mm, c) 25 mm.

2 Zeichne das Schrägbild eines Quaders mit den Kantenlängen
a) 5 cm; 4 cm; 3 cm, b) 1 cm; 8 cm; 6 cm, c) 5 cm; 7 cm; 1 cm.

3 In den folgenden Bildern ist das Schrägbild eines Quaders begonnen. Ergänze die unvollständigen Schrägbilder im Heft.
a) b) c) d)

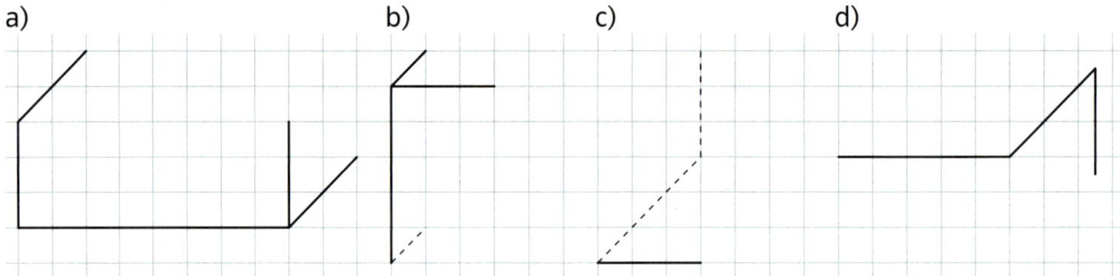
Fig. 3

4 Bei dem abgebildeten Körper sind die wirklichen Maße angegeben. Zeichne ein Schrägbild dieses Körpers mit der orangen Fläche als Vorderfläche.
a) b) c)

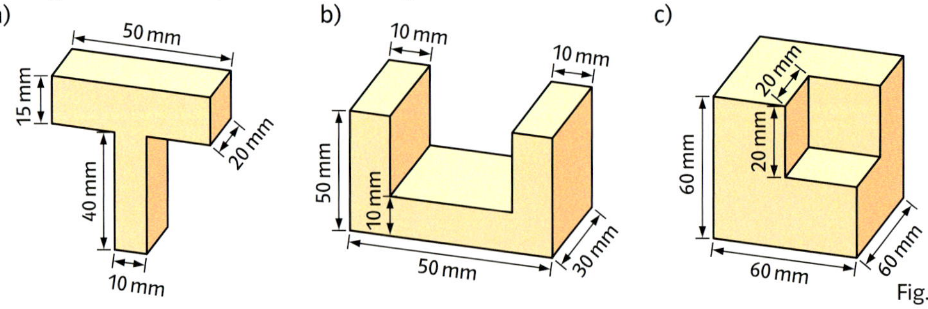

Fig. 4

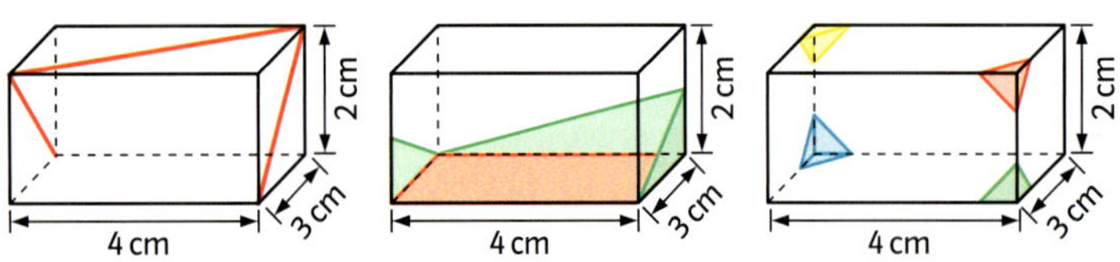

Fig. 5

5 In den abgebildeten Schrägbildern eines Quaders sind farbige Figuren eingezeichnet. Die Färbungen befinden sich jeweils auf der Innenwand des Quaders. Zeichne ein Netz des Quaders und übertrage die Färbung in das Netz.

6 Die in Fig. 1 abgebildeten Netze eines Quaders mit den Maßen 4 cm; 3 cm; 2 cm enthalten eine Färbung. Übertrage die Färbung jeweils in ein Schrägbild des Quaders, bei dem du eines der Rechtecke mit den Kantenlängen 4 cm und 2 cm als Grundfläche wählst. Zeichne ähnliche Aufgaben und stelle sie deinem Nachbarn.

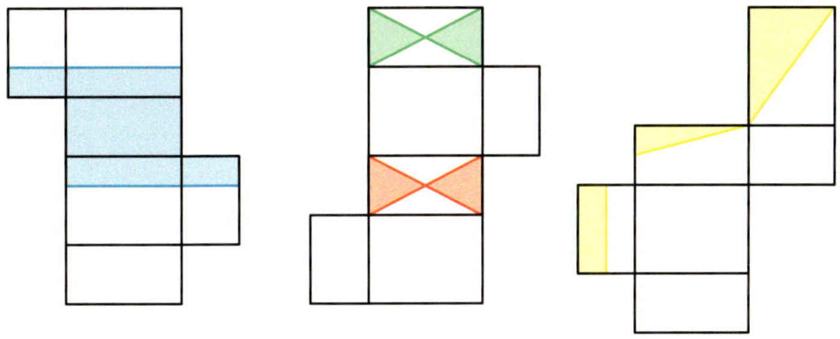

Fig. 1

7 Zeichne ein Schrägbild einer Pyramide mit der Höhe 2 cm (5 cm; 8 cm), deren Grundfläche
a) ein Quadrat mit der Kantenlänge 6 cm,
b) ein Rechteck mit den Seitenlängen 4 cm und 6 cm ist.

8 Zeichne das Schrägbild eines Kirchturms mit quadratischer Grundfläche, der eine Pyramide als Dach hat. Zeichne auch Fenster und eine Tür ein.

9 Die Buchstaben „L", „E" und „X" sind aus Holz gefertigt. Fig. 2 zeigt die Maße, beim liegenden „L" kannst du die Materialstärke 1 cm erkennen. Zeichne Schrägbilder
a) der aufrecht stehenden Buchstaben „E", „L" und „X",
b) der liegenden Buchstaben „E" und „X",
c) frei gewählter Buchstaben, z. B. der Buchstaben deines Namens.

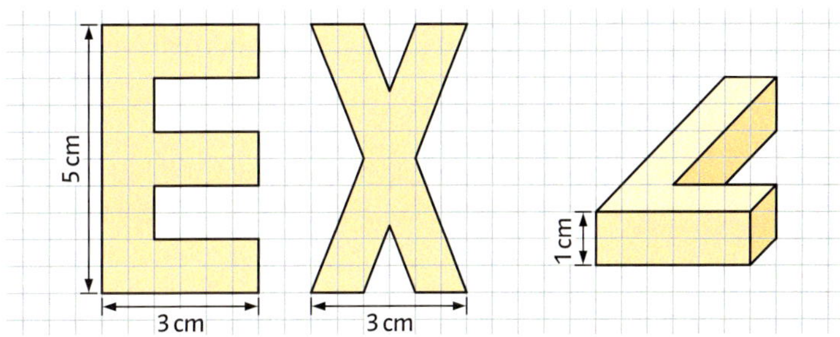

Fig. 2

10 Ein Körper hat die Form einer Treppe, die von der Seite aussieht wie die grüne Fläche in Fig. 3. Zu diesem Körper sind drei Schrägbilder gezeichnet.
a) Wo erkennst du Fehler in den Schrägbildern?
b) Zeichne ein fehlerfreies Schrägbild des treppenförmigen Körpers.

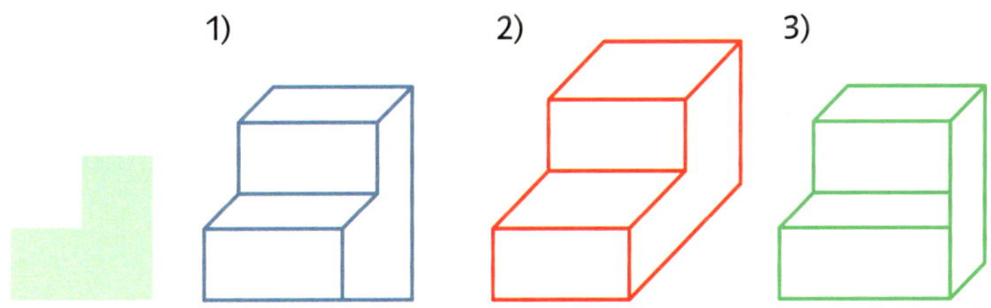

Fig. 3

11 Fig. 4 zeigt ein dreiseitiges Prisma (alle Maße in mm), wie du es als Käseecke oder Tortenstück kennst. Zeichne ein Schrägbild, bei dem das Prisma
a) auf der Grundfläche ABC steht,
b) auf der grünen Fläche ABED steht und mit der Deckfläche DEF nach vorn zeigt,
c) auf der grünen Fläche ABED steht und mit der Seitenfläche BCFE nach vorn zeigt.

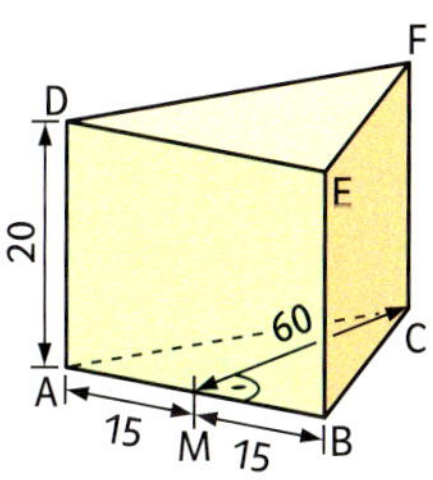

Fig. 4

12 Zeichne ein Schrägbild einer Säule (Höhe 5 cm), die die Form eines Prismas mit der in Fig. 5 gezeichneten Grundfläche hat.
Wähle die Grundfläche als Standfläche und gehe bei der Schrägbilddarstellung zunächst von einem Quader aus, der die Säule umschließt.

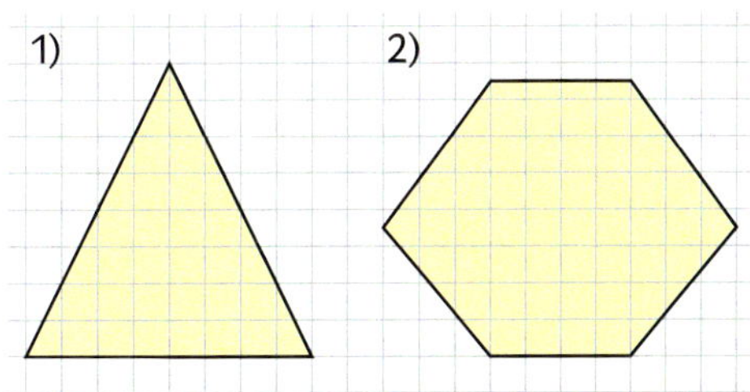

Fig. 5

13 Der Giebel eines Hauses ist 8 m breit und 5 m hoch. Das Dach ist 15 m lang (Fig. 1).
a) Beschreibe und benenne den Körper, der von den Giebeln, den Dachflächen und der Zwischendecke eingeschlossen wird.
b) Zeichne ein Schrägbild des Giebeldaches. Wähle für 1 m in der Wirklichkeit 1 cm in der Zeichnung.

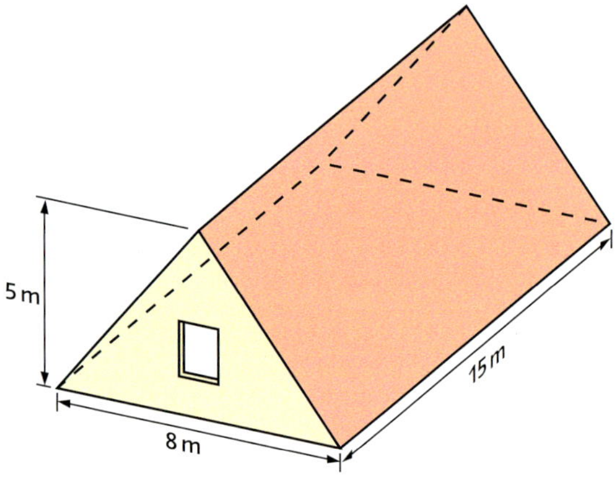

Fig. 1

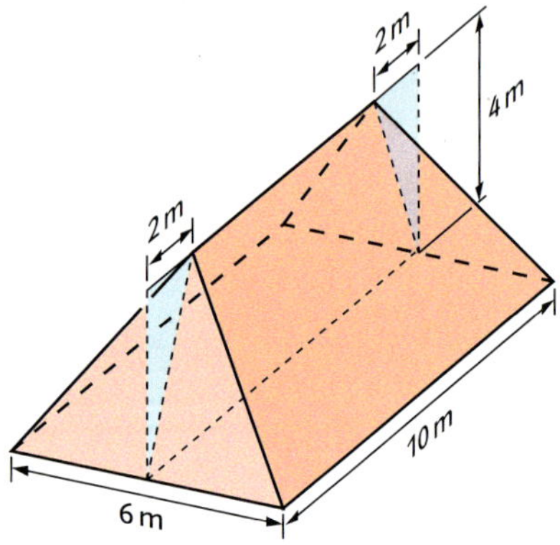

Fig. 2

14 Das Walmdach in Fig. 2 hat nicht nur zwei Dachflächen wie das Giebeldach in Fig. 1
a) Beschreibe und benenne die Flächen, die das Walmdach in Fig. 2 begrenzen.
b) Denke dir das Walmdach von einem Quader umschlossen. Welche Abmessungen hat dieser Quader?
c) Zeichne den Quader im Schrägbild (1 cm in der Zeichnung für 1 m in der Wirklichkeit). Füge das Walmdach mit Farbstift ein. Welche Betrachtungsrichtung hast du gewählt?

15 In Fig. 3 ist das Schrägbild eines Prismas mit trapezförmiger Grundfläche gezeichnet. Das Prisma wird vom Quader ABCDEFGH umschlossen.
a) Wähle die Vorderfläche ABFE als Standfläche und zeichne ein neues Schrägbild des Quaders. Welche Fläche hast du als Vorderfläche für dein Schrägbild gewählt?
b) Zeichne mit Farbstift das Prisma in den neu gezeichneten Quader ein.

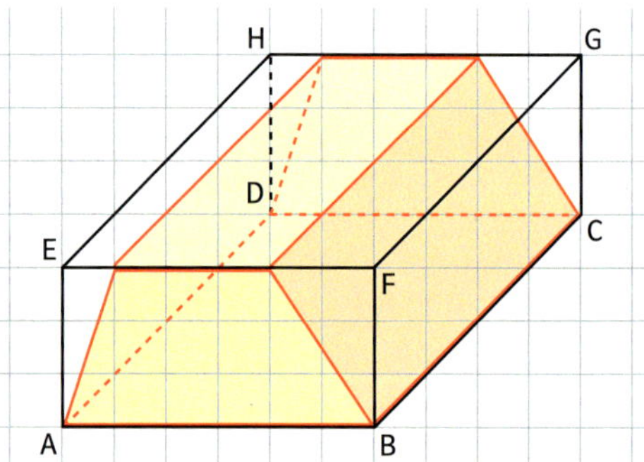

Fig. 3

16 Ein Eckschrank hat die Form eines Prismas. Er ist 80 cm hoch und hat eine fünfeckige Grundfläche (Fig. 4). Zeichnet Schrägbilder, die den Eckschrank aus unterschiedlichen Betrachtungsrichtungen zeigen. Verwendet für 20 cm in der Wirklichkeit 1 cm in der Zeichnung.
Wählt als Standfläche
a) das in Fig. 4 gezeichnete Fünfeck,
b) eines der Rechtecke mit der Länge 80 cm und der Breite 60 cm (Seitenwand).

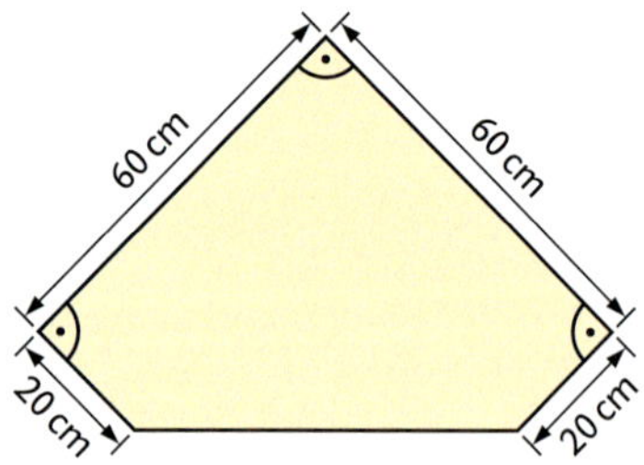

Fig. 4

1 Zeichne das Fünfeck ABCDE mit A(1|2), B(3|2), C(3|3), D(2|4) und E(1|3) in ein Koordinatensystem. Die Gerade g verläuft durch die Punkte P(1|1) und Q(4|4).
a) Spiegle das Fünfeck ABCDE an der Geraden g.
b) Gib die Koordinaten der Spiegelpunkte an.

2 a) Trage die Punkte A(10|20), B(12|15), C(17|17), D(15|12), E(20|10), F(15|8), G(17|3), H(12|5), I(10|0), J(8|5), K(3|3), L(5|8), M(0|10), N(5|12), O(3|17), P(8|15) in ein Koordinatensystem ein (wähle 5 mm als 1 Längeneinheit) und verbinde sie der Reihe nach. Verbinde auch P mit A. Welches Bild entsteht?
b) Entwirf ein eigenes Bild und gib es mit Koordinaten an.

3 Das große Rechteck ABCO in Fig. 2 enthält kleinere Figuren.
a) Welche Figuren sind zu erkennen? Beschreibe die Figuren durch die Koordinaten der wesentlichen Punkte.
b) Zeichne das Bild ins Heft.

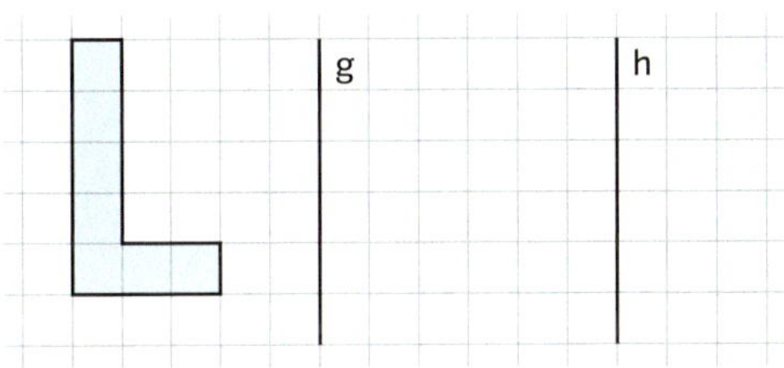

Fig. 1

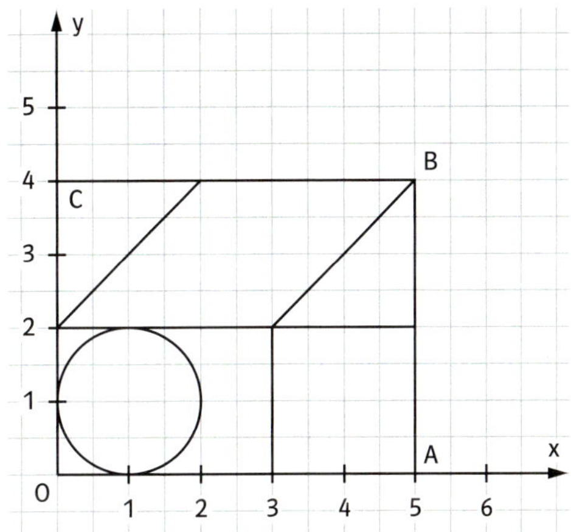

Fig. 2

4 Zeichne die L-Figur und zwei Geraden g und h wie in Fig. 1 ins Heft.
a) Spiegle die L-Figur an der Geraden g. Spiegle dann das erhaltene Bild an der Geraden h.
b) Beschreibe das Ergebnis der zweimaligen Spiegelung. Kann das Endbild auch mit einer einzigen Spiegelung aus der gegebenen L-Figur erzeugt werden?

5 In Flaggen erkennt man sehr häufig Symmetrien.
a) Die abgebildeten Flaggen gehören zu den Ländern Kanada, Dänemark, Frankreich und Japan. Ordne die Länder den richtigen Flaggen zu.
b) In welchen Flaggen erkennt man Symmetrieachsen, wenn man auf Muster und Farbe achtet?
c) Suche weitere symmetrische Flaggen. Gibt es auch punktsymmetrische Flaggen?

6 In einem Koordinatensystem sind die Punkte A(1|5), B(6|6) und C(5|11) gegeben. Ergänze einen vierten Punkt, sodass ein Parallelogramm entsteht. Gib die Koordinaten des Punktes an. Wie viele Möglichkeiten gibt es?

7 Zeichne das Dreieck ABC mit A(1|1), B(3|4) und C(1|4) in ein Koordinatensystem.
a) Miss die Größen der Winkel im Dreieck ABC.
b) Spiegle das Dreieck ABC am Punkt P(4|3). Gib die Koordinaten der Bildpunkte an.

8 Die Strecke $\overline{AC}$ mit A(1|3) und C(7|5) ist die Diagonale eines Quadrates. Zeichne das Quadrat und gib die Koordinaten der Eckpunkte an.

Fig. 3

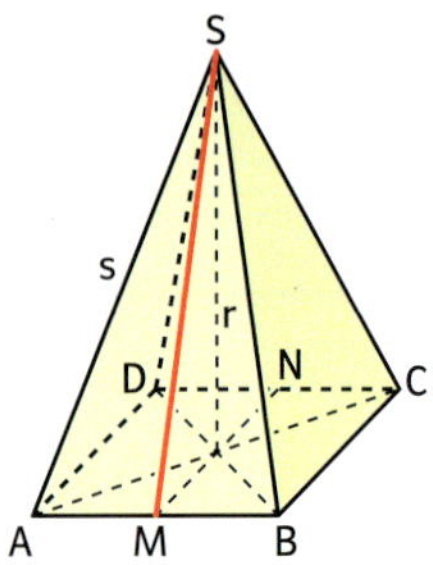

Fig. 1

9 Die Pyramide in Fig. 1 hat eine quadratische Grundfläche mit der Seitenlänge 3 cm. Die Seitenflächen sind vier gleiche Dreiecke, deren Höhe 5 cm beträgt (vergleiche z. B. die rot eingezeichnete Strecke im Dreieck ABS).
a) Zeichne ein Netz der Pyramide.
b) Zeichne die Dreiecke ACS und MNS in ihrer tatsächlichen Größe. Untersuche beide Dreiecke auf Symmetrie.
c) Bestimme die Länge der Pyramidenkante s und die Raumhöhe r anhand der Zeichnungen zu a) und b).
d) Zeichne ein Schrägbild der Pyramide. Gehe dabei von einem Quader der Höhe r aus.

10 a) Aus den Netzen in Fig. 2 und Fig. 3 werden Würfel gebastelt. Welche Fläche liegt der roten Fläche gegenüber?
b) Zeichne die beiden Netze ins Heft. Übertrage die Eckpunktbezeichnungen aus Fig. 4 auf die Netze in Fig. 2 und Fig. 3. Der Punkt A ist jeweils schon eingetragen.

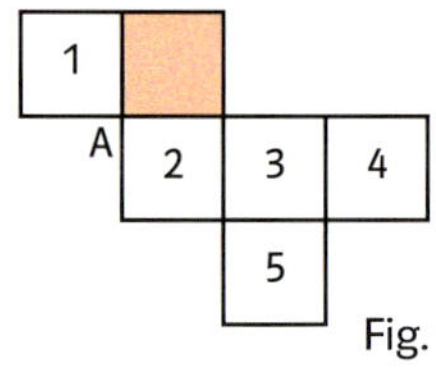

Fig. 2

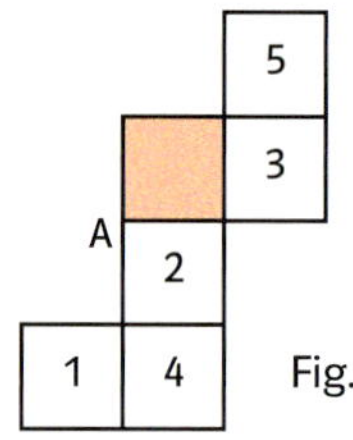

Fig. 3

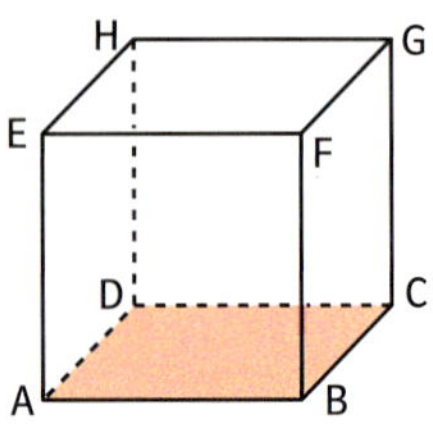

Fig. 4

11 Eine intelligente Schnecke sitzt in der Ecke C des massiven Würfels von Fig. 4. Sie möchte auf kürzestem Wege zum Eckpunkt E kriechen.
Zeichne ein Netz wie in Fig. 5. Übertrage die Eckpunktbezeichnung aus Fig. 4 in das Netz und zeichne die kürzeste Schleimspur ein. Findest du verschiedene Möglichkeiten?

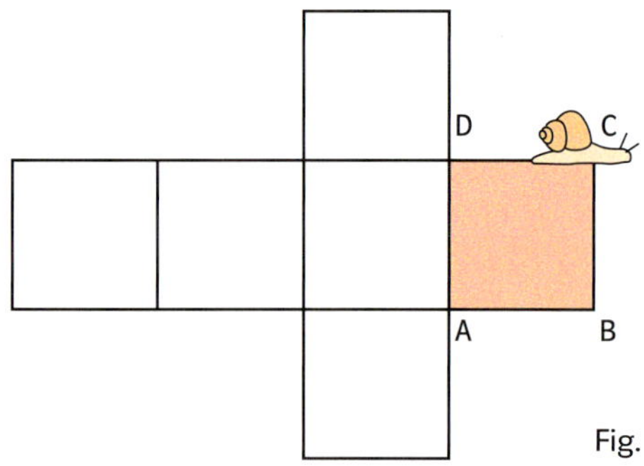

Fig. 5

12 a) Warum nimmt man für Verpackungsschachteln meistens Quader?
b) Warum nimmt man zum Würfeln einen Würfel und keinen anderen Quader?

13 Aus gleichen Würfeln kann man Würfelbauwerke zusammensetzen.
a) Zeichne die Schrägbilder von Fig. 6 und Fig. 7 ab und zeichne die verdeckten Kanten gestrichelt ein.

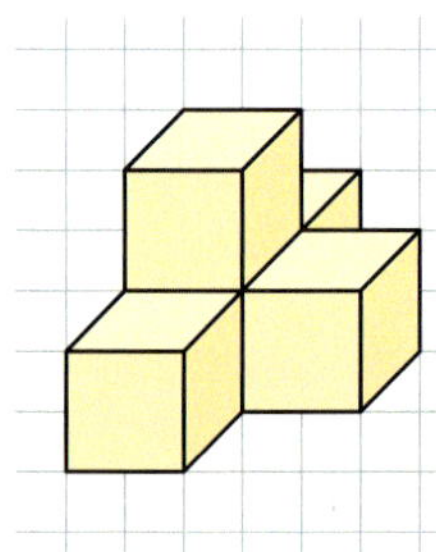
Fig. 6

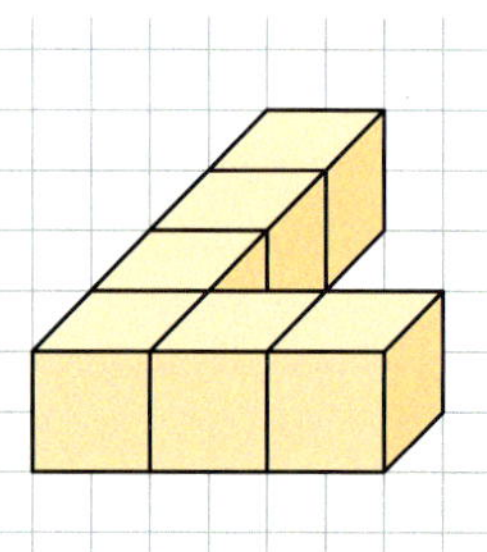
Fig. 7

b) In Fig. 7 ist ein liegendes L dargestellt. Zeichne ein entsprechendes Schrägbild für ein liegendes und aus Würfeln zusammengesetztes F.
c) Erfinde und zeichne Schrägbilder von eigenen Würfelbauwerken aus fünf Würfeln.

14 Ein Blatt Papier kann man als Rechteck oder als Quader auffassen. Welche Vorstellung besser passt, hängt von der Situation ab. Gib in jeder der folgenden Situationen an, ob die Vorstellung als Rechteck oder als Quader besser passt.
a) Julia überlegt sich, ob ihre zwölf Zeichnungen an ihre Pinnwand passen.
b) Theresa überlegt, wie schwer fünf Packungen mit je 1000 Blatt Papier sind.
c) Lena überlegt, ob ihr Geschenkpapier reicht, um ein Buch einzupacken.
d) Bei der EXPO 2000 wurde der japanische Pavillon ganz aus Papier gebaut.

Tangram

Tangram ist ein jahrtausendaltes, chinesisches Legespiel. Es wird in China „Chi ch'ae pan" genannt, was so viel wie „siebenschlau" oder „Weisheitsbrett" bedeutet. Man weiß heute nicht mehr genau, wann das Spiel entstand und wer es erfunden hat.
Eine Legende berichtet jedoch dazu, dass ein alter Mann eine wertvolle Fliese fallen ließ. Die Fliese zerbrach in sieben Stücke. Während er die Fliese wieder zusammensetzte, sah er in seiner Phantasie viele Bilder Gestalt annehmen – Menschen, Häuser, Tiere …

Um ein Tangram-Spiel zu bauen, schneidet man aus Papier oder Pappe ein Quadrat aus. Dann werden die Schnittlinien aufgetragen. Als Erstes zeichnet man die Diagonalen ein. Drei Diagonalenhälften muss man nochmals halbieren. Orthogonal zu den Diagonalen bzw. parallel zur Quadratseite werden die fehlenden Schnittlinien eingezeichnet. Achtung! Ein kleiner Teil einer Diagonalen war nur Hilfslinie und wird wieder entfernt. Nun kann das Puzzle ausgeschnitten und farbig gestaltet werden.

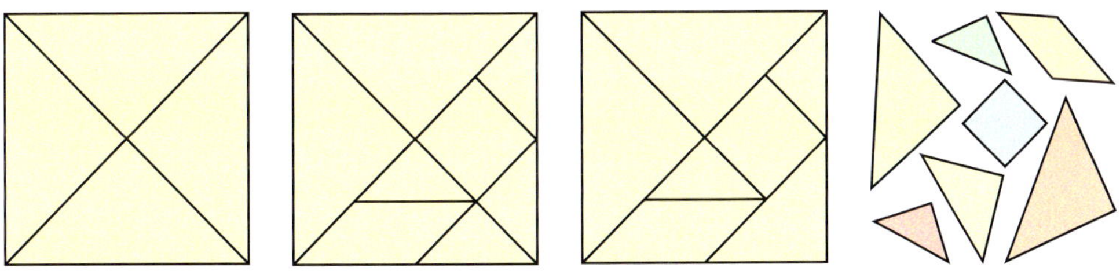

Die Spielregeln für das Tangram sind ganz einfach. Die Teile werden so zusammengelegt, dass sie Bilder, wie Tiere, Menschen, Gegenstände oder Figuren ergeben. Dazu müssen alle sieben Teile verwendet werden, und die Teile dürfen nicht übereinander liegen.

Nun kann es losgehen. Zuerst probiert man, ob sich die Teile wieder zum Quadrat zusammensetzen lassen.

Tangram

Natürlich soll das ohne diese Löcher passieren. Das ist gar nicht so einfach, wie es auf den ersten Blick aussieht. Da scheinen immer Steine zu fehlen. Oder hat es schon jemand geschafft? Mit etwas Geduld klappt es.

Die Figuren:

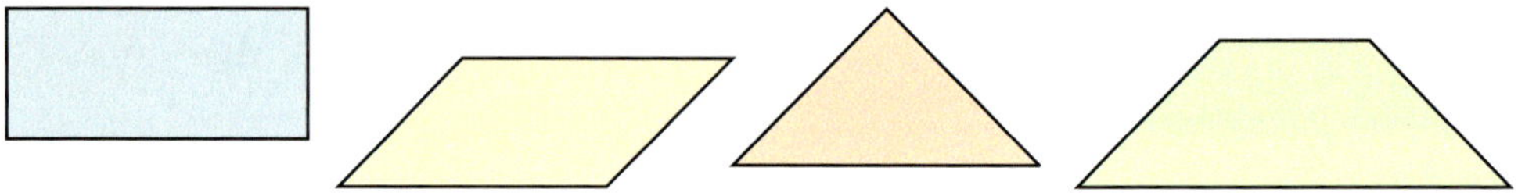

Rechteck, Parallelogramm, Dreieck Trapez

können auch mit den sieben Steinen gelegt werden.

Tangramfiguren können achsen- oder auch punktsymmetrisch sein. Die bis jetzt erzeugten Figuren sind dafür Beispiele. Es gibt jedoch noch viel mehr Figuren, die diese Eigenschaften haben. Es lohnt sich, direkt nach solchen Figuren zu suchen. Bevor man mit dem eigenen Entdecken beginnt, kann man auch einige Figuren nachlegen.
Hier eine kleine Auswahl:

Achsensymmetrische Figuren:

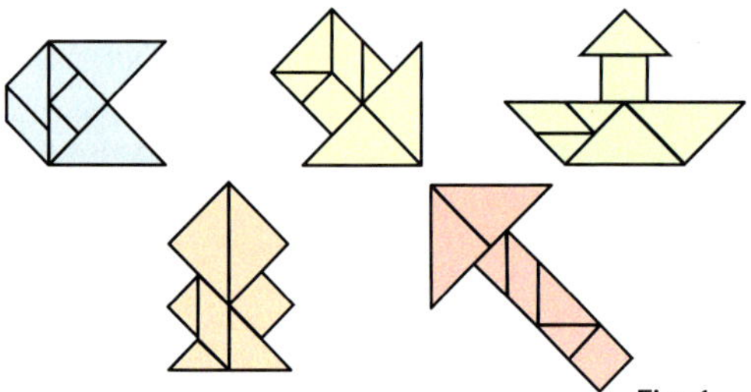

Fig. 1

Punktsymmetrische Figuren:

Fig. 2

Es ist schon erstaunlich, wie viele unterschiedliche Figuren man mit den sieben Steinen legen kann. Die großen Tangram-Meister haben bis zu 1000 unterschiedliche Bilder gekannt. Ein möglicher Anfang einer kleinen Sammlung könnte so beginnen:

Auch andere zerschnittene Figuren ergeben interessante und ausdrucksvolle Formen, wenn man sie wieder zusammensetzt. Die verschiedenen Muster, die sich ergeben, hängen von der ursprünglichen Form und der Art der Zerlegung ab. Neben dem Quadrat ist das Ei eine geläufige Grundform für ein Puzzle.

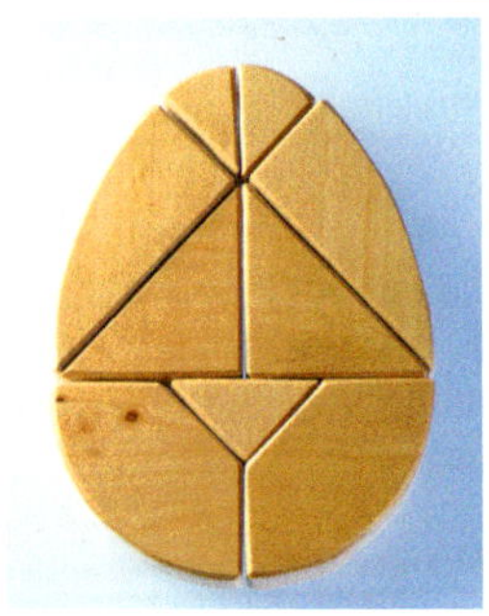

Diese Vögel „schlüpfen" aus dem magischen Ei.

Mein Tisch, mein Körper und ich

Felicitas Hoppe

Ich liebe meinen Tisch über alles, er hat den schönsten Körper der Welt! Er ist fest und aus Holz, elegant und stabil, hat vier runde Beine und obenauf eine dicke Platte. Eine riesige Fläche, viereckig und glatt, auf der ich machen kann, was ich will. Zum Beispiel Landkarten auffalten und Kuchenteig rollen. Dort habe ich Platz zum Würfel werfen oder Murmeln schnippsen. Mein spitzer Kreisel kann sich hier ewig drehen. Früher habe ich auf meinem Tisch mit meinen Klötzen Häuser, Türme und Dächer gebaut. An genau diesem Tisch habe ich neulich sogar meinen großen Bruder im Schachspiel besiegt. Auf meinen Tisch ist Verlass. Er rührt sich nicht von der Stelle, während mein Bruder wild mit den Armen rudert, weil er denkt, dass er mich damit ablenken kann. Aber Pech. An meinem Tisch bleibe immer ich der Sieger!
Tischhocker, nennt mich deshalb mein Bruder. Ein Körper, der Arme und Beine hat, muss sich bewegen. Aber wer sagt, dass ein Körper beweglich sein muss? Mein Tisch ist immer da und geduldig, nichts geht verloren, während alles was mein Bruder in die Hände bekommt, am nächsten Tag schon verschwunden ist. Mein Tisch dagegen hat Kanten, Ecken und Flächen. In Holz gehauene Geometrie. Das ist sein Geheimnis.
Manchmal nachts, wenn ich nicht schlafen kann, steige ich auf meinen Tisch und betrachte das Zimmer in Ruhe von oben. Das ist die richtige Perspektive. Und ich sage, was ich zu sagen habe, und mein Tisch hört mir zu. Und sofort erscheint mir alles leicht, die Probleme weit weg und die Lösungen nah. Wenn ich Angst habe, lege ich mich unter den Tisch, wie in eine Höhle, und fühle mich sicher. Denn in die Tischplatte über mir habe ich längst einen Fluchtplan geritzt. Und das hat meinem Tisch nichts ausgemacht, er kennt keinen Schmerz.
Und jetzt stellt euch vor, dass es zu regnen beginnt. Es würde die ganze Nacht hindurch regnen. Und stellt euch vor, das Dach ist nicht dicht, und es regnet durchs Dach in die Zimmer hinein. Und während das Wasser steigt und steigt, drehe ich meinen Tisch einfach um: Die Platte nach unten, die Beine nach oben. Und ich setze mich in den Tisch hinein, und mein Tisch wird ein Boot, und mein Körper schmiegt sich in den Körper des Tisches, und wir segeln einfach zur Tür hinaus. Mein Bruder hat Pech, er muss selber schwimmen, weil er sich nicht auf fremde Körper verlässt.

Körper ist nicht gleich Körper
In diesem Text werden Eigenschaften vom Körper eines Tisches mit Eigenschaften eines menschlichen Körpers verglichen. Stelle diese Eigenschaften in einer Tabelle zusammen. Markiere, welche dieser Eigenschaften du in diesem Kapitel auch bei den geometrischen Grundkörpern kennen gelernt hast.

Fläche oder Körper
Die Tischplatte kann man sich als Rechteck oder als Quader vorstellen. Für welche Situation, die im Text genannt wird, ist das Rechteck das passendere Modell, für welche der Quader?

Nicht nur der Tisch...
Schreibe auch eine Geschichte zu einem anderen Körper!

Rückblick

Vierecke

Quadrat: Viereck mit vier gleich langen Seiten und vier rechten Winkeln

Raute: Viereck mit vier gleich langen Seiten

Rechteck: Viereck mit vier rechten Winkeln

Parallelogramm: Viereck, in dem die gegenüberliegenden Seiten parallel sind

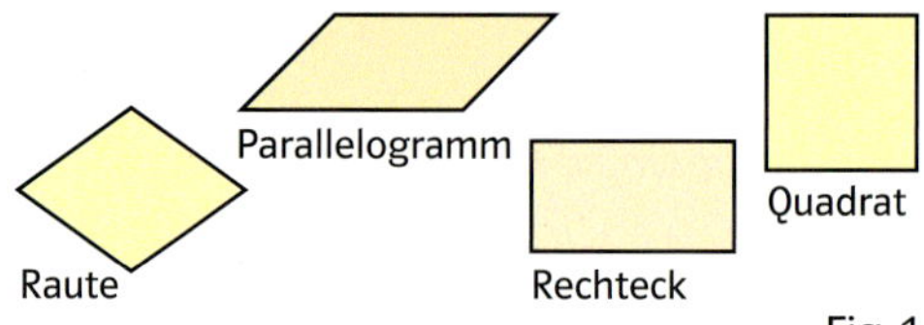

Fig. 1

Achsensymmetrische Figuren

Es gibt eine Symmetrieachse g.
Die Verbindungsstrecke zweier symmetrisch liegender Punkte verläuft orthogonal zur Symmetrieachse g.
Symmetrisch liegende Punkte haben von der Symmetrieachse g den gleichen Abstand.

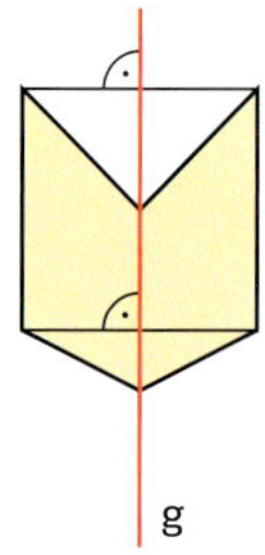

Fig. 2

Punktsymmetrische Figuren

Es gibt ein Symmetriezentrum Z.
Die Verbindungsstrecke zweier symmetrisch liegender Punkte geht durch das Symmetriezentrum Z.
Symmetrisch liegende Punkte haben vom Symmetriezentrum Z den gleichen Abstand.

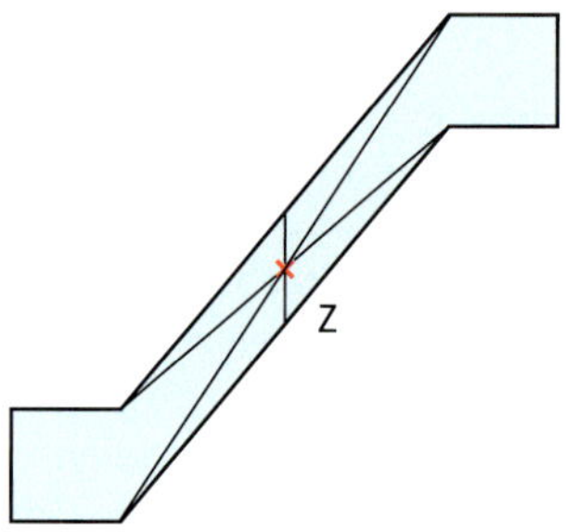

Fig. 3

Quader

Ein Quader ist ein Körper, der durch seine Länge a, seine Breite b und seine Höhe c bestimmt wird. Er wird von sechs rechteckigen Seitenflächen begrenzt.
Ein **Schrägbild** vermittelt auf dem Blatt Papier einen räumlichen Eindruck des Quaders.
Schneidet man den Quader entlang einzelner Kanten auf und faltet ihn auseinander, so entsteht ein **Netz** des Quaders. Im Netz sind alle Flächen ohne Verzerrungen dargestellt, aber das Netz vermittelt keinen räumlichen Eindruck. Ein Netz hilft weiter, wenn man einen Quader basteln möchte.

Stimmen in einem Quader Länge, Breite und Höhe überein, so ergibt sich ein **Würfel** als Sonderfall des Quaders. Würfel werden von sechs gleichen Quadraten begrenzt.

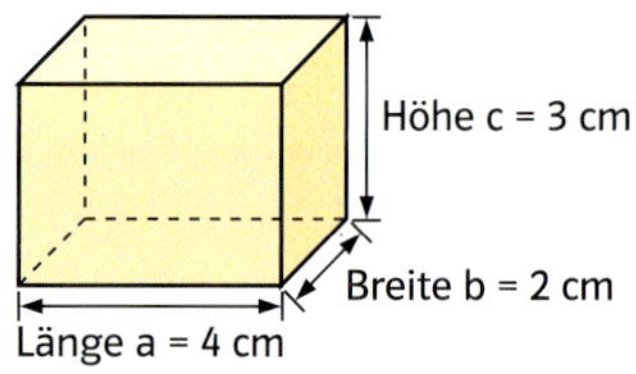

Fig. 4

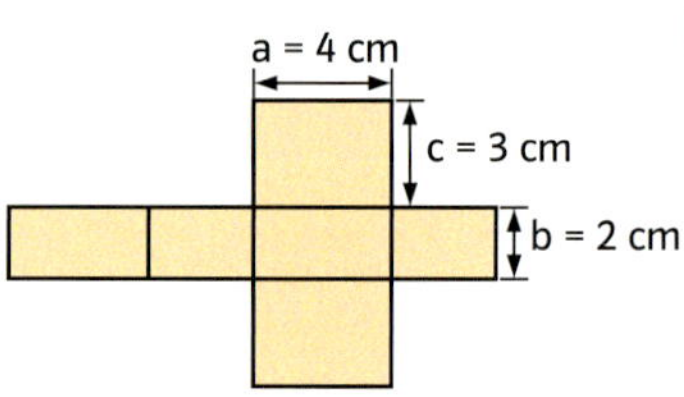

Fig. 5

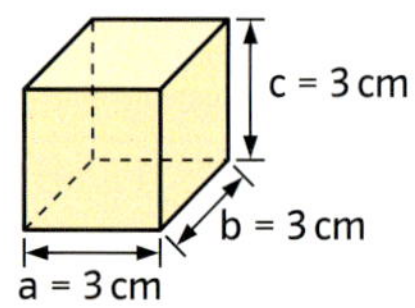

Fig. 6

Training

Runde 1

1 Untersuche die Figuren auf Symmetrie. Beschreibe die Lage möglicher Symmetrieachsen. Gib die Lage von Symmetriezentren mithilfe von Koordinaten an.

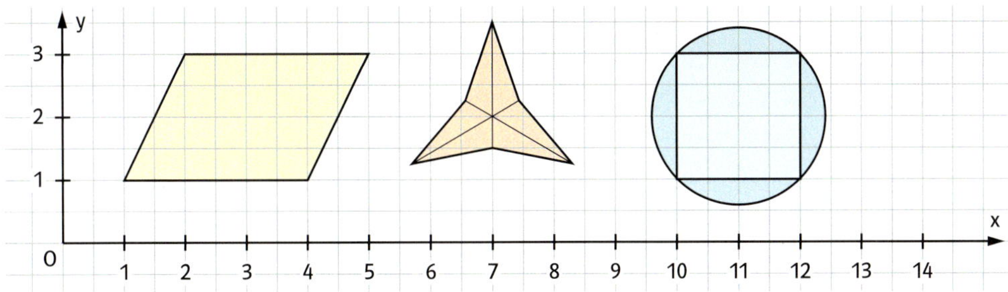

Fig. 1

2 Welches der Netze in Fig. 2 kann das Netz eines Würfels sein? Begründe.

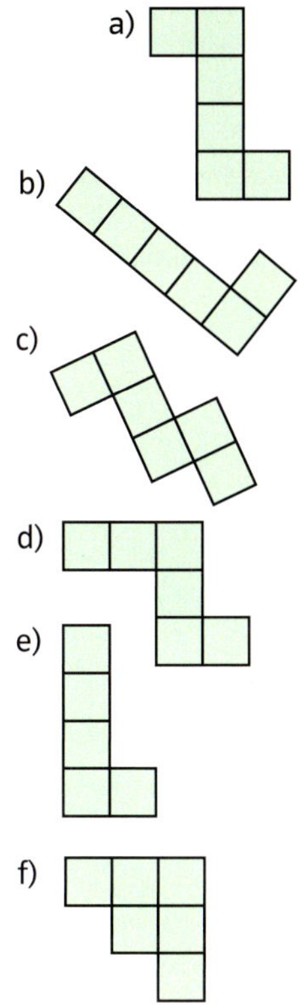

Fig. 2

3 Zeichne ein Parallelogramm ABCD mit $\overline{AB} = 5\,\text{cm}$, $\overline{AD} = 3\,\text{cm}$, $\alpha = 72°$. Spiegle die Figur

a) an der Parallelogrammseite $\overline{BC}$, b) an der Diagonalen $\overline{AC}$.

4 Entscheide, ob der Satz richtig ist.

a) Es gibt Quadrate, die keine Parallelogramme sind.

b) Jedes Rechteck ist auch ein Parallelogramm.

5 Ein Quader hat die Kantenlängen 45 mm, 30 mm und 40 mm.

a) Zeichne ein Netz des Quaders.

b) Zeichne ein Schrägbild des Quaders. Wähle als vordere Fläche das Rechteck mit den Kantenlängen 45 mm und 30 mm.

Runde 2

1 Entscheide, ob Achsensymmetrie oder Punktsymmetrie vorliegt. Gib die Anzahl der Symmetrieachsen an.

a) Geodreieck b) leere Heftseite c) Kreis d) Parallelogramm

2 a) Zeichne die Figuren 3, 4 und 5 in dein Heft und ergänze sie zu Parallelogrammen.

b) Welche speziellen Parallelogramme wurden gezeichnet?

c) Wie viele Symmetrieachsen haben die einzelnen Parallelogramme?

3 a) Zeichne das Viereck ABCD mit den Punkten A(1|5), B(2|1), C(4|0) und D(4|3) in ein Koordinatensystem.

b) Erzeuge durch Spiegelung am Punkt D eine punktsymmetrische Gesamtfigur.

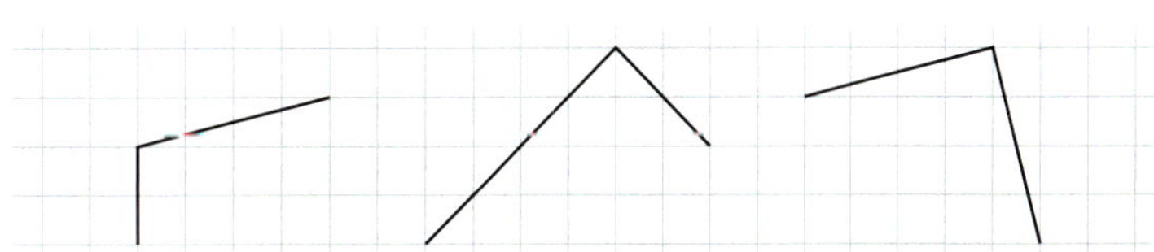

Fig. 3 Fig. 4 Fig. 5

4 Der kleinere Quader wird linksbündig auf den größeren gelegt, d.h., die beiden orangen Flächen bilden eine durchgehende Fläche. Zeichne ein Schrägbild des entstandenen Körpers.

a) mit den gelben Flächen als Vorderflächen,

b) mit den grünen Flächen als Vorderfläche.

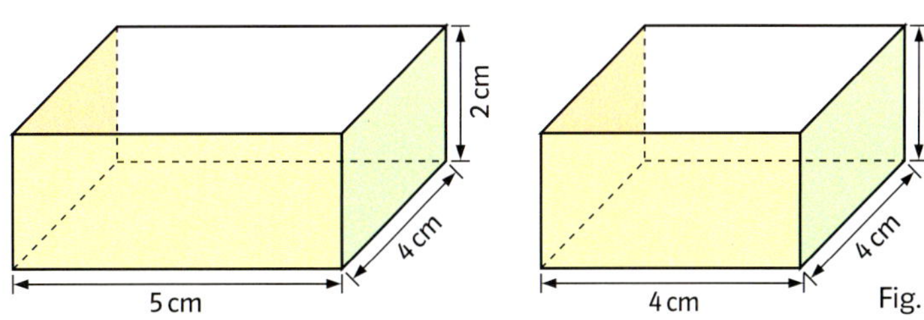

Fig. 6

Das kannst du schon

- Ebene Figuren wie Quadrate, Rechtecke, Parallelogramme, Dreiecke und Kreise benennen, beschreiben und zeichnen
- Geometrische Körper mit ihren Eigenschaften beschreiben
- 3-D-Bilder zeichnen

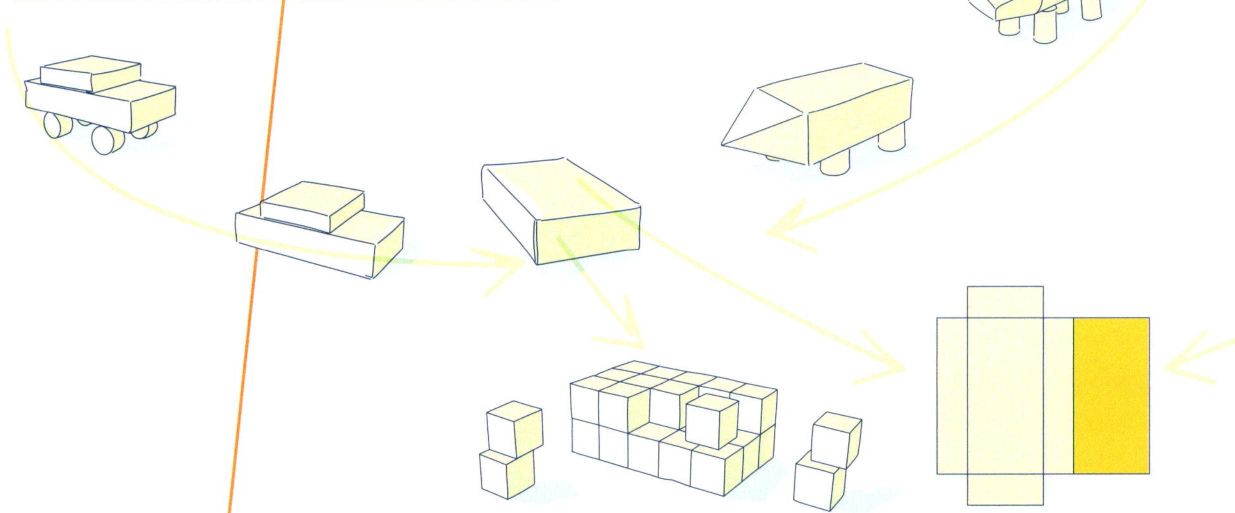

Zahlen und Operationen

Größen und Messen

Raum und Form

Funktionaler Zusammen-Hang

Daten und Zufall

Flächen- und Volumenberechnung sind keine Kunst

Über den Maler Paul Klee (1879 – 1940):
„Oft jedoch malte er geometrische Figuren auf ein Raster, welches aus kleinen, verschieden farbigen Rechtecken bestand.“

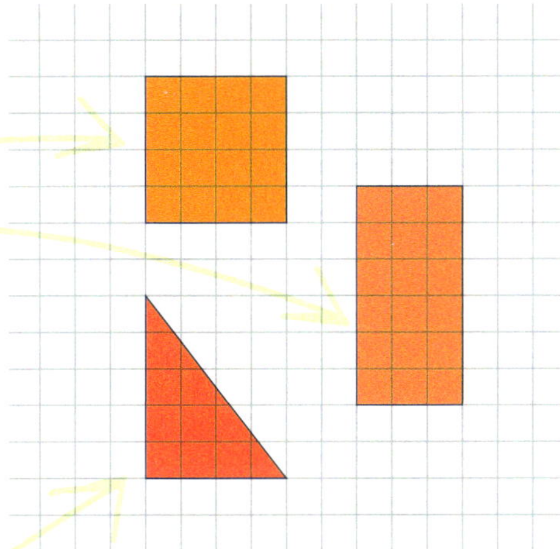

Paul Klee: Kleine Felsenstadt, 1934

Das kannst du bald

- Mit Längen, Gewichten und Zeiten rechnen
- Mit der Kommaschreibweise für Größen umgehen
- Umfang und Flächeninhalt von Rechtecken, Dreiecken und Parallelogrammen bestimmen
- Oberflächeninhalte und Volumen von Quadern bestimmen
- Längen-, Flächen- und Volumenangaben in andere Einheiten umrechnen

1 Schätzen und Messen von Größen

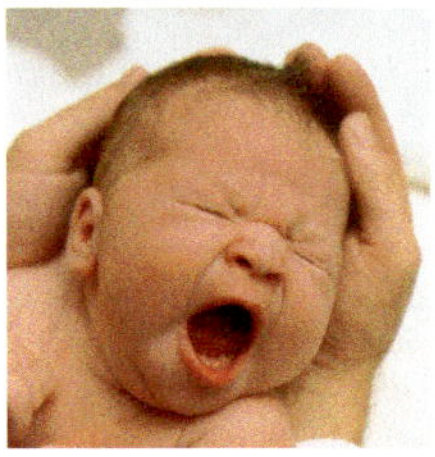

Ein Neugeborenes ist durchschnittlich 3400 g schwer und 51 cm lang. Es trinkt etwa alle 2 h.

Zur Beschreibung von Situationen im Alltag und in der Natur benötigt man oft Angaben über Längen, Gewichte und Zeitdauern. Diese Angaben erhält man durch Messen oder durch Schätzen.

Angaben wie 51 cm nennt man eine **Größenangabe**. Andere Größenangaben sind zum Beispiel: 3400 g, 2 h, 2 km 300 m. Eine Größenangabe besteht aus einer **Maßzahl** und einer **Maßeinheit**: 3400 g, 51 cm.

Maßzahl Maßeinheit Maßzahl Maßeinheit

*Im Alltag ist der Begriff „Gewicht" üblich. In der Physik verwendet man den Begriff **„Masse"**.*

Für **Längen** gibt es die Maßeinheiten:
1 km (Kilometer), 1 m (Meter), 1 dm (Dezimeter), 1 cm (Zentimeter) und 1 mm (Millimeter).
Für **Gewichte** gibt es die Maßeinheiten:
1 t (Tonne), 1 kg (Kilogramm), 1 g (Gramm) und 1 mg (Milligramm).
Für **Zeitdauern** gibt es die Maßeinheiten:
1 d (Tag), 1 h (Stunde), 1 min (Minute) und 1 s (Sekunde).

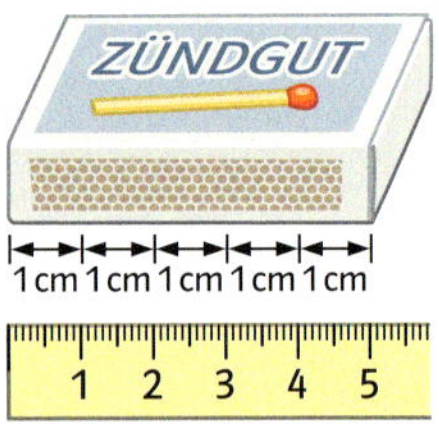

Fig. 1

Beim **Messen** bestimmt man, wie oft eine **Einheits**größe in der zu messenden Größe enthalten ist. Die Streichholzschachtel in Fig. 1 ist $5 \cdot 1\,cm = 5\,cm$ lang. Die Maßzahl 5 gibt an, wie viele Strecken von 1 cm Länge zusammen die Länge der Streichholzschachtel haben.

Oft kann man eine Größe gar nicht messen, manchmal ist der genaue Wert auch gar nicht so wichtig. Dann genügt das **Schätzen**. Zum Schätzen braucht man Übung und möglichst einen Vergleichsgegenstand. Für die Länge des Schiffes kann man z. B. die Länge des Autos auf dem Kabinendach als Vergleichsmaßstab nehmen: Das Schiff ist etwa zwanzigmal so lang wie das Auto. Ein Kleinwagen ist etwa 4 m lang. Damit ergibt sich für das Schiff eine **geschätzte Länge** von $20 \cdot 4\,m = 80\,m$.

Beim Messen erhält man eine genaue Vorstellung von einer Länge, einem Gewicht oder einer Zeitdauer.
Beim Schätzen erhält man eine ungefähre Vorstellung von einer Länge, einem Gewicht oder einer Zeitdauer.
Das Schätzen fällt genauer aus, wenn man einen Vergleichsgegenstand benutzt.

Vergleichsgegenstände für Längen und Gewichte

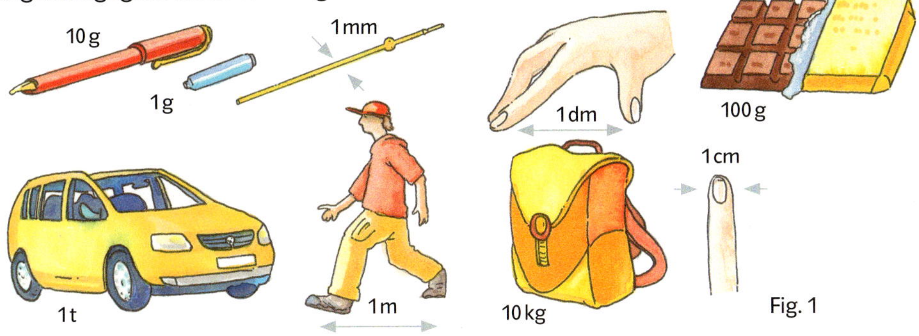

Fig. 1

Vergleichsmöglichkeiten für Zeitdauern:
– Für jede laut gesagte Zahl 21, 22, 23 … braucht man etwa 1 s.
– Die Luft anhalten kann man etwa 1 min.

Beispiel
Wie hoch ist eine Zimmertür? Schätze und bestimme die Höhe durch Messen.
Lösung:
Ein erwachsener Mann müsste durch die Tür hindurchgehen können, ohne den Kopf einziehen zu müssen. Basketballspieler sind teilweise über 2 m groß.
Schätzung: Die Tür ist etwa 2 m hoch.
Messung: Wir verwenden ein Maßband und stellen fest, dass die Tür etwa 196 cm = 1 m 96 cm hoch ist. Das sind 4 cm weniger als der Schätzwert.

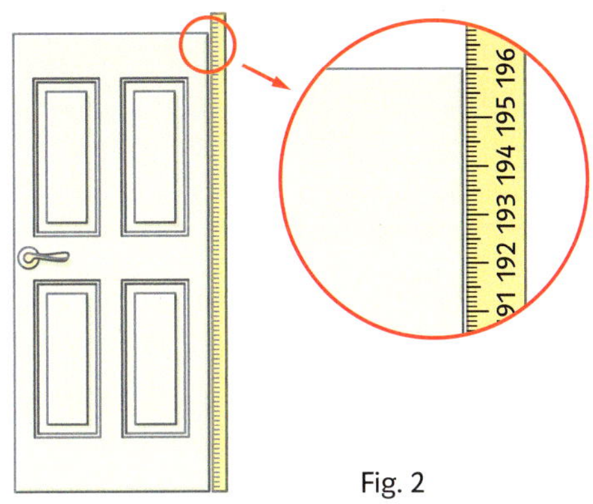

Fig. 2

Aufgaben

1 Schätze zuerst und miss zum Vergleich nach. Schreibe beide Werte in einer Tabelle auf.
a) Die Länge deines Schultisches
b) Das Gewicht deines Mäppchens
c) Das Gewicht deiner Schultasche
d) Die Länge deines Klassenzimmers
e) Die Zeit, die ein Spielzeugauto braucht, um einen schräg gestellten Tisch hinunterzurollen.

2 Zu jedem Bild aus Fig. 3 gehören zwei Größenangaben. Ordne zu.

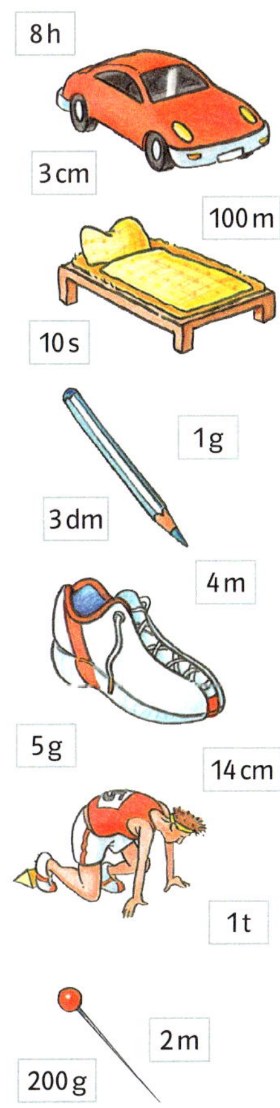

Fig. 3

3 a) Was ist länger: dein Gürtel oder der Umfang von drei Saftflaschen?
b) Was ist schwerer: einhundert Blätter Papier oder eine Tafel Schokolade?
c) Was dauert länger: in „Minischritten“, das heißt einen Fuß vor den anderen setzend, das Klassenzimmer zu durchqueren oder hintereinander die Zahlen 21 bis 29 laut und deutlich aufzusagen?

4 Beim Fliegen wird die Höhe eines Flugzeugs in „feet“ angegeben. Miss bei einigen Erwachsenen die Fußlänge nach und stelle die Ergebnisse in einer Tabelle zusammen. Stimmen deine Werte mit dem amtlichen Wert von 30 cm 5 mm für 1 Foot überein?

5 a) Wie groß sind eure Schrittlängen?
b) Wie weit kommt ihr beim Gehen in 10 s (in 1 min, in 1 h)?
c) Wie weit kommst du in 1 min, wenn du dich in „Minischritten“ bewegst, bei denen du einen Fuß direkt vor den anderen setzt?

6 Der Weltrekord im Superschwergewicht beim Gewichtheben steht bei 285 kg. Wie viele Fünftklässler könnten sich an die Stange hängen?

7 Schätze.
a) Wie hoch ist deine Schule?
b) Wie oft nimmst du am Tag eine Türklinke in die Hand?
c) Wie viele Schülerinnen und Schüler sind in deiner Schule?
d) Wie viel wiegt dein rechter Arm?

8 a) Miss die Seitenlängen dieser Buchseite (einer Postkarte).
b) Wie lang sind deine Schritte beim Wandern, wie lang beim 50-m-Lauf?
c) Wie weit fährt dein Fahrrad bei einer Umdrehung des Hinterrades?

9 Malt auf den Schulhof mit Kreide einen Kreis. Nehmt dazu eine Schnur von 2 m Länge als Radius des Kreises. Fasst euch jetzt an den Händen und stellt euch entlang des Kreises rundum mit gestreckten Armen auf. Wie viele Schüler sind dazu nötig?

10 Lexikon und Internet
Hier sollst du zunächst schätzen. Anschließend sollst du deinen Schätzwert in einem Lexikon oder im Internet überprüfen. Natürlich kannst du stattdessen auch nachmessen, wenn es möglich ist. Übertrage die Tabelle in dein Heft und trage die Größenangaben ein.

	Gewicht		Länge		Geschwindigkeit	
	Geschätzt	Lexikon	Geschätzt	Lexikon	Geschätzt	Lexikon
Blauwal						
Pferd						
Brieftaube						
Dackel						
...						

Kannst du das noch?

11 a) Zeichne ein Rechteck ABCD, das 5 cm lang und 2 cm breit ist.
b) Markiere die Mittelpunkte der vier Rechteckseiten. Verbinde die markierten Seitenmitten zu einem neuen Viereck. Welche besonderen Eigenschaften hat dieses Viereck?

12 a) Zeichne die Punkte A(1|2), B(8|1), C(5|6) und D(1|6) in ein Koordinatensystem. Zeichne alle Verbindungsstrecken ein, die möglich sind.
b) Welche der Verbindungsstrecken sind orthogonal? Welche Strecken schneiden sich unter einem spitzen Winkel, welche schneiden sich unter einem stumpfen Winkel?

13 Ein Quader ist 5 cm lang, 4 cm breit und 3 cm hoch. Zeichne
a) ein Netz des Quaders,
b) ein Schrägbild des Quaders.

2 Umrechnen von Größen

Du hast verschiedene Maßeinheiten für die gleiche Größe kennen gelernt. Wenn du Gegenstände oder Situationen beschreiben willst, gibt es sinnvolle und weniger sinnvolle Angaben.

Wenn man zwei **Größen** wie die Reichweite eines Air-Jets und die eines Bussards **vergleichen** will, muss man sie zunächst in dieselbe Maßeinheit umrechnen:

Reichweite Air-Jet: 2100 km
Reichweite Bussard: 8000 m = 8 km.
Da 8 km < 2100 km ist, hat ein Air-Jet die größere Reichweite.

	Air-Jet – D3	Bussard
Spannweite	31 m	42 cm
Gewicht	53 t	640 g
max. Flugdauer	4 h	240 min
Reichweite	2100 km	8000 m

Will man Größenangaben, die in verschiedenen Maßeinheiten gegeben sind, vergleichen oder mit ihnen rechnen, so muss man sie zunächst in derselben Maßeinheit schreiben.

Für **Längen** gilt: 1 km = 1000 m, 1 m = 10 dm, 1 dm = 10 cm, 1 cm = 10 mm.

Für **Gewichte** gilt: 1 t = 1000 kg, 1 kg = 1000 g, 1 g = 1000 mg.

Für **Zeitdauern** gilt: 1 d = 24 h, 1 h = 60 min, 1 min = 60 s.

Die Umrechnung von Euro in Cent kennst du schon: 1 € = 100 ct.

Beispiel 1
Schreibe in der in Klammern angegebenen Einheit.
a) 6 km (in m) b) 8000 g (in kg) c) 2 m 40 cm (in cm) d) 3 h (in min)
Lösung:
a) 6 km = 6000 m b) 8000 g = 8 kg c) 2 m 40 cm = 240 cm d) 3 h = 180 min

Beispiel 2
Vergleiche. Verwende das Größer- oder das Kleinerzeichen.
a) 3976 g; 4 kg b) 7090 cm; 31 m c) 3 h; 111 min
Lösung:
a) 3976 g < 4 kg, da 4 kg = 4000 g.
b) 7090 cm > 31 m, da 31 m = 310 dm = 3100 cm.
c) 3 h > 111 min, da 3 h = 180 min.

Beispiel 3
Berechne:
a) 2300 g + 4 kg, b) 5 dm 1 cm − 20 mm, c) 200 s − 2 min.
Lösung:
a) 2300 g + 4 kg
= 2300 g + 4000 g
= 6300 g

b) 5 dm 1 cm − 20 mm
= 51 cm − 2 cm
= 49 cm

c) 200 s − 2 min
= 200 s − 120 s
= 80 s

Beispiel 4
Verenas Zug fährt um 20.16 Uhr. Jetzt ist es 17.40 Uhr. Wie viel Zeit hat Verena noch?
Lösung:
Von 17.40 Uhr bis 18 Uhr: 20 min
Von 18 Uhr bis 20 Uhr: 2 h
Von 20 Uhr bis 20.16 Uhr: 16 min
Verena hat noch 2 h 36 min Zeit.

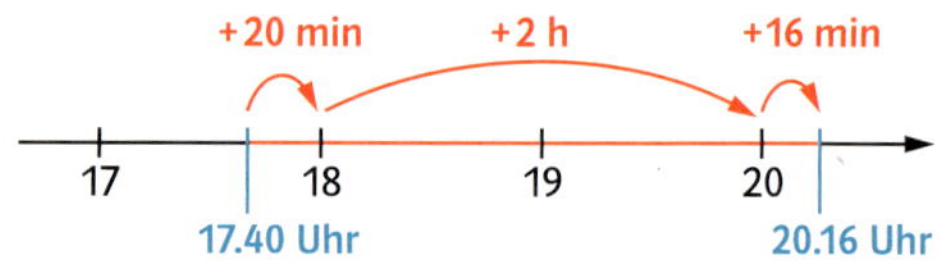

Fig. 1

Aufgaben

1 Gib in der darüber stehenden Einheit an.

a) in m:	b) in kg:	c) in cm:	d) in min:	e) in g:
2 km	3 t	5 m	120 s	10 kg
400 cm	8000 g	70 mm	3 h	1000 mg
60 dm	10 000 g	2 dm	600 s	10 000 mg

2 Schreibe in der in Klammern angegebenen Einheit.

a)	b)	c)	d)
6 m (in dm)	50 mm (in cm)	4 d (in h)	300 s (in min)
12 000 kg (in t)	240 min (in h)	6000 kg (in t)	300 dm (in cm)
11 min (in s)	3 g (in mg)	16 000 m (in km)	5 kg (in g)

3 Entwickle eine Schlange wie in Fig. 2. Höre nach insgesamt sechs Schritten auf.
a) 50 g $\xrightarrow{\cdot 10}$ b) 6 cm $\xrightarrow{\cdot 10}$ c) 30 min $\xrightarrow{\cdot 4}$

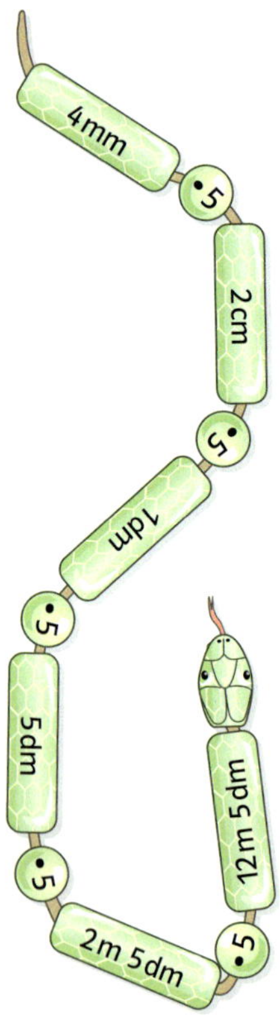

Fig. 2

4 Schreibe in dein Heft und setze anstelle von ☐ eines der Zeichen < oder >.

a)	b)	c)	d)
3400 g ☐ 40 kg	30 dm ☐ 294 cm	1 d ☐ 21 h	50 mm ☐ 6 cm
40 dm ☐ 305 cm	2 h ☐ 115 min	4 km ☐ 20 000 m	11 mg ☐ 1 g
70 min ☐ 3 h	20 000 g ☐ 1 t	4 min ☐ 83 s	1 h ☐ 6000 s

5 Welche der Größenangaben in Fig. 3 sind gleich? Notiere in deinem Heft.

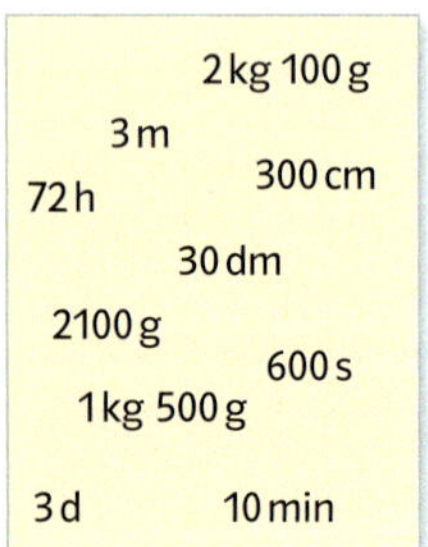

Fig. 3

6 Schreibe in der nächstkleineren Einheit.

a)	b)	c)	d)	e)
90 dm	10 km	12 t	10 min	8 €
7 kg	3 min	2 h	30 kg	30 cm
2 d	18 €	4 m	5 d	10 g

7 Schreibe in der nächstgrößeren Einheit.

a)	b)	c)	d)	e)
40 cm	300 min	4000 m	400 ct	80 mm
300 ct	40 dm	30 mm	17 000 kg	4000 mg
2000 kg	1000 ct	660 s	180 min	72 h

8 Es gilt: 4180 m = 4 km 180 m. Schreibe entsprechend unter Verwendung von zwei verschiedenen Maßeinheiten.

a) 3100 g	b) 41 dm	c) 84 mm	d) 12 cm	e) 3400 mg
6008 m	2400 g	6800 kg	1250 g	90 s
80 min	3407 m	100 h	53 h	307 cm

9 Berechne.

a) 34 cm + 4 dm	b) 6 kg − 2400 g	c) 200 mg + 3 g
4 t − 1950 kg	6 kg 70 g − 700 g	5 m 20 cm − 90 cm
1 dm 2 cm + 11 cm	2 km − 720 m	340 kg + 10 000 g

10 Berechne die Zeitspannen. Veranschauliche wie in Beispiel 4.
a) 7.40 Uhr bis 16.50 Uhr b) 22.10 Uhr bis 6.00 Uhr c) 11.21 Uhr bis 22.19 Uhr

11 Auf einen Waggon passen acht Autos von 4 m 50 cm Länge. Wie lang ist der Waggon mindestens?

12 Schreibe auf zehn Kärtchen wie in Fig. 1 jeweils zwei Aufgaben. Die Lösung der einen Aufgabe steht dabei auf demselben Kärtchen auf dem Kopf. Falte die Kärtchen mit den Aufgaben nach oben in der Mitte und lege sie auf einen Stapel.
Ein Spieler hebt ein Kärtchen ab und hält dem Mitspieler eine Seite hin. Sagt dieser die richtige Lösung, darf er das Kärtchen behalten. Sonst kommt es unter den Stapel. Jetzt darf der andere Spieler ziehen. Wer die meisten Kärtchen erhält, der gewinnt.

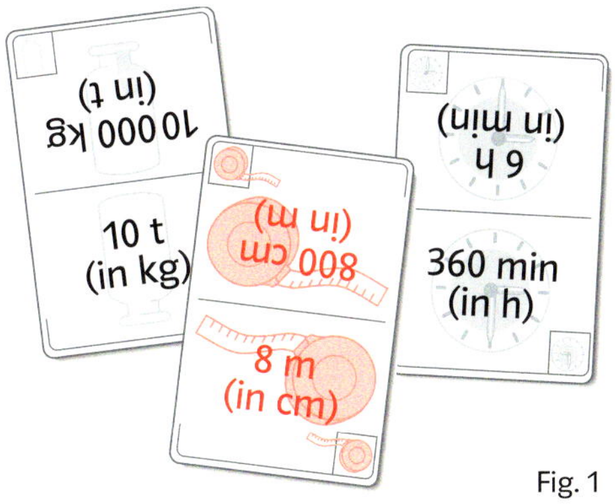

Fig. 1

Bist du sicher?

1 Schreibe in der in Klammern angegebenen Einheit.
a) 6 m (in cm) b) 7 kg (in g) c) 6 d (in h) d) 12 t (in kg) e) 17 km (in m)

2 Berechne.
a) 6 kg − 1400 g b) 4 km 500 m − 900 m c) 4 d − 80 h d) 2 m 8 cm + 11 dm

3 Ordne. Beginne mit der kleinsten Größe und verwende das Zeichen <.
a) 280 mm; 21 cm; 2 dm 5 cm b) 75 min; 1 h 10 min; 1200 s
c) 350 g; 1 kg 250 g; 2400 g d) 385 cm; 3 m 4 dm; 4200 mm

13 Micha hat einen Steckbrief seines Lieblingsspielzeugs geschrieben. Er durfte zur Beschreibung nur Größen benutzen, also keine Farben oder andere Eigenschaften.
Findest du Michas Lieblingsspielzeug heraus? Schreibe einen Steckbrief deines Lieblingsspielzeugs.

Mein Lieblingsspielzeug ist 19 cm dick und wiegt 440 g. Ich spiele mit ihm 90 min. Ich kann es auch fliegen lassen, vielleicht 10 m hoch und 30 m weit. Wenn ich nicht auf mein Lieblingsspielzeug achte, nimmt es ab, aber es bleibt gleich schwer.

3 Größen in Kommaschreibweise

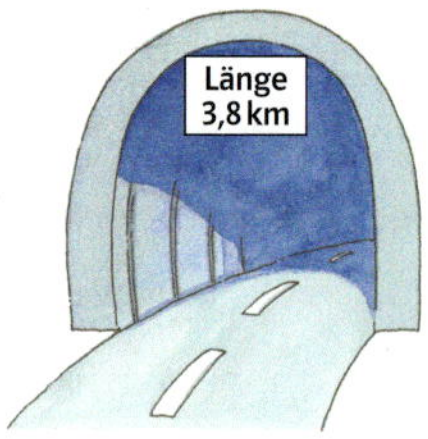

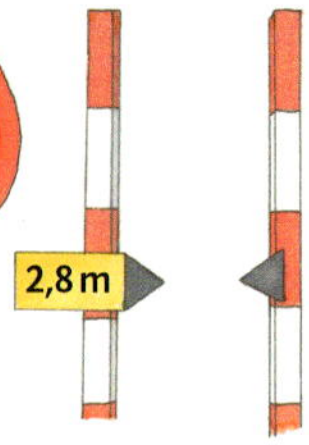

Preise in Kommaschreibweise kennst du schon. Im Alltag sieht man die Kommaschreibweise auch oft bei Längen und Gewichten.

Bei dem Fahrrad in Fig. 1 sind Längen und Gewichte in **Kommaschreibweise** angegeben:
1,48 m; 0,71 m; 15,450 kg; 0,630 kg; 7,4 cm.

Die verwendete Maßeinheit bezieht sich immer auf die Stelle vor dem Komma: Bei 1,48 m hat die Ziffer 1 den Wert m. In den Nachkommastellen werden Teile der verwendeten Maßeinheit angegeben: In der ersten Nachkommastelle der 10. Teil eines Meters, hier also 4 dm; in der zweiten Nachkommastelle der 100. Teil, hier also 8 cm. Damit gilt: 1,48 m = 1 m 4 dm 8 cm = 1 m 48 cm = 14 dm 8 cm = 148 cm.

Gesamtgewicht: 15,450 kg
Gewicht eines Rades: 0,630 kg
Federweg: 7,4 cm

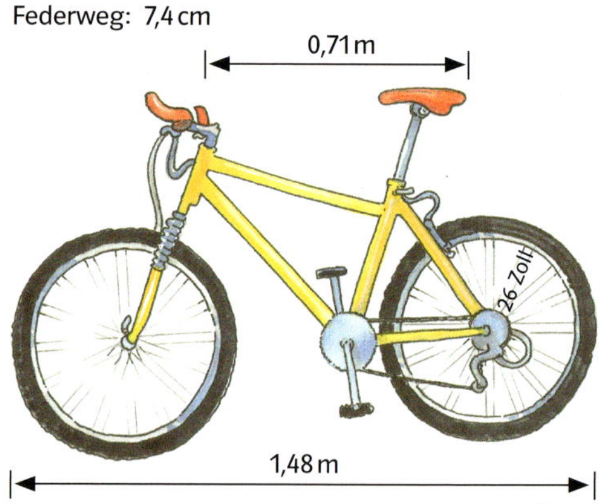

Fig. 1

Das Einheitensystem für die Längenmessung ist so aufgebaut, dass z. B. das 10fache der Einheit 1 mm die Einheit 1 cm ergibt: 10 mm = 1 cm. Umgekehrt ist 1 mm der 10. Teil der nächstgrößeren Einheit 1 cm.

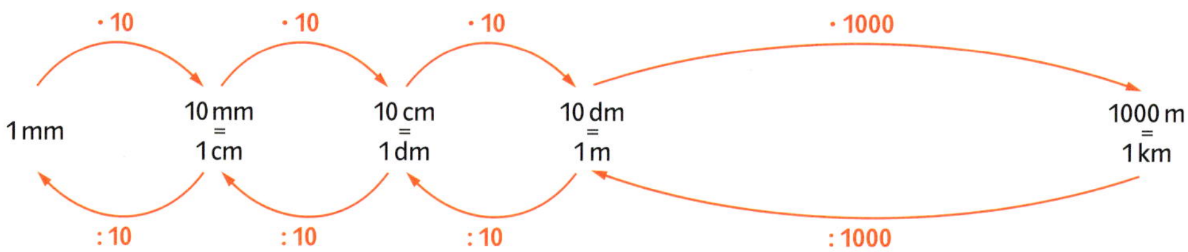

Aus den Zusammenhängen zwischen den Längeneinheiten ergibt sich für Längenangaben eine Stellenwerttafel, mit deren Hilfe die Kommaschreibweise erklärt werden kann.

1200 m
= 1,200 km
= 1,20 km
= 1,2 km

Stellenwerttafel für Längenangaben:

km			m			dm	cm	mm
H	*Z*	*E*	*H*	*Z*	*E*	*E*	*E*	*E*
					5	8	2	
				7	0			
		1	6			1	7	4

5,82 m = 5 m 8 dm 2 cm = 582 cm
1,670 km = 1 km 670 m = 1670 m
17,4 cm = 1 dm 7 cm 4 mm = 174 mm

Wegen der Zusammenhänge zwischen den Gewichtseinheiten t, kg und g ergibt sich für Gewichtsangaben eine entsprechende Stellenwerttafel.

Stellenwerttafel für Gewichtsangaben:

t			kg			g			mg		
H	*Z*	*E*	*H*	*Z*	*E*	*H*	*Z*	*E*	*H*	*Z*	*E*
					4	6	7	0			
	1	1	4	5	6						
								1	0	2	8

4,670 kg = 4 kg 670 g = 4670 g
11,456 t = 11 t 456 kg = 11 456 kg
1,028 g = 1 g 28 mg = 1028 mg

Beispiel 1
Schreibe ohne Komma, indem du eine geeignete kleinere Einheit verwendest.
a) 6,4 km b) 6,8 cm c) 3,07 m d) 1,005 kg
Lösung:
a) 6,4 km = 6400 m b) 6,8 cm = 68 mm c) 3,07 m = 307 cm d) 1,005 kg = 1005 g

Beispiel 2
Schreibe mit mehreren Einheiten und mit Komma.
a) 12 750 m b) 4295 kg
Lösung:
a) 12 750 m = 12 km 750 m = 12,750 km b) 4295 kg = 4 t 295 kg = 4,295 t

Aufgaben

1 Trage in eine Stellenwerttafel für Längenangaben ein. Schreibe in der Einheit m.
a) 675 cm b) 3,3 km c) 34,3 dm d) 85 125 mm e) 13,5 dm

	m	*cm*	*t*	*kg*
Walhai	*15*	*20*		
Manta				
...				

Fig. 1

2 Trage in eine Stellenwerttafel für Längenangaben ein. Schreibe ohne Komma, indem du eine geeignete kleinere Einheit verwendest.
a) 12,5 km b) 12,88 dm c) 32,355 m d) 225,95 m e) 432,7 cm

3 Trage in eine Stellenwerttafel für Gewichtsangaben ein. Schreibe in der Einheit kg.
a) 3525 g b) 2,4 t c) 1 t 70 kg 400 g d) 125 g e) 7,3255 t

4 Trage die Längen und Gewichte der Fische in eine Tabelle wie in Fig. 1 ein.

Walhai	15,2 m	10,5 t
Manta	4,4 m	1,6 t
Wels	2,5 m	0,3 t
Karpfen	0,4 m	3 kg

Gibt es bei Angaben von Zeitdauern keine Kommaschreibweise? Doch, es gibt sie, z. B.: 1,5 h = 90 min, 0,5 d = 12 h. Die Kommaschreibweise bei Zeitdauern wird aber selten benützt. Hast du eine Erklärung dafür?

5 Es ist 4,5 dm = 4 dm 5 cm = 45 cm. Wandle entsprechend um.

a)	b)	c)	d)	e)
1,2 m	4,5 kg	3,700 kg	4,700 km	2,1 cm
1,2 kg	7,8 m	23,74 €	12,2 kg	8,900 kg
20,5 cm	34,7 km	3,5 t	4,6 dm	5,2 km
15,050 km	2,004 t	2,090 km	20,050 t	10,01 m

6 Es ist 1250 m = 1 km 250 m = 1,250 km. Wandle entsprechend um.

a) 3680 g; 11 400 m; 230 mm
b) 3700 m; 1250 g; 450 cm
c) 34 cm; 6600 kg; 34 100 m
d) 4500 kg; 560 cm; 2050 m
e) 134 cm; 24 mm; 3560 g

7 Schreibe in der in Klammern angegebenen Einheit.

a) (cm): 2,5 m; 2,05 m; 12 mm
b) (g): 2,1 kg; 2,100 kg; 2,010 kg
c) (kg): 9,5 t; 600 000 g; 100 t
d) (km): 4500 m; 100 000 m; 700 m

8 Drei Angaben bezeichnen die gleiche Größe. Welche Angabe gehört nicht dazu?

a) 6 kg 450 g; 6450 g; 6,450 kg; 645 g
b) 378 cm; 37,8 dm; 37 m 8 cm; 3 m 78 cm
c) 105 mm; 10 cm 5 mm; 1 dm 5 cm; 1 dm 5 mm
d) 150 m; 15 000 dm; 1500 dm; 0,15 km

9 Es ist 3,81 m + 7,2 dm = 381 cm + 72 cm = 453 cm = 4,53 m. Berechne entsprechend. Rechne dabei ohne Komma, indem du geeignete kleinere Einheiten verwendest.

a) 2,3 m + 5,1 m; 4,7 kg − 900 g; 3,4 cm + 11 mm
b) 5,2 kg + 1,8 kg; 2,7 m − 6 dm; 120 mm − 7,5 cm
c) 2,5 km + 380 m; 450 g + 1,2 kg; 4,8 t − 4,05 t
d) 2,5 t − 1,2 t; 5,5 m − 120 cm; 45,6 g − 2000 mg

10 a) Franzi fährt mit der Straßenbahn zur Schule. Es ist eine Fahrstrecke von 3,7 km. Von zu Hause bis zur Haltestelle muss Franzi 450 m laufen, nach dem Aussteigen ist es noch ein Fußweg von 250 m bis zur Schule. Wie lang ist Franzis Schulweg insgesamt?
b) Marcel wird mit dem Auto zur Schule gebracht. Er hat einen Schulweg von 6,2 km. Vergleiche mit Franzis Schulweg.
c) Wie weit ist dein eigener Schulweg? Schätze und vergleiche mit Franzis und Marcels Schulweg.

Bist du sicher?

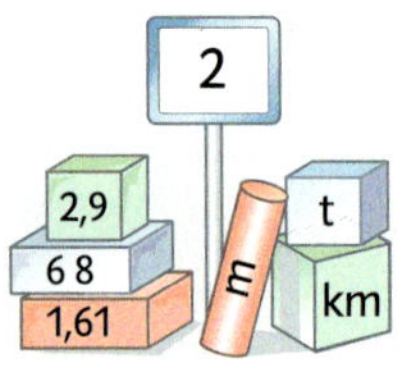

1 Schreibe in der in Klammern angegebenen Einheit.
a) 3,5 m (cm) b) 4,2 kg (g) c) 12,6 cm (mm) d) 10,400 km (m)

2 Berechne. a) 2,5 t + 4,3 t b) 1,86 m − 2,5 dm c) 4,8 km − 1,9 km

3 Gib in m an. a) 10,200 km b) 10,020 km c) 10,002 km

11 Ein Lieferwagen kann mit 2,5 t beladen werden. 15 Kisten von jeweils 120 kg Gewicht sind bereits aufgeladen. Fahrer und Beifahrer wiegen zusammen 170 kg. Kann eine 650 kg schwere Maschine noch mit aufgeladen werden? Begründe.

12 In der Tabelle sind einige Weltrekorde (2004) zusammengestellt. Darunter stehen die Ergebnisse, die beim Zehnkampf-Weltrekord erzielt wurden. Berechne die Unterschiede.

	Weitsprung	Kugelstoßen	Speerwurf	1500-m-Lauf
Einzeldisziplin	8,95 m	23,12 m	98,48 m	3 min 26 s
Zehnkampf	8,11 m	15,33 m	70,16 m	4 min 23 s

4 Rechnen mit Kommazahlen

Die 28 Kinder der Klasse 5 a unternehmen eine eintägige Klassenfahrt. Jedes Kind muss 24,70 € bezahlen. Das Busunternehmen stellt 522,20 € in Rechnung.

Beim Umgang mit Geldbeträgen, Längen oder anderen Größen muss mit Kommazahlen gerechnet werden. So ergibt sich beispielsweise die Gesamthöhe der Kommode in Fig. 1 durch Addieren zu
0,95 m + 0,78 m = 95 cm + 78 cm = 173 cm = 1,73 m.
Man kann die Längenangaben in eine Stellenwerttafel eintragen.
Unmittelbar vor dem Komma stehen die Einer (E), im Beispiel m. Nach dem Komma folgen dm, cm, mm, das sind der 10., der 100., der 1000. Teil von 1 m. Man sagt auch Zehntel (z), Hundertstel (h), Tausendstel (t).

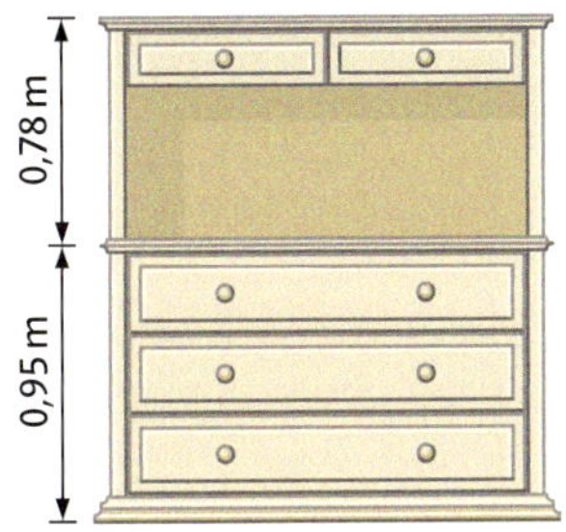

Fig. 1

m	dm	cm	mm
0	9	5	
0	7	8	
1	7	3	

… Z E	,	z	h	t
0		9	5	
0		7	8	
1		1		
1	**,**	**7**	**3**	

Die Kommaschreibweise wird auch als ***Dezimalschreibweise*** *bezeichnet. Kommazahlen heißen daher* ***Dezimalzahlen*** *oder auch* ***Dezimalbrüche****. Bruchzahlen wirst du in Kapitel V genau kennen lernen.*

Man sieht: Kommazahlen lassen sich wie natürliche Zahlen stellenweise addieren und subtrahieren, indem man rechts beginnt und das jeweils 10fache einer Stelle in die Stelle davor überträgt.

Kommazahlen werden **addiert** bzw. **subtrahiert**, indem man
- sie so untereinander schreibt, dass **Komma unter Komma** steht, und
- danach stellenweise addiert bzw. subtrahiert.

Will man den Platzbedarf für die vier Karl-May-Bände in Fig. 2 berechnen, so muss man 3,3 cm mit 4 multiplizieren. Dividiert man umgekehrt das erhaltene Ergebnis durch 4, so erhält man wieder die Breite eines einzelnen Karl-May-Bandes.
3,3 cm · 4 = 33 mm · 4 = 132 mm = 13,2 cm   13,2 cm : 4 = 132 mm : 4 = 33 mm = 3,3 cm
Durch Umwandlung in die kleinere Einheit mm kann man sowohl bei der Multiplikation als auch bei der Division ohne Komma rechnen. Bei der Umwandlung zurück in cm muss das Komma wieder gesetzt werden.
Man kann auf die Verwendung kleinerer Einheiten verzichten, wenn man nach den folgenden Regeln verfährt.

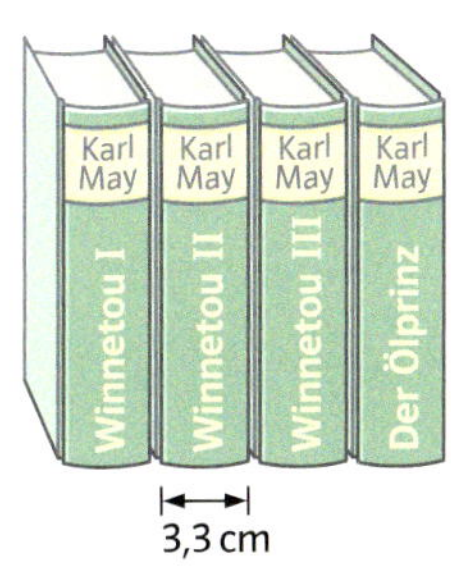

Fig. 2

Multiplizieren von Kommazahlen mit natürlichen Zahlen:
- Man multipliziert ohne Beachtung des Kommas.
- Im Ergebnis trennt man so viele Kommastellen ab, wie die Kommazahl besitzt.

Dividieren von Kommazahlen durch natürliche Zahlen:
- Man führt die Division wie bei natürlichen Zahlen durch.
- Beim Überschreiten des Kommas wird im Ergebnis ein Komma gesetzt.

Beispiel 1 Addieren und Subtrahieren

a) 63,184 m + 8,2 m b) 8,712 kg − 3,59 kg c) 5 dm − 2,83 dm d) 70,625 km + 4,927 km

Lösung:

Schreibe Komma unter Komma. Fehlende Dezimalstellen kannst du mit Nullen auffüllen.

```
a)  63,184 m     b)  8,712 kg     c)  5,00 dm     d)  70,625 km
  +  8,200 m       - 3,590 kg       - 2,83 dm       +  4,927 km
       1                1               1 1              1  1
  ----------       ----------       ---------       -----------
    71,384 m         5,122 kg         2,17 dm         75,552 km
```

Beispiel 2 Multiplizieren mit Überschlagsrechnung

Multipliziere. Gib zuerst einen Überschlag an.

a) 23,9 · 57 b) 0,097 · 342

Lösung:

a) Überschlag: 20 · 60 = 1200

```
  1 Stelle
2 3,9 · 5 7
-----------
  1 1 9 5
    1 6 7 3
    1 1
-----------
  1 3 6 2,3
         1 Stelle
```

b) Überschlag: 0,1 · 300 = 30

```
 3 Stellen
0,0 9 7 · 3 4 2
---------------
        2 9 1
          3 8 8
            1 9 4
          1 1
---------------
        3 3,1 7 4
          3 Stellen
```

Beispiel 3 Dividieren

Dividiere. a) 10,35 : 9 b) 3,6 : 16

Lösung:

a)

```
 1 0,3 5 : 9 = 1,1 5
-  9
   1 3   Komma überschritten
 -   9
     4 5
   - 4 5
       0
```

b)

```
 3,6 0 0 : 1 6 = 0,2 2 5
-0
 3 6   Komma überschritten
-3 2
   4 0
 - 3 2
     8 0
   - 8 0
       0
```

Bei b) konntest du die Division weiter fortsetzen, weil man weitere Dezimalstellen mit 0 auffüllen kann.

Aufgaben

1 Schreibe in dein Heft und berechne.

a) 4,3 km + 1,9 km
b) 3,21 kg − 2,94 kg
c) 9,37 m + 21,82 m
d) 6,083 km − 6,0083 km
e) 0,361 km + 0,483 km
f) 29,7 kg − 14,834 kg
g) 2 € + 3,87 €
h) 1,004 km − 0,994 km
i) 23,907 kg + 74,93 kg
j) 0,1036 t − 0,0038 t
k) 12,5 t + 0,8512 t
l) 101,0101 t − 10,10101 t

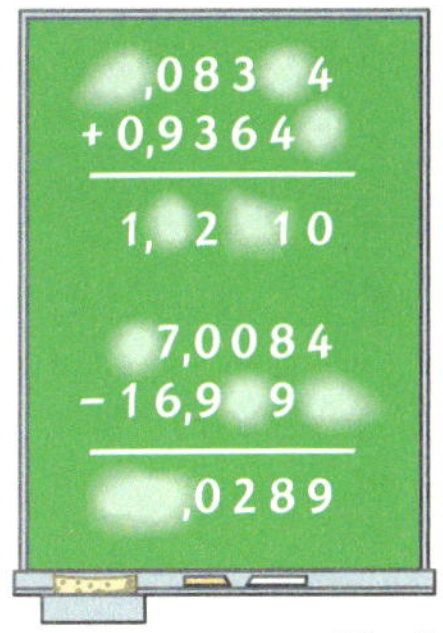

Fig. 1

2 In Fig. 1 sind einige Ziffern unkenntlich gemacht worden. Finde heraus, um welche Ziffern es sich handelt.

3 Schreibe untereinander und berechne.

a) 9,42 + 3,76   b) 8,91 + 2,399   c) 4,87 − 3,69   d) 5 − 4,831
e) 231,56 − 3,8888   f) 6,04 − 0,064   g) 74,98 + 0,7498   h) 123,1 + 45,846
i) 24,007 − 0,88   j) 100 − 99,98   k) 2429,57 + 25,1   l) 6341 + 0,98

Der Name dieses Sees ergibt sich, wenn du die Ergebnisse den Aufgaben 4 a) bis 4 h) zuordnest und sortierst.
S: 0,13
H: 1,1
E: 0,74
M: 0,8
S: 0,65
A: 0,08
E: 0,41
C: 0,016

4 Berechne im Kopf.

a) 0,3 + 0,5   b) 0,02 · 4   c) 0,05 + 0,08   d) 0,007 + 0,009
e) 3,3 : 3   f) 0,8 − 0,15   g) 0,5 − 0,09   h) 1,48 : 2
i) 0,75 − 0,33   j) 0,7 · 5   k) 0,8 + 0,08   l) 0,012 − 0,004

5 Herr Jung kauft auf dem Markt ein: 2,750 kg Äpfel, 0,850 kg Bananen, 0,250 kg Nüsse, 1,275 kg Mohrrüben, 0,125 kg Feldsalat, 5 kg Kartoffeln. Sein Korb wiegt leer 2,07 kg. Wie viel kg wiegt der gefüllte Korb? Überschlage zuerst.

6 Übertrage die magischen Quadrate von Fig. 2 in dein Heft und ergänze. In jeder Zeile, jeder Spalte und jeder Diagonalen soll die Summe 4,5 betragen.

2,03		
	1,5	1,4

1,75		1,6
	1,85	

Fig. 2

7 Bei der Zahlenmauer in Fig. 3 ergibt die Summe der Zahlen zweier benachbarter Kästen die Zahl im direkt darüber liegenden Kasten. Ergänze die fehlenden Zahlen.

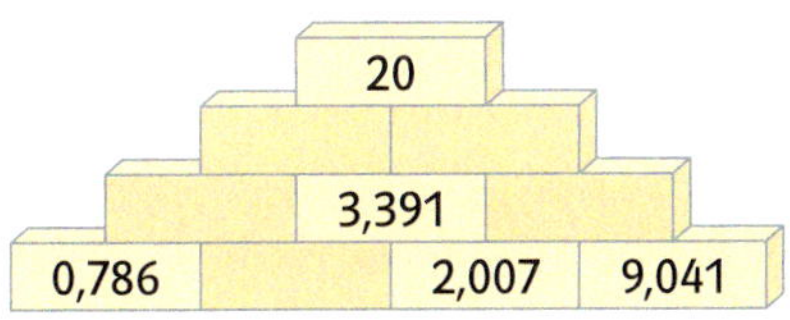

Fig. 3

8 Rechne im Kopf.

a) 0,4 · 3   b) 0,8 · 7   c) 1,2 : 4   d) 0,03 · 5   e) 0,84 : 7
f) 1,5 : 5   g) 12,8 : 4   h) 0,007 · 8   i) 8,0 : 5   j) 0,003 · 11

9 Berechne.

a) 507,19 · 12   b) 0,293 · 604   c) 73,22 : 14   d) 5,293 · 96
e) 99,424 : 8   f) 90,96 : 15   g) 328,1 : 17   h) 95 · 0,525

10 a) Ergänze zu 1: 0,089; 0,007; 0,09; 0,101. b) Ergänze zu 10: 8,202; 7,07; 3,033; 4,780.

11 Frau Garb tankt 58 l Super für 124,9 ct je Liter, Herr Burg 50 l Diesel und zahlt 51,45 €. Vergleiche die Literpreise für Super und Diesel sowie die Tankkosten von Frau Garb und Herrn Burg.

12 Vergleiche. Setze eines der Zeichen <, =, > ein, sodass eine wahre Aussage entsteht.

a) 3,5 · 4 □ 4,5 · 3
b) 0,9 · 16 □ 1,2 · 12
c) 1,75 : 7 □ 2,4 : 10
d) 0,02 · 9 □ 1,05 : 5
e) 0,81 · 12 □ 104,5 : 11
f) 6,53 · 17 □ 0,89 · 120

13 Übertrage die Tabelle ins Heft und ergänze.

·	11 km	1,21 km	0,112 km	0,1212 km	0,12221 km
11					
15					
60					
120					

14 Überschlage zuerst, berechne dann.

a) 25,32 + 24,03
b) 182,675 + 0,98
c) 978,99 – 173,83
d) 371,07 – 250,95
e) 3,75 · 21
f) 68,24 : 16
g) 3197,92 – 2836,4
h) 35,98 · 59

15 Der Schall legt in einer Sekunde 340 m zurück. Bei einem Gewitter hört man den Donner 7,5 (11,25; 15) Sekunden später, als man den Blitz sieht. Wie weit ist das Gewitter entfernt? Berechne die Entfernung auch in km.

16 In der Schifffahrt werden Entfernungen in Seemeilen (sm) gemessen. 1 sm = 1,852 km. Rechne die Entfernungen in km um.

a) Hamburg–New York: 3702 sm
b) Bremen–Kairo: 3714 sm

17 Beim ersten Flug zum Mond flog das Raumschiff Apollo 11 mit einer Geschwindigkeit von ungefähr 9,5 km je Sekunde. Wie viele km legte das Raumschiff in 1 h zurück?

18 Motorleistungen werden heute in Kilowatt (kW), oft aber auch noch in „Pferdestärken" (PS) angegeben (1 kW = 1,36 PS). Berechne die Motorleistung der Autos in PS. Runde dabei auf ganze PS.

Audi A6: 125 kW
BMW 740i: 306 kW
Opel Astra 1,6i: 77 kW

19 Ein Güterwagen hat eine Tragfähigkeit von 20 t. Er soll mit 25 Stahlrohren von je 0,72 t und ebenso vielen Verbindungsstücken, die zusammen 1,125 t wiegen, beladen werden. Ist das zulässig? Könnten noch weitere Rohre mit Verbindungsstücken aufgeladen werden?

20 Bei einer Zuchtschau für Stuten mit Fohlen werden von drei Richtern Punkte vergeben. Die Stute, die insgesamt die meisten Punkte erreicht, gewinnt. Lege die Platzierung fest.

	Richter		
Name des Pferdes	I	II	III
Heideblüte	5,7	5,2	6,1
Deisterkrone	6,2	6,9	5,9
Allernixe	5,8	6,2	6,1

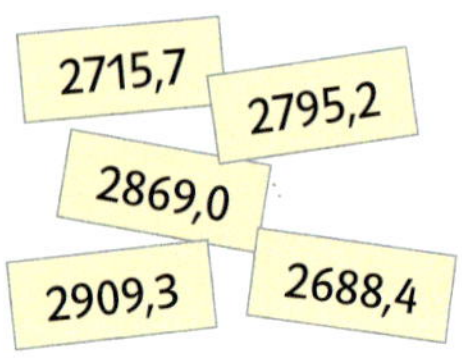

21 Tanja notiert auf ihrer Radtour bei der Abfahrt und an jedem Abend den Kilometer-Stand auf dem Fahrradtacho. Leider sind ihr die Zettel durcheinander geraten.

a) Wie viele Kilometer ist sie an den einzelnen Tagen gefahren, wie viele insgesamt?
b) Wie viele Kilometer hätte sie täglich fahren müssen, damit alle Tagesabschnitte gleich lang sind?

5 Vergleichen von Flächen

Im nebenstehenden Bild ist der Weiher sicher der kleinste der drei Seen. Verschiebt man ihn auf der Karte mithilfe einer Folie oder auch nur in Gedanken, so sieht man, dass er vollständig in den Badesee und in den Waldsee passt. Schwieriger zu entscheiden ist, ob der Badesee oder der Waldsee größer ist.

Die beiden Flächen in Fig. 1 sehen aus, als seien sie gleich groß.
Dass diese Vermutung tatsächlich zutrifft, kann man auf verschiedene Weisen zeigen.

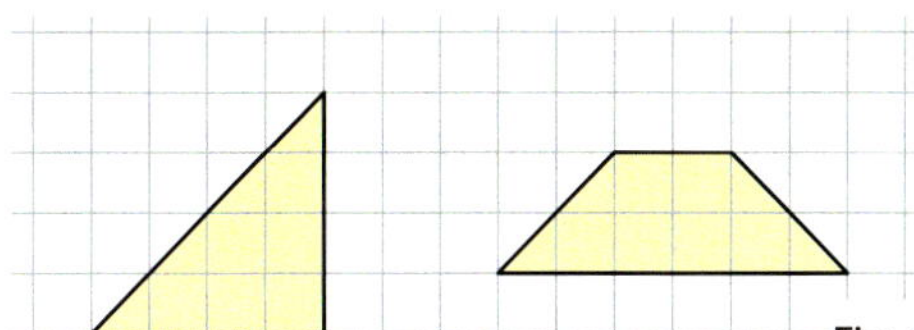

Fig. 1

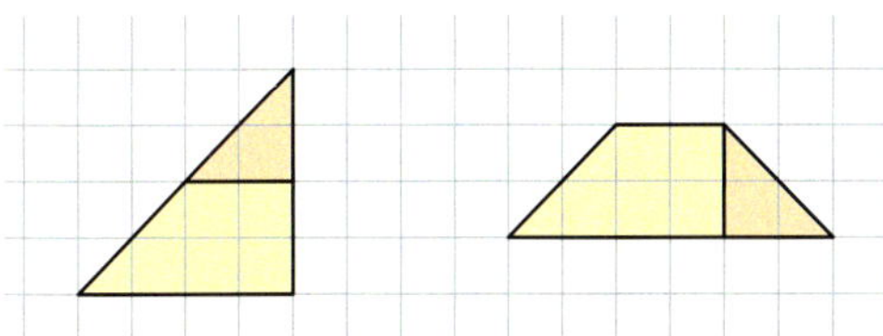

Fig. 2

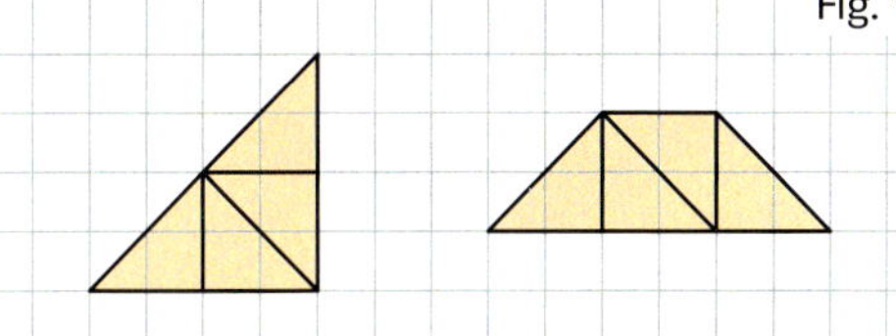

Fig. 3

Schneidet man von dem großen Dreieck ein kleines Dreieck ab und legt es an der rechten Seite an, so erhält man die zweite Figur.

Legt man die beiden Figuren mit gleichen Dreiecken aus, so sieht man, dass man für jede der Figuren vier dieser Dreiecke benötigt.

Durch Auslegen mit quadratischen Plättchen (Kästchen) kann man auch krummlinig begrenzte Flächen vergleichen. Ist eine Fläche auf einem Quadratgitter gezeichnet oder legt man eine durchsichtige Folie mit einem Quadratgitter über die Fläche, so lässt sich ihre Größe abschätzen.
Die nebenstehende Figur ist etwa so groß wie 22 Kästchen.

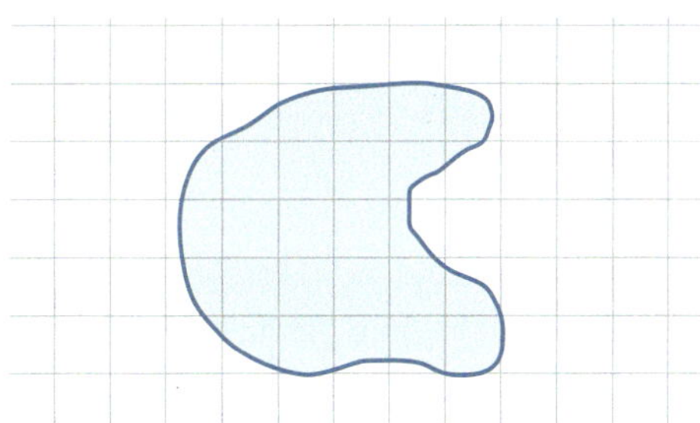

Fig. 4

Stelle dir zwei Quadratgitter auf Folie oder durchscheinendem Papier her. Eins, bei dem die Seitenlänge der Kästchen 1 cm groß ist, und ein zweites mit Kästchen von 0,5 cm Seitenlänge.

Flächen kann man auf verschiedene Weisen **vergleichen**.
- Man kann überprüfen, ob eine Fläche vollständig in die andere passt.
- Man kann eine Fläche in Teile zerschneiden und versuchen, mit den Teilen die andere Fläche zusammenzusetzen.
- Man kann beide Flächen mit gleichen Plättchen ausfüllen oder mit einem Quadratgitter unterlegen.
  Braucht man zum Auslegen von zwei Flächen die gleiche Anzahl von Kästchen, so haben sie den gleichen **Flächeninhalt**.

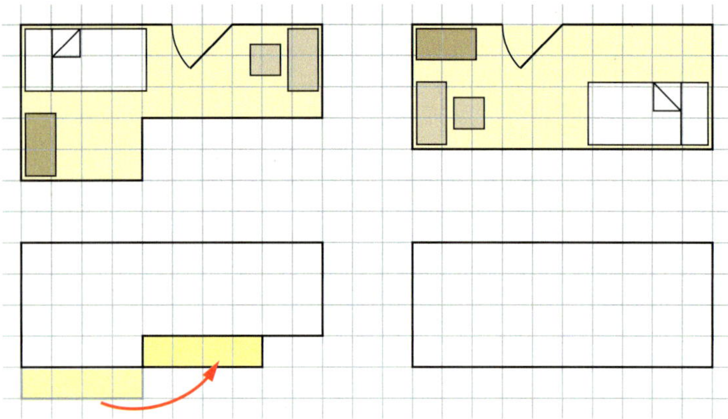

Fig. 1

Beispiel 1
In Fig. 1 siehst du die Planungszeichnungen zweier Zimmer, wie sie der Architekt zeichnet. Welches der beiden Zimmer ist größer?
Lösung:
Durch Zerschneiden und Anlegen sieht man, dass das zweite Zimmer um zwei Karos größer ist.
Durch Abzählen erhält man:
1. Zimmer: 38 Kästchen
2. Zimmer: 40 Kästchen

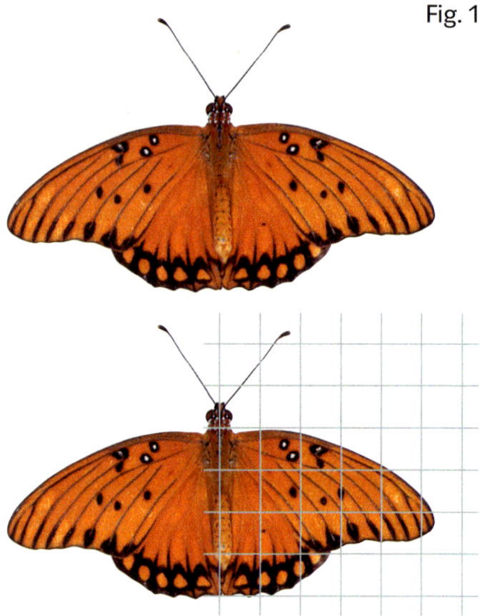

Fig. 2

Beispiel 2
Fig. 2 zeigt einen Baumfalter in seiner tatsächlichen Größe. Untersuche, wie groß die Oberseite des Baumfalters ist.
Verwende dazu ein Quadratgitter mit Kästchen von 0,5 cm Seitenlänge. Nutze dabei die Achsensymmetrie des Schmetterlings.

Lösung:
Wegen der Achsensymmetrie des Schmetterlings genügt es, die Hälfte der Fläche zu untersuchen. Diese ist etwa so groß wie 14 Kästchen. Damit ist die gesamte Fläche ungefähr so groß wie 28 Kästchen.

Aufgaben

Fig. 3

1 Die dunklen Zellen der Bienenwabe in Fig. 3 sind mit Honig gefüllt. Ist mehr als die halbe Wabe mit Honig gefüllt? Schätze zuerst und zähle dann.

2 a) Zeichne drei verschiedene Figuren, deren Fläche jeweils 12-mal so groß ist wie ein Kästchen in deinem Heft.
b) Zeichne ein Dreieck, das so groß ist wie 12 Kästchen.

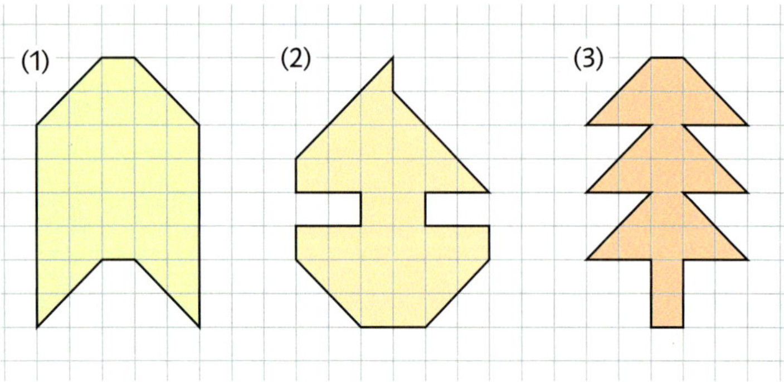

Fig. 4

3 a) Schätze zunächst, welche der Figuren in Fig. 4 am größten und welche am kleinsten ist.
b) Bestimme die Flächeninhalte der Figuren durch Auszählen der Kästchen.
c) Zeichne zwei weitere Figuren, die den gleichen Flächeninhalt haben wie die dritte Figur.

4 Zeichne ein Parallelogramm, dessen Flächeninhalt 2-mal, 8-mal, 18-mal so groß ist wie ein Kästchen in deinem Heft.
Vergleiche mit den Zeichnungen deines Nachbarn.

5 a) Zeichne einige Quadrate in dein Heft, die aus 16 Kästchen bestehen. Male auf unterschiedliche Arten die halbe Quadratfläche farbig aus. Fig. 1 zeigt Beispiele.
b) Verfahre wie in a) für Rechtecke aus 12 Kästchen.

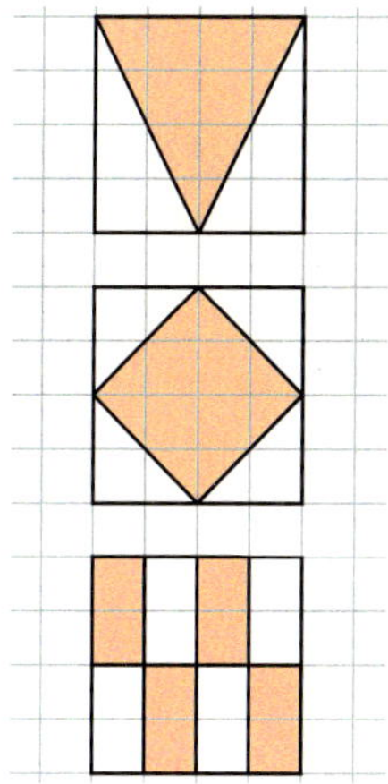

Fig. 1

6 a) Begründe: Alle in Fig. 2 gezeichneten Flächen sind gleich groß.
b) Zeichne zwei weitere Dreiecke, die den gleichen Flächeninhalt wie das Rechteck haben.
c) Zeichne zwei Parallelogramme mit dem gleichen Flächeninhalt wie das Rechteck.
d) Zeichne ein Dreieck und ein Parallelogramm, deren Flächeninhalt doppelt so groß ist wie der des Rechtecks.

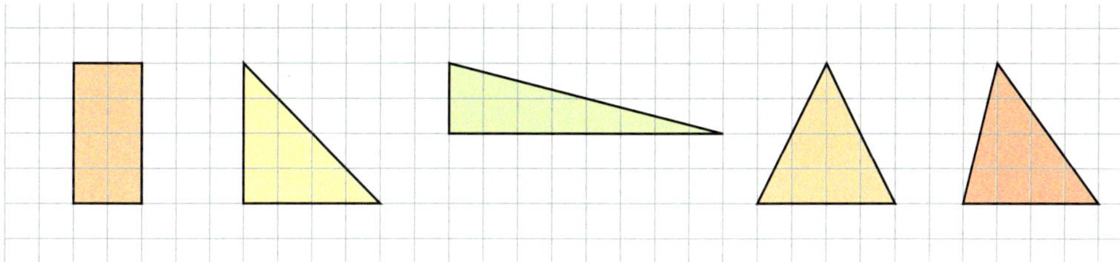

Fig. 2

Zum Knobeln

7 Ein Rechteck soll in zwei Teile zerlegt werden, aus denen man ein Quadrat zusammensetzen kann. Gib die Zerlegung an
a) für ein 16 Kästchen langes und 4 Kästchen breites Rechteck,
b) für das Rechteck in Fig. 3,
c) für ein Rechteck, das 16 Kästchen lang und 9 Kästchen breit ist.

Fig. 3

Kannst du das noch?

8 a) Übertrage Fig. 4 in dein Heft. Das Quadrat soll dabei die Seitenlänge 3 cm haben.
b) Trage alle Symmetrieachsen ein.
c) Ist die Figur punktsymmetrisch? Wo liegt das Symmetriezentrum?

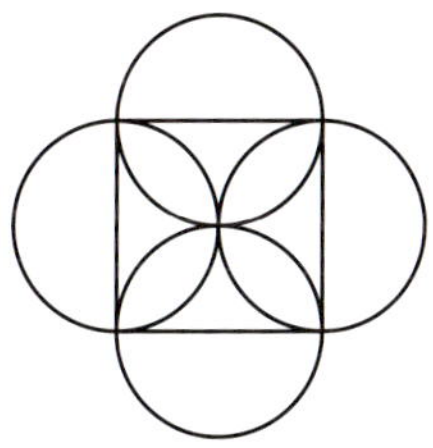

Fig. 4

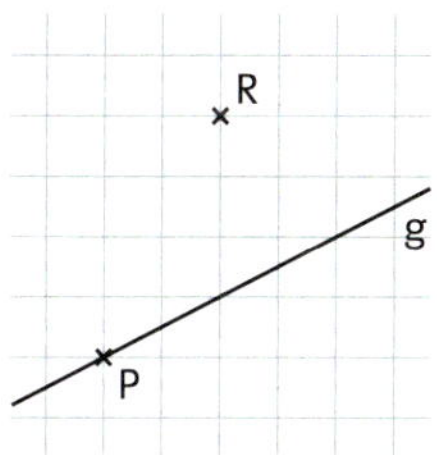

Fig. 5

9 a) Übertrage Fig. 5 in dein Heft und zeichne eine Gerade h orthogonal zur Geraden g durch den Punkt P.
b) Zeichne zu g eine Parallele p, die durch den Punkt R verläuft. Bezeichne den Schnittpunkt von h und p mit Q.
c) Bestimme einen weiteren Punkt S so, dass die vier Punkte P, Q, R und S ein Rechteck bilden. Zeichne und beschreibe, wie du den Punkt S gefunden hast.

10 Schreibe die Zahl zwölf Millionen elftausendvierhundertfünfundneunzig mit Ziffern. Runde sie auf Hunderter und auf Tausender.

6 Flächeneinheiten

Ein Mikrochip der neuesten Technik hat ca. 37 Millionen Transistoren pro Quadratzentimeter.

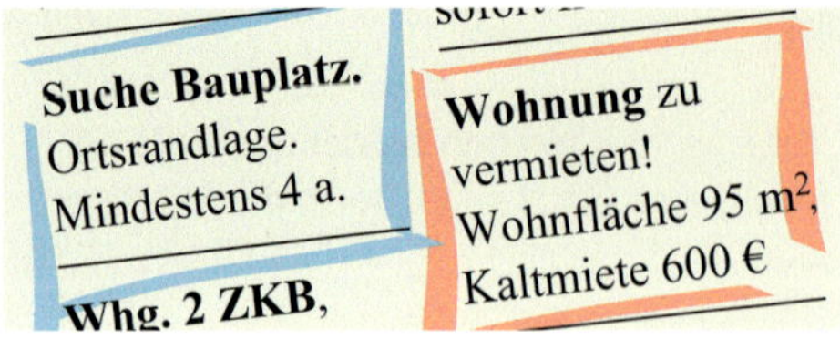
Suche Bauplatz.
Ortsrandlage.
Mindestens 4 a.
Whg. 2 ZKB,

Wohnung zu vermieten!
Wohnfläche 95 m²,
Kaltmiete 600 €

Flächen kann man vergleichen, indem man sie mit gleich großen Kästchen ausfüllt. Die Anzahl der benötigten Kästchen gibt den Flächeninhalt an.
Im Alltag werden Flächeninhalte aber nicht durch Kästchen ausgezählt.

Den Flächeninhalt eines Zimmers gibt man in **Quadratmetern** an. Ein Quadrat mit der Seitenlänge 1 m hat den Flächeninhalt 1 m² (ein Quadratmeter). Eine Fläche, die man mit fünf solchen Quadraten ausfüllen kann, hat den Flächeninhalt 5 m².
Auch zu den Längeneinheiten mm, cm, dm und km gibt es zugehörige **Flächeneinheiten.** Man kann sich jede Flächeneinheit als Flächeninhalt eines Quadrats vorstellen.

Seitenlänge des Quadrats	1 mm	1 cm	1 dm	1 m	10 m	100 m	1 km
Flächeneinheit	1 mm²	1 cm²	1 dm²	1 m²	1 a	1 ha	1 km²
Name	Quadratmillimeter	Quadratzentimeter	Quadratdezimeter	Quadratmeter	Ar	Hektar	Quadratkilometer
Beispiel	Stecknadelkopf	Taste eines Telefons	Handfläche	Flügel einer Wandtafel	Wohnung mit vier Zimmern	Sportplatz mit Laufbahn	großes Dorf

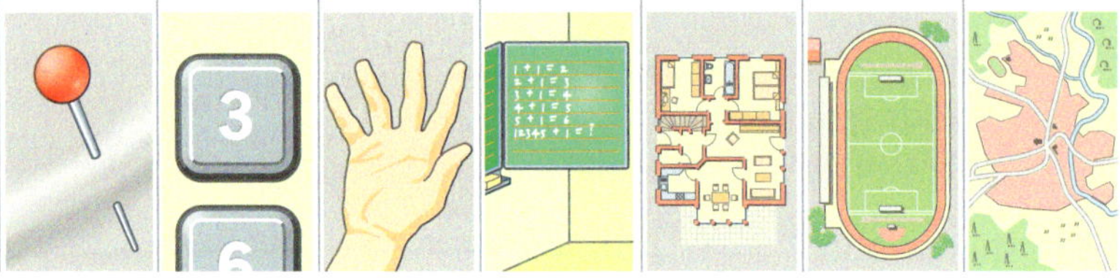

Wenn man Flächeninhalte vergleichen will, so müssen sie in der gleichen Einheit angegeben werden.
In Fig. 1 kann man sehen, dass hundert Quadratmillimeter einen Quadratzentimeter ergeben. Ebenso sieht man, dass 100 cm² = 1 dm² sind.
Das Einheitensystem für die Messung von Flächeninhalten ist so aufgebaut, dass sich bei Multiplikation einer Flächeneinheit mit 100 die nächstgrößere Einheit ergibt. Umgekehrt ergibt sich jede Flächeneinheit als der 100. Teil der nächstgrößeren Einheit.

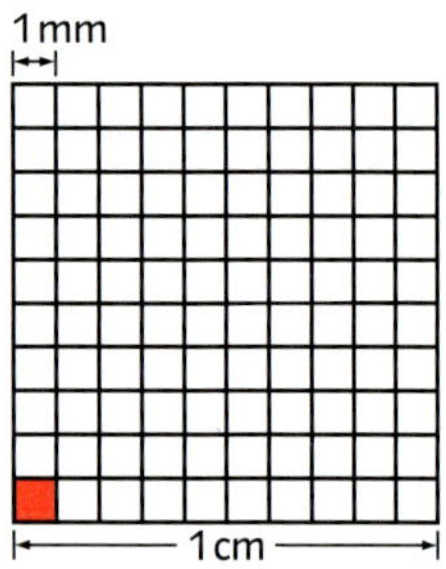

Fig. 1

1 mm² —(·100)→ 100 mm² = 1 cm² —(·100)→ 100 cm² = 1 dm² —(·100)→ 100 dm² = 1 m² —(·100)→ 100 m² = 1 a —(·100)→ 100 a = 1 ha —(·100)→ 100 ha = 1 km²

(in umgekehrter Richtung jeweils :100)

Fig. 2

Aus Fig. 2 auf Seite 134 ergibt sich eine Stellenwerttafel für Flächeninhalte, mit deren Hilfe die Umwandlung in andere Einheiten und die Verwendung der Kommaschreibweise erklärt werden können.

Stellenwerttafel für **Flächeninhalt**sangaben:

km^2		ha		a		m^2		dm^2		cm^2		mm^2		
Z	*E*	*Z*	*E*	*Z*	*E*	*Z*	*E*	*Z*	*E*	*Z*	*E*	*Z*	*E*	
		1	2	0	0	0	0							$12\,ha = 1200\,a = 120\,000\,m^2$
							6	3	5					$6\,m^2\,35\,dm^2 = 635\,dm^2$
	3	0	9											$3\,km^2\,9\,ha = 3{,}09\,km^2 = 309\,ha$
									2	0	0	5	0	$20\,050\,mm^2 = 2{,}005\,dm^2$

Zur kleineren Einheit gehört die größere Maßzahl.

Beispiel 1 In andere Flächeneinheiten umwandeln
Gib in den Einheiten an, die in der Klammer stehen.
a) $4\,dm^2$ (cm^2; mm^2) b) 2 ha (a; m^2) c) 70 a (ha; m^2) d) $250\,cm^2$ (mm^2; dm^2)
Lösung:
a) $4\,dm^2 = 400\,cm^2 = 40\,000\,mm^2$ b) $2\,ha = 200\,a = 20\,000\,m^2$
c) $70\,a = 0{,}7\,ha = 7000\,m^2$ d) $250\,cm^2 = 25\,000\,mm^2 = 2{,}5\,dm^2$

Das Umwandeln in andere Einheiten ist beim Addieren und Subtrahieren von Größen wichtig.

Beispiel 2 In eine gemeinsame Flächeneinheit umwandeln
Gib in der Einheit an, die in der Klammer steht.
a) $7\,a\,50\,m^2$ (m^2) b) $2\,m^2\,5\,dm^2$ (dm^2) c) $1\,km^2\,90\,a$ (a) d) 4 ha 15 a (ha)
Lösung:
a) $7\,a\,50\,m^2 = 750\,m^2$ b) $2\,m^2\,5\,dm^2 = 205\,dm^2$
c) $1\,km^2\,90\,a = 10\,090\,a$ d) $4\,ha\,15\,a = 4{,}15\,ha$

Beispiel 3 Rechnen mit Flächeninhalten
Berechne. a) $750\,m^2 + 4\,a$ b) $7\,ha\,4\,a - 3\,ha\,40\,a$ c) $5 \cdot 43\,dm^2$
Lösung:
a) $750\,m^2 + 4\,a = 750\,m^2 + 400\,m^2 = 1150\,m^2 = 11\,a\,50\,m^2 = 11{,}5\,a$
b) $7\,ha\,4\,a - 3\,ha\,40\,a = 704\,a - 340\,a = 364\,a = 3\,ha\,64\,a = 3{,}64\,ha$
c) $5 \cdot 43\,dm^2 = 215\,dm^2 = 2{,}15\,m^2 = 2\,m^2\,15\,dm^2$

Du kannst auch in der größeren der beiden Einheiten rechnen:

a)
$750\,m^2 = 7{,}5\,a$
$7{,}5\,a + 4\,a = 11{,}5\,a$

b)
$$\begin{array}{r} 7{,}04\,ha \\ -\ 3{,}40\,ha \\ \hline 3{,}64\,ha \end{array}$$

Aufgaben

1 Hier stimmt etwas nicht. Ordne die Flächeninhalte richtig zu.

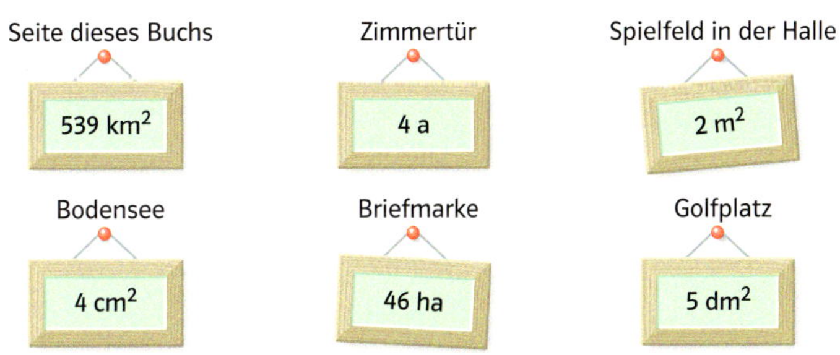

2 Nenne jeweils zwei Flächen, die ungefähr $1\,m^2$, $1\,cm^2$, 1 ha, 1 a, $1\,km^2$ groß sind.

3 Wie groß ist wohl eine Fläche mit dem Inhalt 1 Quadratfuß?
Erfinde ähnliche Einheiten.

Die Schlange hat die Ergebnisse zu den Aufgaben 8 und 9 ohne die zugehörige Einheit verschluckt.

4 Schreibe in der nächstkleineren Einheit.
a) $6\,m^2$ b) 15 ha c) 83 a
d) $13\,cm^2$ e) $2{,}8\,km^2$ f) $8{,}75\,dm^2$

5 Schreibe in der nächstgrößeren Einheit.
a) $500\,cm^2$ b) $7500\,m^2$ c) 1200 a
d) 3070 a e) 12 800 ha f) 12 125 a

6 Die blaue Fläche in Fig. 1 hat den Inhalt $1\,cm^2\,50\,mm^2 = 150\,mm^2$. Gib die Inhalte der anderen Flächen entsprechend an.

7 David behauptet: „Mein Bett ist $360\,000\,mm^2$ groß." Kann das stimmen?

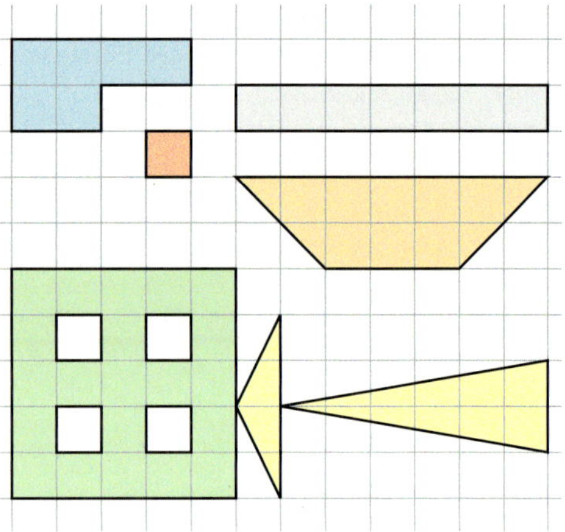

Fig. 1

8 Es ist $4\,m^2\,25\,dm^2 = 425\,dm^2 = 4{,}25\,m^2$. Wandle in gleicher Weise um.
a) $5\,m^2\,12\,dm^2$ b) 5 ha 12 a c) $12\,a\,50\,m^2$ d) $5\,m^2\,40\,cm^2$
e) $6\,km^2\,52\,ha$ f) $6\,km^2\,6\,ha$ g) $12\,a\,5\,m^2$ h) $2\,ha\,5\,m^2$

9 Berechne.
a) $17\,m^2 + 23\,m^2$ b) $4\,dm^2 - 4\,cm^2$ c) 5 ha − 80 a d) $125\,m^2 \cdot 6$
e) $17\,m^2 + 23\,dm^2$ f) $40\,dm^2 - 40\,cm^2$ g) $2{,}4\,km^2 : 40$ h) $12{,}7\,dm^2 \cdot 5$

10 Berechne.
a) $17\,m^2\,50\,dm^2 + 4\,m^2\,80\,dm^2$ b) 3 ha 2 a − 2 ha 3 a c) $(12\,m^2\,40\,cm^2) : 4$
d) $(4\,m^2\,20\,dm^2) \cdot 5$ e) $(4\,m^2\,20\,cm^2) \cdot 5$ f) (3 ha 50 a) : 7

Bist du sicher?

1 Wandle in die in Klammern stehenden Einheiten um.
a) $7\,m^2$ (dm^2; cm^2) b) $40\,000\,mm^2$ (cm^2; dm^2)
c) $12\,km^2\,85\,ha$ (ha; km^2) d) 83 ha 5 a (a; ha; km^2)

2 Berechne.
a) $12\,m^2 + 120\,dm^2$ b) $2{,}3\,km^2 - 65\,ha$ c) $28\,cm^2 + 68\,mm^2$
d) $20 \cdot 1{,}5\,m^2$ e) $3\,m^2 : 60$ f) $2\,a\,55\,m^2 - 80\,m^2$

11 Wie viel fehlt noch zu einem Hektar?
a) 1 a b) 95 a c) $800\,m^2$ d) $8000\,m^2$ e) 24,4 a f) $17{,}5\,m^2$

12 Auf einem Grundstück von 5 a wird ein Einfamilienhaus mit einer Grundfläche von $102\,m^2$ gebaut. Für die Zufahrt, den Stellplatz und die Terrasse werden $43\,m^2$ benötigt. Wie groß ist der Rest, der als Garten angelegt werden soll?

13 Ein Grundstück hat eine Fläche von $16\,a\,20\,m^2$. Für eine Straße werden $1\,a\,80\,m^2$ abgegeben. Der Rest wird in zwei gleich große Grundstücke aufgeteilt. Wie groß ist jedes?

14 Die menschliche Lunge besteht aus ungefähr 100 Millionen Lungenbläschen. Jedes hat eine Oberfläche von etwa $1\,mm^2$. Wie groß ist die gesamte Oberfläche der Lunge? Schätzt zuerst und rechnet dann. Vergleicht eure Ergebnisse.

7 Flächeninhalt eines Rechtecks

Viele Flächen, die uns im Alltag begegnen, haben die Form eines Rechtecks. Wenn man Länge und Breite eines Rechtecks kennt, lässt sich der Flächeninhalt sehr einfach berechnen.

Familie Müller diskutiert über die Pläne ihres neuen Hauses.
Jan:
„Das ist aber ungerecht! Anjas Zimmer ist größer als meines."
Anja:
„Schau dir erst einmal das Schlafzimmer unserer Eltern an."
Mutter:
„Der Flur scheint mir viel zu groß!"

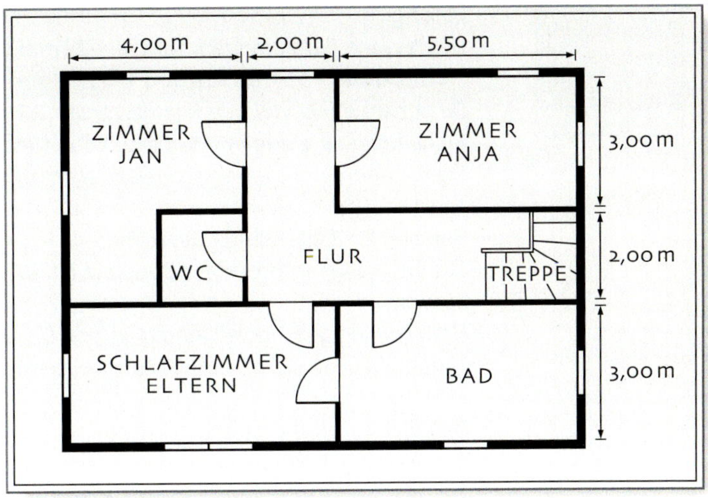

Um den Flächeninhalt des Rechtecks in Fig. 1 zu bestimmen, füllt man es mit Zentimeterquadraten aus. Dabei erhält man 3 Streifen mit jeweils 5 Quadraten oder 5 Streifen mit jeweils 3 Quadraten.
Es passen insgesamt $3 \cdot 5$ Quadrate oder $5 \cdot 3$ Quadrate, also 15 Quadrate, in das Rechteck. Deshalb hat es den Flächeninhalt $3 \cdot 5\,\text{cm}^2 = 5 \cdot 3\,\text{cm}^2 = (5 \cdot 3)\,\text{cm}^2 = 15\,\text{cm}^2$.

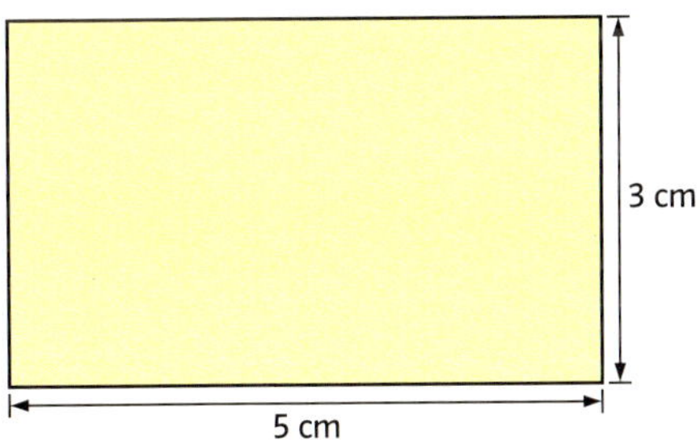

Fig. 1

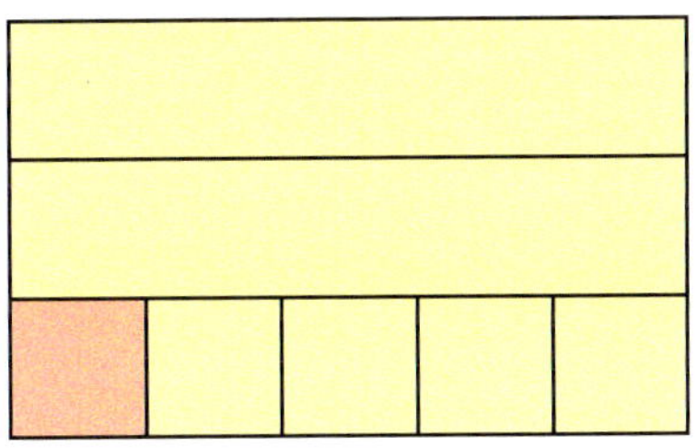

Fig. 2

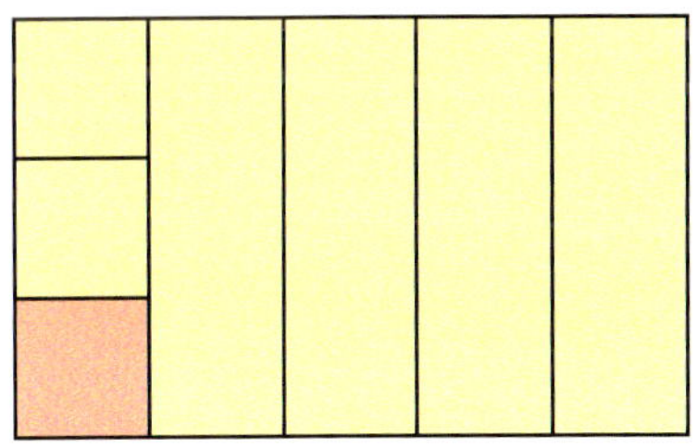

Fig. 3

Flächeninhalt eines Rechtecks:
Man erhält den Flächeninhalt eines Rechtecks, indem man
- die Länge und die Breite bestimmt und in der gleichen Längeneinheit angibt,
- die Maßzahlen von Länge und Breite multipliziert und das Produkt mit der entsprechenden Flächeneinheit versieht.

Flächeninhalt eines Rechtecks:
Länge mal Breite.

Die Größe von Teppichen wird oft in der Form $3\,\text{m} \times 2\,\text{m}$ angegeben.
Entsprechend schreibt man statt $(3 \cdot 2)\,\text{m}^2 = 3 \cdot 2\,\text{m}^2 = 2 \cdot 3\,\text{m}^2 = 6\,\text{m}^2$ auch $3\,\text{m} \cdot 2\,\text{m} = 6\,\text{m}^2$.
Allgemein lässt sich der Flächeninhalt A eines Rechtecks mit den Seitenlängen a und b mithilfe der Formel $A = a \cdot b$ berechnen.

A kommt von dem lateinischen Wort „area" (Fläche).

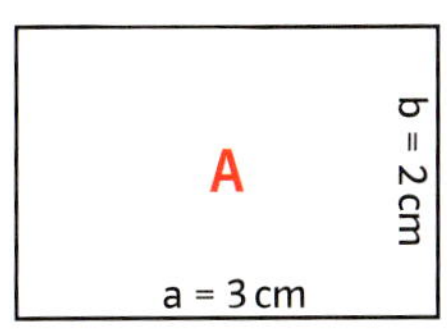

Fig. 4

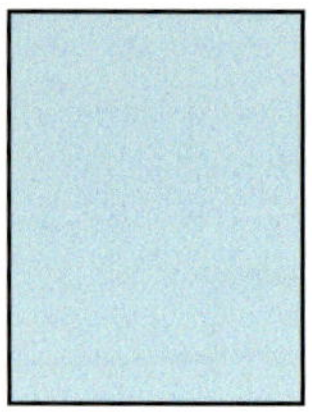

Fig. 1

Beispiel 1 Flächeninhalt berechnen
Bestimme den Flächeninhalt des Rechtecks in Fig. 1.
Lösung:
Gemessene Seitenlängen: 2,2 cm = 22 mm und 2,6 cm = 26 mm
Flächeninhalt: $22\,\text{mm} \cdot 26\,\text{mm} = (22 \cdot 26)\,\text{mm}^2 = 572\,\text{mm}^2 = 5{,}72\,\text{cm}^2$
Du kannst direkt mit den Kommazahlen 2,2 und 2,6 rechnen, um den Flächeninhalt in der Einheit cm² zu erhalten: Multipliziere zunächst ohne Beachtung des Kommas.
Trenne dann im Ergebnis so viele Stellen ab, wie die Faktoren zusammen besitzen.

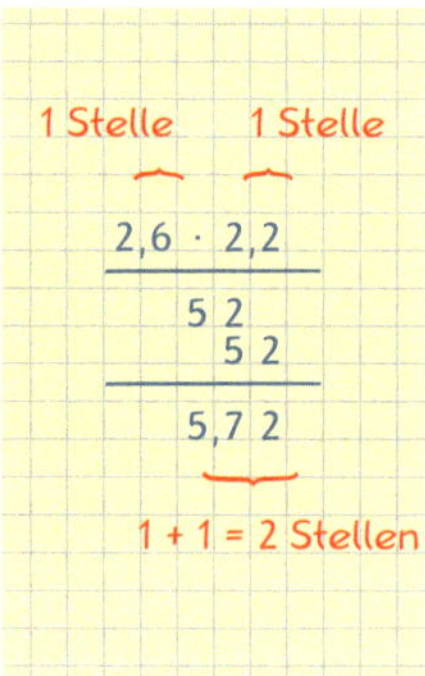

Beispiel 2 Seitenlänge berechnen
Ein 5 a großer rechteckiger Bauplatz ist 20 m breit. Wie lang ist er?
Lösung:
Umrechnung des Flächeninhalts in m^2: $5\,\text{a} = 500\,\text{m}^2$
Länge: $500\,\text{m}^2 : 20\,\text{m} = (500 : 20)\,\text{m} = 25\,\text{m}$. Der Bauplatz ist 25 m breit.

Beispiel 3 Flächeninhalt schätzen
Bestimme näherungsweise den Flächeninhalt von Fig. 2.

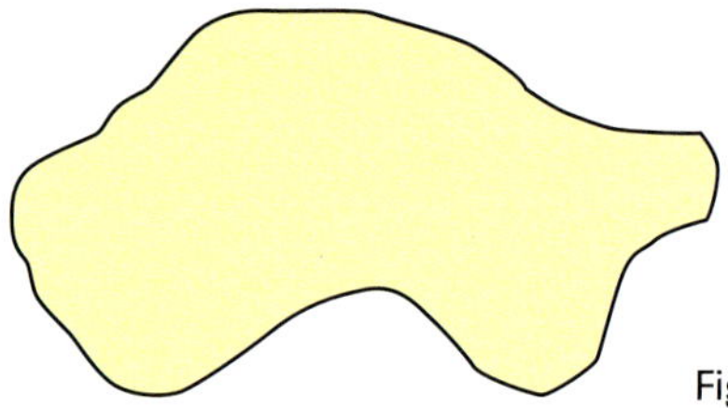

Fig. 2

Lösung:
Zeichne ein Rechteck, das etwa den gleichen Flächeninhalt wie die Figur hat.

Gemessene Seitenlängen des Rechtecks:
45 mm und 20 mm
Flächeninhalt: $45\,\text{mm} \cdot 20\,\text{mm} = (45 \cdot 20)\,\text{mm}^2 = 45 \cdot 20\,\text{mm}^2 = 900\,\text{mm}^2 = 9\,\text{cm}^2$. Die Figur hat ungefähr den Flächeninhalt $9\,\text{cm}^2$.

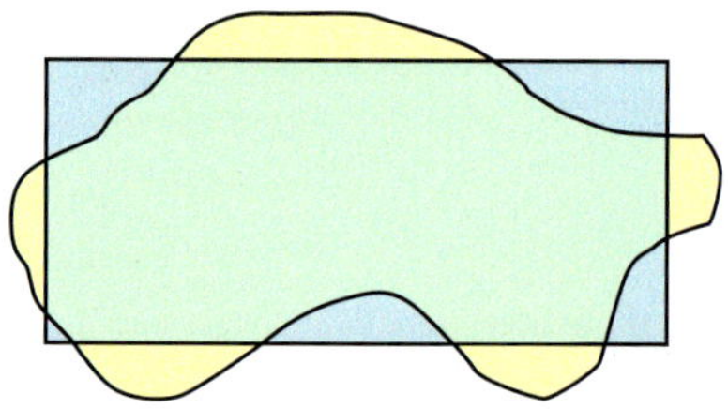

Fig. 3

Aufgaben

1 Berechne den Flächeninhalt der Rechtecke mit den gegebenen Seitenlängen.
a) 8 cm; 4 cm b) 5 cm; 2 mm c) 3,2 m; 5 m d) 3,2 km; 500 m
e) 200 m; 50 m f) 3 km; 250 m g) 1,8 m; 20 m h) 4 mm; 5,5 cm

2 Miss die Seitenlängen und berechne den Flächeninhalt.

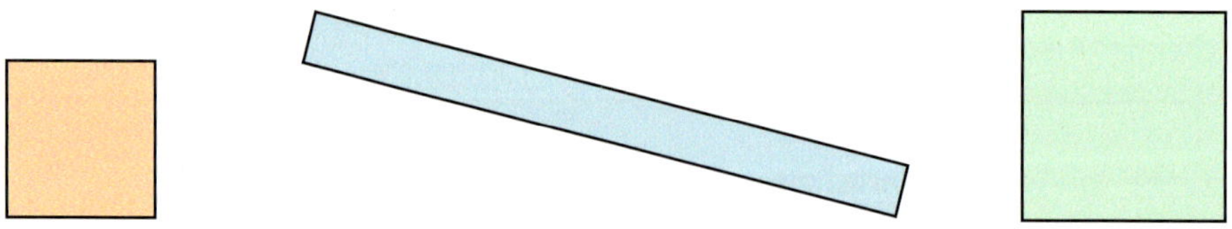

Fig. 4

3 Wie breit ist ein 12 cm langes Rechteck mit dem Flächeninhalt
a) $108\,\text{cm}^2$, b) $240\,\text{cm}^2$, c) $3\,\text{dm}^2$, d) $30\,\text{cm}^2$?

4 Zeichne drei verschiedene Rechtecke mit dem Flächeninhalt $6\,cm^2$.

5 Bestimme näherungsweise den Flächeninhalt des Zwischenahner Meeres.

6 Übertrage die Tabelle in dein Heft und vervollständige sie.

Länge	4 cm	5 cm		25 m		2,5 km
Breite	25 cm	8 dm	12 cm		150 m	
Flächeninhalt			$72\,cm^2$	10 a	3 ha	$20\,km^2$

7 Die Verordnung zum Schutz von Legehennen bei Käfighaltung schreibt vor, dass pro Huhn eine Drahtgitterbodenfläche von mindestens $450\,cm^2$ zur Verfügung steht.
a) Vergleiche diese Fläche mit einer Seite dieses Buches.
b) Die Hühner befinden sich normalerweise zu viert in 40 cm langen und 45 cm breiten Käfigen. Üblich sind auch Fünfer-Käfige mit 50 cm Länge und 45 cm Breite sowie Sechser-Käfige mit 60 cm Länge und 45 cm Breite. Genügen diese Käfige der Verordnung?
c) In Deutschland gibt es etwa 44 Millionen Legehennen. Wie groß wäre die Fläche, auf der sie untergebracht werden könnten, wenn sie nach der Verordnung gehalten würden?

Bist du sicher?

1 Berechne den Flächeninhalt A des Rechtecks mit den Seitenlängen a und b.
a) a = 12 cm; b = 0,5 m
b) a = 7,2 cm; b = 5 mm

2 Berechne die fehlende Seitenlänge des Rechtecks.
a) $A = 120\,m^2$; a = 15 m
b) A = 4 a; b = 25 m

3 Ein 32 m × 15 m großer Bauplatz wird für 225 € je m^2 angeboten. Wie teuer ist er?

Die Lösungen haben die Maßzahlen 8; 108 000; 360; 16; 600.

8 a) Berechne die Wohnfläche der einzelnen Zimmer in Fig. 1.
b) Wie groß ist die Wohnfläche in Fig. 1?
c) Vergleiche die in b) berechnete Wohnfläche mit der Grundfläche des Hauses. Erkläre den Unterschied?

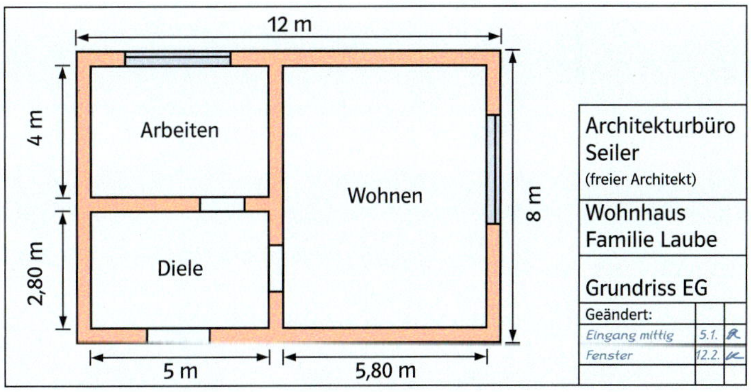

Fig. 1

9 Messt zu Hause die Seitenlängen des kleinsten Zimmers aus und berechnet dessen Flächeninhalt. Wie oft passt das kleinste Zimmer in euer Klassenzimmer? Schätzt und rechnet.

10 Berechne die Flächeninhalte in Fig. 2.

11 Ein Rechteck ist 24 cm lang und 6 cm breit. Wie lang muss ein 8 cm breites Rechteck sein, wenn es den gleichen Flächeninhalt wie das erste Rechteck haben soll? Gibt es ein Quadrat, das den gleichen Flächeninhalt hat?

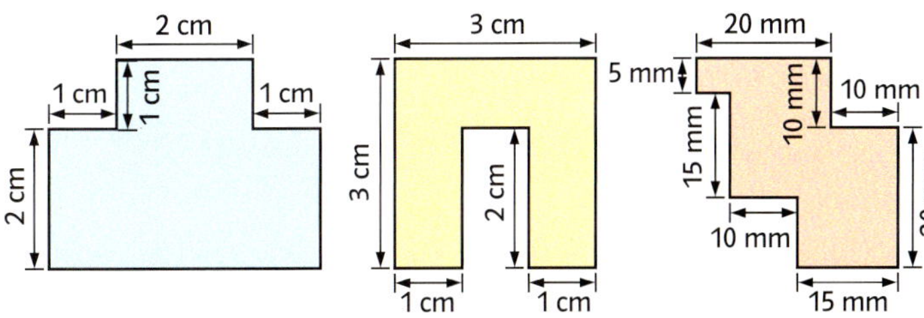

Fig. 2

Hier wird's quadratisch.

12 a) Ein Quadrat hat die Seitenlänge 8 cm. Berechne seinen Flächeninhalt.
b) Beschreibe in Worten und mithilfe einer Formel, wie man den Flächeninhalt eines Quadrats berechnet.

13 Wie verändert sich der Flächeninhalt eines Quadrats, wenn man die Seitenlängen
a) verdoppelt, b) verfünffacht, c) halbiert?

14 Ein Rechteck ist 6 cm lang und 4 cm breit. Durch Verlängern einer Seite vergrößert sich der Flächeninhalt um 12 cm^2.
Um wie viele Zentimeter wurde die Seite verlängert? Gib zwei verschiedene Möglichkeiten an.

15 Bestimme näherungsweise den Flächeninhalt der Insel Fehmarn.
Die Orte Burg und Puttgarden sind 6 km voneinander entfernt (Luftlinie).

Zum Knobeln

16 Die Landwirtinnen Weizenkorn und Rübesam wollen etwas für Wildkräuter und Kleintiere tun und lassen deshalb auf ihrem Acker ringsum einen Randstreifen frei.
Frau Weizenkorn: „Mein Acker ist 4 ha groß. Durch den 2 m breiten Streifen habe ich 1584 m^2 weniger Anbaufläche."
Frau Rübesam: „Das ist aber merkwürdig! Mein Acker ist ebenfalls 4 ha groß, ich habe ebenfalls einen 2 m breiten Streifen rundum frei gelassen, habe aber dadurch 2304 m^2 weniger Anbaufläche."

17 Lege drei Streichhölzer so um, dass vier Quadrate entstehen (Fig. 1).

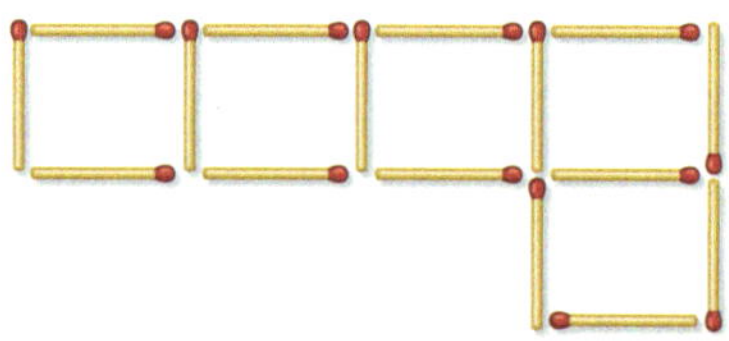

Fig. 1

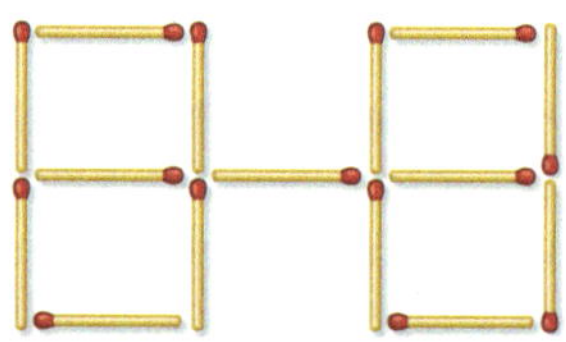

Fig. 2

18 Lege zwei Streichhölzer so um, dass sechs Quadrate entstehen (Fig. 2).

Kannst du das noch?

19 Lies die Zahlen laut vor und ordne sie der Größe nach:
1 080 800; 108 800; 1 800 008; 10^6, 888 888; 1 008 888.

Wenn du alle Ergebnisse aus Aufgabe 20 addierst, so erhältst du eine „Schnapszahl".

20 Berechne im Kopf.
a) $2 \cdot (13 + 7)$ b) $12 \cdot 3 \cdot 5$ c) $2 \cdot 5 \cdot 5 + 4 \cdot 5 \cdot 12$
d) $25 \cdot 15 \cdot 4$ e) $4 \cdot 8 + 4 \cdot 12 + 4 \cdot 5$ f) $2 \cdot (2 \cdot 3 + 2 \cdot 10 + 3 \cdot 10)$

21 Berechne schriftlich.
a) $139 \cdot 24$ b) $31 \cdot (160 + 310 + 275)$ c) $(15 \cdot 45 + 15 \cdot 37 + 45 \cdot 68) : 6$

8 Flächeninhalte veranschaulichen

In Zeitungen und Büchern findest du oft Angaben über Flächeninhalte, die sehr wenig anschaulich sind.
Durch Schätzen und Rechnen kannst du eine Vorstellung über Flächeninhalte gewinnen. Manchmal musst du dir auch noch zusätzliche Informationen besorgen.

Sydney (dpa) Australien atmet nach der schlimmsten Buschfeuersaison seit Menschengedenken auf. Heftige Regenfälle erstickten die letzten Brandherde. Die Bilanz aber ist verheerend: Mehr als 500 Häuser wurden in Schutt und Asche gelegt, drei Millionen Hektar Wald verbrannten. Auf dem Höhepunkt der Brände wütete eine 2000 Kilometer lange Feuerwalze in den östlichen Bundesstaaten Victoria und New South Wales.

Der brasilianische Regenwald wird immer kleiner. Durch Abholzung und Brandrodung geht jedes Jahr eine riesige Waldfläche verloren. Anhand von Satellitenbildern konnten Forscher die Größe dieser Fläche bestimmen. Sie berichteten im Internet: „Die Waldvernichtung betrug in den Jahren 1995 bis 2000 fast immer um die zwei Millionen Hektar jährlich. Das entspricht sieben Fußballfeldern pro Minute."
Der Vergleich ist sehr anschaulich, aber stimmt er auch?

Mithilfe des Taschenrechners erhält man:
Abnahme pro Tag: $2\,000\,000\,\text{ha} : 365 \approx 5500\,\text{ha}$
Abnahme pro Stunde: $5500\,\text{ha} : 24 \approx 230\,\text{ha}$
Abnahme pro Minute: $230\,\text{ha} : 60 \approx 4\,\text{ha}$
Ein Fußballfeld ist ungefähr 100 m lang und 60 m breit. Es hat also den Flächeninhalt $6000\,\text{m}^2$, sieben Fußballfelder haben einen Flächeninhalt von $42\,000\,\text{m}^2 = 4{,}2\,\text{ha}$.
Der anschauliche Vergleich ist also richtig.

Bäume erzeugen in ihren grünen Blättern Sauerstoff, den wir zum Atmen brauchen. Sie benötigen dazu Luft, Wasser und Sonnenlicht. An einem sonnigen Tag erzeugt eine Buche mit jedem Quadratmeter Blattfläche etwa 11 g Sauerstoff.
Will man **berechnen**, wie viel sie an einem solchen Tag insgesamt produziert, so muss man den Flächeninhalt aller Blätter zusammen ermitteln. Dazu braucht man die Gesamtzahl der Blätter und den Flächeninhalt eines Blattes.
Die Anzahl der Blätter einer jungen Buche (Fig. 1) kann man auf folgende Weise **schätzen**:
- Die Buche hat sieben große Äste.
- An jedem der großen Äste befinden sich etwa vier kleine Äste.
- Ein kleiner Ast hat ungefähr sieben Zweige.
- Ein Zweig hat ungefähr 20 Knospen mit jeweils zehn Blättern.

Insgesamt sind das etwa $7 \cdot 4 \cdot 7 \cdot 20 \cdot 10$ Blätter $\approx 40\,000$ Blätter.

Fig. 1

Ein Buchenblatt (Fig. 2) hat ungefähr denselben Flächeninhalt wie ein Rechteck mit den Seitenlängen 5 cm und 3 cm, also $15\,\text{cm}^2$. Alle Blätter zusammen haben damit den Flächeninhalt $40\,000 \cdot 15\,\text{cm}^2 \approx 600\,000\,\text{cm}^2 \approx 60\,\text{m}^2$.
An einem sonnigen Tag erzeugt die junge Buche also $60 \cdot 11\,\text{g} = 660\,\text{g}$ Sauerstoff. Das ist beinahe der Tagesbedarf eines Menschen.

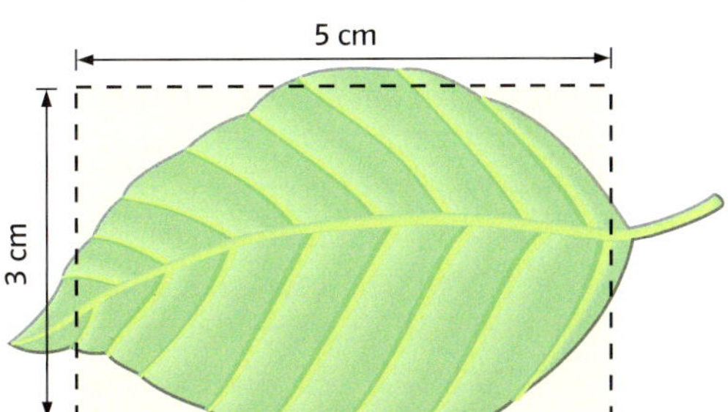

Fig. 2

Aufgaben

1 Wie viele Mathematikbücher brauchst du, um damit den Fußboden deines Klassenzimmers auszulegen? Wie hoch wäre ein Stapel aus diesen Büchern?

2 Herr Barth rasiert sich einmal täglich seit seinem 17. Geburtstag.
Wie alt wird Herr Barth sein, wenn er eine Fläche rasiert hat, die genauso groß ist wie sein 15 m langer und 8 m breiter Rasen?

3 Die Petronas Towers in Kuala Lumpur (Malaysia) sind mit 451,9 m die zweithöchsten Gebäude der Welt (Stand 2004). Jeder der beiden Türme hat 88 Etagen mit durchschnittlich jeweils 2000 m^2 Bürofläche. Welche Maße müsste ein einstöckiges Gebäude ungefähr haben, wenn es dieselbe Bürofläche haben soll?
Wie viele Fußballfelder hätten auf der Fläche dieses Gebäudes Platz?

4 Im November 2002 ging vor der spanischen Atlantikküste der Öltanker „Prestige“ unter. Trotz aller Versuche, das untergegangene Schiff abzudichten, liefen immer wieder große Mengen Öl aus.
Das Satellitenfoto zeigt einen der dabei entstandenen Ölteppiche.
Wie groß ist er? Vergleiche mit einer bekannten Fläche.

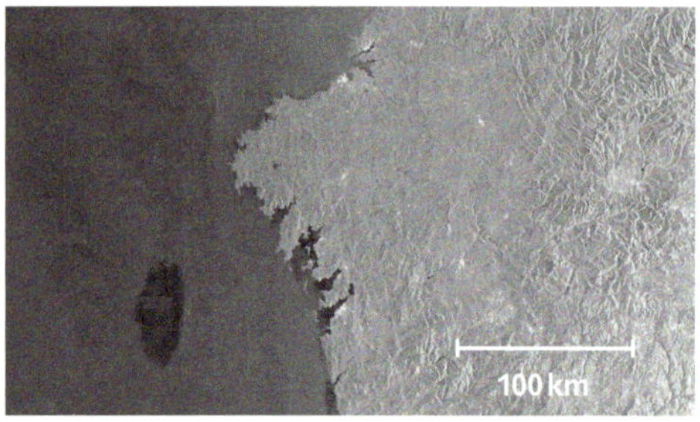

5 In einem Freibad ist das Schwimmbecken 50 m lang und 21 m breit. An einem heißen Sommertag suchen 2500 Besucher Abkühlung im Freibad.
Begründe, dass unmöglich alle Besucher gleichzeitig in dem Becken schwimmen können.
Würden alle Besucher gleichzeitig stehend in dem Becken Platz finden?

Solange der Baum noch keine Blätter hat, lässt sich die Anzahl der Äste und Zweige leichter bestimmen. Im Frühjahr kann man die Knospen eines Zweiges und die Blätter einer Knospe zählen.

6 Suche in der Nähe deiner Schule einen großen Laubbaum.
a) Wie viele Blätter hat dieser Baum?
b) Wie groß ist die gesamte Blattoberfläche des Baums?
c) Wie kann man das Gesamtgewicht der Blätter bestimmen?

7 Bearbeitet in Arbeitsgruppen die folgende Fragestellung.
Welche Fläche könnte man mit dem Papier auslegen, das für alle Ausgaben deiner Tageszeitung in einem Jahr gebraucht wird?
Überlegt euch vorher, welche Angaben man dazu braucht. Welche kann man messen, welche muss man schätzen? Wo muss man Auskünfte einholen?
Stellt eure Vorgehensweise und eure Ergebnisse möglichst übersichtlich auf einem Plakat dar.

9 Flächeninhalt von Parallelogramm und Dreieck

Es gibt viele Flächen, die man nicht mit Quadraten auslegen kann. Dennoch gelingt es manchmal, ihren Flächeninhalt zu berechnen und sogar Formeln für den Flächeninhalt zu finden.

Alle vier Flächen haben den gleichen Flächeninhalt. Kannst du weitere solche Flächen zeichnen?

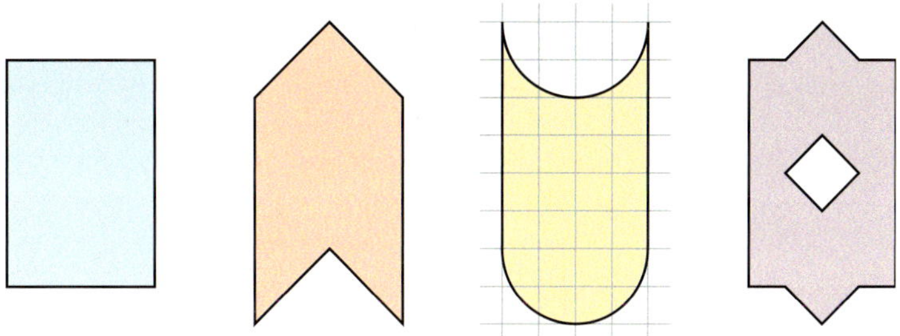

Das Rechteck in Fig. 1 und das Parallelogramm in Fig. 2 haben beide die Seitenlängen 4 cm und 2 cm. Wie man sieht, hat das Parallelogramm aber einen kleineren Flächeninhalt als das Rechteck. Wenn man die beiden Seitenlängen des Parallelogramms miteinander multipliziert, erhält man also nicht seinen Flächeninhalt.

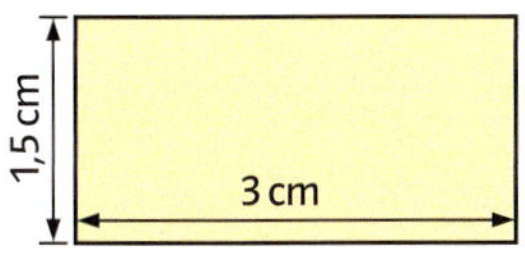

Fig. 1

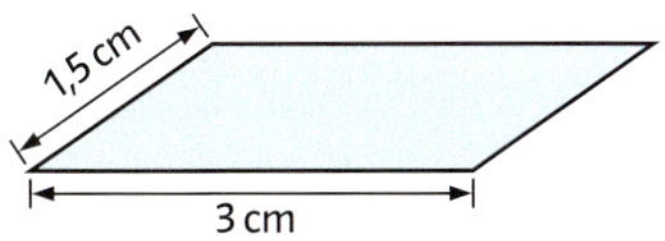

Fig. 2

Schneidet man von dem Parallelogramm auf der einen Seite ein rechtwinkliges Dreieck ab (Fig. 3) und setzt dieses auf der anderen Seite wieder an, so erhält man ein Rechteck mit dem gleichen Flächeninhalt (Fig. 4). Diesen Flächeninhalt kann man berechnen, indem man die Länge mit der Breite multipliziert.

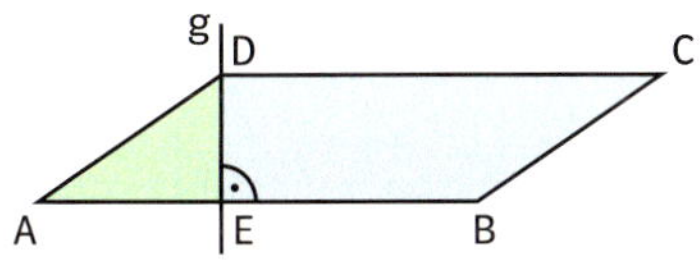

Fig. 3

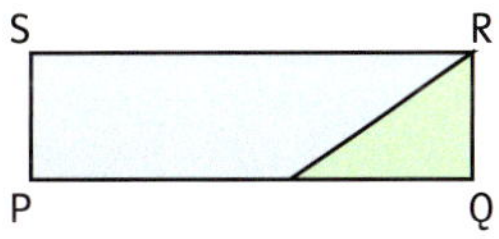

Fig. 4

Die Rechtecklänge $\overline{PQ}$ stimmt mit der Länge der Parallelogrammseite $\overline{AB}$ überein. Die Rechteckbreite $\overline{QR}$ entspricht der Streckenlänge von $\overline{DE}$ im Parallelogramm. E ist der Schnittpunkt von g mit $\overline{AB}$. Dabei ist g die Orthogonale zu $\overline{AB}$ durch D. Man nennt die Länge der Strecke $\overline{DE}$ die zu $\overline{AB}$ gehörige Höhe des Parallelogramms.

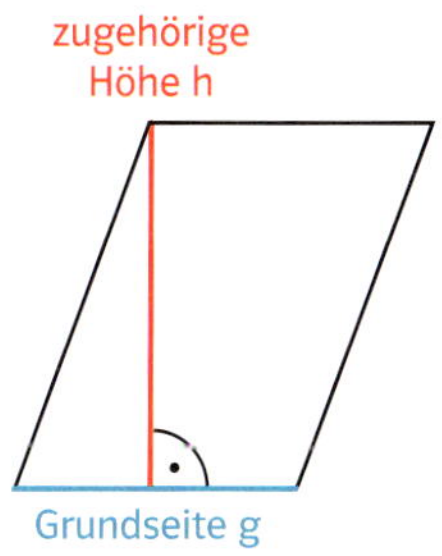

Flächeninhalt eines Parallelogramms:
Man erhält den Flächeninhalt eines Parallelogramms, indem man
- die Länge einer Seite und die zugehörige Höhe bestimmt und in der gleichen Längeneinheit angibt,
- die beiden Maßzahlen multipliziert und das Produkt mit der entsprechenden Flächeneinheit versieht.

Flächeninhalt eines Parallelogramms: Grundseite mal Höhe.

Bezeichnet man die Länge einer Seite mit g und die zugehörige Höhe mit h, so erhält man den Flächeninhalt A des Parallelogramms mithilfe der Formel $A = g \cdot h$.

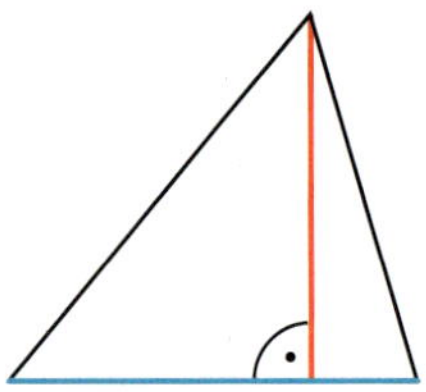

Fig. 1

Den Flächeninhalt eines Dreiecks erhält man, indem man es wie in Fig. 2 am Mittelpunkt einer Seite spiegelt. Als Gesamtfigur entsteht ein Parallelogramm.
Der Flächeninhalt des Dreiecks ist halb so groß wie der Flächeninhalt dieses Parallelogramms.

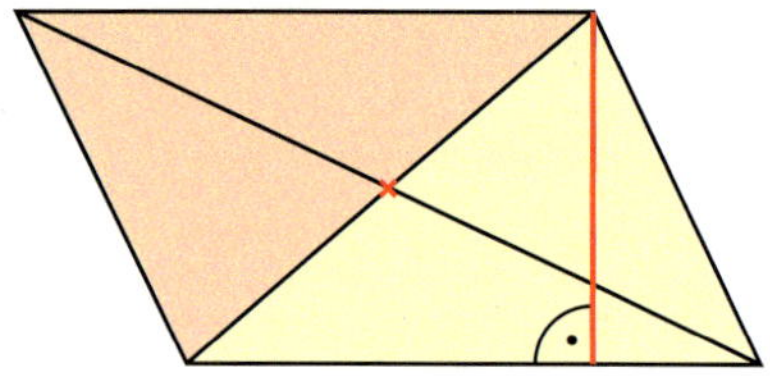

Fig. 2

Flächeninhalt eines Dreiecks:
Gundseite mal Höhe durch zwei.

Flächeninhalt eines Dreiecks:
Man erhält den Flächeninhalt eines Dreiecks, indem man
- die Länge einer Seite und die zugehörige Höhe bestimmt und in der gleichen Längeneinheit angibt,
- die beiden Maßzahlen multipliziert, das Produkt durch 2 dividiert und das Ergebnis mit der entsprechenden Flächeneinheit versieht.

Bezeichnet man die Länge einer Dreiecksseite mit g und die zugehörige Höhe mit h, so erhält man den Flächeninhalt A des Dreiecks mithilfe der Formel $A = (g \cdot h) : 2$.

Beispiel
Zeichne in einem Koordinatensystem mit der Einheit 1 cm das Dreieck ABC mit A(1 | 1), (5 | 1) und C(4 | 6) sowie das Parallelogramm DEFG mit D(7 | 1), E(9 | 4), F(8 | 6) und G(6 | 3).
a) Berechne den Flächeninhalt des Parallelogramms.
b) Berechne den Flächeninhalt des Dreiecks.

Sind Strecken parallel zu einer Achse, so kann man ihre Länge ***auszählen****.*
Bei anderen Strecken muss man die Länge ***messen****.*

Lösung:
a) Länge der Seite $\overline{DE}$: 35 mm,
zugehörige Höhe: 19 mm,
Flächeninhalt des Parallelogramms:
$(19 \cdot 35)\,mm^2 = 665\,mm^2 = 6{,}65\,cm^2$.
b) Länge der Seite $\overline{AB}$: 4 cm,
zugehörige Höhe: 5 cm,
Flächeninhalt des Dreiecks:
$[(4 \cdot 5) : 2]\,cm^2 = 10\,cm^2$.

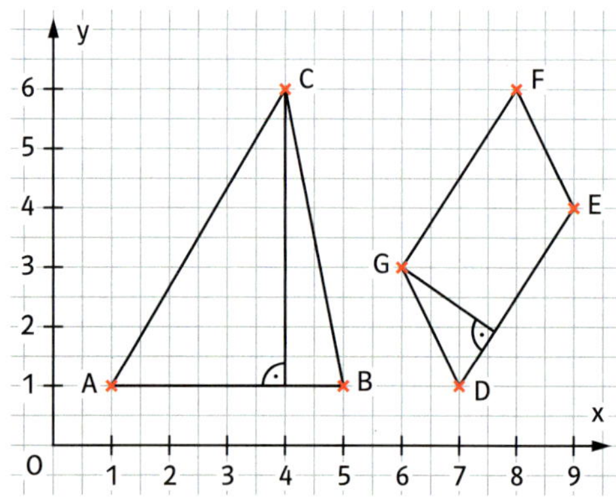

Fig. 3

Aufgaben

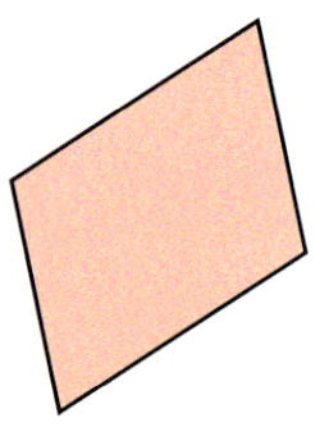

1 Berechne den Flächeninhalt des Parallelogramms.
a) Seitenlänge: 4 cm
zugehörige Höhe: 5 cm
b) Seitenlänge: 2,8 cm
zugehörige Höhe: 2,5 cm
c) Seitenlänge: 2 dm
zugehörige Höhe: 4 cm

2 Bestimme den Flächeninhalt. Miss dazu die benötigten Längen.

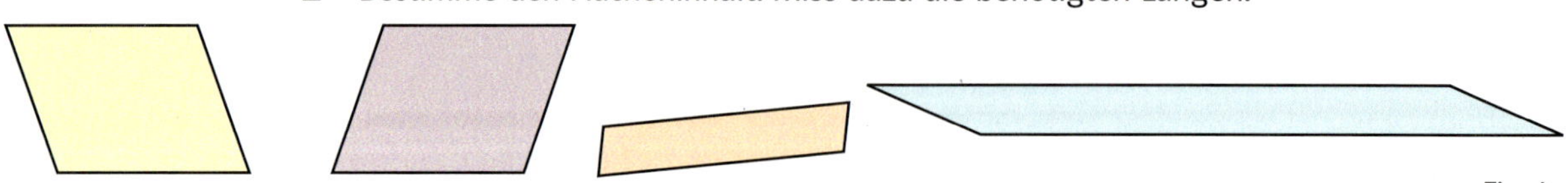

Fig. 4

3 Berechne den Flächeninhalt des Dreiecks.

a) Seitenlänge: 8 cm
zugehörige Höhe: 3 cm

b) Seitenlänge: 3,5 cm
zugehörige Höhe: 2,2 cm

c) Seitenlänge: 2 m
zugehörige Höhe: 25 cm

4 Bestimme den Flächeninhalt. Miss dazu die benötigten Streckenlängen.

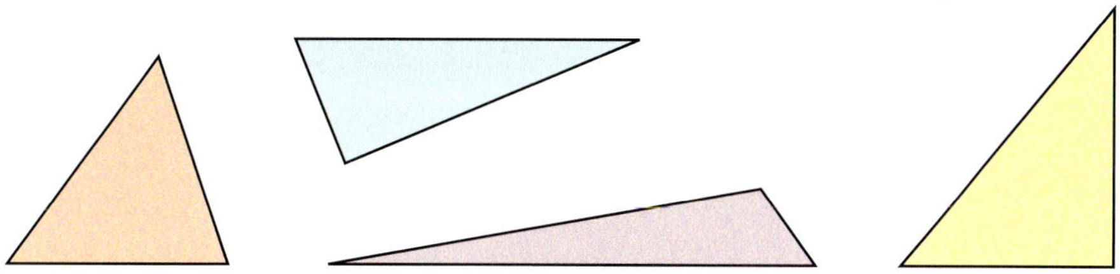

Fig. 1

5 Berechne den Flächeninhalt. Welche Längenangaben sind dabei überflüssig?

a)

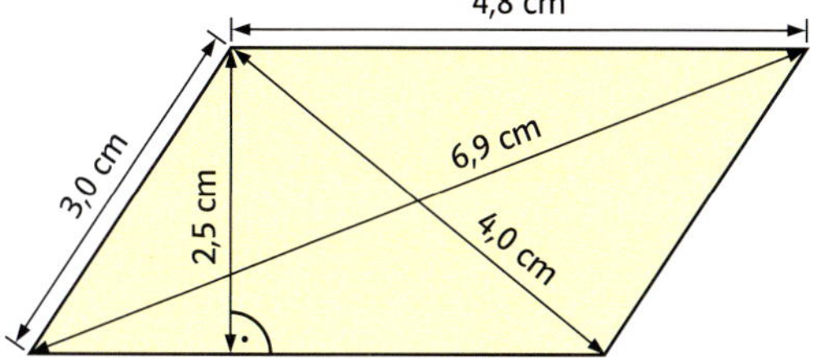

b)

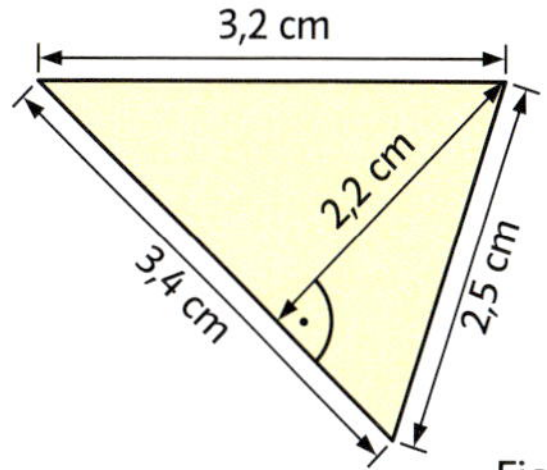

Fig. 2

6 Bestimme den Flächeninhalt.

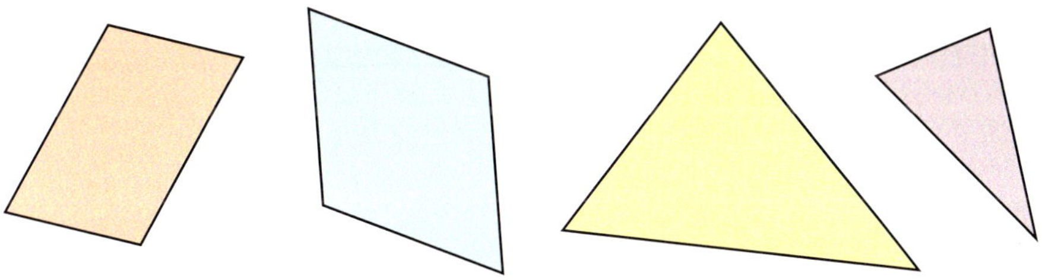

Fig. 3

7 a) Bestimme den Flächeninhalt des Bauplatzes.
b) Wie viele m² muss man mindestens dazukaufen, um einen rechteckigen Bauplatz zu erhalten?

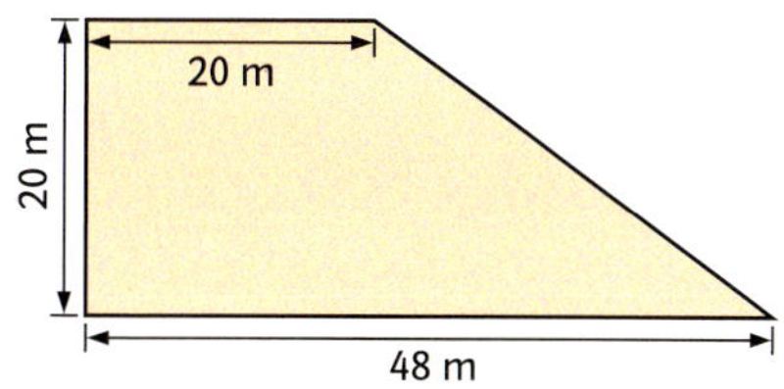

Fig. 4

Bist du sicher?

1 Berechne den Flächeninhalt.

a)

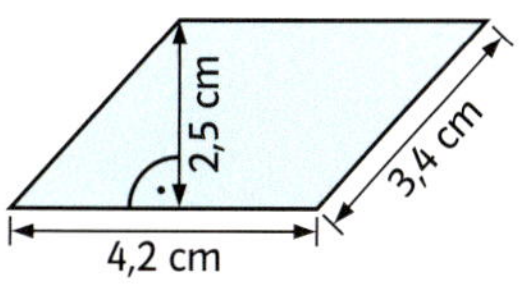

b)

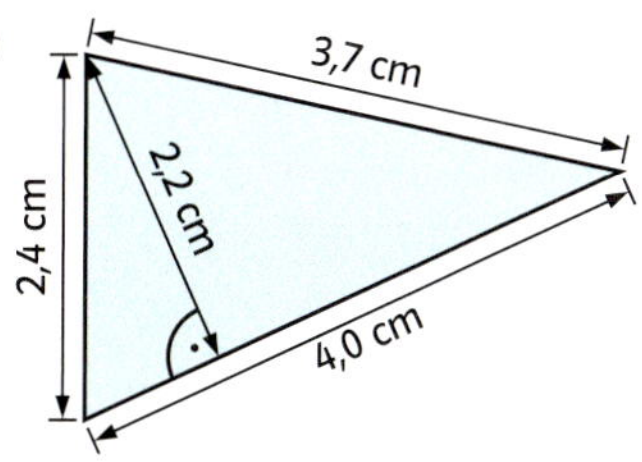

c)

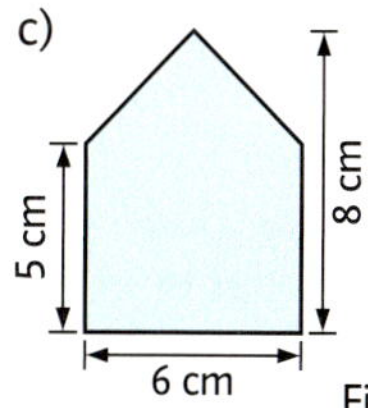

Fig. 5

Alle drei Flächen zusammen sind 53,90 cm² groß.

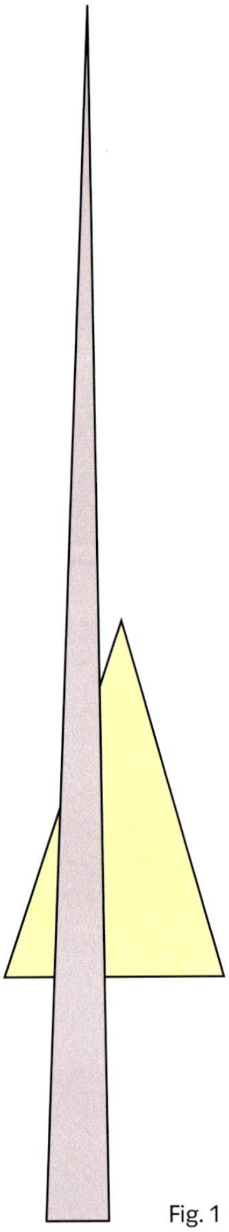

Fig. 1

8 Zeichne drei verschiedene Dreiecke, die jeweils den Flächeninhalt $12\,cm^2$ haben.

9 Zeichne das Dreieck ABC mit A(1|2), B(5|4) und C(1|4). Miss die Länge der längsten Seite und die zugehörige Höhe. Berechne damit den Flächeninhalt des Dreiecks. Wie kannst du den Flächeninhalt des Dreiecks geschickter berechnen?

10 Welches Dreieck in Fig. 1 hat den größeren Flächeninhalt? Schätze zuerst und überprüfe dann durch Messen und Rechnen.

11 Ein Parallelogramm mit dem Flächeninhalt $72\,cm^2$ hat eine 12 cm lange Seite. Berechne die zugehörige Höhe.

12 Zeichne das Viereck ABCD mit A(5|0), B(5|5), C(2|4) und D(1|2).
a) Zerlege das Viereck in zwei Dreiecke. Bestimme die Flächeninhalte der Dreiecke und daraus den Flächeninhalt des Vierecks.
b) Kontrolliere dein Ergebnis, indem du das Viereck in zwei andere Dreiecke zerlegst.

13 Welche der folgenden Aussagen sind wahr, welche falsch?
Durch Zerlegen in Dreiecke kann man
a) zu jedem Viereck den Flächeninhalt bestimmen,
b) zu jedem Achteck den Flächeninhalt bestimmen,
c) zu jeder Fläche den Flächeninhalt bestimmen.

14 Berechne den Flächeninhalt der orangen Fläche (Fig. 2).

15 Ein Dreieck hat eine 6 cm lange Grundseite. Die zugehörige Höhe ist 4 cm.
a) Wie verändert sich der Flächeninhalt, wenn man die Höhe verdoppelt und die Grundseite beibehält?
b) Zeichne drei verschiedene Dreiecke, deren Flächeninhalt halb so groß ist wie der des gegebenen Dreiecks.

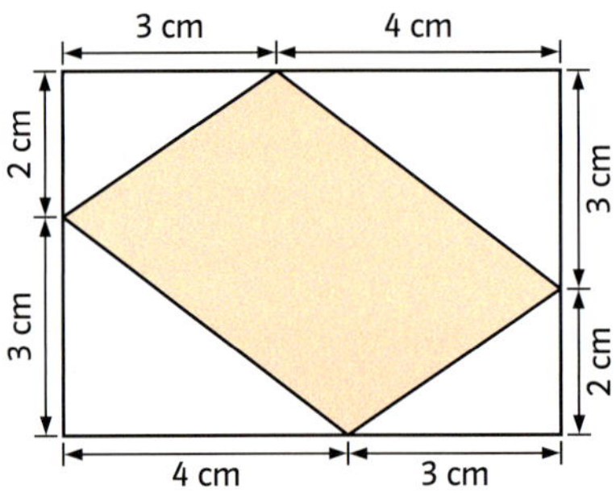

Fig. 2

Ein Spiel für zwei

16 Auf ein Blatt Papier werden sechs beliebig verteilte Punkte gezeichnet. Der erste Spieler verbindet mit roter Farbe in einem Zug vier Punkte. Anschließend verbindet der zweite Spieler mit schwarzer Farbe ebenfalls vier Punkte in einem Zug. Alle Punkte, in denen sich zwei Linien schneiden, werden markiert. Für jedes entstandene Dreieck mit drei gleichfarbigen Seiten gibt es zwei Gewinnpunkte, für jedes Dreieck mit zwei gleichfarbigen Seiten einen Gewinnpunkt. Wer die meisten Gewinnpunkte hat, ist Sieger des Spiels.

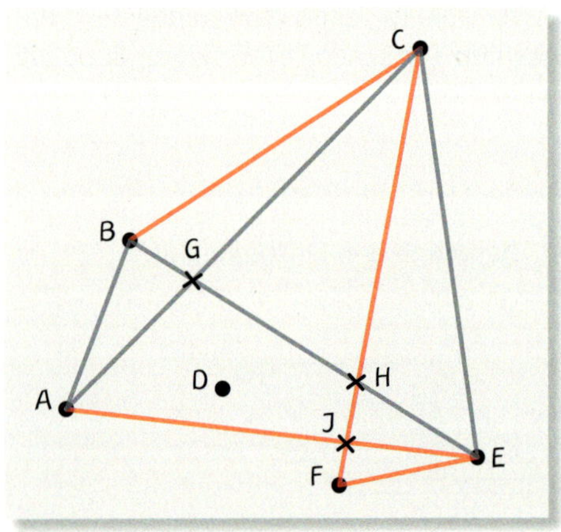

Hier gewinnt Schwarz mit 11 : 8. Fig. 3

Punktwertung:
Rot:
2 Punkte für FEJ.
Je 1 Punkt für CFE, CJE, HCB, HFE, AJC, HJE.
Schwarz:
Je 2 Punkte für AGB, GEC.
Je 1 Punkt für BAC, BGC, EBA, EGA, HEC, CGH, BEC.

10 Umfang einer Fläche

Die Klasse 5c plant eine Wanderung um einen See.
Tom: „Ich habe nachgemessen, dass der Stille See etwa $4\,km^2$ groß ist. Der Wildsee ist um $1\,km^2$ kleiner. Wir sollten also um den Wildsee wandern."
Tanja: „Da bin ich aber nicht einverstanden!"

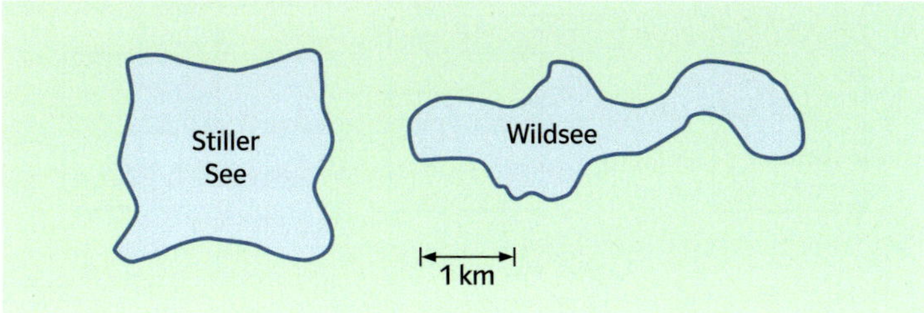

Um ein Bild einrahmen zu können, benötigt man Rahmenleisten. Man muss wissen, wie lang der Rand des Bildes insgesamt ist.
Man nennt diese Gesamtlänge den Umfang des Bildes. Besonders einfach kann man den Umfang bestimmen, wenn das Bild rechteckig ist.

Den **Umfang** einer **Fläche** erhält man, indem man die Längen aller Randstrecken addiert.
Beim **Rechteck** ist der Umfang doppelt so groß wie die Länge und die Breite zusammen.

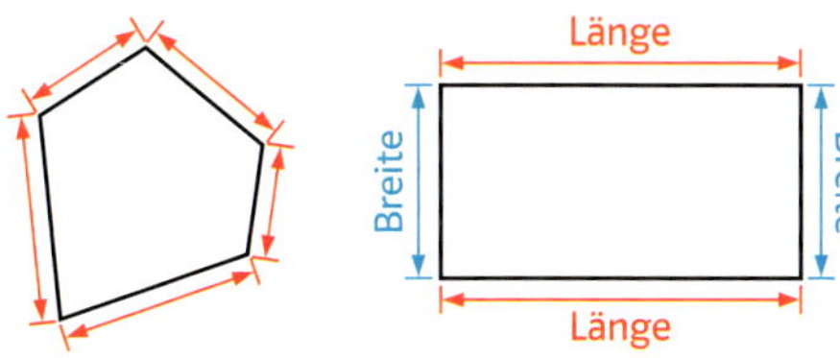

Umfang eines Rechtecks:
2-mal (Länge + Breite)

oder:
2-mal Länge + 2-mal Breite

Bezeichnet man die Länge eines Rechtecks mit a und seine Breite mit b, so erhält man seinen Umfang U mithilfe der Formel $U = 2 \cdot (a + b)$ oder $U = 2 \cdot a + 2 \cdot b$.

Beispiel 1
Bestimme den Umfang der Flächen in Fig. 1.

Lösung:
Gemessene Seitenlängen der roten Fläche:
3 cm und 2 cm
Umfang: $2 \cdot (3\,cm + 2\,cm) = 10\,cm$
Gemessene Seitenlängen der gelben Fläche:
1 cm; 2,2 cm; 1,6 cm
Umfang: $2 \cdot (2{,}2\,cm + 1{,}6\,cm) + 1\,cm = 2 \cdot 3{,}8\,cm + 1\,cm$
$= 7{,}6\,cm + 1\,cm = 8{,}6\,cm$
Gemessene Seitenlängen der blauen Fläche: 1 cm; 2 cm; 2,1 cm; 2,5 cm; 3,5 cm
Umfang: $1\,cm + 2\,cm + 2{,}1\,cm + 2{,}5\,cm + 3{,}5\,cm = 11{,}1\,cm$

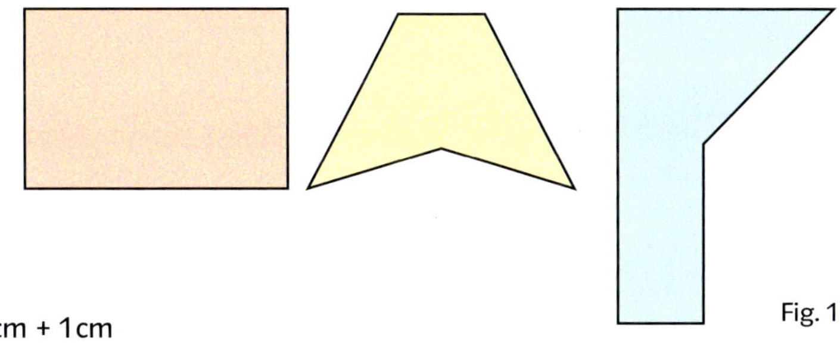

Fig. 1

Beispiel 2
Eine 25 m lange Wiese mit dem Flächeninhalt 4 a soll vollständig eingezäunt werden.
Wie lang wird der Zaun?
Lösung:
Flächeninhalt: $4\,a = 400\,m^2$; Breite: $(400 : 25)\,m = 16\,m$; Umfang: $2 \cdot (25\,m + 16\,m) = 82\,m$
Der Zaun wird 82 m lang.

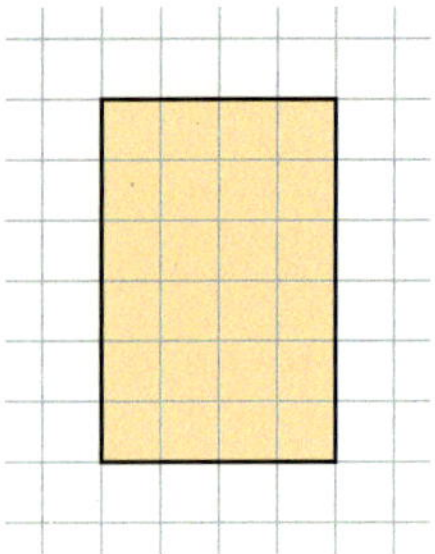
Fig. 1

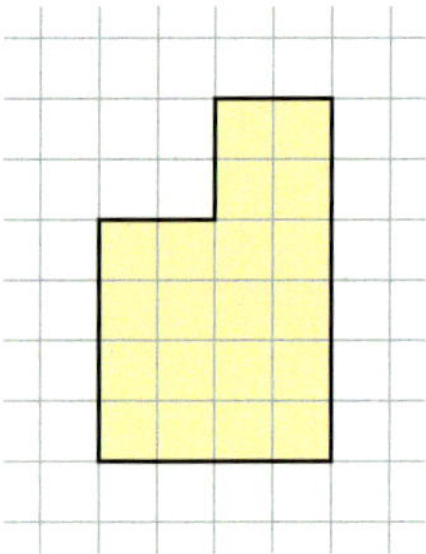
Fig. 2

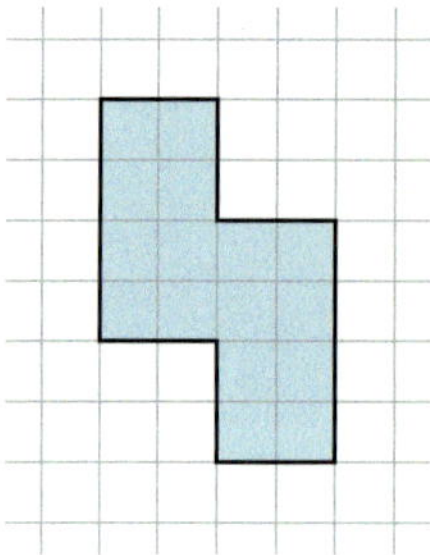
Fig. 3

Aufgaben

1 a) Vergleiche den Flächeninhalt und den Umfang der drei Flächen (Fig. 1–3).
b) Zeichne zwei Flächen, die den gleichen Umfang, aber einen kleineren Flächeninhalt haben als das Rechteck in Fig. 1.

2 a) Zeichne drei verschiedene Rechtecke, die alle den gleichen Umfang 24 cm haben.
b) Welches Rechteck mit dem Umfang 24 cm hat den größten Flächeninhalt?

3 Zeichne das Dreieck ABC in ein Koordinatensystem mit der Einheit 1 cm. Bestimme seinen Umfang.
a) A(0 | 0), B(3 | 0), C(3 | 4) b) A(1 | 2), B(6 | 2), C(4 | 6)

4 Zeichne das Parallelogramm ABCD in ein Koordinatensystem mit der Einheit 1 cm. Bestimme seinen Umfang.
a) A(1 | 1), B(7 | 1), C(10 | 5), D(4 | 5) b) A(0 | 3), B(3 | 5), C(4 | 9), D(1 | 7)

5 Ein Rechteck mit den Seitenlängen a und b hat den Flächeninhalt A und den Umfang U. Berechne die fehlenden Größen.
a) a = 4 cm, b = 3 mm b) a = 30 cm, U = 80 cm c) b = 25 m, A = 10 a
d) a = 3,2 cm, b = 2,5 cm e) a = 640 m, A = 16 ha f) b = 1,85 m, U = 10 m

Bist du sicher?

1 Bestimme den Umfang des Dreiecks ABC mit A(0 | 2), B(4 | 0) und C(3 | 3).

2 a) Berechne den Umfang des Rechtecks mit der Länge 6,8 cm und der Breite 5 cm.
b) Das Rechteck wird nun so verlängert, dass es den Flächeninhalt 40 cm^2 hat. Welchen Umfang hat es dann?

Mit sechs Streichhölzchen kann man schöne Figuren legen, die alle den gleichen Umfang haben.

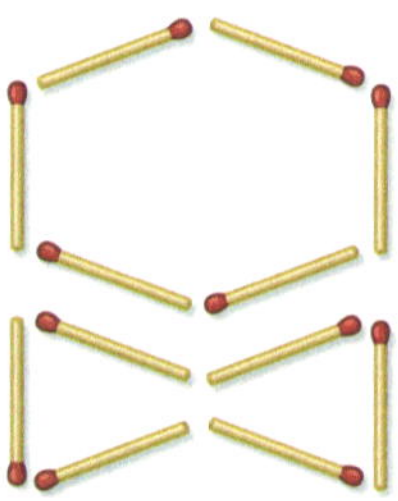

Lege Figuren aus acht Streichhölzchen.

6 Zwei gleich hohe Zimmer sollen renoviert werden. Das erste Zimmer ist 5 m lang und 4 m breit, das zweite Zimmer ist 6 m lang und 3 m breit. Vergleiche den Materialbedarf für die beiden Zimmer (Teppichboden, Fußbodenleisten, Tapeten, Farbe für die Decke).

7 a) Berechne den Umfang eines Quadrats mit der Seitenlänge 3,5 cm.
b) Formuliere in Worten, wie man den Umfang eines Quadrats bestimmt.
c) Gib eine Formel für den Umfang U eines Quadrats mit der Seitenlänge a an.

8 Max behauptet: „Das rote Dreieck ist genauso groß wie die blaue Treppenfigur. Daher haben beide den gleichen Flächeninhalt und den gleichen Umfang.“
Hat Max Recht?

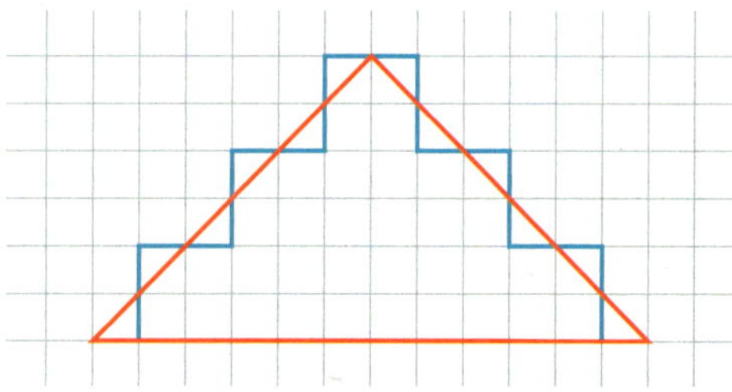
Fig. 4

11 Rauminhalte vergleichen

Oliver richtet sein neues Aquarium ein. Zuerst hat er einige Zentimeter hoch Kies aufgeschichtet, dann bis zum Rand Wasser eingefüllt. Er musste zwölf Eimer Wasser schleppen. Als Nächstes sollen einige große Steine und eine Wurzel hinein.

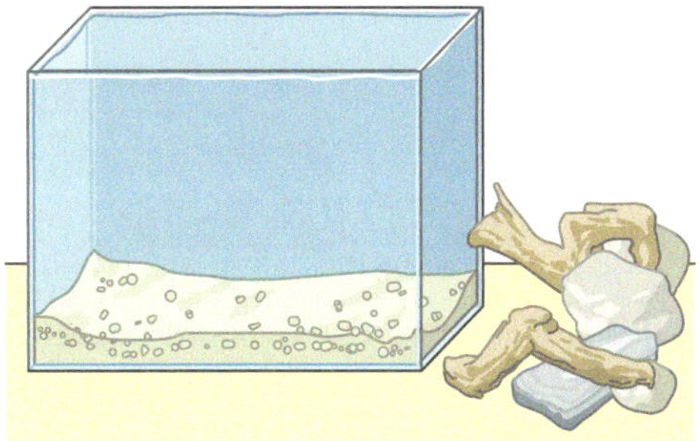

Körper benötigen Platz. Der Platzbedarf wird zum Beispiel deutlich, wenn man Getränke aus einer Flasche in Gläser füllt. Flüssigkeiten füllen den Innenraum von Flaschen, Gläsern, Eimern, Aquarien usw. aus. Der Flüssigkeit steht ein bestimmter Raum zur Verfügung. Die Größe dieses Raumes heißt **Rauminhalt**.

Der Wasserstand in Fig. 1 ist durch das Eintauchen eines Steins angestiegen. Auch der Stein füllt einen Raum aus, besitzt also einen Rauminhalt. Der Rauminhalt des Steins entspricht der verdrängten Wassermenge, die in Fig. 1 dunkelblau hervorgehoben ist.

Jeder Körper hat einen Rauminhalt. Der Rauminhalt ist die Größe des Raumes, den der Körper vollständig ausfüllt.

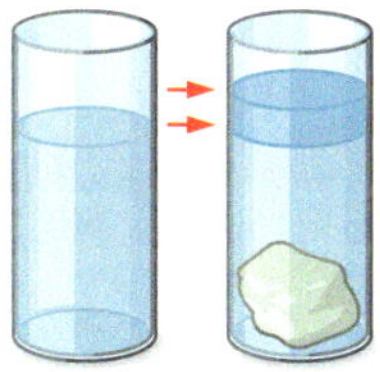

Fig. 1

Manchmal lässt sich der Platzbedarf zweier Körper vergleichen, indem man die Körper in kleinere Bausteine, z. B. in kleinere Würfel, zerlegt:
Der Würfel in Fig. 3 hat die Kantenlänge 3 cm, der Stab in Fig. 2 ist 27 cm lang, 1 cm breit und 1 cm hoch.

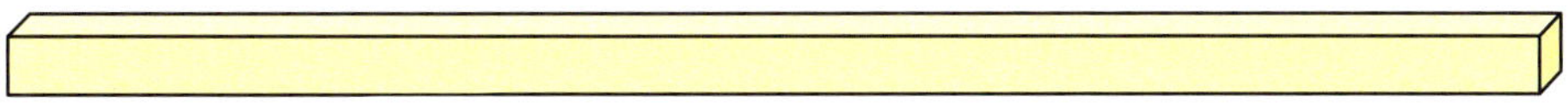

Fig. 2

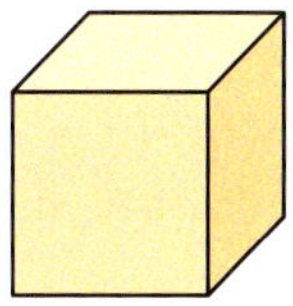

Fig. 3

Beide Körper werden in kleine Würfel mit der Kantenlänge 1 cm zerlegt. Den Rauminhalt eines solchen Würfels nennt man **1 Kubikzentimeter** und schreibt 1 cm³. Die Bilder zeigen, dass beide Körper von 27 kleinen Würfeln der Kantenlänge 1 cm vollständig ausgefüllt werden. Beide füllen einen gleich großen Raum aus, haben also den gleichen Rauminhalt von 27 cm³. Anstelle von Rauminhalt sagt man auch **Volumen**.

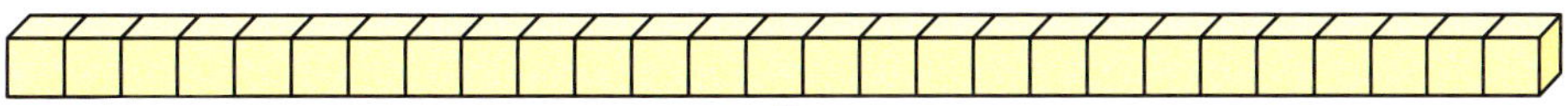

27 cm³

Fig. 4

27 cm³

Fig. 5

Beim Vergleichen von Flächen war es hilfreich, Flächen zu zerschneiden und neu zusammenzusetzen. In ganz ähnlicher Weise kann das Zerschneiden eines Körpers Aufschlüsse über das Volumen geben, auch wenn der Schnitt nur in Gedanken erfolgt.

Die Dächer in Fig. 1 und Fig. 3 haben das gleiche Volumen, denn beim Schnitt entlang der rot gezeichneten Fläche ergeben sich jeweils zwei Teilkörper, die sich zu gleich großen Quadern (Fig. 2 und Fig. 4) zusammenfügen lassen.

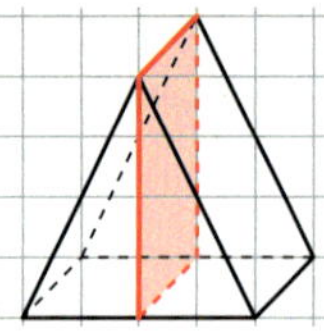

Fig. 1

Fig. 2

Fig. 3

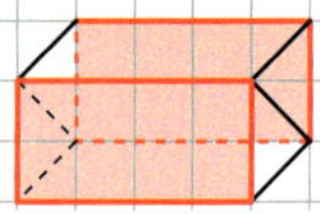

Fig. 4

Beispiel 1 Aus Würfeln zusammengesetzte Körper
Hannah hat Würfeltiere gebastelt. Jeder Würfel hat die Kantenlänge 1 cm. Vergleiche das Volumen der Tiere.
Lösung:
Man zählt die Würfel.
Der einbeinige Gorilla ist aus 13 Würfeln zusammengesetzt, die Schildkröte aus 23, das Kamel aus 21. Die Schildkröte hat mit 23 cm³ das größte Volumen, dann folgt das Kamel mit 21 cm³. Der Gorilla hat mit 13 cm³ das kleinste Volumen.

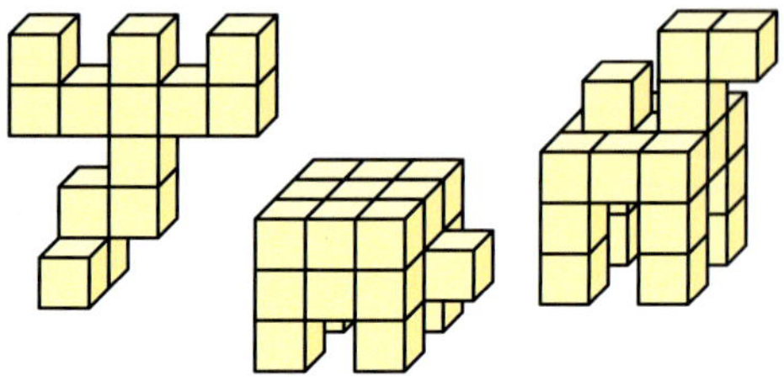

Fig. 5

Beispiel 2
Vergleiche das Volumen der Körper in Fig. 3. Begründe deine Antwort.
Lösung:
Alle drei Körper haben das gleiche Volumen.
Begründung: Die Prismen bestehen beide aus einem Würfel und zwei Teilprismen, die sich zu einem zweiten Würfel gleicher Größe zusammenfügen lassen. Alle in Fig. 6 auftretenden Würfel haben die gleiche Seitenlänge.

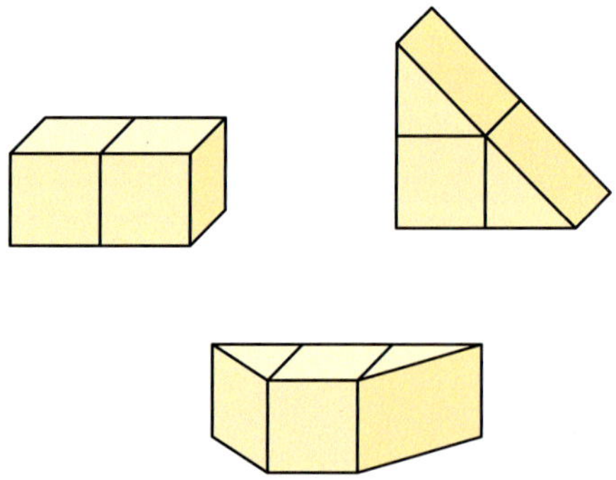

Fig. 6

Aufgaben

1 Die Kante der Würfel ist jeweils 1 cm lang. Bestimme das Volumen der abgebildeten Körper.

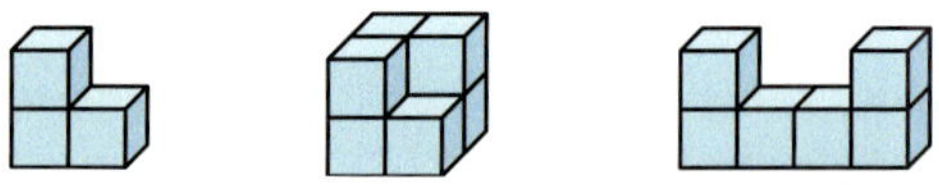

Fig. 7

2 Aus wie vielen Grundbausteinen des Geometrie-Baukastens bestehen die Körper in Fig. 8?

a) b) c) d)

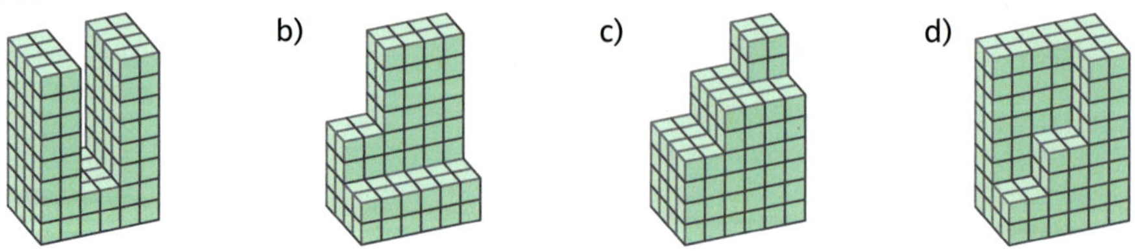

Fig. 8

Grundbaustein

3 Die Kanten der Würfel in Fig. 1a) bis d) sind jeweils 1cm lang. Bestimme das Volumen der abgebildeten Körper.

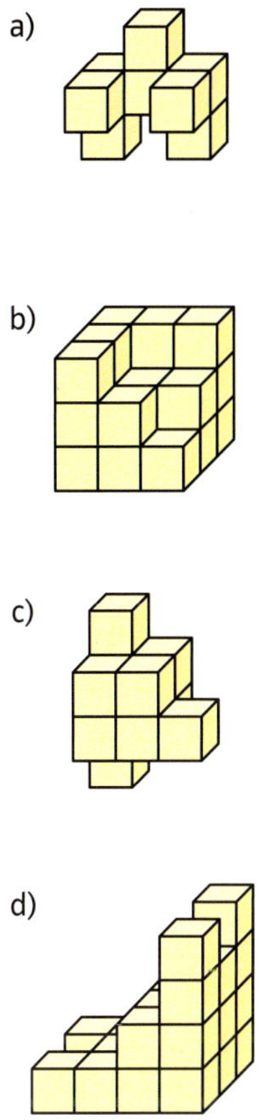

Fig. 1

4 Welches Würfeltier hat das größte Volumen?

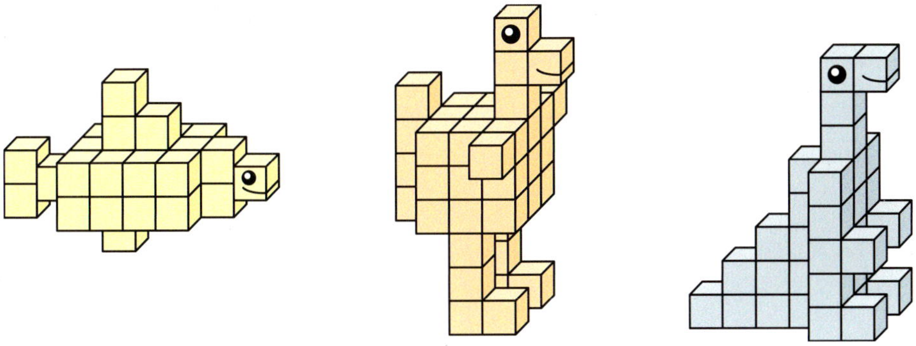

Fig. 2

5 Der Quader in Fig. 3 ist in drei Teilkörper zerlegt. Füge die Teilkörper neu zusammen und zeichne ein Schrägbild. Es gibt mehrere Möglichkeiten.

6 Begründe: Der große Teilkörper in Fig. 3 ist 4-mal so groß wie einer der kleinen Teilkörper.

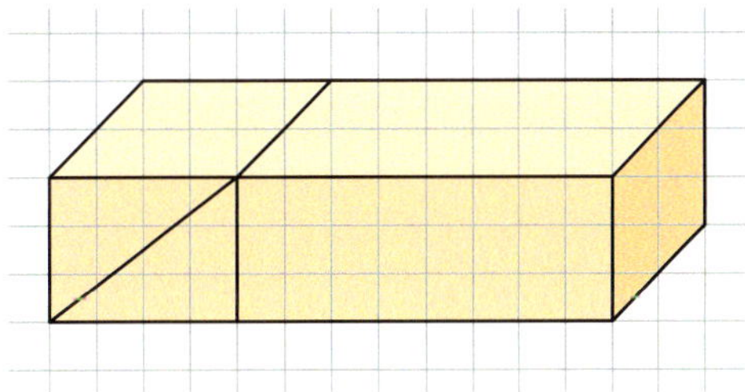

Fig. 3

Kannst du das noch?

7 a) Trage die Punkte A(1|3), B(9|4) und C(4|8) in ein Koordinatensystem mit der Längeneinheit 1cm ein. Zeichne die Geraden AB, AC und BC ein.
b) Miss die Winkel ∢ BAC, ∢ ABC und ∢ ACB.
c) Welchen Abstand hat der Punkt A von der Geraden BC? Zeichne und miss.

8 a) Zeichne ein Rechteck mit den Seitenlängen 8cm und 4cm. Berechne den Flächeninhalt und den Umfang.
b) Zeichne die Diagonalen ein wie in Fig. 4 und miss die Winkel α, β und γ. Was stellst du fest?

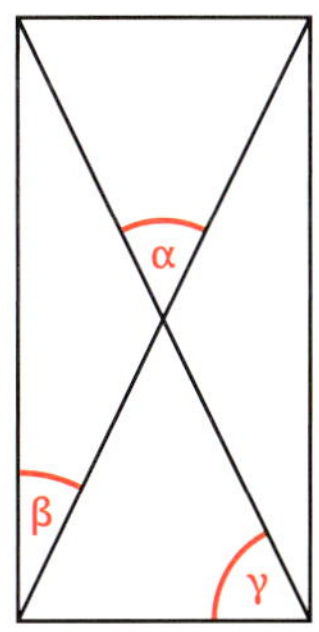

Fig. 4

9 Vier gleich große Würfel lassen sich auf verschiedende Arten zu Vierlingen zusammensetzen. Fig. 5 zeigt Beispiele.

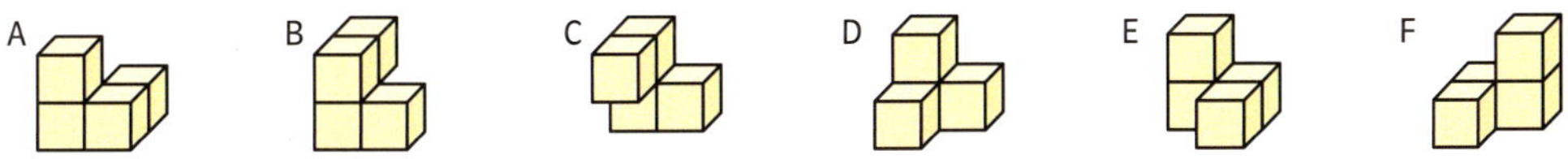

Fig. 5

a) Welche der Abbildungen stellen den gleichen Vierling dar?
b) Welche weiteren Möglichkeiten für Vierlinge gibt es? Zeichne jeweils ein Schrägbild.
c) Es gibt vier Möglichkeiten, aus zwei Vierlingen einen größeren Würfel zusammenzusetzen. Beschreibe diese vier Möglichkeiten.

12 Volumeneinheiten

Mehrzahl von Volumen: Volumina

Du kennst die verschiedenen Flächeneinheiten und kannst sie ineinander umrechnen. Volumina kannst du zu Körpern angeben, die man in Würfel von 1 cm Seitenlänge zerteilen kann.

Auch für Volumina kann man Einheiten aus den Längeneinheiten entwickeln wie z. B. 1 Kubikzentimeter (1 cm³) aus der Längeneinheit 1 cm.

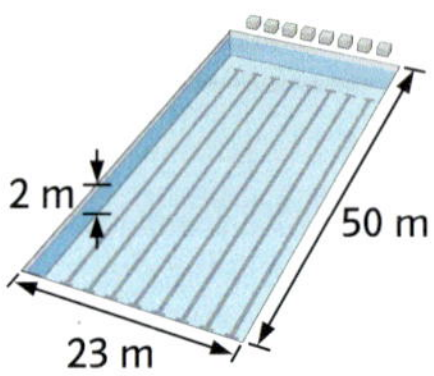

Fig. 1

Um das Volumen eines Freibadbeckens anzugeben, ist die Einheit 1 cm³ nicht sinnvoll, denn man erhält sehr große Maßzahlen. Hier verwendet man Würfel mit der Kantenlänge 1 m. Sie haben das Volumen **1 Kubikmeter** (1 m³). Allgemein gehört zu jeder Längeneinheit auch eine Volumeneinheit. Eine häufig verwendete Einheit für das Volumen von Flüssigkeiten ist der **Liter**. Ein Liter ist das Volumen eines Würfels mit 10 cm = 1 dm Kantenlänge. Es ist also **1 Liter** = **1 l** = **1 Kubikdezimeter** = **1 dm³**. Die folgende Tabelle enthält die wichtigsten **Volumeneinheiten.**

Kantenlänge des Würfels	1 mm	1 cm	1 dm	1 m
Volumeneinheit	1 mm³	1 cm³ oder 1 ml	1 dm³ oder 1 l	1 m³
Name	Kubikmillimeter	Kubikzentimeter oder Milliliter	Kubikdezimeter oder Liter	Kubikmeter
Beispiel	Laus 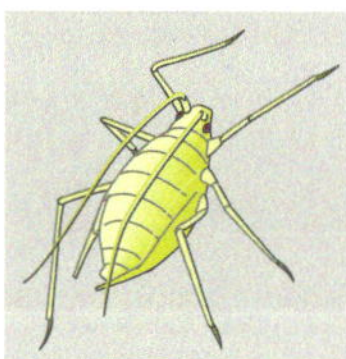	1 Stk. Würfelzucker 	Milchtüte 	großer Kühlschrank 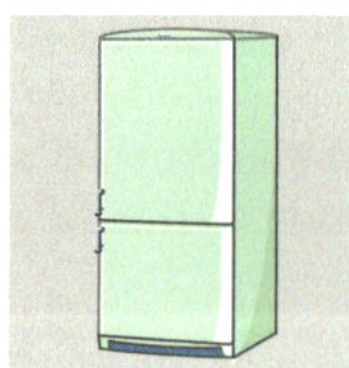

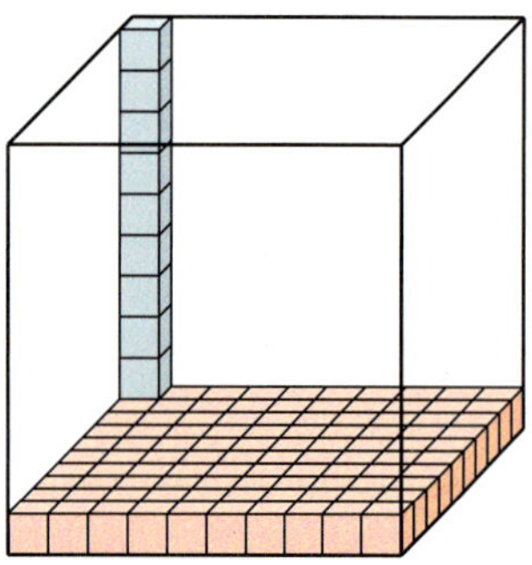

Fig. 2

Wie viele Würfel von 1 cm³ füllen einen Würfel von 1 dm³ vollständig aus? Fig. 2 zeigt, dass man entlang einer Kante 10 Würfel braucht. Sie bilden einen Balken mit dem Volumen **10 cm³**. In die unterste Schicht (rot) passen 10 dieser Balken, also 100 Würfel. Die unterste Schicht hat das Volumen $10 \cdot 10\,cm^3 = \mathbf{100\,cm^3}$. Mit 100 Würfeln ist aber erst die Grundfläche bedeckt. An den blauen Würfeln erkennt man, dass man 10 Schichten übereinander stapeln muss, um den großen Würfel vollständig aufzufüllen.
Also ist $1\,dm^3 = 10 \cdot \mathbf{100\,cm^3} = 10 \cdot 10 \cdot \mathbf{10\,cm^3} = 10\,cm \cdot 10\,cm \cdot 10\,cm = 1000\,cm^3$.

Das Einheitensystem für die Messung von Volumeneinheiten ist so aufgebaut, dass sich bei Multiplikation einer Volumeneinheit mit 1000 die nächstgrößere Einheit ergibt. Umgekehrt ergibt sich jede Volumeneinheit als der 1000. Teil der nächstgrößeren Einheit.

$1\,mm^3$	$\cdot 1000$ → ← $:1000$	$1000\,mm^3 = 1\,cm^3$	$\cdot 1000$ → ← $:1000$	$1000\,cm^3 = 1\,dm^3$	$\cdot 1000$ → ← $:1000$	$1000\,dm^3 = 1\,m^3$

Fig. 1

Umrechnungsfaktor bei
Längeneinheiten: 10
Flächeneinheiten: 100
Raumeinheiten: 1000

Aus Fig. 1 ergibt sich eine Stellenwerttafel für Volumina, mit deren Hilfe die Umwandlung in andere Einheiten erklärt werden kann, insbesondere bei Verwendung der Kommaschreibweise.

Stellenwerttafel für **Volumen**angaben:

m^3			dm^3			cm^3			mm^3		
H	Z	E	H	Z	E	H	Z	E	H	Z	E
	1	2	5	0	0	0	0	0			
				4	3	0	5	0			
					4	7	5	0			

$12\,m^3\ 500\,dm^3 = 12{,}5\,m^3 = 12\,500\,dm^3$

$43\,dm^3\ 50\,cm^3 = 43{,}05\,dm^3 = 0{,}04305\,m^3$

$4{,}750\,dm^3 = 4750\,cm^3 = 4\,750\,000\,mm^3$

Umwandeln in die nächstgrößere Einheit: 3 Stellen nach links.

Umwandeln in die nächstkleinere Einheit: 3 Stellen nach rechts.

Beispiel 1 In andere Volumeneinheiten umwandeln
Gib in den Einheiten an, die in der Klammer stehen.
a) $3500\,cm^3$ (dm^3; mm^3) b) $17\,dm^3$ (m^3; ml) c) $4{,}3\,m^3$ (l; cm^3) d) $5400\,cm^3$ (mm^3; l)
Lösung:
a) $3500\,cm^3 = 3{,}5\,dm^3 = 3\,500\,000\,mm^3$
b) $17\,dm^3 = 0{,}017\,m^3 = 17\,000\,ml$
c) $4{,}3\,m^3 = 4300\,l = 4\,300\,000\,cm^3$
d) $5400\,cm^3 = 5\,400\,000\,mm^3 = 5{,}4\,l$

Beispiel 2 In eine gemeinsame Volumeneinheit umwandeln
Gib in den Einheiten an, die in der Klammer stehen.
a) 3 l 15 ml (ml; l) b) $7\,m^3\ 34\,dm^3$ (dm^3; cm^3)
Lösung:
a) 3 l 15 ml = 3015 ml = 3,015 l
b) $7\,m^3\ 34\,dm^3 = 7034\,dm^3 = 7\,034\,000\,cm^3$

Beispiel 3 Rechnen mit Volumeneinheiten
Berechne. a) 24 l + 1200 ml b) $2\,m^3\ 24\,dm^3 - 45\,dm^3$ c) $17 \cdot 120\,l$
Lösung:
a) 24 l + 1200 ml = 24 l + 1 l 200 ml = 25 l 200 ml = 25,2 l
b) $2\,m^3\ 24\,dm^3 - 45\,dm^3 = 2024\,dm^3 - 45\,dm^3 = 1979\,dm^3 = 1\,m^3\ 979\,dm^3 = 1{,}979\,m^3$
c) $17 \cdot 120\,l = 2040\,l = 2\,m^3\ 40\,l = 2{,}04\,m^3$

a)
1200 ml = 1,2 l
24 l + 1,2 l = 25,2 l
b)
$2{,}024\,m^3 - 0{,}045\,m^3 = 1{,}979\,m^3$

Aufgaben

1 Es ist $3\,m^3\ 120\,dm^3 = 3120\,dm^3$. Wandle in gleicher Weise um.
a) $3\,m^3\ 23\,dm^3$ b) $12\,m^3\ 5\,l$ c) 23 l 20 ml d) $2\,m^3\ 300\,ml$

2 Hier stimmt etwas nicht. Ordne die Volumina richtig zu.

Klassenzimmer	$20\,dm^3$	Arzneifläschchen	$2000\,m^3$
Schulranzen	$20\,ml$	Toastbrotscheibe	$2\,mm^3$
Freischwimmbecken	$120\,000\,m^3$	Tablette	$240\,m^3$
Wolkenkratzer	$100\,cm^3$	Floh	$25\,mm^3$

3 Gib in der darüber stehenden Einheit an.

a) in dm^3:	b) in cm^3:	c) in m^3:	d) in l:
$30\,m^3$	$12\,l$	$4000\,dm^3$	$34\,000\,ml$
$1750\,m^3$	$230\,dm^3$	$17\,000\,l$	$125\,000\,cm^3$
$123\,000\,cm^3$	$14\,000\,mm^3$	$212\,000\,000\,ml$	$45\,m^3$

4 Es ist $4530\,cm^3 = 4\,dm^3\ 530\,cm^3$. Schreibe ebenso in gemischter Schreibweise.
a) 3500 ml b) $7250\,mm^3$ c) $23\,040\,cm^3$ d) 45 540 l

5 Berechne.
a) $2{,}3\,cm^3 + 1340\,mm^3$ b) 860 ml + 2 l 320 ml c) $0{,}756\,m^3 + 4\,dm^3\ 840\,cm^3$
d) $45\,420\,dm^3 - 3\,m^3$ e) $(4\,m^3\ 200\,l) : 6$ f) $8{,}5\,dm^3 \cdot 50$

6 Luisa sagt: „Der Kofferraum unseres Autos fasst 12 000 l." Kann das stimmen?

Bist du sicher?

1 Wandle in die in Klammern stehenden Einheiten um.
a) $7\,m^3$ (l; ml) b) $34\,500\,mm^3$ (cm^3; l) c) $6\,m^3\ 34\,dm^3$ (l; m^3) d) 4 l 15 ml (mm^3; dm^3)

2 Berechne. a) $15\,m^3 - 4500\,l$ b) $4\,m^3 : 8$ c) $(3\,l\ 125\,ml) \cdot 8$

7 Bestimme näherungsweise das Gewicht eines ausgewachsenen Panzernashorns. Nähere dazu das Volumen des Nashorns (Fig. 1) durch einen passenden Quader an. Gehe davon aus, dass jeder dm^3 des Nashorns ungefähr 1 kg wiegt.

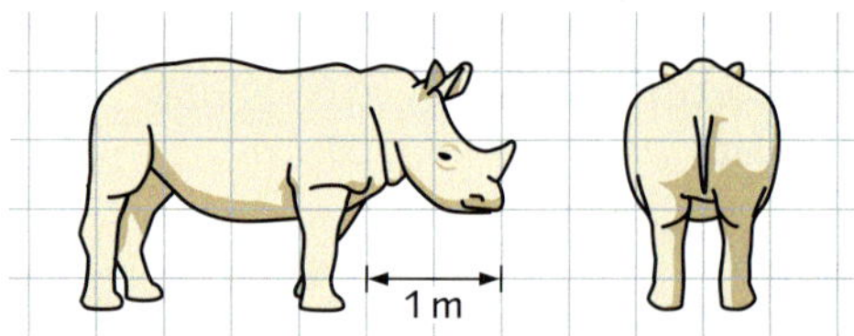

Fig. 1

8 Manchmal wird im Wetterbericht die gefallene Regenmenge in mm angegeben.
a) Was versteht man darunter, wenn es heißt: „Es fielen 3 mm Regen."?
b) Wie viel Liter Wasser pro Quadratmeter sind bei 3 mm Regen gefallen?
c) In Sachsen fielen beim Hochwasser 2002 teilweise 300 l pro m^2. Wie hoch würde das Wasser bei dieser Regenmenge stehen?

Zum Basteln und Experimentieren

9 Wie könnte man das Volumen eines Steins oder anderen Gegenstandes bestimmen? Du kannst so vorgehen: Nimm einen Messbecher für Flüssigkeiten. Lege den Gegenstand in das Gefäß. Gieße Wasser hinein, bis der Gegenstand vollständig bedeckt ist. Notiere das gesamte Volumen in cm^3 (oder ml). Nimm den Gegenstand heraus, ohne Wasser zu verschütten. Notiere jetzt das Volumen des Wassers und berechne das Volumen des Gegenstands. Führe weitere Versuche durch (erst schätzen, dann messen).

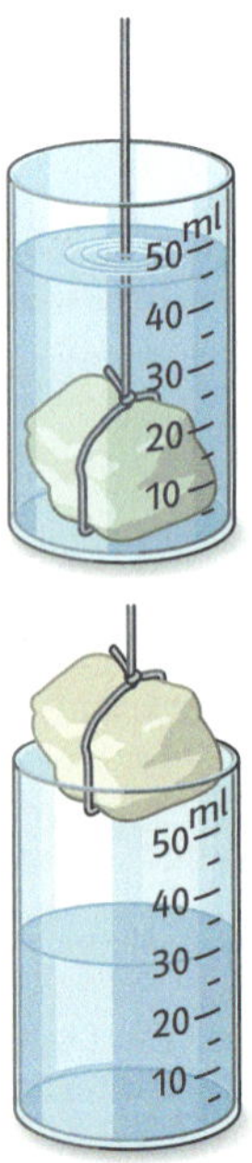

Fig. 2

13 Volumen und Oberflächeninhalt eines Quaders

Güter werden oft in Containern transportiert. Eines der weltweit größten Containerschiffe ist das Schiff „Hamburg Express“ einer deutschen Reederei.
Es kann bis zu 3800 Standardcontainer laden, die auf LKWs zum Hafen gebracht werden. Das dänische Schiff „Cornelius Maersk“ ist genauso breit und sogar 30 m länger als die „Hamburg Express“. Dennoch kann es nur 3300 Container gleicher Form und Größe transportieren.

Im Großen wie im Kleinen eignen sich Quader besonders gut als Kartons oder Schachteln, um Dinge zu verpacken, zu transportieren oder aufzubewahren.
So lassen sich z. B. quaderförmige Zuckerstückchen besonders platzsparend in einer quaderförmigen Packung verstauen.
Man bestimmt das Volumen eines Quaders, z. B. eines Containers, der 5 m lang, 4 m breit und 3 m hoch ist, indem man den Quader aus Würfeln der Kantenlänge 1 m, als aus Kubikmeterwürfeln (m^3), zusammensetzt:

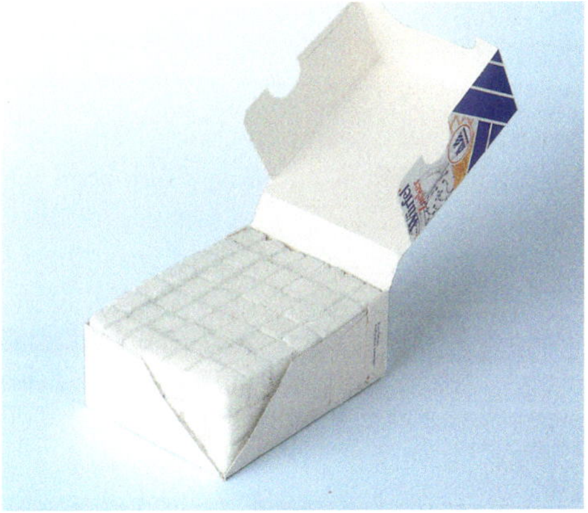

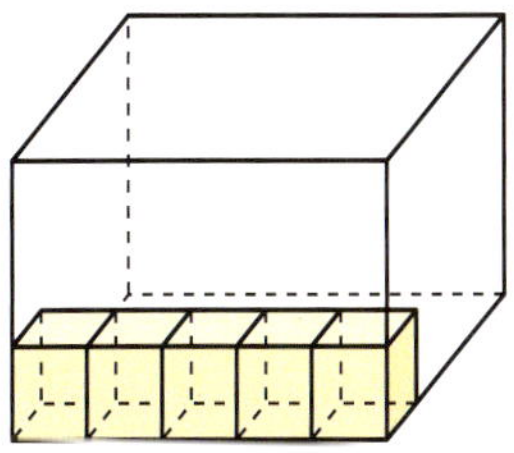	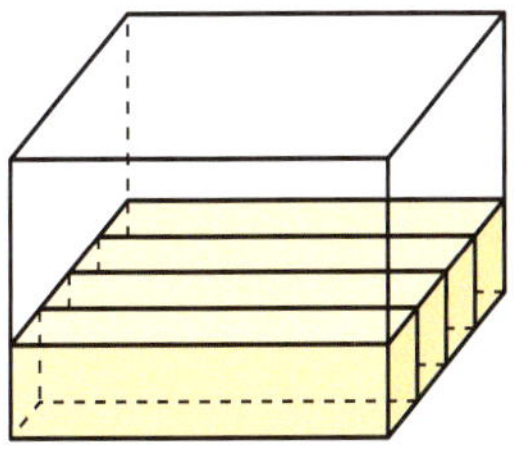	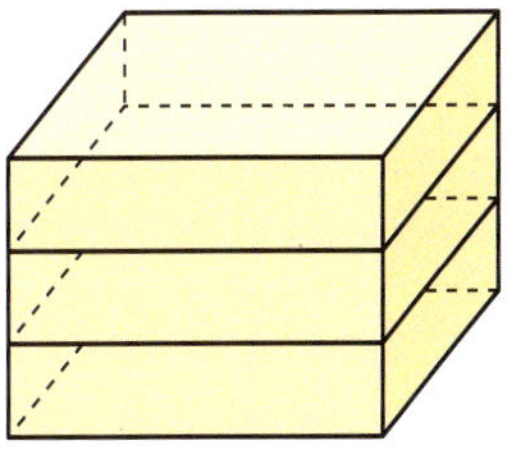
Da die Länge des Quaders 5 m beträgt, braucht man 5 Würfel, um einen Balken entlang der Längsseite zu bilden. Dieser Balken hat ein Volumen von $5\,m^3$.	Da die Breite 4 m beträgt, braucht man 4 dieser Balken, um die Grundfläche des Quaders zu bedecken. Sie bilden eine Schicht aus $4 \cdot 5$ Würfeln = 20 Würfeln mit dem Volumen $20\,m^3$.	Da die Höhe 3 m beträgt, braucht man 3 dieser Schichten zu je 20 Würfeln, um den Quader vollständig auszufüllen. Insgesamt braucht man also $3 \cdot 20$ Würfel = 60 Würfel. Das Volumen beträgt also $(5 \cdot 4 \cdot 3)\,m^3 = 5\,m \cdot 4\,m \cdot 3\,m = 60\,m^3$.

Volumen eines Quaders:
Länge mal Breite mal Höhe

Volumen eines Quaders:
Man erhält das Volumen eines Quaders, indem man
- Länge, Breite und Höhe des Quaders bestimmt und in der gleichen Längeneinheit angibt,
- die drei Maßzahlen miteinander multipliziert und das Produkt mit der entsprechenden Volumeneinheit versieht.

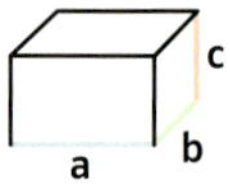

Fig. 1

Bezeichnet man die Länge des Quaders mit a, seine Breite mit b und seine Höhe mit c, so erhält man sein Volumen V mithilfe der Formel $V = a \cdot b \cdot c$.

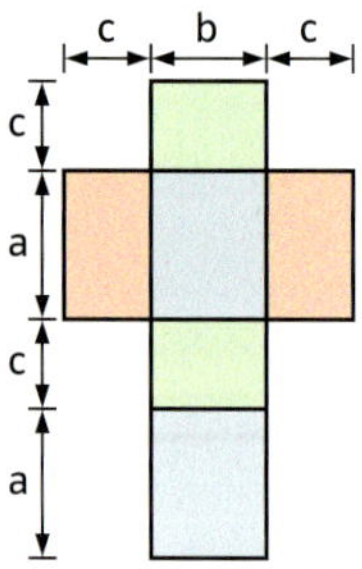

Fig. 2

Für die Herstellung des auf Seite 155 betrachteten Containers müssen rechteckige Metallplatten zusammengefügt werden. Für den Materialbedarf benötigt man den Oberflächeninhalt des Quaders. Fig. 2 zeigt das Netz des Quaders. Es setzt sich aus sechs Rechtecken zusammen: zwei der Länge 5 m und der Breite 4 m, Flächeninhalt je $20\,m^2$, zwei der Länge 5 m und der Breite 3 m, Flächeninhalt je $15\,m^2$ und zwei der Länge 4 m und der Breite 3 m, Flächeninhalt je $12\,m^2$. Insgesamt ergibt sich der Oberflächeninhalt zu
$2 \cdot 20\,m^2 + 2 \cdot 15\,m^2 + 2 \cdot 12\,m^2 = 94\,m^2$.
Mit den Bezeichnungen aus Fig. 1 und Fig. 2 erhält man den Oberflächeninhalt O eines Quaders mithilfe der Formel $O = 2 \cdot a \cdot b + 2 \cdot a \cdot c + 2 \cdot b \cdot c$.

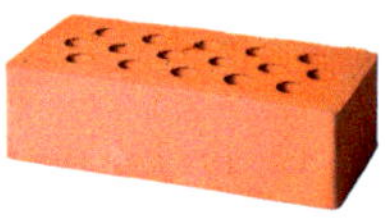

Beispiel 1 Volumen berechnen
Ein Backstein ist 30 cm lang, 15 cm breit und 10 cm hoch. Berechne sein Volumen.
Lösung:
Das Volumen beträgt $30\,cm \cdot 15\,cm \cdot 10\,cm = (30 \cdot 15 \cdot 10)\,cm^3 = 4500\,cm^3 = 4{,}5\,dm^3$.

Beachte beim Multiplizieren von Kommazahlen die Anzahl der Nachkommastellen bei den Faktoren und beim Produkt (vgl. Seite 138).

Beispiel 2 Volumen und Oberflächeninhalt bestimmen
Miss Länge, Breite und Höhe einer Streichholzschachtel. Berechne mithilfe der Messergebnisse das Volumen und den Oberflächeninhalt. Runde die Ergebnisse sinnvoll.
Lösung:
Man misst die Länge 5,3 cm, die Breite 3,6 cm und die Höhe 1,3 cm.
Für das Volumen ergibt sich:
$V = 5{,}3\,cm \cdot 3{,}6\,cm \cdot 1{,}3\,cm = (5{,}3 \cdot 3{,}6 \cdot 1{,}3)\,cm^3 = (19{,}08 \cdot 1{,}3)\,cm^3 = 24{,}804\,cm^3 \approx 25\,cm^3$.
Für den Oberflächeninhalt ergibt sich:
$$\begin{aligned} O &= 2 \cdot 5{,}3\,cm \cdot 3{,}6\,cm + 2 \cdot 5{,}3\,cm \cdot 1{,}3\,cm + 2 \cdot 3{,}6\,cm \cdot 1{,}3\,cm \\ &= 2 \cdot (5{,}3 \cdot 3{,}6)\,cm^2 + 2 \cdot (5{,}3 \cdot 1{,}3)\,cm^2 + 2 \cdot (3{,}6 \cdot 1{,}3)\,cm^2 \\ &= 2 \cdot 19{,}08\,cm^2 + 2 \cdot 6{,}89\,cm^2 + 2 \cdot 4{,}68\,cm^2 = 61{,}30\,cm^2 \approx 61\,cm^2. \end{aligned}$$

Aufgaben

1 Berechne das Volumen des Quaders mit den Kantenlängen a, b und c.
a) a = 12 cm; b = 8 cm; c = 4 cm
b) a = 2 dm; b = 7 cm; c = 30 mm
c) a = 0,7 dm; b = 0,5 dm; c = 200 mm
d) b = 4,5 cm; c = 2 cm; a = 50 mm

2 a) Miss bei einer Milchpackung Länge, Breite und Höhe aus. Berechne mithilfe der Messergebnisse das Volumen und den Oberflächeninhalt. Runde die Ergebnisse sinnvoll.
b) Verfahre genauso bei einer Packung mit Würfelzucker und bei einem „Hefewürfel". Schätze das Volumen erst.

3 Berechne Volumen und Oberflächeninhalt des Quaders.

a)

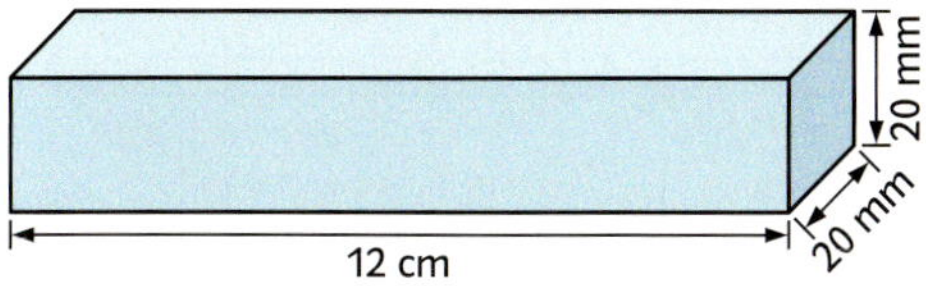

Fig. 1

b)

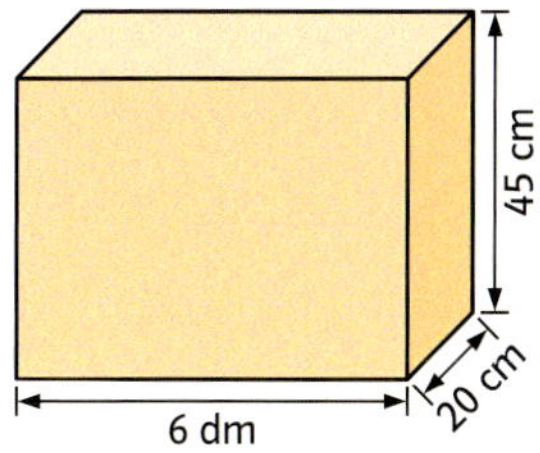

Fig. 2

4 Einen Quader, bei dem alle Kanten gleich lang sind, nennt man Würfel. Berechne Volumen und Oberflächeninhalt eines Würfels mit der Kantenlänge a.

a) a = 8 cm b) a = 70 mm c) a = 2,4 dm

5 Entwickle Formeln für Volumen und Oberflächeninhalt eines Würfels der Kantenlänge a.

6 Ein Quader hat das Volumen 500 cm^3. Welche Maße könnte er haben? Gib drei verschiedene Möglichkeiten an.

7 Die Waschmittelpackung in Fig. 3 ist 25 cm lang, 12 cm breit und 16 cm hoch.

a) Die Packung wird bis zur Höhe 14 cm mit Waschpulver befüllt. Wie groß ist das Volumen des Pulverinhalts und wie viel Platz ist in der Packung noch frei?

b) Auf der Packung steht „Inhalt 4500 cm^3". Wie hoch müsste sie eigentlich gefüllt sein?

c) Für einen Waschgang benötigt man 90 cm^3 Waschpulver. Wie oft kann man waschen, wenn der Packungsinhalt der Mengenangabe auf der Packung entspricht?

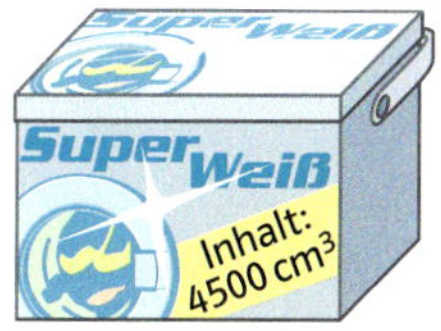

Fig. 3

8 a) Berechne das Volumen der Körper in Fig. 4 und Fig. 5, indem du sie geschickt in Quader zerlegst.

b) Zeichne ein Schrägbild von diesen Körpern.

9 Berechne den Oberflächeninhalt der Körper in Fig. 4 und Fig. 5.

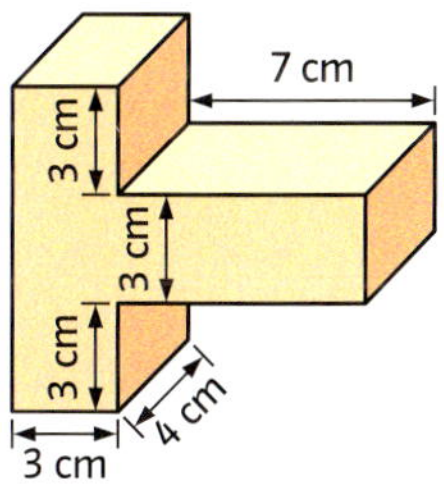

Fig. 4

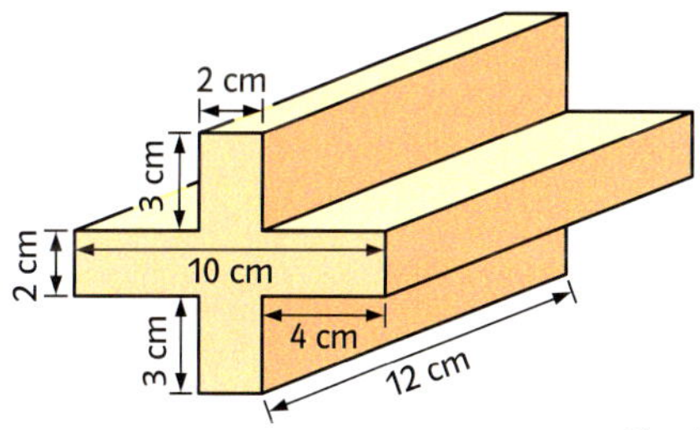

Fig. 5

10 In einer Kläranlage ist ein quaderförmiges Absetzbecken 45 m lang, 9 m breit und 2,80 m tief.

a) Wie viele Liter Schmutzwasser fasst das Becken?

b) Das Becken soll neu gestrichen werden. Wie viele m^2 Anstrich sind dazu notwendig?

11 Schneide dir aus Papier drei quadratische Blätter mit der Seitenlänge 15 cm zurecht. An den Ecken von jedem Blatt werden wie in Fig. 7 kleine Flächen so ausgeschnitten, dass Klebefalze entstehen. So kannst du eine nach oben offene Schachtel basteln (Fig. 6). Insgesamt sollst du drei Schachteln herstellen.

Die kleinen Quadrate, die im Netz in Fig. 6 und Fig. 7 fehlen, sollen jeweils die Seitenlängen 1 cm, 3 cm und 6 cm haben. Schätze, welche deiner gebastelten Schachteln den größten Rauminhalt hat. Berechne den Rauminhalt der Schachteln und vergleiche mit deiner Schätzung.

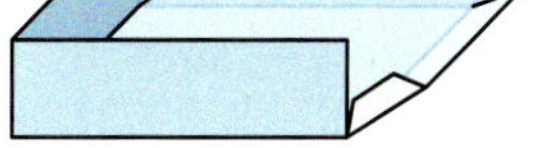

Fig. 6

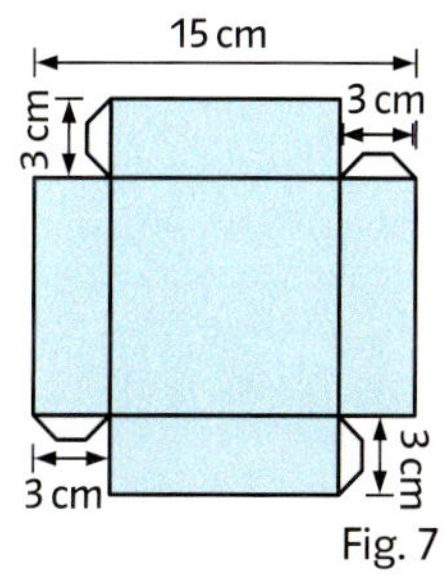

Fig. 7

12 Berechne das Volumen der Körper in Fig. 1 und Fig. 2.

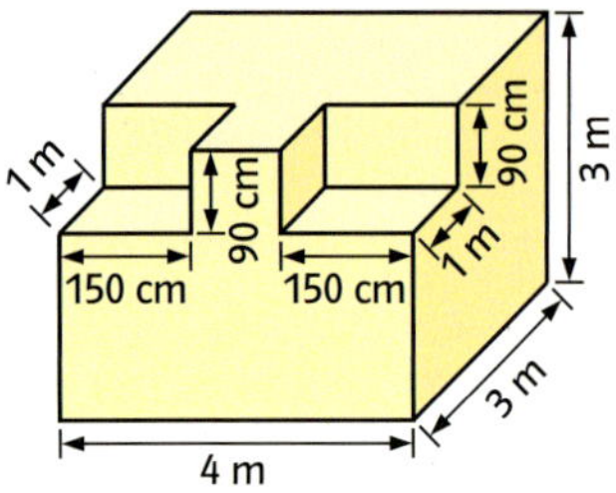

Fig. 1

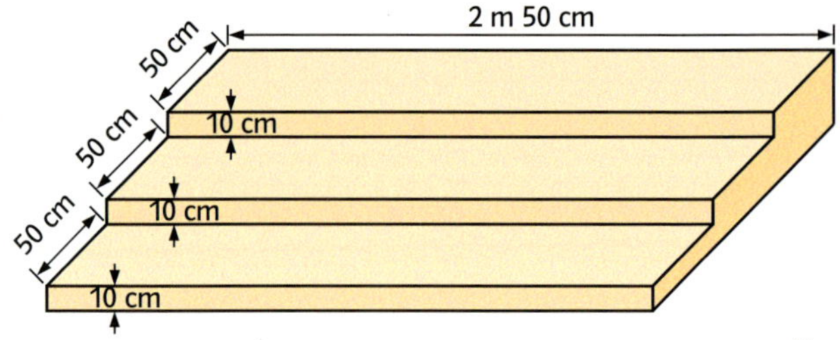

Fig. 2

13 Ergänze die fehlenden Größen eines Quaders.

	Länge	Breite	Höhe	Volumen	Grundfläche
a)	170 cm	6 dm	80 cm		
b)	3 cm	50 mm		60 cm³	
c)	7 cm			336 cm³	42 cm²
d)	240 cm		9 dm	1728 l	

14 Berechne zu den Quadern in Fig. 3 Oberflächeninhalt und Volumen. Zeichne jeweils ein Schrägbild des Quaders.

a)

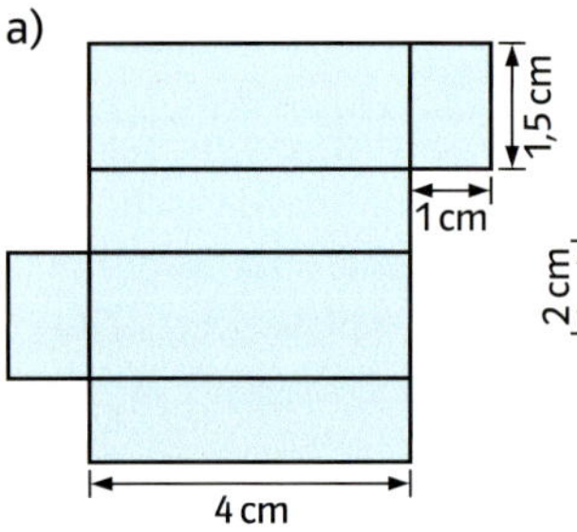

b)

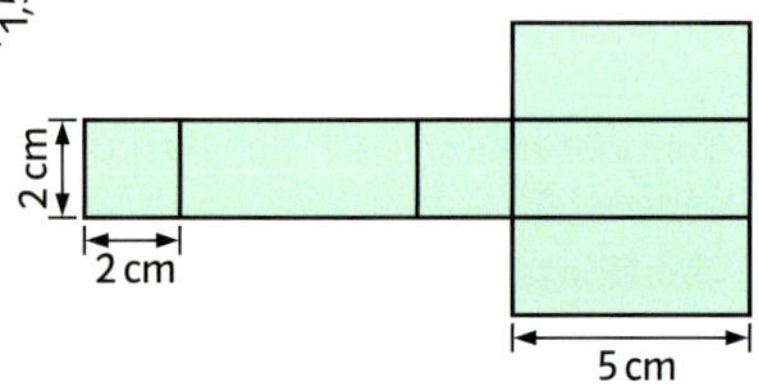

c)

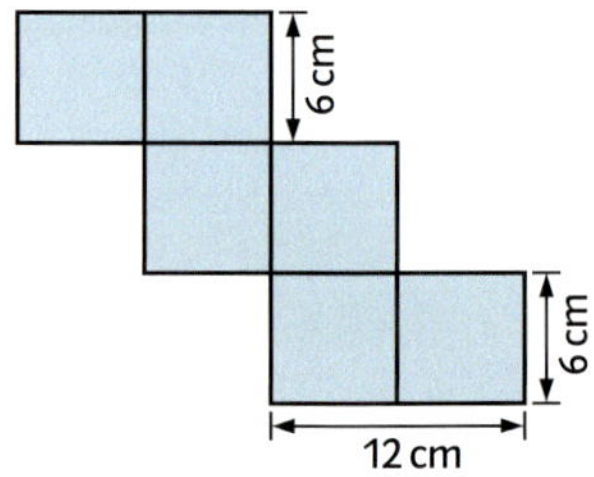

Fig. 3

15 Eine Straße von 8 km Länge und 6,50 m Breite erhält eine 9 cm dicke Schotterdecke.
a) Wie viele m³ Schotter braucht man?
b) Wie viele t Teer braucht man zum Teeren der Straße, wenn 1 t für 100 m² Straßendecke reicht?

Bist du sicher?

Diese Figur zeigt denselben Würfel von verschiedenen Seiten. Gegenüberliegende Seiten haben die gleiche Summe. Die Maßzahlen aller Lösungen zu 1 und 2 stehen auf den Würfelflächen.

1 Die Kanten der Würfel sind 1 cm lang. Bestimme die Volumina der Körper.

a)

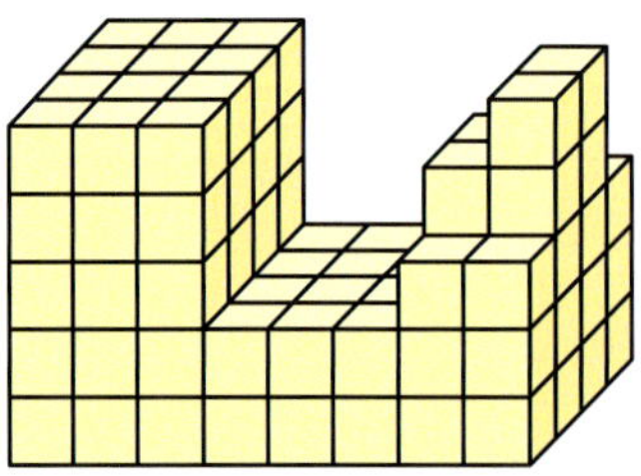

b)

2 Berechne Volumen und Oberflächeninhalt des Quaders mit den Kantenlängen
a) 7 cm, 4 cm und 5 cm,
b) 1,2 dm, 8 cm und 20 mm.

1 Es ist $1\,m^2 = 10\,000\,cm^2 = 10^4\,cm^2$. Schreibe entsprechend in dein Heft.

a)	b)	c)
1 m = □ cm = □ cm	1 a = □ m^2 = □ m^2	1 l = □ cm^3 = □ cm^3
1 km = □ m = □ m	1 ha = □ m^2 = □ m^2	1 m^3 = □ mm^3 = □ mm^3
100 m = □ dm = □ dm	10 m^2 = □ cm^2 = □ cm^2	1 km^3 = □ l = □ l

2 Ein Würfel hat die Kantenlänge 4 cm. Vergleiche sein Volumen, seinen Oberflächeninhalt und seine Gesamtkantenlänge mit den entsprechenden Größen eines Quaders, der 8 cm lang, 7 cm breit und 1 cm hoch ist.

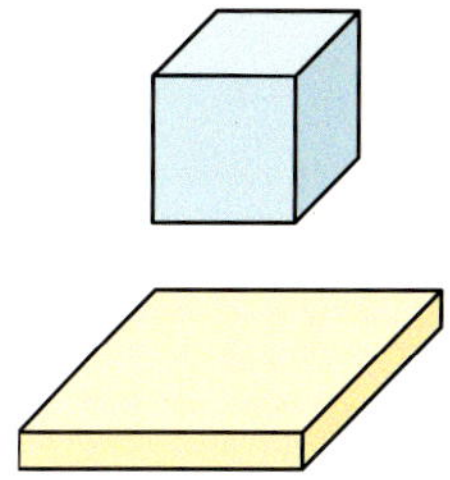

Fig. 1

Aus einem Schulbuch aus dem Jahr 1909:

3 Eine rechteckige Fläche soll mit Plättchen belegt werden; an der langen Seite befinden sich 30, an der breiten Seite sind 24 Plättchen von je 15 cm Länge. a. Wie groß ist die belegte Fläche; b. was kostet der Belag, wenn jedes Plättchen mit 25 ₰ berechnet wird?

1 ₰ ist die Abkürzung für einen „Reichspfennig".

Man schreibt für 1 m^2 auch 1 qm.

4 Ein rechteckiger Platz von 20,4 m Länge und 15,5 m Breite soll mit Kies belegt werden, von welchem ein Korb, dessen Inhalt zur Bedeckung von 1 qm hinreicht, mit 10 ₰ berechnet wird. Wieviel Körbe Kies sind erforderlich, und wie hoch belaufen sich die Kosten?

5 Bei einem Drachen sind die beiden Diagonalen orthogonal und eine der beiden Diagonalen halbiert die andere.
a) Bestimme den Flächeninhalt des Drachens in Fig. 2.
b) Begründe: Der Flächeninhalt ist bei jedem Drachen die Hälfte des Produkts aus den Längen der Diagonalen.
c) Zeichne drei verschiedene Drachen mit dem Flächeninhalt 15 cm^2.

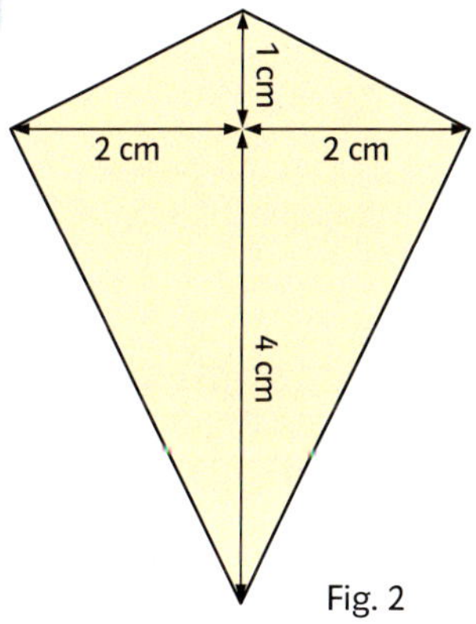

Fig. 2

6 Jeder kleine Würfel in Fig. 3 hat die Kantenlänge 10 cm. Wie viele Liter passen noch in den roten Würfel?

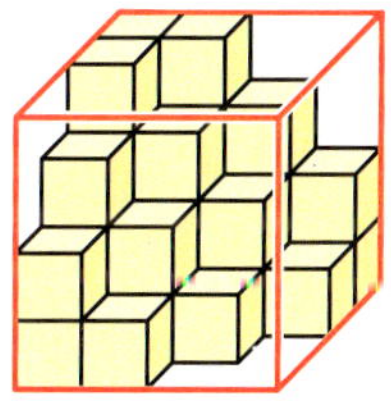

Fig. 3

7 Fig. 4 zeigt Judith Wills neues Zimmer. Es ist 2,5 m hoch.
a) Das Zimmer soll mit Teppichboden ausgelegt werden. Wie viele Quadratmeter Teppichboden werden dafür benötigt?
b) Zeichne zwei Schrägbilder des Zimmers aus verschiedenen Blickrichtungen. Wähle einen geeigneten Maßstab.
c) Bevor der Teppichboden ins Zimmer kommt, muss noch der Estrich gelegt werden, der 7 cm hoch sein soll. Wie viele Liter Estrich muss Familie Will dafür kaufen?
d) Alle Wände und die Decke sollen mit Raufasertapete tapeziert werden. Wie viele Quadratmeter Tapete benötigt Judith, wenn sie Fenster- und Türflächen nicht abzieht?
e) Wie viele Meter Fußleisten braucht man für Judiths Zimmer?
f) Bei der Planung des Hauses der Familie Will stellt der Architekt eine Liste der auszuführenden Arbeiten auf. Schreibe die Liste mit den passenden Einheiten auf.

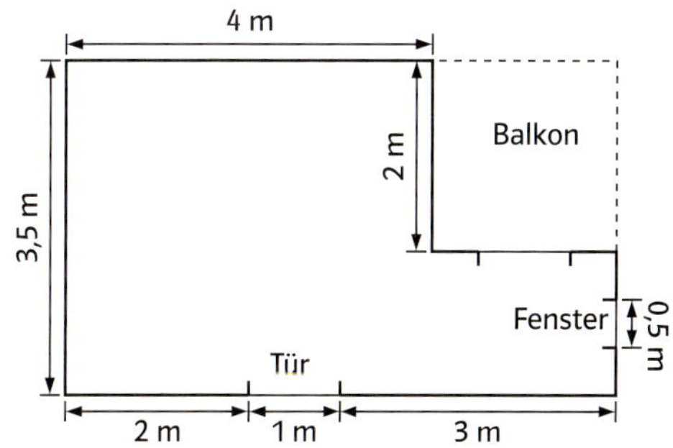

Fig. 4

Parkett	46 □	Dachrinne	23 □
Erdaushub	170 □	Rollrasen	2 □
Treppengeländer	12 □	Warmwasserspeicher	600 □

8 Anjas Zimmer (5,00 m × 3,40 m) soll mit einem neuen Teppichboden ausgelegt werden. Es gibt ihn auf Rollen mit 3 m Breite und auf Rollen mit 4 m Breite zu kaufen. Wie muss Anjas Mutter einkaufen, damit nach dem Verlegen möglichst wenig Teppichboden übrig bleibt?

9 Island ist eine Insel im Nordatlantik und hat weniger als 300 000 Einwohner.
a) Bestimme den Flächeninhalt Islands mithilfe eines geeigneten Quadratgitters. Ein Zentimeter auf der Karte entspricht 100 Kilometer in der Wirklichkeit.
b) Schätze den Flächeninhalt Islands, indem du ein Rechteck zeichnest, das etwa den gleichen Flächeninhalt hat wie das Bild Islands auf der Karte.
c) Informiere dich in einem Lexikon oder im Internet über den Flächeninhalt Islands und vergleiche mit deinen Ergebnissen.
d) Vergleiche die Bevölkerungsdichte Islands (Einwohner pro km^2) mit der Bevölkerungsdichte Deutschlands.

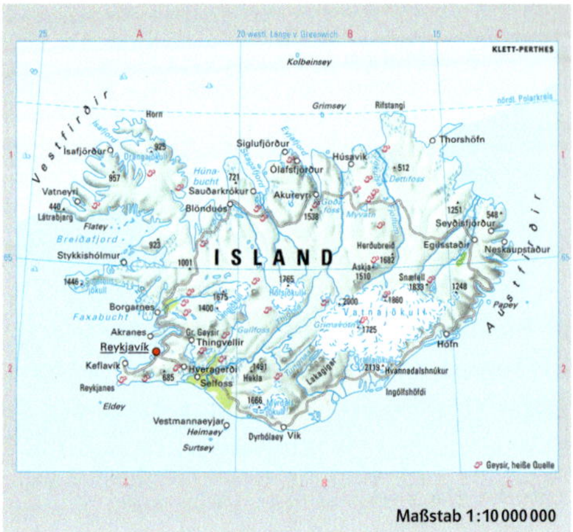

Maßstab 1:10 000 000

10 Die Post bietet „praktische Versandkartons“ in sechs verschiedenen Größen an: Das PACKSET gibt es wahlweise in den Größen XS, S, M, L, XL bzw. F für Flaschen. Im Internet findet Steffi die folgende Tabelle mit Maßen und Preisen:

	Name	Innenmaße	Euro	Volumen	Oberflächeninhalt
XS	Extra Small	22,5 × 14,5 × 3,5 cm	1,50		
S	Small	25 × 17,5 × 10 cm	1,70		
M	Medium	35 × 25 × 12 cm	1,90		
L	Large	40 × 25 × 15 cm	2,20		
XL	Extra Large	50 × 30 × 20 cm	2,50		
F	Flasche	37,5 × 13 × 13 cm	2,30		

a) Übernimm die Tabelle ins Heft und ergänze sie mit den Werten für Volumen und Oberflächeninhalt der sechs Paketgrößen.
b) Steffi möchte vier quaderförmige Spiele mit den Maßen 22 cm × 14 cm × 5 cm verschicken. Mit welchen Packungsgrößen soll sie verpacken, wenn sie möglichst wenig Leerraum lassen will (auch mehrere Päckchen sind möglich)? Welche Verpackung wäre am preisgünstigsten?

Länge mal Breite mal Höhe kann falsch sein!

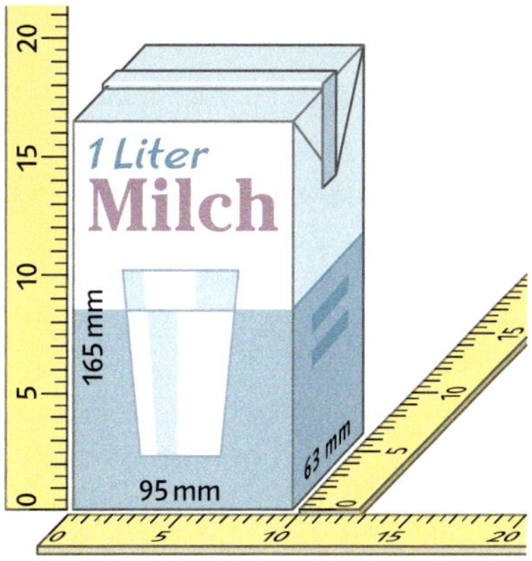

Wie viel Milch ist in dieser handelsüblichen Milchtüte?
Du wirst sagen: „Natürlich 1 Liter, steht ja auf der Packung!“
Wir prüfen einmal nach. Wir messen mit einem Lineal Länge, Breite und Höhe der Milchtüte und berechnen ihren Rauminhalt. Für die Länge erhalten wir 95 mm, für die Breite 63 mm und für die Höhe 165 mm.
Für das Volumen der quaderförmigen Packung ergibt sich also

$(95 \cdot 63 \cdot 165)\,\text{mm}^3$
$= 987\,525\,\text{mm}^3 = 987\,\text{cm}^3\ 525\,\text{mm}^3$
$= 987{,}525\,\text{cm}^3 = 987{,}525\,\text{ml}.$

Das ist weniger als 1 l. Aber so viel fehlt ja nicht …
Wenn du die Packung nun vorsichtig öffnest und nachschaust, wie hoch die Milch in der Tüte steht, wirst du staunen. Da fehlt ja noch mehr zu 1 l. Die Milch steht nämlich etwa 1 cm unterhalb des oberen Randes. Also darf man für die Höhe nicht 165 mm nehmen, sondern nur 155 mm. Die Milchmenge beträgt somit nur
$(95 \cdot 63 \cdot 155)\,\text{mm}^3 = 927\,675\,\text{mm}^3 = 927{,}675\,\text{ml}.$
Damit fehlen mehr als 72 ml zu 1 l. Falls ihr zu Hause jeden Tag zwei Tüten Milch braucht, ergibt das in der Woche einen Verlust von mehr als 1 l.

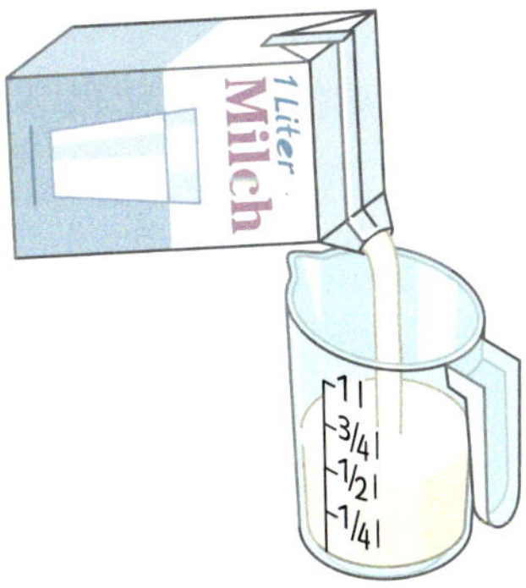

Wir schütten nun den Inhalt einer Milchtüte in einen Messbecher. Er wird genau bis zur 1-l-Markierung gefüllt. War also doch 1 l Milch in der Tüte, und hat die Molkerei sich nicht geirrt?
Irgendetwas stimmt hier nicht. Haben wir falsch gemessen oder falsch gerechnet oder hat die Molkerei gemogelt? An unseren Überlegungen, die auf ein zu kleines Volumen geführt haben, muss etwas falsch sein …

Hier ist die Lösung:
Wenn wir seitlich an die Milchtüte ein Lineal anlegen, sehen wir, dass die Seitenflächen bauchig gewölbt sind. Die Milchtüte hat also bei genauem Hinsehen gar nicht die Form eines Quaders. Wir können damit das Volumen auch nicht ausrechnen, indem wir Länge, Breite und Höhe multiplizieren.
Wir können aber die Wölbung in etwa ausgleichen, wenn wir die Maße des gedachten roten Quaders zugrunde legen:
$V = (99 \cdot 67 \cdot 153)\,\text{mm}^3 = 1014{,}849\,\text{ml} \approx 1\,\text{l}.$

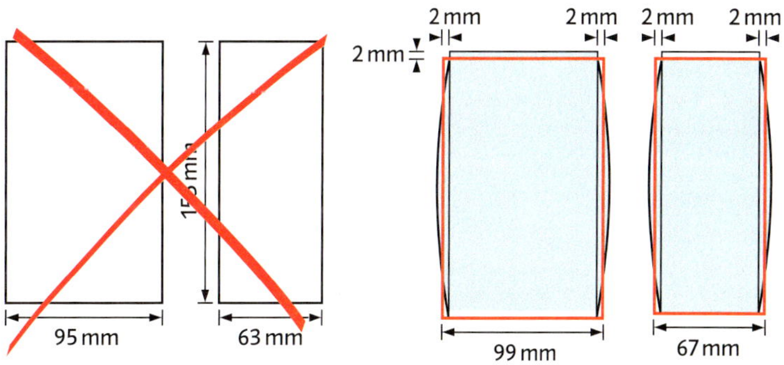

falsch

richtig

Sportplätze sind auch Flächen

In den Bestimmungen des internationalen Fußballverbandes findet man genaue Angaben, wie ein Fußballfeld aussehen muss.

Ein Fußballfeld muss mindestens 90 m lang und 45 m breit sein. Seine größte zugelassene Länge bzw. Breite ist 120 m bzw. 90 m.
Die Mittellinie ist parallel zu den Torlinien und teilt das Spielfeld in zwei gleiche Spielhälften. Um den Mittelpunkt der Mittellinie ist ein Kreis mit Radius 9,15 m zu ziehen.
An jeder Ecke wird eine Fahne an einer Stange, die nicht unter 1,50 m hoch sein darf, angebracht. Um jede Eckfahne ist ein Viertelkreis mit 1 m Radius im Spielfeld zu ziehen.
In der Mitte jeder Torlinie sind die Tore aufzustellen. Sie bestehen aus zwei senkrechten Pfosten, die in gleichem Abstand zu den Eckfahnen stehen und durch eine Querlatte verbunden sind. Der Abstand zwischen den Innenkanten der Pfosten beträgt 7,32 m. Die Unterkante der Querlatte ist 2,44 m vom Boden entfernt. Die Torpfosten und die Querlatte dürfen höchstens 12 cm breit sein.
Rechtwinklig zu jeder Torlinie sind im Abstand von 5,50 m von der Innenkante der Torpfosten zwei Linien zu ziehen. Diese Linien müssen sich 5,50 m in das Spielfeld hinein erstrecken und durch eine zur Torlinie parallele Linie miteinander verbunden werden. Der von diesen Linien und der Torlinie umschlossene Raum wird Torraum genannt.
Rechtwinklig zu jeder Torlinie sind im Abstand von 16,50 m von der Innenkante der Torpfosten zwei Linien zu ziehen. Diese Linien müssen sich 16,50 m in das Spielfeld hinein erstrecken und durch eine zur Torlinie parallele Linie miteinander verbunden werden. Der von diesen Linien und der Torlinie umschlossene Raum wird Strafraum genannt.
In jedem Strafraum, 11 m vom Mittelpunkt der Torlinie und gleich weit von beiden Pfosten entfernt, ist die Strafstoßmarke als sichtbares Zeichen anzubringen. Von jeder Strafstoßmarke aus ist ein Teilkreis mit 9,15 m Radius außerhalb des Strafraums zu ziehen.

1 Zeichne ein Spielfeld, das den Regeln entspricht. Wähle für 1 m in der Wirklichkeit 1 mm in der Zeichnung.

3 Vergleiche die Flächeninhalte des kleinstmöglichen und des größtmöglichen Fußballfeldes.

2 Wie groß ist die Spielfläche, die jedem Spieler rechnerisch zur Verfügung steht?

4 Was ist mit Strafraum und Torraum gemeint? Lässt sich ein Volumen zuordnen? Berechne die Größe des Tor- und des Strafraums.

Ein Fußball darf einen Durchmesser von 22 bis 23 cm haben. Er muss mindestens 396 g und darf höchstens 453 g schwer sein.
Das Fußballfeld in der AWD-Arena in Hannover ist 104 m lang und 68 m breit.

5 Wie viele Fußbälle hätten darauf Platz, wenn man sie in einer Schicht so dicht wie möglich aneinander legen würde?

6 Wie schwer wären diese Bälle zusammen?

7 Wie hoch wäre die Säule, die man erhalten würde, wenn man alle diese Bälle aufeinander stapeln könnte?

Sportplätze sind auch Flächen

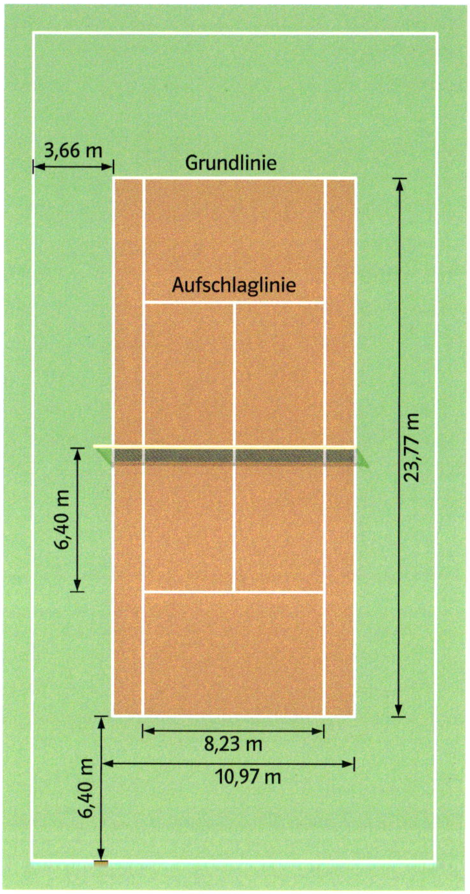

Ein Tennisplatz hat die in der Zeichnung angegebenen Maße. Die rote Fläche ist das Spielfeld für ein Doppel. Hier spielen jeweils zwei Spieler gegeneinander.
Bei einem Einzel ist das Spielfeld nur 8,23 m breit.

1 Kannst du deinem Nachbarn den Tennisplatz so in Worten beschreiben, dass er ihn nur aufgrund deiner Angaben zeichnen kann?
Er sollte dabei für einen Meter in der Wirklichkeit eine Kästchenlänge im Heft wählen.

2 Du hast dich sicher über die „krummen" Längenangaben gewundert.
Diese stammen noch aus der Zeit, als die ersten Tennisregeln aufgestellt wurden. Dies geschah im Jahr 1874 durch einen Engländer namens Wingfield. Er verwendete die damals übliche Längeneinheit 1 Yard.
Sie ist heute noch weit verbreitet. Ein Yard ist ungefähr 91,44 cm lang. Mithilfe eines Taschenrechners kannst du alle Längenangaben in Yards umrechnen.
Sehen jetzt die Längenangaben in Yards nicht „schöner" aus?

3 Zur Erweiterung seiner Tennisanlage hat ein Verein eine 80 m lange und 60 m breite Wiese gekauft.
Wie viele neue Plätze kann der Verein darauf anlegen?
Erstelle verschiedene Vorschläge, wie man diese Plätze anordnen könnte.

4 Berechne aus den Längenangaben in der Zeichnung weitere interessante Eigenschaften eines Tennisplatzes.
a) Länge, Breite, Umfang und Gesamtlänge aller Linien des Spielfelds
b) Flächeninhalte des gesamten Platzes und der Spielfelder für Einzel und Doppel
c) Spielfläche, die rechnerisch jedem Spieler im Einzel bzw. im Doppel zur Verfügung steht
d) Flächeninhalt des Netzes
(beim Einzel ist es 91,4 cm hoch)
e) Materialbedarf in m3 für einen Spielfeldbelag der Dicke 35 mm

Rückblick

Längeneinheiten

Längen werden in den Einheiten 1mm, 1cm, 1dm, 1m gemessen.
Das 10fache einer Längeneinheit ergibt die nächstgrößere Einheit.
Für große Längen verwendet man 1km = 1000m.

1m = 10dm
1dm = 10cm
1cm = 10mm

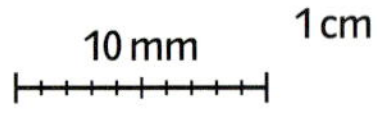

Flächeneinheiten

Flächeninhalte werden in den Einheiten $1\,mm^2$, $1\,cm^2$, $1\,dm^2$, $1\,m^2$, 1a, 1ha, $1\,km^2$ gemessen
Das 100fache einer Flächeneinheit ergibt die nächstgrößere Einheit.

$1\,km^2 = 100\,ha$
$1\,ha = 100\,a$
$1\,a = 100\,m^2$
$1\,m^2 = 100\,dm^2$
$1\,dm^2 = 100\,cm^2$
$1\,cm^2 = 100\,mm^2$

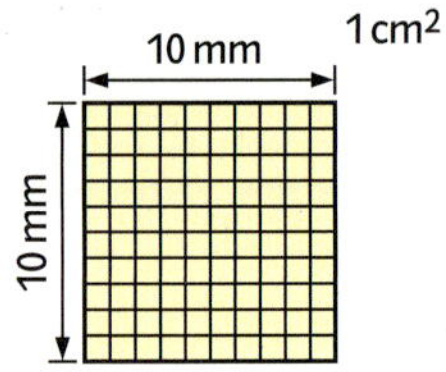

Volumeneinheiten

Volumina werden in den Einheiten $1\,mm^3$, $1\,cm^3 = 1\,ml$, $1\,dm^3 = 1\,l$ und $1\,m^3$ gemessen.
Das 1000fache einer Volumeneinheit ergibt die nächstgrößere Einheit.

$1\,m^3 = 1000\,dm^3$
$1\,dm^3 = 1000\,cm^3$
$1\,cm^3 = 1000\,mm^3$

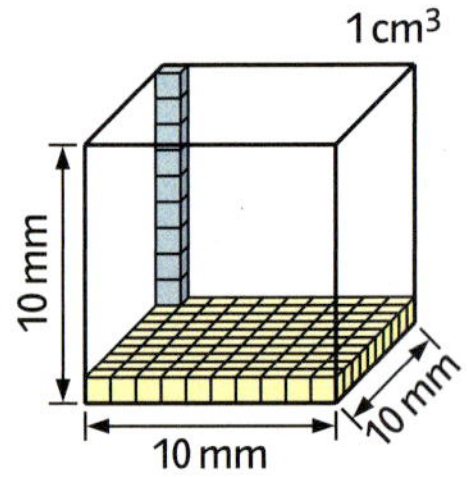

Flächeninhalt und Umfang eines Rechtecks

Flächeninhalt: Länge mal Breite
Formel: $A = a \cdot b$
Umfang: 2-mal Länge + 2-mal Breite
Formel: $U = 2 \cdot a + 2 \cdot b = 2 \cdot (a + b)$

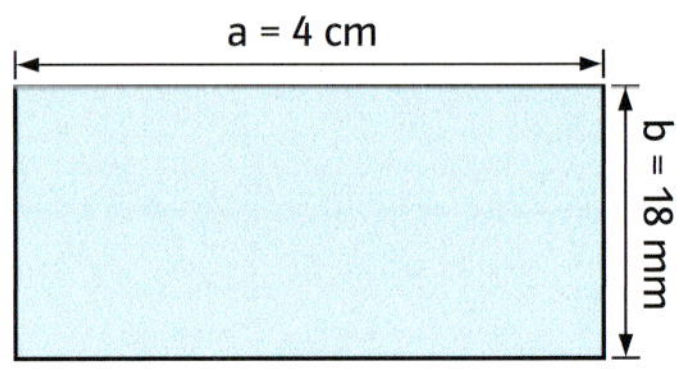

Flächeninhalt $A = 40\,mm \cdot 18\,mm = 720\,mm^2$
Umfang $U = (40\,mm + 18\,mm) \cdot 2 = 116\,mm$

Oberflächeninhalt und Volumen eines Quaders

Der Oberflächeninhalt eines Quaders ist der Flächeninhalt von allen sechs Rechtecken, die den Quader begrenzen, zusammen.
Er ist doppelt so groß wie Grund-, Seiten- und Vorderfläche zusammen.
Formel: $O = 2 \cdot a \cdot b + 2 \cdot a \cdot c + 2 \cdot b \cdot c = 2 \cdot (a \cdot b + a \cdot c + b \cdot c)$

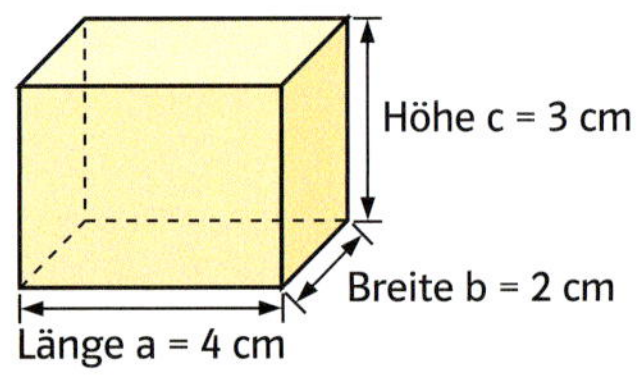

Das in cm^3 gemessene Volumen eines Quaders gibt an, wie viele Würfel der Kantenlänge 1cm in den Quader hineinpassen.
Das Volumen erhält man, indem man Länge, Breite und Höhe miteinander multipliziert.
Formel: $V = a \cdot b \cdot c$

$O = 2 \cdot (4\,cm \cdot 2\,cm + 2\,cm \cdot 3\,cm + 4\,cm \cdot 3\,cm) = 52\,cm^2$
$V = 4\,cm \cdot 2\,cm \cdot 3\,cm = 24\,cm^3$

Oberflächeninhalt und Volumen eines Würfels

Der Würfel hat die Kantenlänge a.
Formeln:
$O = 6 \cdot a \cdot a = 6 \cdot a^2$
$V = a \cdot a \cdot a = a^3$

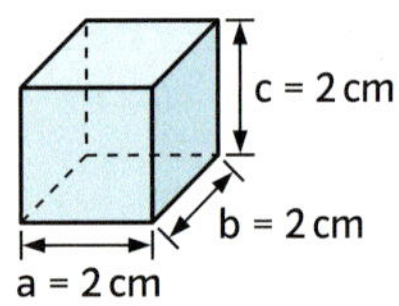

$O = 6 \cdot (2\,cm)^2 = 6 \cdot (2\,cm \cdot 2\,cm) = 6 \cdot 4\,cm^2 = 24\,cm^2$
$V = (2\,cm)^3 = 2\,cm \cdot 2\,cm \cdot 2\,cm = 8\,cm^3$

Training

Runde 1

1 Gib in der Einheit an, die in der Klammer steht.

a) $7\,cm^2$ (mm^2) b) 5 ha (a) c) $12\,dm^3$ (mm^3)
d) 7 cm (mm) e) $3\,m^2\,5\,dm^2$ (dm^2) f) 3 m 5 dm (dm)
g) 20 km (m) h) $4\,m^3$ 30 l (l) i) 4 ha 33 a (m^2)

2 Gib in der Einheit an, die in der Klammer steht.

a) 4,2 cm (mm) b) 12,5 a (m^2) c) 2,6 l (cm^3)
d) 2 m 3 cm (m) e) 3750 m (km) f) $765\,m^2$ (a)
g) 1480 l (m^3) h) 4 ha 8 a (m^2) i) 15 l 125 ml (l)

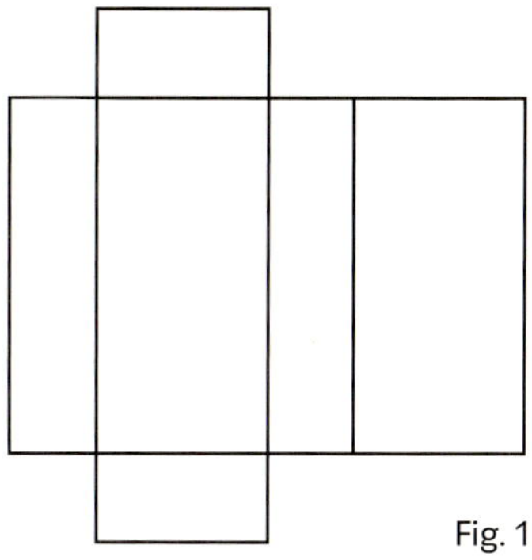

Fig. 1

3 Bestimme Gesamtkantenlänge, Oberflächeninhalt und Volumen des Quaders, dessen Netz in Fig. 1 gezeichnet ist.

4 a) Sind die zwei Flächen in Fig. 2 gleich groß? Begründe.
b) Zeichne eine weitere Fläche, die den gleichen Flächeninhalt wie das Rechteck hat.

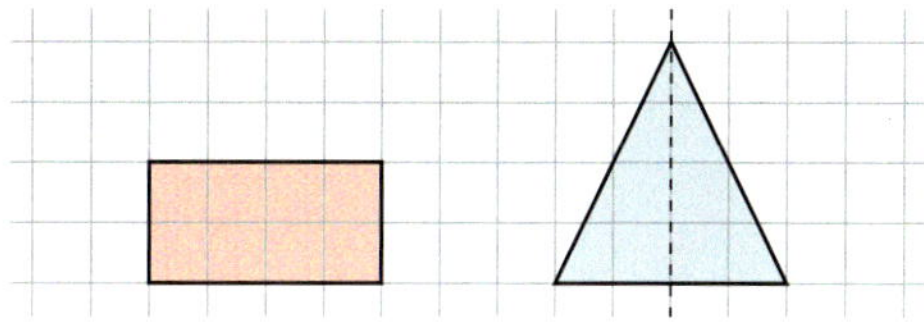

Fig. 2

5 Ein Rechteck ist 15 m lang und 8 m breit.
a) Berechne seinen Flächeninhalt und seinen Umfang.
b) Das Rechteck wird nun so verlängert, dass sein Flächeninhalt um $40\,m^2$ größer wird. Um wie viele Meter wird dabei seine Länge größer? Wie verändert sich sein Umfang?

Runde 2

1 Bestimme Flächeninhalt und Umfang der Flächen in Fig. 3.

2 Gib in der nächstkleineren Einheit an und nenne Gegenstände, die zu der Größe passen.

a) $500\,cm^3$ b) 50 l
c) 6 ha d) $6\,dm^2$
e) 34,5 m f) $200\,m^3$
g) 23 ml h) 10 a
i) 170 cm j) 400 m

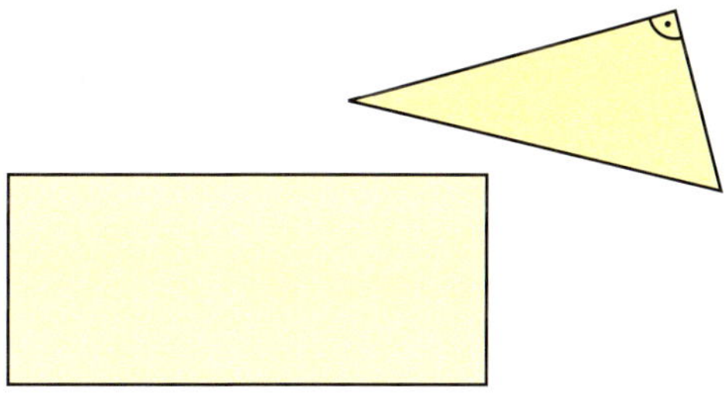

Fig. 3

3 Ein Heimwerker will die sechs Türen seiner Wohnung neu streichen. Alle Türen sind 2 m hoch und 82 cm breit.
a) Welchen Flächeninhalt haben alle Türen (außen und innen) zusammen?
b) Eine Farbdose reicht für ca. $12\,m^2$. Wie viele Dosen muss er kaufen?

4 Berechne das Volumen des in Fig. 4 dargestellten Körpers.

5 Eine Sandkastengrube ist 5 m lang und 2,5 m breit. Sie soll 20 cm hoch mit Sand gefüllt werden. Der Sand wird mit einer Schubkarre angefahren, in die 50 l Sand passen. Wie oft muss man mit der Schubkarre fahren?

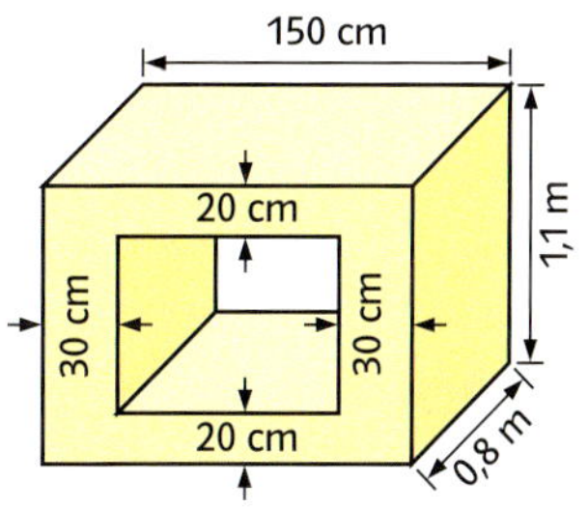

Fig. 4

Lösungen auf Seite 248 – 249.

Das kannst du schon

- Mit natürlichen Zahlen rechnen
- Mit Dezimalzahlen rechnen
- Mit Längen, Gewichten und Uhrzeiten rechnen
- Flächeninhalte und Rauminhalte berechnen

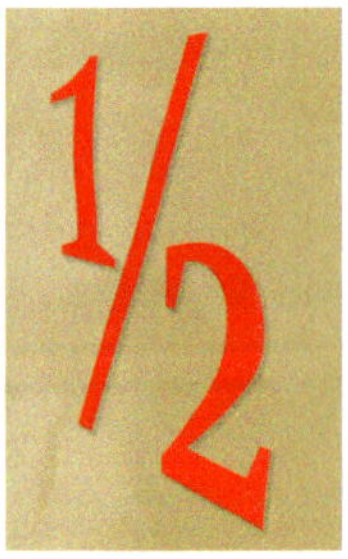

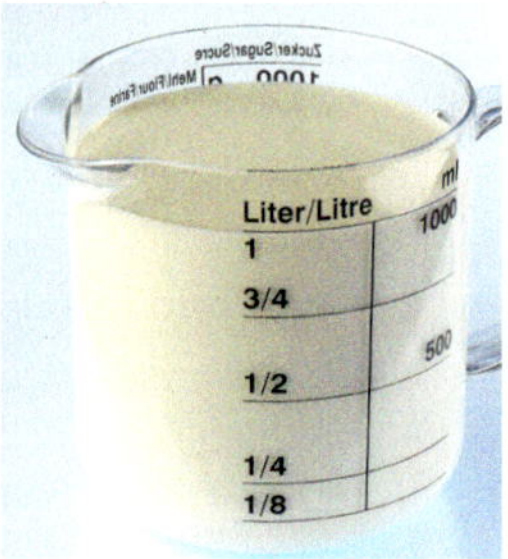

Zahlen und Operationen

Größen und Messen

Raum und Form

Funktionaler Zusammenhang

Daten und Zufall

Bruch, Komma und Prozent

Wir schreiben für den Beginn
mal ein paar neue Zahlen hin:
1; 0,1; 0,01; 0,001; 0,0001 …
Kaum steh'n sie da, hört man die Worte:
Von uns gibt's auch noch diese Sorte
$\frac{1}{1}$; $\frac{1}{10}$; $\frac{1}{100}$; $\frac{1}{1000}$; $\frac{1}{10000}$ …

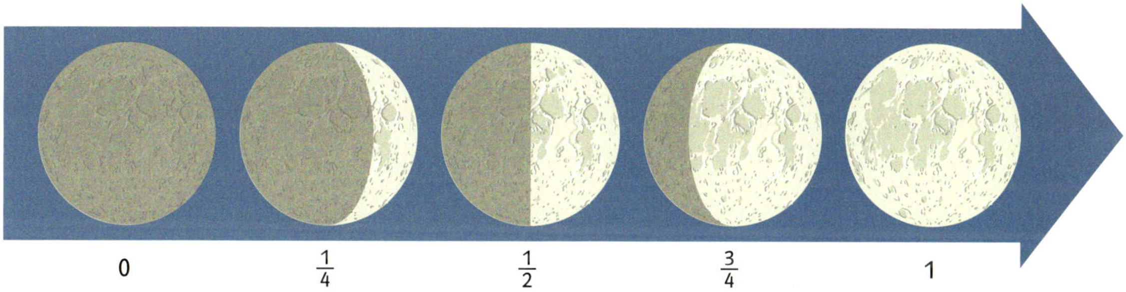

Das kannst du bald

- Anteile mit Brüchen beschreiben
- Brüche erweitern und kürzen
- Brüche als Quotienten deuten
- Anteile in Prozenten angeben
- Mit Verhältnissen und Maßstäben umgehen
- Den Zusammenhang zwischen Bruch- und Kommaschreibweise verstehen

1 Brüche und Anteile

Bisher kennst du natürliche Zahlen und Dezimalbrüche. Brüche wie $\frac{1}{4}$, $\frac{1}{2}$ und $\frac{3}{4}$ sind dir aber schon begegnet.

Größen wie Längen, Gewichte und Zeitdauern werden oft als **Bruchteile** einer Maßeinheit angegeben, z. B. $\frac{2}{5}$km, $\frac{3}{4}$kg oder $\frac{1}{2}$h. Dabei bedeutet der Ausdruck $\frac{3}{4}$kg:
Drei Viertel von einem Kilogramm; kurz: $\frac{3}{4}$ von 1kg.
Den Bruchteil $\frac{3}{4}$kg kann man auch in Gramm angeben.

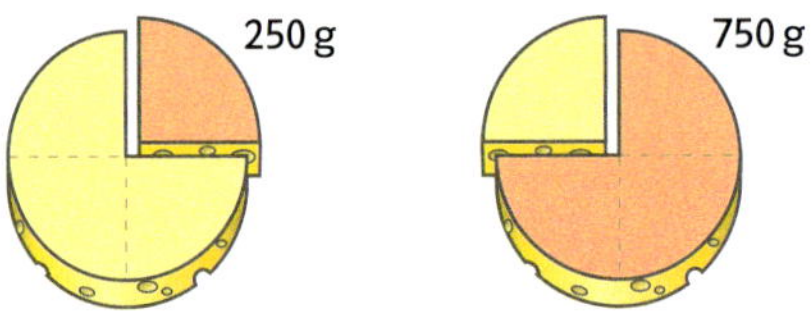

Fig. 1

Zunächst teilt man 1kg in vier gleiche Teile, das ergibt $4 \cdot \frac{1}{4}\text{kg} = 4 \cdot 250\,\text{g} = 1000\,\text{g}$. Anschließend fasst man drei dieser Teile zusammen: $\frac{3}{4}\text{kg} = 3 \cdot 250\,\text{g} = 750\,\text{g}$ (Fig. 1).

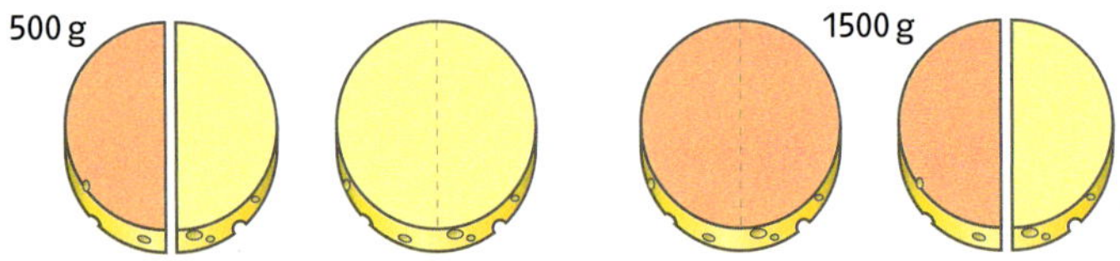

Fig. 2

Man kann auch $\frac{3}{4}$ von 2kg ausrechnen. Dabei geht man von 2kg als Ganzem aus, teilt es in vier gleiche Teile und nimmt drei davon:
$2000\,\text{g} : 4 = 500\,\text{g}$; $3 \cdot 500\,\text{g} = 1500\,\text{g}$;
$\frac{3}{4}$ von 2kg sind also 1500g (Fig. 2).

Brüche wie $\frac{1}{4}$ und $\frac{3}{4}$ benutzt man nicht nur bei Längen, Gewichten und Zeitdauern. Sind in einer Klasse 30 Kinder und davon 20 Mädchen und 10 Jungen, sagt man: Zwei Drittel der Kinder sind Mädchen, ein Drittel der Kinder sind Jungen. Oder: Der **Anteil** der Mädchen ist $\frac{2}{3}$, der Anteil der Jungen ist $\frac{1}{3}$.

*Der **Zähler** „zählt" die Teile.*
Bruchstrich → $\frac{3}{4}$
*Der **Nenner** „nennt" die Art eines Teiles.*

Zur Beschreibung von Anteilen verwendet man Brüche wie $\frac{1}{5}$, $\frac{3}{5}$, $\frac{3}{4}$ ....
Die obere Zahl nennt man **Zähler**, die untere **Nenner** des Bruches.
Man bestimmt den Anteil $\frac{3}{5}$ eines Ganzen, indem man das Ganze in 5 gleiche Teile teilt und 3 davon zusammenfasst.

Bei einem Bruch kann der Zähler auch gleich dem Nenner oder auch größer als der Nenner sein, wie z. B. $\frac{4}{4}$; $\frac{7}{7}$; $\frac{5}{4}$; $\frac{7}{3}$. Solche Brüche nennt man **unechte Brüche**.

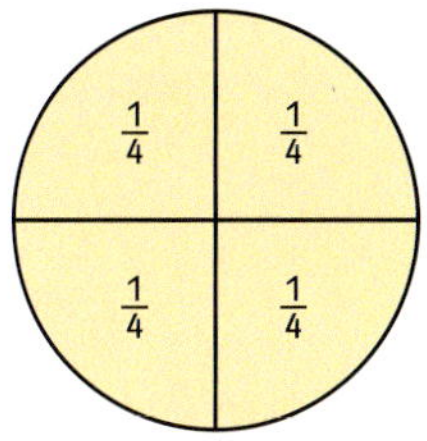

$\frac{4}{4}$

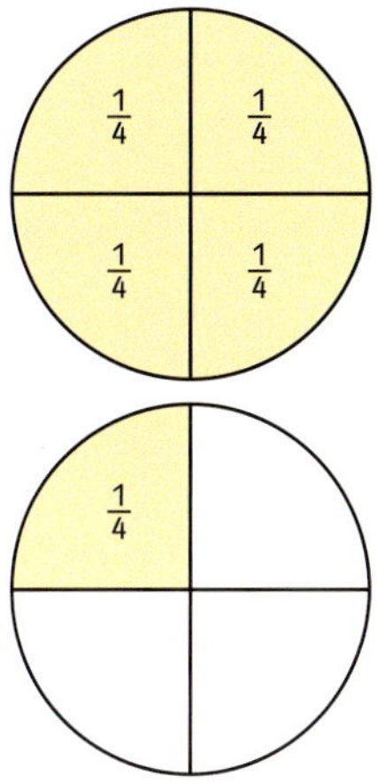

$\frac{5}{4}$

Beispiel 1 Anteile bestimmen

Welcher Anteil des Ganzen ist farbig gekennzeichnet? Schreibe das Ergebnis mithilfe eines Bruches und in Worten.

a)

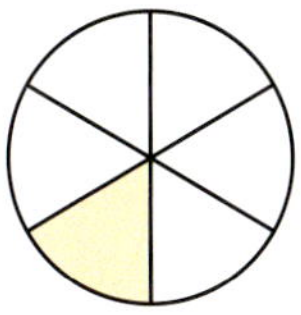

Fig. 1

b)

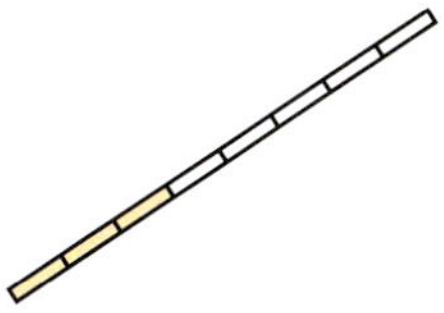

Fig. 2

c)

Fig. 3

Lösung:

a) $\frac{1}{6}$ ein Sechstel

b) $\frac{3}{8}$ drei Achtel

c) $\frac{7}{10}$ sieben Zehntel

Beispiel 2 Bruchteile berechnen

Schreibe ohne Verwendung eines Bruches.

a) $\frac{3}{4}$ m b) $\frac{7}{10}$ t c) $\frac{2}{5}$ von 20 Personen d) $\frac{5}{6}$ von 2 h.

Lösung:

a) $\frac{1}{4}$ m = 25 cm; $\frac{3}{4}$ m = 25 cm · 3 = 75 cm *$\frac{3}{4}$ heißt: Teile durch 4; nimm 3 dieser Teile.*

b) $\frac{1}{10}$ t = 100 kg; $\frac{7}{10}$ t = 100 kg · 7 = 700 kg. *$\frac{7}{10}$ heißt: Teile durch 10; nimm 7 dieser Teile.*

c) $\frac{1}{5}$ von 20 Personen sind 4 Personen; $\frac{2}{5}$ von 20 Personen sind 4 Personen · 2 = 8 Personen.

d) 2 h = 120 min; $\frac{1}{6}$ von 120 min sind 20 min; *Um 2 h durch 6 zu teilen, schreibe 2 h in min.*

$\frac{5}{6}$ von 120 min sind 20 min · 5 = 100 min.

Aufgaben

1 Ein Tank fasst 80 l. Wie viele Liter sind in Fig. 4–6 im Tank?

a)

Fig. 4

b)

Fig. 5

c)

Fig. 6

2 Welcher Anteil ist gefärbt? Schreibe als Bruch und in Worten.

a)

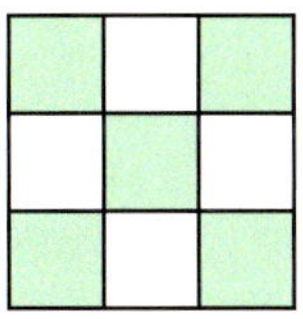

Fig. 7

b)

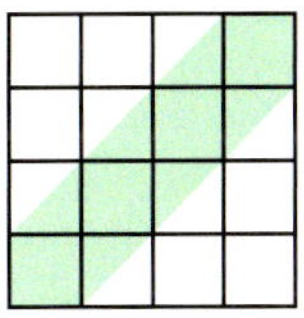

Fig. 8

c)

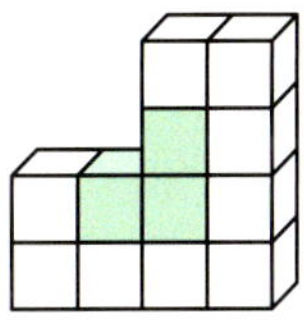

Fig. 9

3 Stelle den Bruch bildlich dar.

a) $\frac{2}{3}$ b) $\frac{4}{12}$ c) $\frac{1}{7}$ d) $\frac{8}{20}$

Fig. 1

4 Stelle drei Brüche bildlich dar und lasse deinen Nachbarn die Brüche wieder herausfinden.

5 Schreibe ohne Verwendung eines Bruches.
a) $\frac{1}{2}$km b) $\frac{1}{5}$cm c) $\frac{1}{4}$h d) $\frac{1}{3}$h e) $\frac{3}{4}$€
f) $\frac{4}{5}$km g) $\frac{3}{10}$t h) $\frac{1}{6}$h i) $\frac{2}{6}$h j) $\frac{1}{10}$cm

6 a) $\frac{1}{20}$m b) $\frac{3}{100}$kg c) $\frac{20}{100}$€ d) $\frac{1}{8}$km e) $\frac{1}{60}$h
f) $\frac{1}{12}$h g) $\frac{3}{10}$min h) $\frac{6}{20}$t i) $\frac{7}{60}$min j) $\frac{99}{100}$m

7 a) $\frac{1}{4}$ von 8 kg b) $\frac{2}{3}$ von 60 m c) $\frac{3}{10}$ von 20 Äpfeln d) $\frac{7}{8}$ von 40 Eiern
e) $\frac{1}{100}$ von 2 € f) $\frac{4}{30}$ von 2 min g) $\frac{4}{4}$ von 12 € h) $\frac{3}{4}$ von 48 g

Zu Aufgabe 8:
Die Summe der Lösungen von a), b), c) und d) ergibt 188 Kinder.

8 In der Klassenstufe 5 sind 80 Kinder. Wie viele Kinder der Klasse sind dann
a) drei Viertel, b) vier Achtel, c) ein Zehntel, d) fünf Fünftel?

9 Welcher Anteil des Rechtecks ist gefärbt und welcher Anteil ist nicht gefärbt?
a)
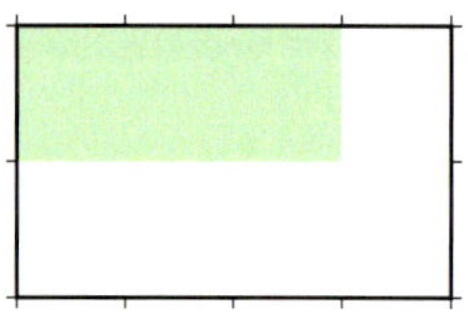
Fig. 2

b)
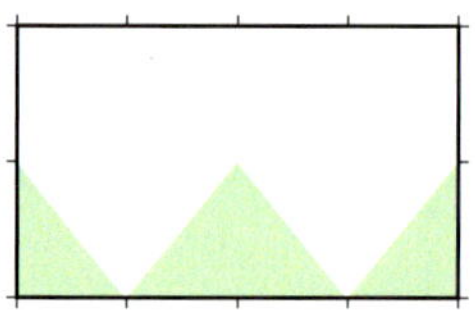
Fig. 3

c)
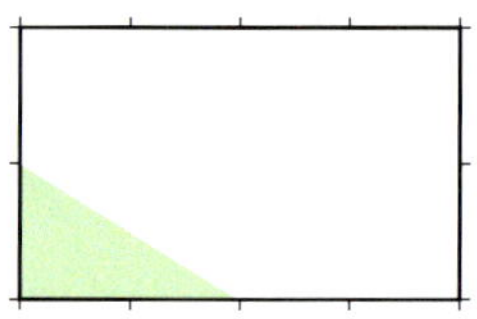
Fig. 4

Zur Erinnerung:
$1\,m^2 = 100\,dm^2$
$1\,dm^2 = 100\,cm^2$
1 a = $100\,m^2$
1 ha = 100 a
$1\,m^3 = 1000\,dm^3$
$1\,dm^3 = 1000\,cm^3$

10 Schreibe ohne Verwendung eines Bruches.
a) $\frac{1}{2}m^2$ b) $\frac{1}{5}m^2$ c) $\frac{1}{10}cm^2$ d) $\frac{3}{10}dm^3$ e) $\frac{3}{4}m^3$
f) $\frac{1}{4}m^3$ g) $\frac{1}{2}$a h) $\frac{1}{10}$a i) $\frac{1}{2}$ha j) $\frac{1}{5}$ha

11 a) $\frac{1}{4}$ von $8\,m^2$ b) $\frac{2}{3}$ von $60\,cm^2$ c) $\frac{1}{10}$ von $3\,cm^3$ d) $\frac{2}{5}$ von $6\,m^2$
e) $\frac{3}{10}$ von 2 ha f) $\frac{3}{100}$ von 8 a g) $\frac{1}{100}$ von $10\,m^2$ h) $\frac{2}{3}$ von 9 Liter

Bist du sicher?

1 Welcher Anteil ist gefärbt?
a)
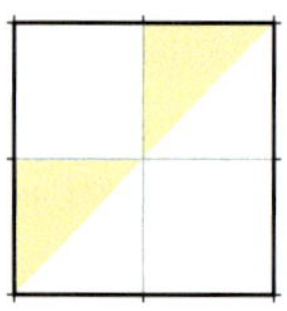
Fig. 5

b)
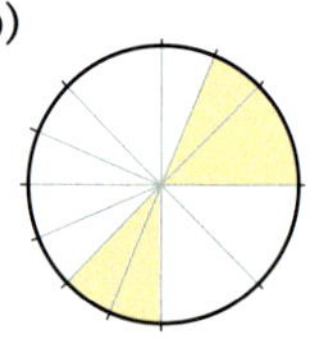
Fig. 6

c)
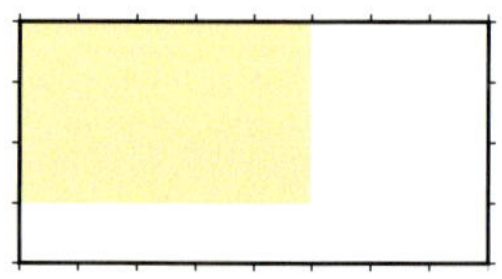
Fig. 7

2 Schreibe ohne Verwendung eines Bruches.
a) $\frac{3}{10}$kg b) $\frac{1}{4}m^2$ c) $\frac{2}{3}$ von 30 min d) $\frac{1}{8}$ von $4\,m^3$.

3 Von einer Tafel Schokolade mit 24 Stückchen isst Yvonne $\frac{1}{6}$ und Ricki $\frac{2}{3}$. Wie viele Stückchen bleiben übrig?

12 Rothirsche und Impala-Antilopen können 10 m weit springen. Löwen kommen auf $\frac{2}{5}$, Füchse auf $\frac{1}{4}$ und Flöhe auf $\frac{1}{20}$ dieser Weite. Berechne die Sprungweiten dieser Tiere.

13 Welcher Anteil von der Schokoladentafel in Fig. 1 sind
a) 8, b) 12, c) 4,
d) 6, e) 20 Stückchen?

14 Welchem Anteil von drei Schokoladentafeln entsprechen zwölf Stückchen (Fig. 1)?

Fig. 1

15 Zeichne die Figuren in dein Heft und ergänze sie zu einem Ganzen (Fig. 2).

16 Uli hat von allen seinen Einnahmen des letzten halben Jahres $\frac{2}{3}$ für einen Kletterkurs gespart. Seine Einnahmen waren: Das monatliche Taschengeld von 6 € und die Geldgeschenke zum Geburtstag von 15 € und 60 €. Wie viel hat er für den Kletterkurs gespart?

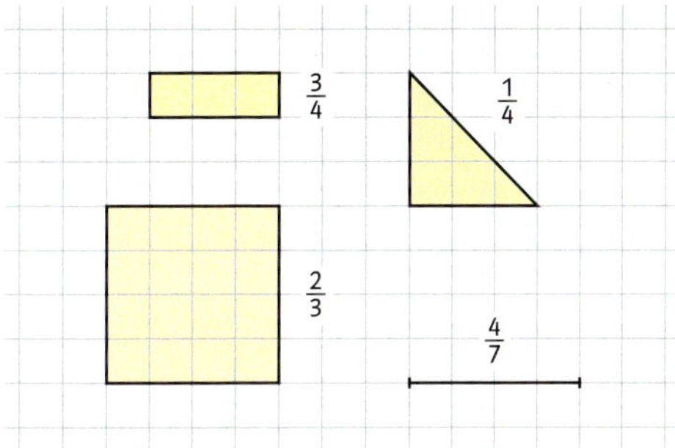

Fig. 2

17 Nina und ihre Mutter spielen für 12 € Lotto. Davon bezahlt Nina 2 € und ihre Mutter 10 €. Zu ihrer Freude gewinnen sie 300 €. Wie würdest du den Gewinn aufteilen?

18 Dreieck und Parallelogramm
Von dem Parallelogramm in Fig. 3 wird ein Dreieck abgeschnitten. Welcher Anteil von der Parallelogrammfläche ist das?

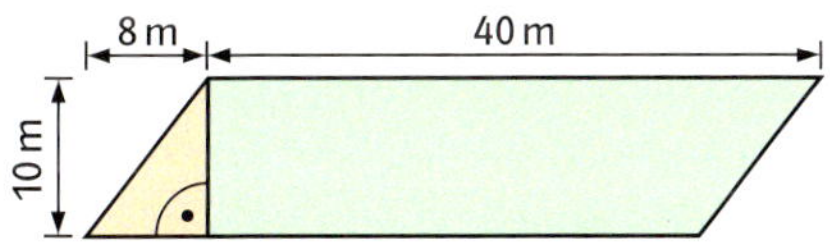

Fig. 3

19 Wie man sich täuschen (lassen) kann
In Zeitungen und Prospekten werden Anteile oft bildlich dargestellt. Dabei kann es passieren, dass die bildliche Darstellung nicht zu den angegebenen Zahlen passt (Fig. 4 und Fig. 5). Beschreibe jeweils, warum die Darstellung irreführend ist. Fertige eine passende Zeichnung an.

Fig. 4

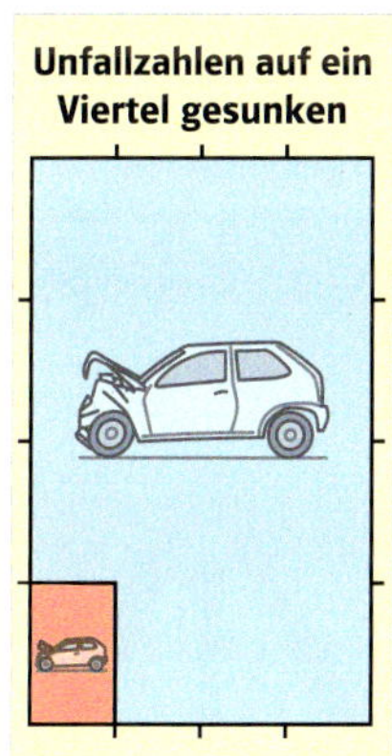

Fig. 5

Kannst du das noch?

20 Führe eine Überschlagsrechnung durch und multipliziere dann.
a) $12 \cdot 18$ b) $78 \cdot 97$ c) $649 \cdot 311$ d) $1023 \cdot 596$ e) $7006 \cdot 210$

21 Für welche Zahl steht □ jeweils?
a) $2457 : 39 = \square$ b) $\square \cdot 311 = 5287$ c) $20\,664 : \square = 246$ d) $\square : 1243 = 37$

2 Erweitern und Kürzen

Fig. 1

Birte und Alexander haben sich jeder eine Pizza Margherita gekauft. Birte teilt ihre Pizza in sechs gleiche Teile und isst zwei davon, Alexander teilt seine in zwölf gleiche Teile und isst vier davon. Alexander zu Birte: „Ich habe mehr Pizza als du gegessen!“

Anteile kann man mit Brüchen darstellen. Dabei kann es vorkommen, dass verschiedene Brüche den gleichen Anteil beschreiben. Dies lässt sich einfach veranschaulichen.

Fig. 2

Von drei gleich langen Papierstreifen wird jeweils ein Stück abgeschnitten (Fig. 2): Den ersten Streifen teilt man in Viertel und schneidet $\frac{3}{4}$ ab.
Den zweiten Streifen teilt man in Achtel und schneidet $\frac{6}{8}$ ab.
Den dritten Streifen teilt man in Zwölftel und schneidet $\frac{9}{12}$ ab.
Die Einteilung wird immer feiner. Das abgeschnittene Stück ist aber immer gleich lang, da von der feineren Einteilung entsprechend mehr Teile genommen werden.

$\frac{1}{2} = \frac{2}{4} = \frac{3}{6} = \ldots$
Verschiedene Brüche, aber gleiche Anteile.

Die Anteile $\frac{3}{4}$, $\frac{6}{8}$ und $\frac{9}{12}$ sind gleich. Die Brüche $\frac{6}{8}$ und $\frac{9}{12}$ entstehen aus dem Bruch $\frac{3}{4}$, indem man Zähler und Nenner mit derselben Zahl 2 bzw. 3 multipliziert.
Man sagt: $\frac{3}{4}$ **erweitert** mit 2 ergibt $\frac{6}{8}$.
Das Erweitern eines Bruches kann rückgängig gemacht werden, indem man Zähler und Nenner durch dieselbe Zahl dividiert. Man sagt: $\frac{6}{8}$ **gekürzt** mit 2 ergibt $\frac{3}{4}$.

Erweitern eines Bruches bedeutet: Der Zähler und der Nenner des Bruches werden mit derselben natürlichen Zahl (ungleich 0) multipliziert, z. B. $\frac{1}{4}$ erweitert mit 3 ergibt $\frac{3}{12}$.

Kürzen eines Bruches bedeutet: Der Zähler und der Nenner des Bruches werden durch dieselbe natürliche Zahl (ungleich 0) dividiert, z. B. $\frac{2}{6}$ **gekürzt** mit 2 ergibt $\frac{1}{3}$.

Wird ein Bruch erweitert oder gekürzt, dann bezeichnen der ursprüngliche und der entstandene Bruch denselben Anteil. Man schreibt: $\frac{1}{4} = \frac{3}{12}$; $\frac{2}{6} = \frac{1}{3}$.

Kürzen kann man einen Bruch nur mit einer Zahl (ungleich 0), durch die man Zähler und Nenner ohne Rest dividieren kann. Eine solche Zahl heißt **gemeinsamer Teiler** von Zähler und Nenner.

Beispiel 1 Erweitern und Kürzen

a) Erweitere $\frac{3}{7}$ mit 3. b) Kürze $\frac{16}{28}$ mit 4. c) Kürze $\frac{48}{72}$ so weit wie möglich.

d) Schreibe den Bruch $\frac{5}{9}$ als Bruch mit dem Nenner 36.

Zu c): Statt „kürze so weit wie möglich" sagt man auch: „kürze vollständig".

Lösung:

a) $\frac{3}{7} = \frac{3 \cdot 3}{7 \cdot 3} = \frac{9}{21}$ b) $\frac{16}{28} = \frac{16:4}{28:4} = \frac{4}{7}$

c) $\frac{48}{72} = \frac{48:24}{72:24} = \frac{2}{3}$ Wenn man den größten gemeinsamen Teiler nicht findet, kommt man auch schrittweise zum Ergebnis: $\frac{48}{72} = \frac{24}{36} = \frac{4}{6} = \frac{2}{3}$.

d) $\frac{5}{9} = \frac{20}{36}$ *36 : 9 = 4; man muss $\frac{5}{9}$ mit 4 erweitern.*

Beispiel 2

Handelt es sich bei den Brüchen $\frac{9}{12}$, $\frac{15}{20}$ und $\frac{36}{45}$ um den gleichen Anteil?

Lösung:

$\frac{9}{12} = \frac{3}{4}$; $\frac{15}{20} = \frac{3}{4}$; $\frac{36}{45} = \frac{4}{5}$. Es handelt sich nicht um den gleichen Anteil.

Aufgaben

1 Drücke den weiß gekennzeichneten Anteil mit verschiedenen Brüchen aus.

a) 

Fig. 1

b) 

Fig. 2

c) 

Fig. 3

2 Erweitere.

a) $\frac{2}{3}$ mit 5 b) $\frac{1}{2}$ mit 3 c) $\frac{5}{4}$ mit 2 d) $\frac{3}{10}$ mit 10 e) $\frac{3}{2}$ mit 11 f) $\frac{1}{13}$ mit 3

g) $\frac{1}{12}$ mit 6 h) $\frac{5}{7}$ mit 7 i) $\frac{8}{8}$ mit 8 j) $\frac{1}{4}$ mit 15 k) $\frac{20}{25}$ mit 5 l) $\frac{8}{9}$ mit 7

3 Kürze.

a) $\frac{6}{10}$ mit 2 b) $\frac{8}{10}$ mit 2 c) $\frac{6}{18}$ mit 6 d) $\frac{6}{12}$ mit 2 e) $\frac{6}{9}$ mit 3 f) $\frac{20}{100}$ mit 10

g) $\frac{15}{50}$ mit 5 h) $\frac{14}{28}$ mit 7 i) $\frac{26}{39}$ mit 13 j) $\frac{28}{42}$ mit 7 k) $\frac{18}{42}$ mit 6 l) $\frac{19}{38}$ mit 19

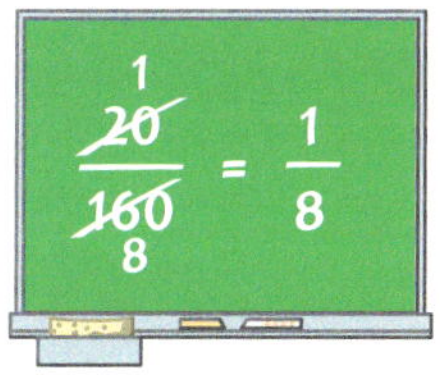

Manchmal kürzt man auch so!

4 a) Mit welcher Zahl wurde erweitert?

$\frac{3}{5} = \frac{9}{15}$; $\frac{6}{8} = \frac{60}{80}$; $\frac{4}{9} = \frac{36}{81}$; $\frac{7}{11} = \frac{84}{132}$

b) Mit welcher Zahl wurde gekürzt?

$\frac{15}{20} = \frac{3}{4}$; $\frac{14}{35} = \frac{2}{5}$; $\frac{25}{75} = \frac{1}{3}$; $\frac{91}{117} = \frac{7}{9}$

5 Nenne alle Zahlen, mit denen man den Bruch kürzen kann.

a) $\frac{8}{10}$ b) $\frac{12}{18}$ c) $\frac{15}{25}$ d) $\frac{18}{36}$ e) $\frac{10}{50}$ f) $\frac{48}{72}$

Zu Aufgabe 5: Die Zahl 1 ist immer dabei. Wenn du die Zahlen addierst, ergibt das folgende Ergebnisse:

12 60 3 6 18 51

6 Kürze vollständig.

a) $\frac{12}{24}$; $\frac{12}{18}$; $\frac{30}{40}$; $\frac{25}{100}$; $\frac{50}{60}$; $\frac{50}{75}$ b) $\frac{15}{18}$; $\frac{16}{18}$; $\frac{6}{30}$; $\frac{48}{56}$; $\frac{75}{100}$; $\frac{120}{200}$ c) $\frac{8}{12}$; $\frac{35}{42}$; $\frac{13}{65}$; $\frac{80}{100}$; $\frac{125}{1000}$; $\frac{34}{51}$

7 Erweitere oder kürze den Bruch so, dass sich ein Bruch mit dem Nenner 100 ergibt.

a) $\frac{7}{10}$ b) $\frac{9}{10}$ c) $\frac{1}{2}$ d) $\frac{17}{5}$

e) $\frac{13}{4}$ f) $\frac{30}{1000}$ g) $\frac{13}{25}$ h) $\frac{3}{50}$

Die gesuchten Zahlen aus Aufgabe 9 ergeben ein Lösungswort.

12	T
130	U
5	C
72	I
60	H
27	L
6	S
56	H
88	C
4	T
18	S
143	H

8 Gib den gefärbten Anteil der Figur bzw. des Körpers mit einem vollständig gekürzten Bruch an.

a) 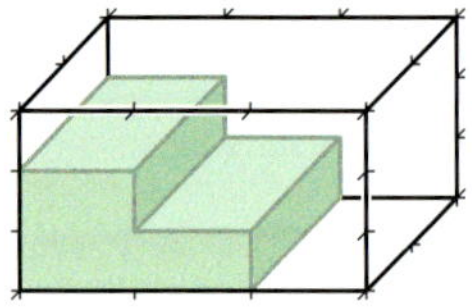

Fig. 1

b) 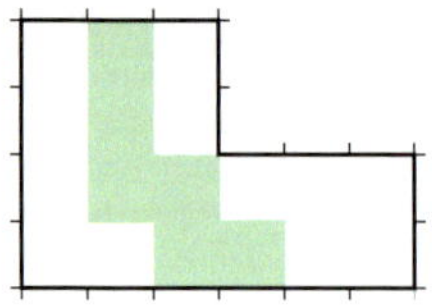

Fig. 2

c) 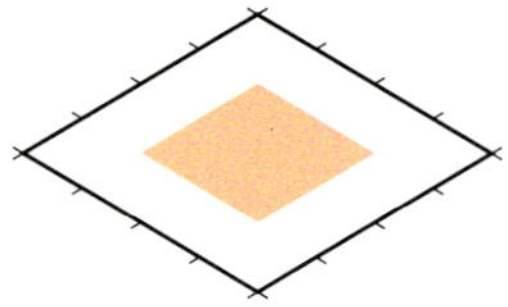

Fig. 3

9 Übertrage ins Heft und ergänze die fehlende Zahl.

a) $\frac{\square}{12} = \frac{1}{2}$ b) $\frac{35}{42} = \frac{\square}{6}$ c) $\frac{\square}{108} = \frac{5}{9}$ d) $\frac{9}{\square} = \frac{3}{9}$ e) $\frac{45}{\square} = \frac{5}{8}$ f) $\frac{60}{144} = \frac{5}{\square}$

g) $\frac{32}{40} = \frac{\square}{5}$ h) $\frac{\square}{42} = \frac{3}{7}$ i) $\frac{\square}{121} = \frac{8}{11}$ j) $\frac{16}{\square} = \frac{2}{7}$ k) $\frac{91}{\square} = \frac{7}{10}$ l) $\frac{99}{\square} = \frac{9}{13}$

10 Prüfe, ob die Brüche denselben Anteil bezeichnen.

a) $\frac{4}{12}$; $\frac{1}{3}$ b) $\frac{30}{48}$; $\frac{10}{16}$ c) $\frac{12}{16}$; $\frac{9}{12}$ d) $\frac{10}{15}$; $\frac{6}{9}$ e) $\frac{18}{24}$; $\frac{15}{20}$ f) $\frac{36}{60}$; $\frac{15}{30}$

11 Welche der Brüche $\frac{4}{10}$; $\frac{20}{30}$; $\frac{10}{25}$; $\frac{12}{18}$; $\frac{18}{45}$ beschreiben denselben Anteil?

12 a) Schreibe die Anteile $\frac{6}{5}$; $\frac{1}{4}$; $\frac{18}{60}$ und $\frac{18}{24}$ jeweils als Bruch mit dem Nenner 20.

b) Schreibe die Anteile $\frac{5}{9}$; $\frac{30}{100}$ und $\frac{15}{60}$ jeweils als Bruch mit dem Zähler 10.

13 Gib vier Brüche mit dem Zähler 20 an, die man nicht kürzen kann.

Bist du sicher?

Das sind die Zähler und Nenner der Ergebnisse von Aufgabe 1:

3 9 24 6 4 54

1 a) Erweitere $\frac{4}{9}$ mit 6. b) Kürze $\frac{24}{32}$ vollständig. c) Schreibe $\frac{4}{6}$ mit dem Nenner 9.

2 Gib einen Bruch an, den man mit 6, aber nicht mit 4 kürzen kann.

3 Welche der folgenden Anteile sind gleich:
$\frac{3}{12}$; $\frac{20}{100}$; $\frac{20}{80}$; $\frac{3}{15}$; $\frac{5}{20}$

14 Gib die Anteile mit einem vollständig gekürzten Bruch an.
a) Von 100 Losen waren 90 Nieten.
b) Drei von 72 kontrollierten Fahrgästen fuhren ohne Fahrausweis.
c) Von 60 kontrollierten Autos fuhren 24 zu schnell.

15 **Welche Aussgae ist wahr, welche falsch?**
a) Wenn der Zähler und der Nenner eines Bruches beide eine gerade Zahl sind, dann kann man den Bruch mit einer Zahl kürzen, die größer als 1 ist.
b) Wenn der Zähler und der Nenner eines Bruches beide eine ungerade Zahl sind, dann kann man den Bruch mit einer Zahl kürzen, die größer als 1 ist.

Ich hätte gern $\frac{250}{1000}$ von dieser Wurst.

Fig. 4

16 Denke dir einen Würfel mit der Kantenlänge 4 cm. Er ist aus kleinen Würfeln mit der Kantenlänge 1 cm zusammengesetzt. Alle kleinen Würfel, die man von außen sehen kann, haben die Farbe Grün, die anderen haben die Farbe Rot. Wie viele der Würfel sind rot? Gib den Anteil der kleinen roten Würfel mit einem vollständig gekürzten Bruch an.

3 Brüche am Zahlenstrahl

Auf einem Zahlenstrahl werden die natürlichen Zahlen in gleichen Abständen rechts von der Null abgetragen. Auch Brüche können dort eingetragen werden.

Auf einer Tankanzeige wird bei vollem Tank 1 angezeigt. Die Anteile $\frac{1}{4}$, $\frac{1}{2}$ und $\frac{3}{4}$ sind dadurch auf der Skala festgelegt. Wenn die Tankfüllung noch genauer angezeigt werden soll, kann man die Skala feiner in Achtel einteilen. Die Brüche $\frac{1}{2}$ und $\frac{4}{8}$ stehen dann auf der Skala an derselben Stelle.

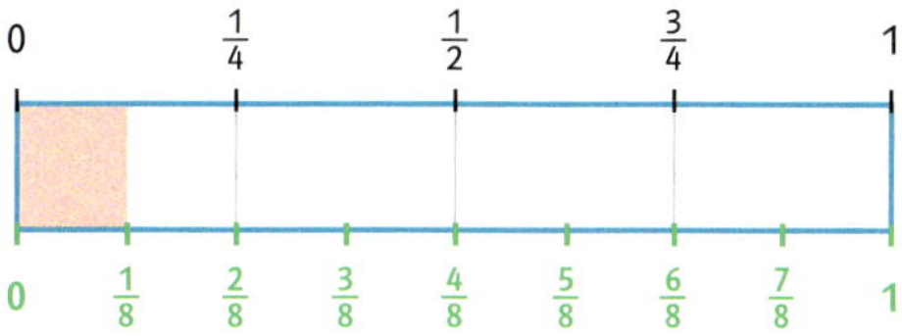

Fig. 1

Jedem Bruch wird auf dem Zahlenstrahl eine bestimmte Stelle zugeordnet. Dabei werden Brüche, die denselben Anteil beschreiben, wie z. B. $\frac{1}{2}$, $\frac{2}{4}$ und $\frac{4}{8}$, an derselben Stelle eingetragen. Da diese Brüche durch Erweitern und Kürzen auseinander hervorgehen, bezeichnen sie dieselbe Bruchzahl.

$$\frac{1}{2} = \frac{2}{4} = \frac{3}{6} = \frac{4}{8} = \frac{5}{10}$$

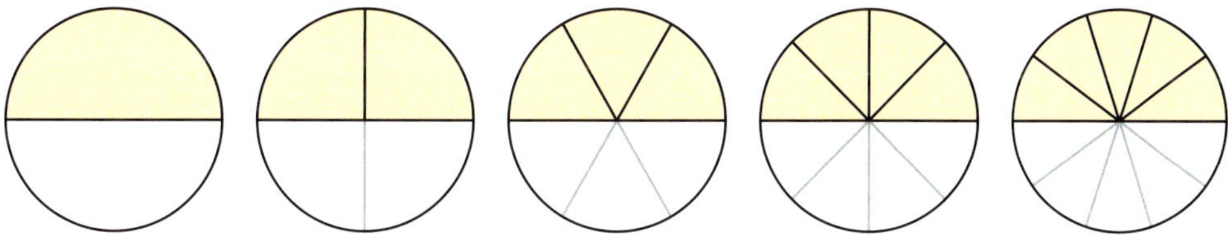

Auch natürliche Zahlen können durch Brüche angegeben werden, z. B.:

$1 = \frac{1}{1} = \frac{2}{2} = \frac{3}{3} = \frac{4}{4} = \frac{5}{5} \ldots;\ 2 = \frac{2}{1} = \frac{4}{2} = \frac{6}{3} = \frac{8}{4} \ldots;\ 3 = \frac{3}{1} = \frac{6}{2} = \frac{9}{3} = \frac{12}{4} \ldots$

Ist bei einem Bruch der Zähler größer als der Nenner, wird er oft in **gemischter Schreibweise** angegeben, z. B.:

$\frac{7}{6} = \frac{6}{6} + \frac{1}{6} = 1 + \frac{1}{6} = 1\frac{1}{6}$.

In der gemischten Schreibweise lässt sich leichter erkennen, wo die Zahl am Zahlenstrahl einzutragen ist.

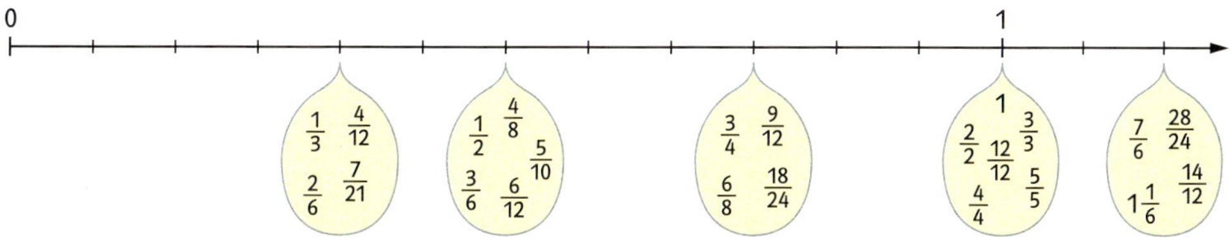

Brüche, die durch Kürzen und Erweitern auseinander hervorgehen, werden auf dem Zahlenstrahl an derselben Stelle eingetragen. Sie bezeichnen dieselbe Zahl. Jede natürliche Zahl ist auch eine Bruchzahl.

Beispiel 1 Brüche auf dem Zahlenstrahl
Zeichne einen Zahlenstrahl mit passend gewählter Einheit und trage folgende Brüche ein:
$\frac{1}{3}$; $\frac{1}{2}$; $\frac{5}{3}$; $\frac{1}{6}$; $\frac{2}{6}$; $\frac{5}{6}$; $\frac{10}{6}$; $\frac{10}{3}$.
Lösung:
Man muss überlegen, wie lang die Strecke von 0 bis 1 sein soll. Bei den auftretenden Nennern sind hier 3 cm gut geeignet.

*Die Strecke zwischen den Zahlen 0 und 1 nennt man auch **Einheitsstrecke**.*

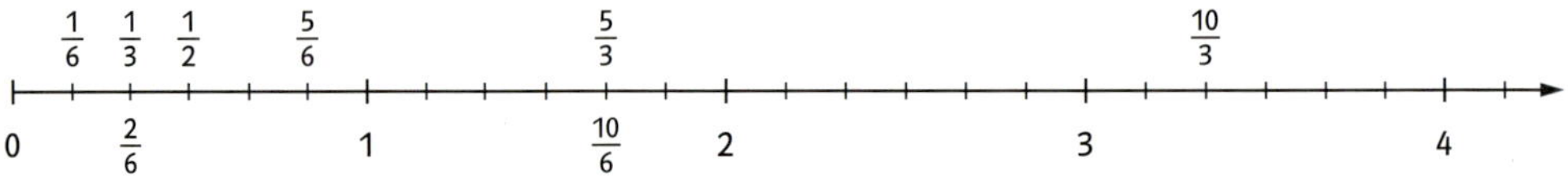

Fig. 1

Beispiel 2
a) Stelle $\frac{25}{8}$ in gemischter Schreibweise dar. b) Schreibe $2\frac{3}{5}$ als Bruch.
Lösung:
a) $\frac{25}{8} = \frac{24}{8} + \frac{1}{8} = 3 + \frac{1}{8} = 3\,\frac{1}{8}$

b) $2\frac{3}{5} = 2 + \frac{3}{5} = \frac{10}{5} + \frac{3}{5} = \frac{13}{5}$

Aufgaben

1 Übertrage den Zahlenstrahl in Fig. 2 in dein Heft.
Zeichne die Einheitsstrecke $\overline{AE}$ 5 cm lang.
Zeichne die Brüche $\frac{2}{5}$; $\frac{1}{2}$; $\frac{6}{5}$; $\frac{8}{10}$; $\frac{7}{10}$; $\frac{80}{100}$ ein.

Fig. 2

2 Den Buchstaben auf dem Zahlenstrahl in Fig. 3 ist je eine Bruchzahl zugeordnet. Gib diese als vollständig gekürzten Bruch an.

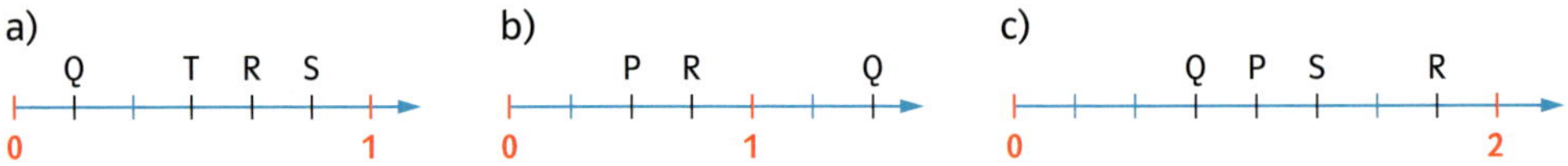

Fig. 3

3 Gib in gemischter Schreibweise an.

a) $\frac{4}{3}$ b) $\frac{9}{4}$ c) $\frac{34}{11}$ d) $\frac{76}{8}$ e) $\frac{275}{100}$ f) $\frac{81}{7}$

4 Schreibe die gemischte Zahl als Bruch.

a) $1\frac{1}{2}$ b) $2\frac{3}{4}$ c) $3\frac{5}{8}$ d) $7\frac{3}{5}$ e) $5\frac{6}{7}$ f) $17\frac{4}{9}$

5 Mit einem weißen und einem roten Würfel kann man Brüche würfeln. Die Würfel zeigen den gewürfelten Bruch $\frac{3}{5}$.
a) Welche Brüche kann man mit den Würfeln werfen?
b) Wie viele verschiedene Bruchzahlen sind dies? Gib sie, wenn möglich, in gemischter Schreibweise oder als natürliche Zahl an.

Zähler „3", Nenner „5".

4 Brüche und Quotienten

Die fünf Freunde Tobias, Eva, Karin, Carsten und Andrea haben drei Waffeln gebacken, die sie gerecht untereinander teilen wollen.

$\frac{2}{3}$ eines Ganzen kann man auf zwei verschiedene Arten erhalten:
Man nimmt zweimal $\frac{1}{3}$ des Ganzen oder man nimmt den dritten Teil von zwei Ganzen.

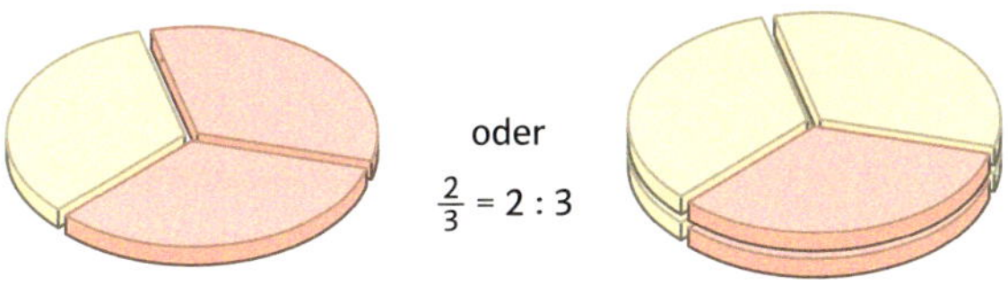

Ebenso kann man auch $\frac{3}{2}$ von einem Ganzen erhalten:
Man nimmt dreimal $\frac{1}{2}$ des Ganzen oder man nimmt die Hälfte von drei Ganzen.

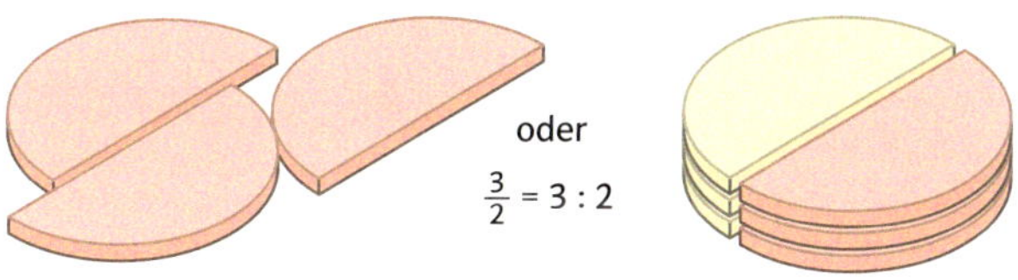

Der Quotient von zwei natürlichen Zahlen kann als Bruch geschrieben werden, z. B.:
$2:3 = \frac{2}{3}$; $3:2 = \frac{3}{2}$; $4:7 = \frac{4}{7}$; $8:5 = \frac{8}{5}$.

Auf dem Taschenrechner gibt es diese Taste.

Beachte: $\frac{0}{4} = 0:4 = 0$, aber $\frac{4}{0} = 4:0$ ergibt keine Zahl, da man durch 0 nicht teilen kann.

Beispiel 1
Schreibe als Quotient. a) $\frac{3}{8}$ b) $3\frac{4}{7}$
Lösung:
a) $\frac{3}{8} = 3:8$ b) $3\frac{4}{7} = 3 + \frac{4}{7} = \frac{21}{7} + \frac{4}{7} = \frac{25}{7} = 25:7$

Beispiel 2
Schreibe als Bruch. Kürze und gib, falls möglich, in gemischter Schreibweise an.
a) 18:45 b) 42:28
Lösung:
a) $18:45 = \frac{18}{45} = \frac{2}{5}$ b) $42:28 = \frac{42}{28} = \frac{3}{2} = \frac{2}{2} + \frac{1}{2} = 1 + \frac{1}{2} = 1\frac{1}{2}$

Beispiel 3
Rechne $2\frac{7}{8}$ km in m um.
Lösung:

1. Möglichkeit:
$\frac{1}{8}$ km = 1 km : 8 = 1000 m : 8 = 125 m
$\frac{7}{8}$ km = 125 m · 7 = 875 m
$2\frac{7}{8}$ km = 2000 m + 875 m = 2875 m

2. Möglichkeit:
$\frac{7}{8}$ km = 7 km : 8 = 7000 m : 8 = 875 m
$2\frac{7}{8}$ km = 2000 m + 875 m = 2875 m

3. Möglichkeit:
$2\frac{7}{8}$ km = $\frac{23}{8}$ km = 23 km : 8 = 23 000 m : 8 = 2875 m

Aufgaben

Fig. 1

1 Die Marmorwaffel in Fig. 1 besteht aus fünf Herzen. Es wurden insgesamt zwölf Waffeln gebacken, die gerecht auf zehn Personen aufgeteilt werden sollen. Wie viele Waffeln und wie viele Herzen erhält jeder?

Fig. 2

2 In Fig. 2 und Fig. 3 wird ein Ganzes durch je ein rotes Rechteck dargestellt. Welchen Bruch stellt dann die grüne Fläche dar? Erläutere die unterschiedliche Form der Darstellung.

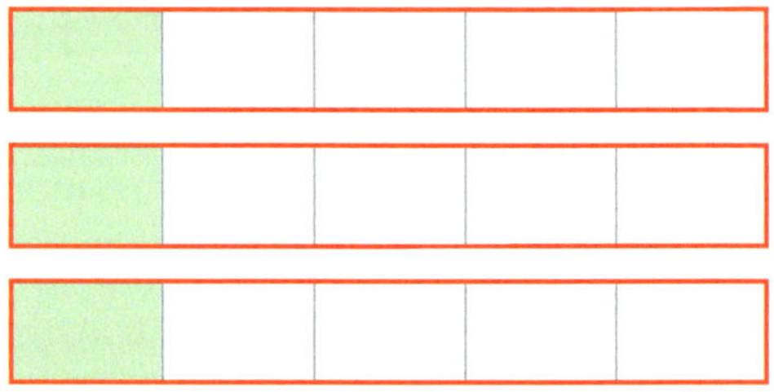
Fig. 3

3 Schreibe als Bruch. Kürze, falls möglich.
a) 3 : 6 b) 7 : 14 c) 11 : 99 d) 48 : 51 e) 21 : 21 f) 92 : 23
g) 156 : 39 h) 169 : 3 i) 72 : 48 j) 96 : 37 k) 213 : 99 l) 353 : 111

4 a) 3 : 9 b) 5 : 15 c) 9 : 90 d) 4 : 8 e) 36 : 48 f) 40 : 44
g) 14 : 4 h) 39 : 10 i) 107 : 8 j) 1023 : 102 k) 10 101 : 101 l) 555 : 55

Dividend
↓
6 : 3 = 2
↑
Divisor

5 Schreibe $2\frac{1}{3}$ als Quotient mit
a) dem Dividenden 7, b) dem Divisor 15, c) dem Dividenden 77,
d) dem Divisor 36, e) dem Dividenden 147, f) dem Divisor 51.

6 Schreibe als Bruch in gemischter Schreibweise.
a) 12 : 5 b) 37 : 10 c) 47 : 12 d) 81 : 8 e) 10 : 3 f) 175 : 8
g) 212 : 7 h) 100 : 6 i) 500 : 9 j) 175 : 32 k) 270 : 36 l) 307 : 40

7 Schreibe als Quotient und als Bruch.
a) $3\frac{1}{5}$ b) $2\frac{1}{4}$ c) $1\frac{1}{2}$ d) $7\frac{5}{9}$ e) $8\frac{3}{4}$ f) $9\frac{4}{9}$
g) $12\frac{12}{17}$ h) $10\frac{3}{100}$ i) $77\frac{1}{13}$ j) $83\frac{9}{10}$ k) $100\frac{81}{90}$ l) $555\frac{5}{55}$

8 Rechne auf verschiedene Arten um in
a) min: $\frac{3}{4}$ h; $\frac{7}{12}$ h; $\frac{3}{10}$ h; $\frac{9}{10}$ h; $3\frac{3}{4}$ h; $\frac{2}{5}$ h; $\frac{9}{6}$ h,
b) g: $\frac{3}{5}$ kg; $\frac{23}{10}$ kg; $\frac{27}{100}$ kg; $56\frac{3}{8}$ kg; $\frac{15}{8}$ kg; $\frac{39}{4}$ kg,
c) m: $\frac{2}{5}$ km; $\frac{21}{10}$ km; $2\frac{9}{100}$ km; $6\frac{3}{8}$ km; $\frac{13}{8}$ km; $\frac{11}{4}$ km,
d) h: $\frac{3}{4}$ d; $\frac{7}{12}$ d; $5\frac{9}{12}$ d; $3\frac{4}{6}$ d; $\frac{11}{6}$ d; $\frac{17}{12}$ d; $7\frac{7}{12}$ d.

5 Vergleichen von Bruchzahlen

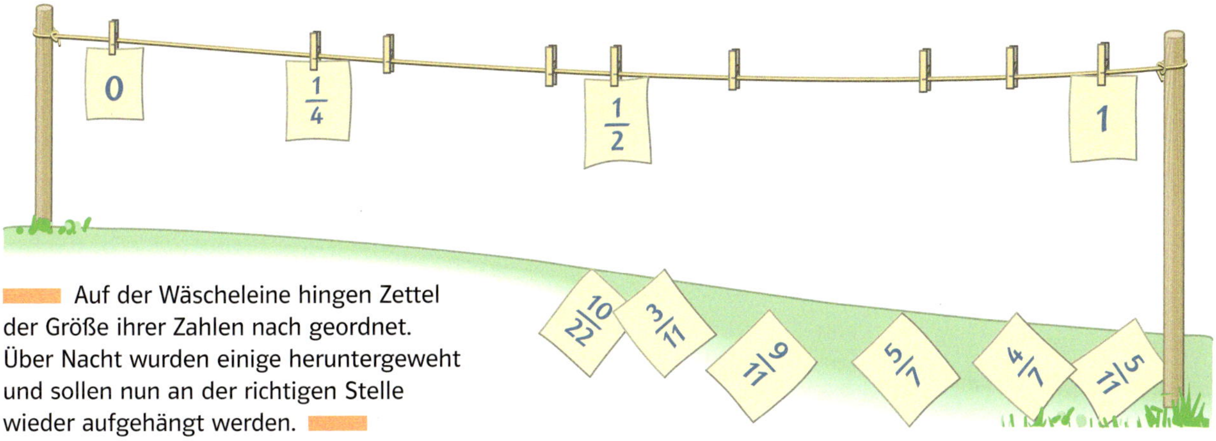

Auf der Wäscheleine hingen Zettel der Größe ihrer Zahlen nach geordnet. Über Nacht wurden einige heruntergeweht und sollen nun an der richtigen Stelle wieder aufgehängt werden.

Brüche lassen sich auf verschiedene Weisen vergleichen.

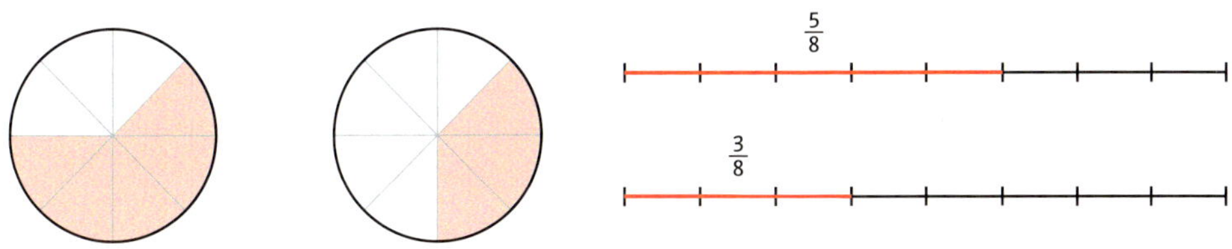

$\frac{5}{8} > \frac{3}{8}$

6 : 3 = 2
9 : 3 = 3
12 : 3 = 4
15 : 3 = 5
Bei gleich bleibendem Divisor wächst der Wert des Quotienten mit wachsendem Dividenden.

Haben Brüche gleiche Nenner, so ist derjenige Bruch größer, der den größeren Zähler hat.

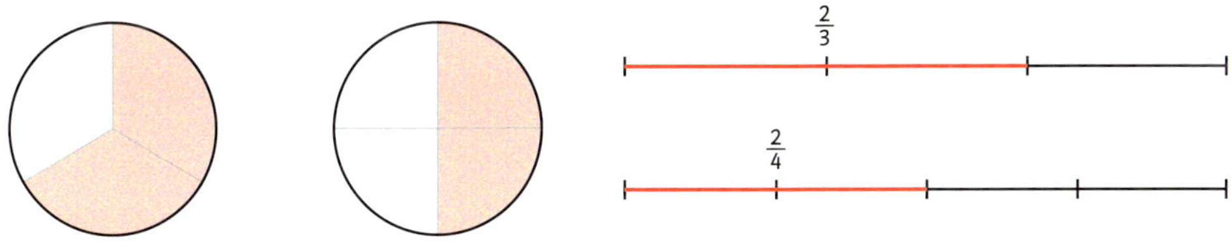

$\frac{2}{3} > \frac{2}{4}$

12 : 6 = 2
12 : 4 = 3
12 : 3 = 4
12 : 2 = 6
Bei gleichem Dividenden wächst der Wert des Quotienten mit kleiner werdendem Divisor.

Haben Brüche den gleichen Zähler, so ist derjenige Bruch größer, der den kleineren Nenner hat.

Um die Brüche $\frac{17}{24}$ und $\frac{11}{16}$ zu vergleichen, bringt man beide auf den gleichen Nenner.
Brüche mit gleichem Nenner nennt man **gleichnamig**.
Als gemeinsamen Nenner wählt man am besten die kleinste Zahl, in der 24 und 16 enthalten sind.
Die Vielfachen von 24 sind: 24, **48**, 72, …, die Vielfachen von 16 sind: 16, 32, **48**, …
Das **kleinste gemeinsame Vielfache** (kgV) von 24 und 16 ist 48.
Schreibweise: kgV (24; 16) = 48

Es gilt: $\frac{17}{24} = \frac{17 \cdot 2}{24 \cdot 2} = \frac{34}{48}$; $\frac{11}{16} = \frac{11 \cdot 3}{16 \cdot 3} = \frac{33}{38}$. Also gilt: $\frac{17}{24} > \frac{11}{16}$.

Brüche können verglichen werden, indem man sie durch Erweitern oder Kürzen gleichnamig macht oder auf den gleichen Zähler bringt.
Sind die Brüche gleichnamig, so gehört der Bruch mit dem größeren Zähler zur größeren Bruchzahl.
Haben die Brüche gleiche Zähler, so gehört der Bruch mit dem größeren Nenner zur kleineren Bruchzahl.

Manchmal lassen sich Brüche auch gut vergleichen, indem man beide Brüche mit einer dritten Bruchzahl vergleicht:
$\frac{9}{10} < \frac{13}{12}$, denn $\frac{9}{10} < 1$ und $\frac{13}{12} > 1$; $\frac{7}{12} > \frac{3}{8}$, denn $\frac{7}{12} > \frac{1}{2}$ und $\frac{3}{8} < \frac{1}{2}$.

Beispiel

Vergleiche: a) $\frac{5}{12}$ und $\frac{4}{9}$; b) $\frac{5}{37}$ und $\frac{3}{26}$.

Lösung:

a) Man macht die Brüche gleichnamig.

kgV (12; 9) = 36 $\frac{5}{12} = \frac{15}{36}$; $\frac{4}{9} = \frac{16}{36}$; $\frac{15}{36} < \frac{16}{36}$ Also gilt: $\frac{5}{12} < \frac{4}{9}$.

b) Man bringt die Brüche auf den gleichen Zähler, weil Gleichnamigmachen sehr große Nenner ergibt.

kgV (5; 3) = 15 $\frac{5}{37} = \frac{15}{111}$; $\frac{3}{26} = \frac{15}{130}$; $\frac{15}{111} > \frac{15}{130}$ Also gilt: $\frac{5}{37} > \frac{3}{26}$.

Aufgaben

1 Welche Bruchzahl ist größer?

a) $\frac{3}{5}$; $\frac{4}{5}$ b) $\frac{5}{12}$; $\frac{5}{13}$ c) $\frac{2}{3}$; $\frac{3}{4}$ d) $\frac{5}{7}$; $\frac{16}{21}$ e) $\frac{3}{4}$; $\frac{4}{5}$ f) $\frac{1}{5}$; $\frac{1}{4}$

2 Die zweite Bruchzahl soll größer sein als die erste. Welche natürlichen Zahlen können für das Kästchen eingesetzt werden?

a) $\frac{5}{9}$; $\frac{\square}{9}$ b) $\frac{\square}{6}$; $\frac{1}{2}$ c) $\frac{13}{\square}$; $\frac{13}{18}$ d) $\frac{27}{31}$; $\frac{27}{\square}$ e) $\frac{25}{1}$; $\frac{25}{\square}$ f) $\frac{\square}{4}$; $\frac{3}{2}$

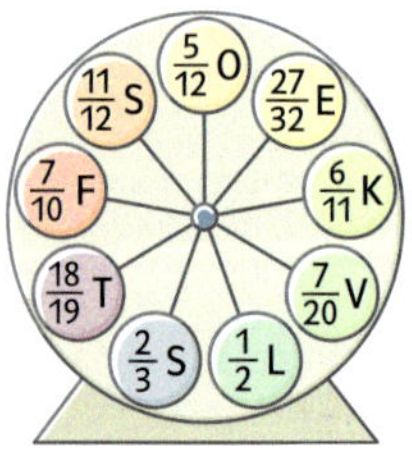

3 Ordne der Größe nach, mit der kleinsten Bruchzahl beginnend.

a) $\frac{3}{4}$; $\frac{1}{2}$; $\frac{1}{3}$; $\frac{7}{12}$ b) $\frac{24}{25}$; $\frac{2}{5}$; $\frac{21}{50}$ c) $\frac{9}{10}$; $\frac{8}{9}$; $\frac{7}{8}$; $\frac{6}{7}$ d) $\frac{1}{10}$; $\frac{6}{100}$; $\frac{21}{300}$

4 Welches Wort ergibt sich, wenn du die Bruchzahlen auf der Randspalte der Größe nach ordnest? Beginne mit der kleinsten Bruchzahl.

5 Die Zahl auf dem roten Zettel soll die größte, die auf dem blauen die kleinste sein. Ergänze die fehlenden Zahlen mit möglichst wenig Rechenaufwand. In welchem Fall gibt es mehrere Möglichkeiten?

6 Auf dem Zahlenstrahl wird die Strecke von $\frac{1}{2}$ bis $\frac{3}{4}$ in drei gleiche Teile geteilt. Welche Bruchzahlen gehören zu den Teilpunkten? Veranschauliche die Lösung am Zahlenstrahl.

7 Welche Bruchzahl ist größer: $\frac{7}{24}$ oder $\frac{3}{16}$? Entscheide durch Vergleich mit einer dritten Bruchzahl.

8 Gib alle Brüche mit dem Nenner 7 an, die auf dem Zahlenstrahl zwischen den Bruchzahlen $\frac{5}{8}$ und $\frac{13}{8}$ liegen. Beschreibe, wie du die Lösung mit möglichst geringem Rechenaufwand gefunden hast.

9 Elke sagt: „Vom kleinen Blatt (Fig. 1) wurde mehr abgeschnitten als vom großen.“ Was meint sie damit? Hat sie Recht? Begründe deine Antwort.

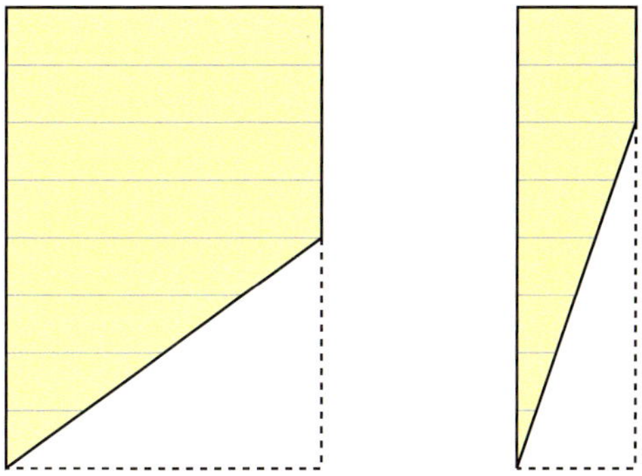

Fig. 1

10 Auf einem Grundstück mit $750\,m^2$ steht ein Haus mit $100\,m^2$ Grundfläche. Auf dem Nachbargrundstück mit $625\,m^2$ steht ein Haus mit $80\,m^2$ Grundfläche. Vergleiche die Anteile der bebauten Fläche an der Grundstücksfläche.

11 Welcher Sack in Fig. 2 ist am schwersten, welcher am leichtesten?

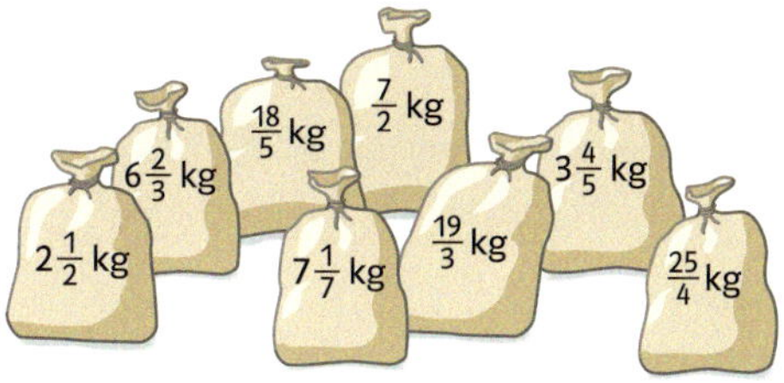

Fig. 2

12 Die beiden langen Wände des L-förmigen Zimmers in Fig. 3 sind jeweils doppelt so lang wie die jeweils gleich langen kurzen Wände. Herr Huber hat zwei Eimer Farbe gekauft und bereits die beiden langen und eine kurze Wand gestrichen.
Der erste Eimer ist leer und vom zweiten Eimer hat er ein Drittel der Farbe verbraucht. Er überlegt nun, ob er noch einen dritten Eimer Farbe kaufen soll. Würdest du einen dritten Eimer kaufen? Beschreibe deine Überlegungen.

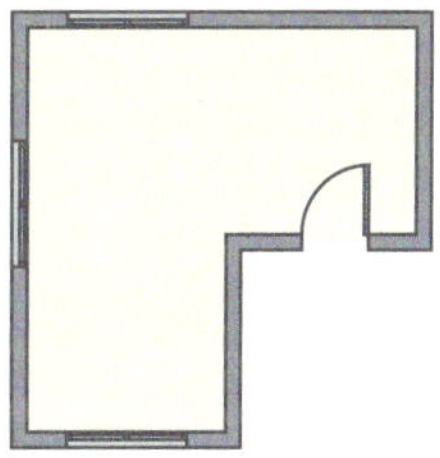

Fig. 3

13 Zwischen zwei Bruchzahlen lässt sich durch Erweitern immer eine weitere Bruchzahl finden.
a) Nenne eine Bruchzahl zwischen $\frac{1}{4}$ und $\frac{1}{3}$.
b) Nenne mindestens zwei Bruchzahlen zwischen $\frac{2}{13}$ und $\frac{3}{13}$.
c) Wie viele Bruchzahlen liegen zwischen $\frac{1}{5}$ und $\frac{1}{4}$ auf dem Zahlenstrahl?
Begründe deine Antwort.

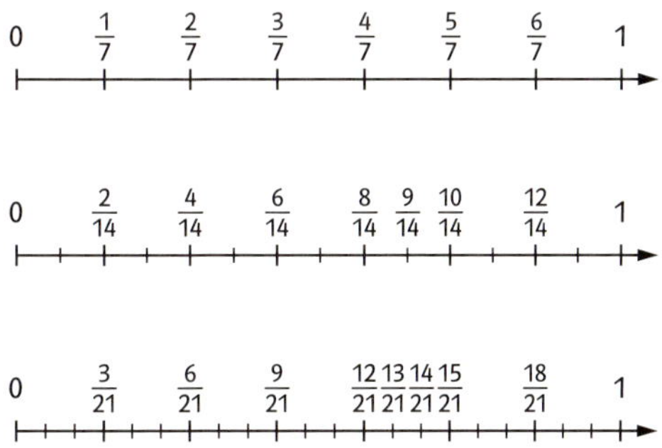

Fig. 4

14 Lisa beklagt sich über den verregneten Urlaub: „In vier Wochen hat es an 15 Tagen geregnet!“ Philipp sagt daraufhin: „Bei uns war es noch schlimmer; von 20 Tagen hatten wir nur 11 Tage ohne Regen.“
Überprüfe, ob Philipps Sommerferien wirklich verregneter waren als Lisas.

15 Finde aus den nebenstehenden Zahlenkarten die kleinste und die größte Zahl heraus.

6 Brüche und Prozente

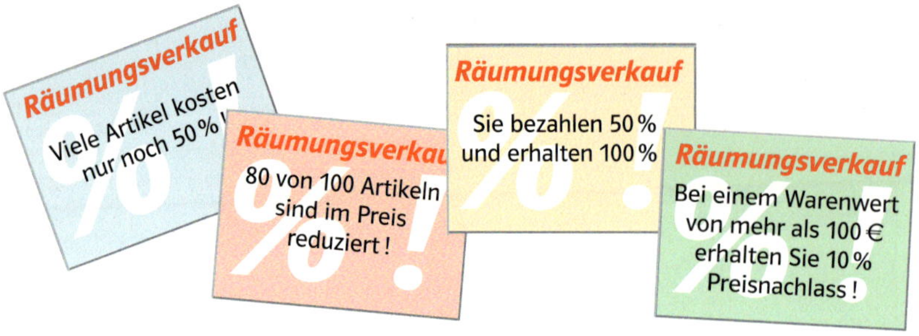

Für die Beschreibung von Anteilen haben wir bisher Brüche verwendet. Auf den Plakaten siehst du eine andere Darstellungsform.

Bei einer Kontrolle wurden 200 LKWs untersucht. 40 LKWs hatten Mängel. Zwei weitere LKWs hatten so schwere Mängel, dass sie stillgelegt wurden. Mithilfe einer Tabelle kann man die Ergebnisse der Kontrolle darstellen.

Anzahl der kontrollierten LKWs: 200

	Mängel	schwere Mängel
Anzahl	40	2
Anteil in Bruchschreibweise	$\frac{40}{200} = \frac{20}{100}$	$\frac{2}{200} = \frac{1}{100}$
Anteil in Prozentschreibweise	20 %	1 %

Fig. 1

pro cento *(lat.): von Hundert*
$\frac{1}{100} = 1\%$

Die zweite Zeile der Tabelle in Fig. 1 zeigt die genauen Anzahlen. Statt der genauen Anzahlen kann man die Anteile in der Bruchschreibweise wie in der dritten Zeile der Tabelle angeben. Der Anteil der LKWs mit schweren Mängeln beträgt $\frac{2}{200} = \frac{1}{100}$. Man schreibt dafür auch **1 %** (sprich: ein **Prozent**). Für den Anteil $\frac{40}{200} = \frac{20}{100}$ schreibt man 20 %.

Um einen Anteil in Prozent anzugeben, schreibt man ihn zuerst als Bruch mit dem Nenner 100. Der Anteil $\frac{1}{4}$ ist in Prozent: $\frac{1}{4} = \frac{25}{100} = 25\%$.

Für Brüche mit dem Nenner 100 kann man die **Prozentschreibweise** benutzen.
Es bedeuten: $1\% = \frac{1}{100}$; $2\% = \frac{2}{100} = \frac{1}{50}$; $10\% = \frac{10}{100} = \frac{1}{10}$; $50\% = \frac{50}{100} = \frac{1}{2}$.

Prozentangaben beziehen sich meist auf Größen oder Zahlen wie z. B. 15 % von 600 €. Man nennt den in Prozent angegebenen Anteil **Prozentsatz** und die Bezugsgröße **Grundwert**.

Zur Erinnerung:
$\frac{15}{100}$ heißt: Teile durch 100, nimm 15 dieser Teile.

15 % von 600 € kann man wie einen Bruchteil berechnen, denn 15 % von 600 € sind $\frac{15}{100}$ von 600 €: $\frac{1}{100}$ von 600 € sind 6 €; $\frac{15}{100}$ von 600 € sind 6 € · 15 = 90 €.

15 %	von	600 €	sind	90 €.
Prozentsatz		Grundwert		Prozentwert

Prozentsatz: in Prozent angegebener Anteil; **Prozentwert**: Bruchteil des Grundwertes

Beispiel 1 Bruch- und Prozentschreibweise

a) Schreibe als vollständig gekürzten Bruch: 5%; 75%; 20%; 95%.

b) Schreibe in Prozent: $\frac{1}{2}$; $\frac{1}{10}$; $\frac{3}{5}$; $\frac{1}{4}$.

Lösung:

a) $5\% = \frac{5}{100} = \frac{1}{20}$; $75\% = \frac{75}{100} = \frac{3}{4}$; $20\% = \frac{20}{100} = \frac{1}{5}$; $95\% = \frac{95}{100} = \frac{19}{20}$

b) $\frac{1}{2} = \frac{50}{100} = 50\%$; $\frac{1}{10} = \frac{10}{100} = 10\%$; $\frac{3}{5} = \frac{60}{100} = 60\%$; $\frac{1}{4} = \frac{25}{100} = 25\%$

Beispiel 2 Prozentsätze bestimmen und darstellen

Bei einer Blutspendeaktion wurden 300 Menschen auf ihre Blutgruppe untersucht. Die Tabelle in Fig. 1 zeigt das Ergebnis. Bestimme die Anteile der Blutgruppen in Prozentschreibweise. Stelle das Ergebnis übersichtlich in einer Tabelle dar.

Blutgruppe	Anzahl
A	150
B	30
AB	15
0	105

Fig. 1

Bei einer Bluttransfusion muss auf die Blutgruppe geachtet werden. Jeder Mensch kann einem anderen Menschen mit derselben Blutgruppe Blut spenden. Menschen mit der Blutgruppe 0 können jedem Blut spenden. Sie sind Universalspender. Menschen mit der Blut-gruppe AB können von jedem Blut empfangen. Sie sind Universalempfänger.

Lösung:

Anteil der Blutgruppen:

A: 150 von 300; $\frac{150}{300} = \frac{50}{100} = 50\%$

B: 30 von 300; $\frac{30}{300} = \frac{10}{100} = 10\%$

AB: 15 von 300; $\frac{15}{300} = \frac{5}{100} = 5\%$

0: 105 von 300; $\frac{105}{300} = \frac{35}{100} = 35\%$

Blutgruppe	A	B	AB	0
Anteil in %	50	10	5	35

Beispiel 3 Prozentwert bestimmen

a) Berechne 8% von 500 kg.

b) Berechne 20% von 600 Personen.

Lösung:

a) $8\% = \frac{8}{100}$; $\frac{8}{100}$ von 500 kg: $\frac{1}{100}$ von 500 kg sind 5 kg; $\frac{8}{100}$ von 500 kg sind $5\,\text{kg} \cdot 8 = 40\,\text{kg}$.
(Teile durch 100, nimm 8 dieser Teile.)

b) $20\% = \frac{20}{100}$; $\frac{20}{100}$ von 600 Personen: $\frac{1}{100}$ von 600 Personen sind 6 Personen; $\frac{20}{100}$ von 600 Personen sind 6 Personen · 20 = 120 Personen. (Teile durch 100, nimm 20 dieser Teile.)

Aufgaben

1 Gib den Anteil in Bruch- und in Prozentschreibweise an.

a) Von 100 Kindern können 94 im Alter von zehn Jahren schwimmen.

b) Von 25 Schülern der Klasse wohnen zwei im Nachbarort.

c) Von 250 Befragten lesen 30 jede Woche ein Buch.

2 Schreibe als vollständig gekürzten Bruch.

a) 2% b) 6% c) 10% d) 5% e) 50% f) 8%
g) 20% h) 3% i) 40% j) 80% k) 12% l) 60%
m) 25% n) 75% o) 90% p) 95% q) 30% r) 33%

3 Schreibe in Prozent.

a) $\frac{1}{2}$ b) $\frac{1}{5}$ c) $\frac{3}{5}$ d) $\frac{1}{4}$ e) $\frac{1}{10}$ f) $\frac{2}{100}$
g) $\frac{3}{10}$ h) $\frac{20}{50}$ i) $\frac{4}{20}$ j) $\frac{60}{200}$ k) $\frac{3}{4}$ l) $\frac{900}{1000}$

4 Schreibe als Bruch und in Prozent.
a) Jedes zwanzigste Los gewinnt.
b) Bei dem Unwetter wurde jedes vierte Haus beschädigt.
c) Im Mittelalter verlangten die Grundherren von den Bauern den Zehnten.

5 Wie viel Prozent der Fläche sind gefärbt?

a)
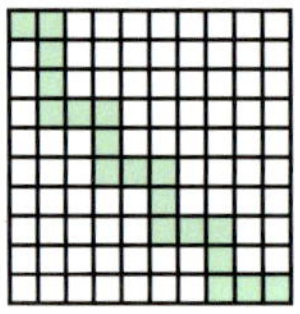
Fig. 1

b)
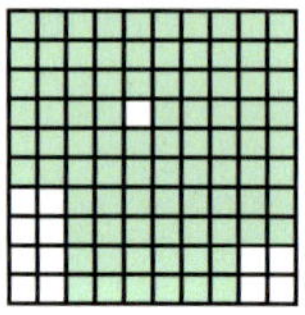
Fig. 2

c)
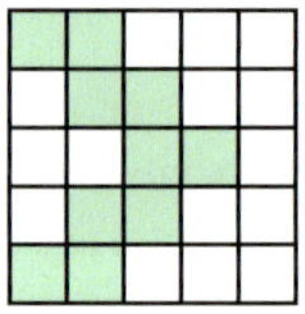
Fig. 3

d)

Fig. 4

6 Berechne.

a) 5 % von 10 kg
60 % von 4000 €
10 % von 3 km

b) 20 % von 80 €
4 % von 50 Dollar
90 % von 1 kg

c) 50 % von 25 000 Menschen
12 % von 50 ct
2 % von 10 €

Bist du sicher?

Alle Prozentangaben von Aufgabe 1b) addiert ergeben 195 %.

1 a) Schreibe als vollständig gekürzten Bruch.
2 %; 25 %; 70 %; 4 %; 44 %

b) Schreibe in Prozent.
$\frac{1}{5}$; $\frac{6}{10}$; $\frac{35}{100}$; $\frac{16}{40}$; $\frac{100}{250}$

2 Berechne.
a) 20 % von 20 €   b) 11 % von 2 m   c) 82 % von 1 kg

Alle Prozentangaben von Aufgabe 3 addiert ergeben 100 %.

3 Die Tabelle zeigt, wie die 80 Schülerinnen und Schüler der Jahrgangsstufe 5 in die Schule kommen.
Bestimme die Anteile in Prozent und stelle sie in einer Tabelle zusammen.

zu Fuß	Fahrrad	Bus	Auto
8	28	40	4

In Deutschland besteht etwa zwei Drittel des Waldes aus Nadelbäumen und ein Drittel aus Laubbäumen.

7 Förster erstellen in regelmäßigen Abständen eine Bestandsaufnahme der von ihnen betreuten Wälder. Um einen Überblick darüber zu gewinnen, wie viele Bäume der verschiedenen Arten vorhanden sind, zählt der Förster z. B. 400 Bäume eines Waldstückes aus. Die Tabelle zeigt das Ergebnis.

Fichte	Kiefer	Buche	Eiche	Sonstige
160	80	100	40	20

Bestimme die prozentualen Anteile der Baumarten und stelle das Ergebnis in einer Tabelle dar.

8 Berechne den Endbetrag.
a) Der Preis eines Autos erhöht sich von 12 000 € um 3 %.
b) Der Verkäufer gibt die 40 € teure Hose um 2 % billiger ab.

7 Verhältnisse beim Teilen und Mischen

Beim Backen von Mischbrot werden Weizenmehl und Roggenmehl vermischt.
Frau Müller: „Ich nehme 4 kg Weizen- und 3 kg Roggenmehl."
Frau Schulz: „Ich nehme 12 Tassen Weizen- und 9 Tassen Roggenmehl."

Wenn zwei Lottospieler A und B einen Lottoschein ausfüllen und sich mit 3 € und 2 € am Einsatz von 5 € beteiligen, dann sollten sie auch einen eventuellen Gewinn entsprechend teilen. Egal, wie hoch dieser ist, sie werden 5 gleiche Teile daraus machen. A wird 3 Teile und B 2 Teile vom Gewinn bekommen. Der Bruchteil des Gewinns von A beträgt dann $\frac{3}{5}$ und der von B $\frac{2}{5}$. Gewinnen sie z. B. 1000 €, so erhält A 600 € und B 400 €.

Man sagt auch: Die beiden Teile des Ganzen stehen im **Verhältnis** 3 : 2 (sprich: 3 zu 2).
Da $3:2 = \frac{3}{2}$ ist, kann das Verhältnis auch durch einen Bruch angegeben werden.

Ähnlich ist es, wenn man nicht teilt, sondern zusammenfügt oder mischt. Nach einem Rezept wird aus 7 Teilen Wasser und 3 Teilen Konzentrat ein Erfrischungsgetränk hergestellt. Mit diesen Angaben kann man so viel von dem Getränk herstellen, wie man will. Man muss Wasser und Konzentrat nur im Verhältnis 7 : 3 mischen. Insgesamt gibt es dabei 10 Teile (7 + 3 = 10). Benötigt man z. B. 1000 ml, so müssen davon $\frac{7}{10}$ Wasser und $\frac{3}{10}$ Konzentrat sein, man muss also 700 ml Wasser und 300 ml Konzentrat mischen.

Beim Teilen und Mischen werden Zusammenhänge zwischen Größen gleicher Art miteinander verglichen. Den Quotienten von zwei Größen gleicher Art bezeichnet man als **Verhältnis**.
Ein Verhältnis wird als Quotient oder als Bruch angegeben, z. B.: 3 : 4 oder $\frac{3}{4}$.
Wird ein Ganzes z. B. im Verhältnis 3 : 4 oder $\frac{3}{4}$ geteilt, so ist der eine Teil $\frac{3}{7}$, der andere $\frac{4}{7}$ vom Ganzen.

Beachte: Da z. B. $\frac{1}{2} = \frac{2}{4} = \frac{3}{6} = \frac{4}{8} \ldots$ ist, beschreiben 1 : 2; 2 : 4; 3 : 6; 4 : 8; … dasselbe Verhältnis. Ein bestimmtes Verhältnis kann also durch unendlich viele Quotienten angegeben werden.

Beispiel 1
Christine kocht Kirschmarmelade. Sie nimmt hierzu 500 g Gelierzucker und 750 g Kirschen. In welchem Verhältnis werden Gelierzucker und Kirschen gemischt? Gib das Verhältnis mit möglichst kleinen Zahlen an.
Lösung:
Verhältnis: $\frac{500\,g}{750\,g} = \frac{500}{750}$. Vollständiges Kürzen des Bruches ergibt: $\frac{500}{750} = \frac{2}{3}$.
Gelierzucker und Kirschen werden im Verhältnis 2 : 3 gemischt.

Beispiel 2
Bei einer Erbschaft soll das Erbe von 15 000 € auf die drei Erben Inge, Maria und Ilse im Verhältnis 3 : 2 : 1 aufgeteilt werden. Wie viel Euro erhält jeder Erbe?
Lösung:
Es gibt insgesamt 6 Teile (3 + 2 + 1 = 6); ein Teil ist $\frac{1}{6}$ von 15 000 €; $\frac{1}{6}$ von 15 000 € sind 2500 €.
Somit erhalten:
Inge: 3 · 2500 € = 7500 €; Maria: 2 · 2500 € = 5000 €; Ilse: 1 · 2500 € = 2500 €.

Aufgaben

1 Peter und Petra mischen sich ein Getränk aus Erdbeersirup und Wasser. Peter wählt ein Mischungsverhältnis von 2 : 3, Petra eines von 4 : 7. Welches Getränk schmeckt süßer?

2 Für einen Zweitaktmotor benötigt man ein Gemisch von Benzin und Öl. Beim Tanken wurden 25 l Benzin und $\frac{1}{2}$ l Öl eingefüllt. Gib das Mischungsverhältnis mit möglichst kleinen natürlichen Zahlen an.

3 Zeichne eine Strecke von 9 cm Länge. Teile sie im Verhältnis
a) 1 : 1; b) 1 : 4; c) 1 : 1 : 4.
Gib jeweils die Anteile der Teilstrecken an der Gesamtstrecke an.

4 Eine Erbschaft von 90 000 € soll folgendermaßen verteilt werden: die eine Hälfte erhält die Mutter, die zweite Hälfte erhalten drei Kinder zu gleichen Teilen. Wie viel Euro erhält jeder Erbe? In welchem Verhältnis wird das Erbe aufgeteilt?

5 Zeichne ein Rechteck ABCD mit $\overline{AB}$ = 8 cm und $\overline{BC}$ = 6 cm. Zeichne in das Rechteck die Diagonale $\overline{AC}$ und die Strecke $\overline{EB}$, die vom Mittelpunkt E der Strecke $\overline{AD}$ zur Ecke B geht (Fig. 1). In welchem Verhältnis teilt die Strecke $\overline{EB}$ die Strecke $\overline{AC}$?

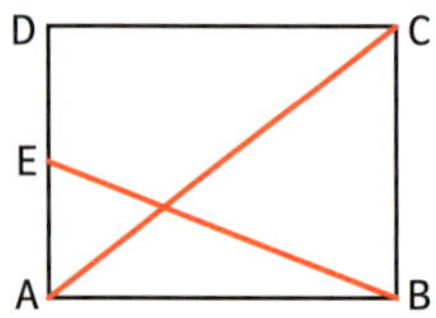

Fig. 1

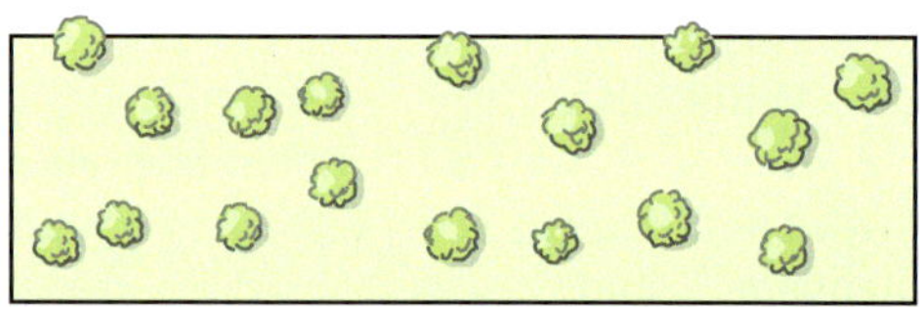
Fig. 2

6 Übertrage das Grundstück aus Fig. 2 in dein Heft.
a) Teile seine Fläche im Verhältnis 3 : 4.
b) Wie groß sind die Teilflächen, wenn die Grundstücksseiten die Längen 700 m und 300 m haben?

7 In welchem Verhältnis muss man ein Ganzes in zwei Teile teilen, wenn
a) beide Teile gleich groß sein sollen,
b) der eine Teil 3-mal ($1\frac{1}{2}$-mal) so groß sein soll wie der andere?

Unter „Format" versteht man hier das Verhältnis von Länge zu Breite.

8 a) Miss die Länge und Breite einer Postkarte. Prüfe, ob dein Mathematik-Heft das gleiche „Format" hat wie sie.
b) Teile ein Heftblatt durch Falten in zwei gleiche Teile. Vergleiche das Format des ursprünglichen Blattes mit dem Format der Blatthälfte.

8 Maßstäbe

Maßstab 1:25 000 000

Christian und Philipp betrachten in ihrem Atlas die Karte der Türkei. Sie überlegen: „Wie groß ist wohl die Entfernung zwischen Izmir und dem Ararat und die größte Nord-Süd-Ausdehnung."

Bei Landkarten, technischen Zeichnungen und im Modellbau werden Vergrößerungen und Verkleinerungen durch Verhältnisse angegeben, die den Zusammenhang zwischen einer Länge in der Wirklichkeit und der auf einer Karte, einer Zeichnung oder im Modell angeben. Ein solches Verhältnis nennt man Maßstab.

Der **Maßstab** ist ein Verhältnis für Vergrößerungen und Verkleinerungen. In den meisten Fällen gibt man den Maßstab als Quotienten an, bei dem 1 als erste Zahl (Verkleinerung) oder zweite Zahl (Vergrößerung) gewählt wird.
Beispiele für Maßstäbe:
- Für eine Verkleinerung: $1:1000 = \frac{1}{1000}$. Dies bedeutet, dass 1 cm auf der Karte (in der Zeichnung, im Modell) 1000 cm in der Wirklichkeit entspricht.
- Für eine Vergrößerung: $80:1 = \frac{80}{1}$. Dies bedeutet, dass 80 cm im Modell 1 cm in der Wirklichkeit entsprechen.

Beispiel 1
Fig. 1 zeigt ein Modell des Eiffelturms. Das Modell hat eine Höhe von 375 mm, der Eiffelturm in Paris ist 300 m hoch (ohne Antenne). Bestimme den Maßstab des Modells.
Lösung:
300 m = 300 000 mm
Maßstab: $\frac{375\,\text{mm}}{300\,000\,\text{mm}} = \frac{375}{300\,000} = \frac{1}{800}$
Das Modell hat den Maßstab 1:800.

Fig. 1

Beispiel 2
Fig. 2 zeigt eine Wohnung im Maßstab 1:200. Das Wohnzimmer soll mit Parkett ausgelegt werden. Wie viele m^2 werden benötigt?
Lösung:
Für den Maßstab 1:200 gilt: 1 cm in der Zeichnung entspricht 200 cm = 2 m in der Wirklichkeit.
Gemessene Seitenlängen in der Zeichnung: 3 cm und 3,5 cm
Seitenlängen in Wirklichkeit: 3 cm · 200 = 600 cm = 6 m
und 3,5 cm · 200 = 700 cm = 7 m
Flächeninhalt: $6\,m \cdot 7\,m = 42\,m^2$
Es werden $42\,m^2$ Parkett benötigt.

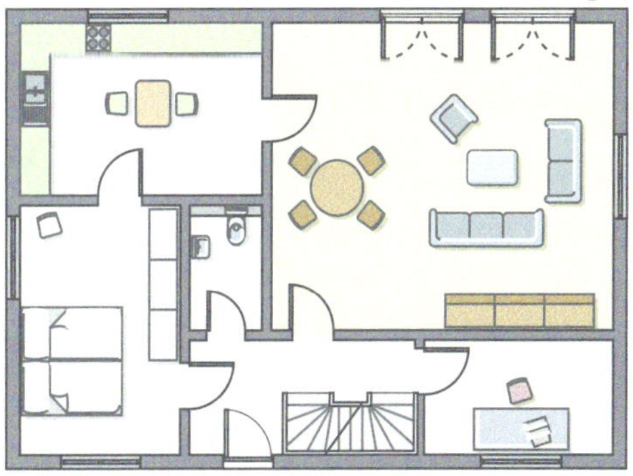
Fig. 2

Aufgaben

1 Schlage im Atlas eine Landkarte von Niedersachsen auf.
a) Miss auf der Karte die Entfernung zwischen Emden und Göttingen und die größte West-Ost-Ausdehnung. Berechne daraus die Entfernungen in der Wirklichkeit.
b) Bestimme in einem Atlas ebenso die Entfernung Hamburg–München und die größte West-Ost-Ausdehnung Deutschlands.

Bei Aufgabe 2 erleichtert ein Taschenrechner die Rechenarbeit.

2 Weltweit wurde die Spur H0 zur beliebtesten Modelleisenbahngröße. Für sie gilt ein Verkleinerungsmaßstab von 1:87. Das bedeutet, ein Modell ist $\frac{1}{87}$ so lang wie in Wirklichkeit. Ein D-Zug-Wagen ist 26,40 m lang. Wie viele cm sind das im Modell?

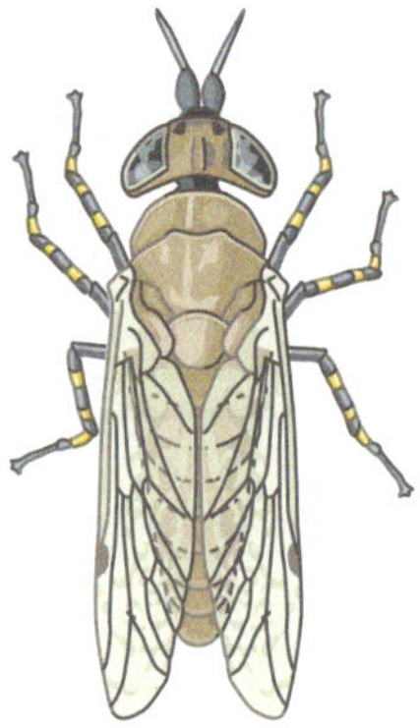

haematopota pluvialis

3 Die Abbildung zeigt eine Regenbremse.
a) Miss ihre Länge im Bild (mit Fühlern). Ihre wirkliche Länge ist 12 mm. Bestimme den Maßstab.
b) Wie viele Millimeter sind die Flügel in Wirklichkeit lang?
c) Die Bremse soll in einem Modell 9,6 cm groß werden. Welcher Maßstab muss gewählt werden?

4 Modellautos gibt es in verschiedenen Maßstäben, z. B. 1:35.
a) Was bedeutet der Maßstab 1:35?
b) Bestimme anhand des Fotos die Abmessungen des Autos in der Wirklichkeit.
c) Bestimme für den Maßstab 1:16 Länge und Breite eines Modells dieses Autos.

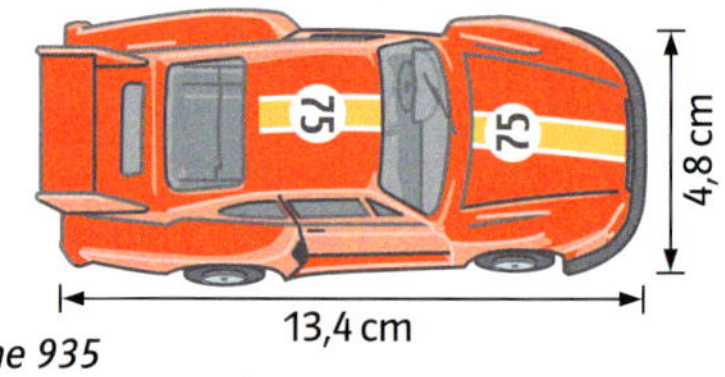

Porsche 935

5 a) Berechne den Maßstab:

	Länge in der Wirklichkeit	Länge im Modell
1)	250 m	1 cm
2)	60 mm	15 cm
3)	3 km	1 cm
4)	0,05 mm	1,35 cm

b) Schlage im Atlas eine Österreichkarte auf und miss mit dem Lineal die Entfernung Salzburg–Wien auf der Karte. Berechne die wirkliche Entfernung mithilfe des auf der Karte angegebenen Maßstabes.
c) Bestimmt die Entfernung New York–Dallas anhand einer USA-Karte.

6 Zeichne die Dreiecke ABC und A'B'C' mit A(0 | 0), B(4 | 3), C(0 | 8), A'(6 | 1), B'$\left(8 \mid 2\frac{1}{2}\right)$ und C'(6 | 5) in ein Koordinatensystem. Wähle dabei für die Einheitsstrecken auf den Achsen 1 cm. Das Dreieck A'B'C' ist eine Verkleinerung des Dreiecks ABC. Bestimme den Verkleinerungsmaßstab.

Kannst du das noch?

7 Berechne und gib das Ergebnis mithilfe einer natürlichen Zahl an.

a) $\frac{3}{8}$ von 1000 g
b) $\frac{3}{4}$ von 20 €
c) $\frac{2}{5}$ von 30 km
d) $\frac{1}{5}$ von 5 ha
e) 10 % von 300 €
f) 30 % von 10 kg
g) 5 % von 5 km
h) 1 % von 50 a

9 Dezimalzahlen und Brüche

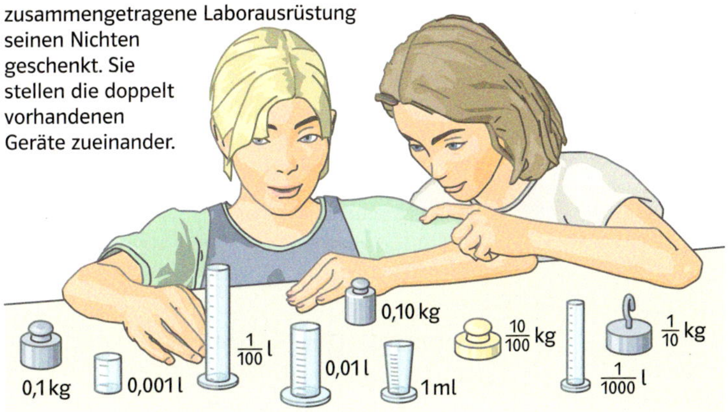

Teile eines Ganzen haben wir bisher mit Brüchen bezeichnet. Einige der Laborgeräte zeigen eine andere Schreibweise.

In Kapitel IV hast du gelernt, was eine Dezimalzahl (Kommazahl) ist. Nun wird untersucht, wie Dezimalzahlen mit Brüchen zusammenhängen.

Was bedeutet eine Kommazahl wie 0,63? Man erkennt dies, wenn man die Zahl mit einer Größe verbindet.

0,63 liest man: Null Komma sechs drei.

0,**1** m = 1 dm = $\frac{1}{10}$ m
0,1 bedeutet $\frac{1}{10}$

0,**63** € = 63 ct = $\frac{63}{100}$ €
0,63 bedeutet $\frac{63}{100}$

0,**308** kg = 308 g = $\frac{308}{1000}$ kg
0,308 bedeutet $\frac{308}{1000}$

Die Beispiele zeigen, dass Dezimalzahlen als Brüche mit den Nennern 10, 100, 1000, … geschrieben werden können. Die Anzahl der Stellen hinter dem Komma entscheidet darüber, welche Zehnerpotenz im Nenner steht.
Statt Dezimalzahl sagt man auch Dezimalbruch.

Hat eine Zahl in Dezimalschreibweise eine, zwei, drei, … Stellen hinter dem Komma, dann kann man sie als Bruch mit dem Nenner 10; 100; 1000; … schreiben.
$0{,}7 = \frac{7}{10}$; $3{,}31 = \frac{331}{100}$; $8{,}039 = \frac{8039}{1000}$

Bei der Bruchschreibweise kann eine Zahl verschieden dargestellt werden.
$\frac{3}{10} = \frac{30}{100}$ ($\frac{3}{10}$ erweitert mit 10)
$\frac{3}{10} = \frac{300}{1000}$ ($\frac{3}{10}$ erweitert mit 100)
Diese verschiedenen Darstellungen finden sich entsprechend in der Dezimalschreibweise.
$\frac{3}{10} = 0{,}3$; $\frac{30}{100} = 0{,}30$; $\frac{300}{1000} = 0{,}300$.
Dies zeigt: 0,3 = 0,30 = 0,300.

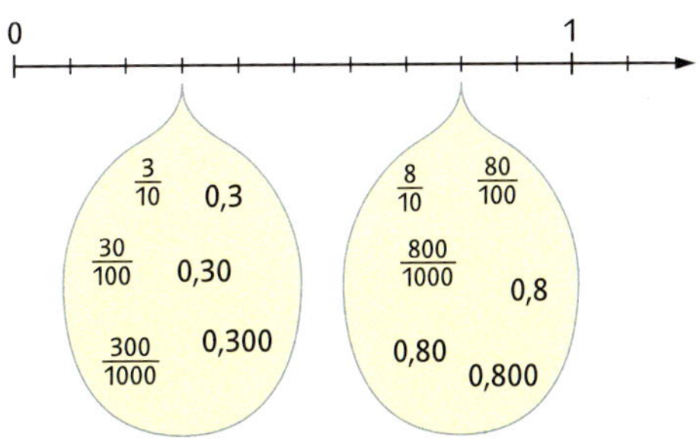

Fig. 1

Eine Zahl, zwei Schreibweisen:

$\frac{1}{2}$ = 0,5

Bruch- Dezimal-
schreibweise

Fig. 1

Umwandeln in die Dezimalschreibweise

Um einen Bruch wie $\frac{1}{4}$ dezimal zu schreiben, muss man so erweitern, dass der Nenner 10 oder 100 oder 1000 oder eine andere Potenz von 10 ist: $\frac{1}{4} = \frac{25}{100} = 0{,}25$.
Brüche wie $\frac{1}{3}$ lassen sich auf diese Weise nicht dezimal schreiben, weil man diesen Bruch nicht mit einem Nenner, der eine Potenz von 10 ist, schreiben kann.

Umwandeln in die Bruchschreibweise

Die Dezimalzahl 0,75 hat zwei Stellen hinter dem Komma. Man schreibt sie als Bruch mit dem Nenner 100: $0{,}75 = \frac{75}{100}$. Gekürzt erhält man $0{,}75 = \frac{75}{100} = \frac{3}{4}$.
Entsprechend gilt:
2,050 hat drei Stellen hinter dem Komma. Wir schreiben die Zahl als Bruch mit dem Nenner 1000 und kürzen den Bruch: $2{,}050 = \frac{2050}{1000} = \frac{205}{100} = \frac{41}{20}$.

Beispiel 1 Dezimalzahl als Bruchzahl schreiben
Schreibe als Bruchzahl.
a) 0,9 b) 0,48 c) 0,700 d) 8,030
Lösung:
a) $0{,}9 = \frac{9}{10}$ b) $0{,}48 = \frac{48}{100} = \frac{12}{25}$ c) $0{,}700 = \frac{700}{1000} = \frac{7}{10}$ d) $8{,}030 = \frac{8030}{1000} = \frac{803}{100}$

Beispiel 2 Bruchzahl als Dezimalzahl schreiben
Schreibe als Dezimalzahl.
a) $\frac{71}{100}$ b) $\frac{1}{5}$ c) $\frac{18}{15}$ d) $\frac{5}{8}$
Lösung:
a) $\frac{71}{100} = 0{,}71$ b) $\frac{1}{5} = \frac{2}{10} = 0{,}2$ c) $\frac{18}{15} = \frac{6}{5} = \frac{12}{10} = 1{,}2$ d) $\frac{5}{8} = \frac{625}{1000} = 0{,}625$

Aufgaben

1 Übertrage in dein Heft. Trage die entsprechende Bruch- oder Dezimalzahl ein.

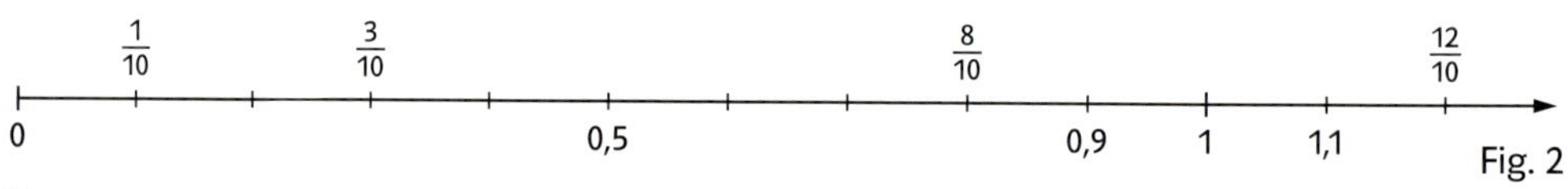

Fig. 2

2 Schreibe als Bruch.

a) 0,3	b) 0,27	c) 0,90	d) 0,4	e) 0,67	f) 0,10
0,800	0,006	0,012	0,404	0,999	1,001
1,4	3,8	2,90	4,25	10,80	10,100

Häufig verwendete Dezimalzahlen:
$0{,}1 = \frac{1}{10}$
$0{,}5 = \frac{1}{2}$
$0{,}25 = \frac{1}{4}$
$0{,}75 = \frac{3}{4}$
$0{,}2 = \frac{1}{5}$
$0{,}125 = \frac{1}{8}$

3 Schreibe als Dezimalzahl.

a) $\frac{1}{2}$	b) $\frac{1}{5}$	c) $\frac{1}{4}$	d) $\frac{3}{5}$	e) $\frac{7}{10}$	f) $\frac{12}{100}$
$\frac{10}{100}$	$\frac{25}{20}$	$\frac{6}{1000}$	$\frac{7}{200}$	$\frac{1}{8}$	$\frac{20}{25}$
$\frac{5}{4}$	$\frac{3}{4}$	$\frac{11}{5}$	$\frac{2}{8}$	$\frac{9}{18}$	$\frac{24}{30}$

4 Den Buchstaben auf dem Zahlenstrahl in Fig. 3 sind Zahlen zugeordnet. Gib diese als Bruch- und Dezimalzahl an.

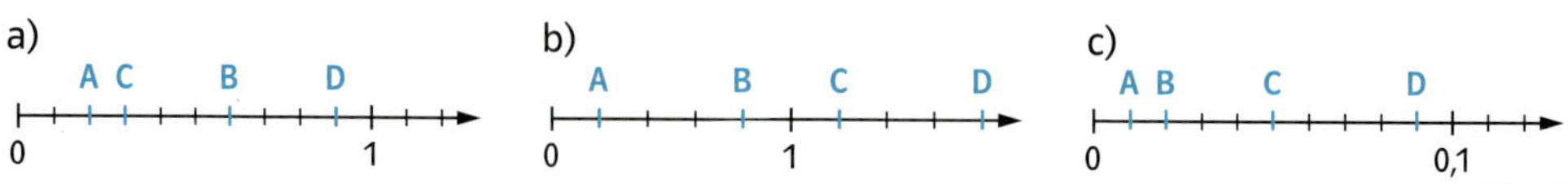

Fig. 3

5 Trage die Zahlen auf einem Zahlenstrahl ein.
a) 0,9; 0,6; 0,05; 1,1; 1,2 b) 0,25; 0,5; 0,75; 1,25 c) 2,5; 1,5; 1,25; 1,75

6 Zeichne die „Schlange“ in dein Heft und zähle in jeder Richtung in gleichen Schritten weiter.

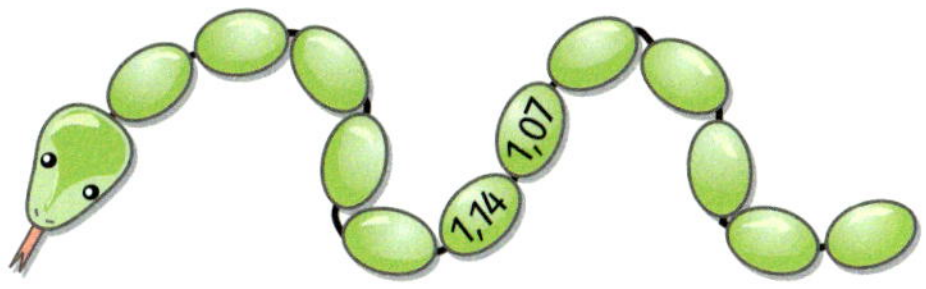

Fig. 1

Bist du sicher?

1 Schreibe als Bruchzahl.
a) 0,8 b) 0,09 c) 0,25 d) 0,011 e) 0,4500

2 Schreibe als Dezimalzahl.
a) $\frac{3}{5}$ b) $\frac{70}{100}$ c) $\frac{3}{4}$ d) $\frac{7}{1000}$ e) $\frac{990}{1000}$

3 Den Buchstaben auf dem Zahlenstrahl in Fig. 2 sind Zahlen zugeordnet. Gib diese als Bruch- und Dezimalzahl an.

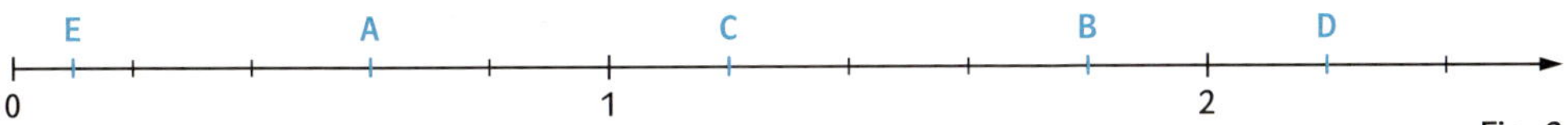

Fig. 2

7 Ein Floh springt von der Startzahl aus nach rechts die angegebene Anzahl von Sprüngen. Schreibe die Dezimalzahl auf, bei denen er landet.

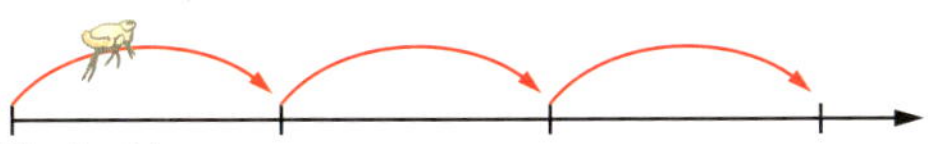

Fig. 3

Startzahl	Sprungweite	Anzahl der Sprünge
0,8	0,1	5
89,5	0,2	6
0,4	0,5	6
0	0,01	20

8 Milli und Mikro
Bei Einheiten bedeutet das Beiwort **Kilo** „tausend“: 1 Kilometer = 1000 Meter. Solche Beiworte gibt es auch für „Tausendstel“, „Million“ usw. (siehe Tabelle).

Giga	Mega	Kilo	Milli	Mikro
$1\,000\,000\,000 = 10^9$	$1\,000\,000 = 10^6$	$1000 = 10^3$	$0{,}001 = \frac{1}{1000}$	$0{,}000\,001 = \frac{1}{1000000}$

Schreibe in der in Klammern angegebenen Einheit mithilfe einer Bruch- und einer Dezimalzahl.
a) eine Millisekunde (s) b) ein Mikrometer (m) c) ein Milliliter (l)

Info

Dezi ist ein lateinisches Wort, das nur als Teil eines anderen Wortes auftritt. Es hat die Bedeutung „Zehntel“. In dieser Bedeutung benutzen wir es auch, z. B. beim Wort Dezimeter, was wörtlich übersetzt Zehntelmeter bedeutet.

Dezi
Wo kommt es her?
Was bedeutet es?

10 Abbrechende und periodische Dezimalbrüche

Es gibt Brüche, die du noch nicht als Dezimalzahl schreiben kannst.

Brüche, die im Nenner eine Zehnerpotenz haben, lassen sich leicht als Dezimalbrüche schreiben: $\frac{3}{10} = 0{,}3$; $\frac{47}{100} = 0{,}47$; $\frac{13}{1000} = 0{,}013$; …
Manche Brüche kann man durch Kürzen und Erweitern in Dezimalbrüche umwandeln.

$\frac{63}{70} = \frac{9}{10} = 0{,}9$	Durch Kürzen bringt man den Nenner auf eine Zehnerpotenz.
$\frac{7}{20} = \frac{35}{100} = 0{,}35$	Durch Erweitern bringt man den Nenner auf eine Zehnerpotenz.
$\frac{21}{14} = \frac{3}{2} = \frac{15}{10} = 1{,}5$	Durch Kürzen und Erweitern bringt man den Nenner auf eine Zehnerpotenz.

Da ein Bruch als Quotient geschrieben werden kann, erhält man den Dezimalbruch auch, wenn der Zähler des Bruches durch den Nenner geteilt wird. Dazu schreibt man den Zähler als Dezimalbruch. Es sind zwei Fälle möglich:

1. Fall:

```
  7:16
= 7,0:16 = 0,4375
- 0
  70      ←— Rest 7
- 64
  60      ←— Rest 6
- 48
  120     ←— Rest 12
- 112
    80    ←— Rest 8
  - 80
     0    ←— Rest 0
```

2. Fall:

$13:11$
$= 13{,}0:11 = 1{,}1818\ldots = 1{,}\overline{18}$

```
- 11
  20      ←— Rest 2
- 11
  90      ←— Rest 9
- 88
  20      ←— Rest 2
- 11
  90      ←— Rest 9
- 88
   ⋮
```

Im 1. Fall endet die Division irgendwann, ohne dass ein weiterer Rest auftritt. Man erhält einen **abbrechenden** Dezimalbruch.
Im 2. Fall beobachtet man, dass sich die Reste 2 und 9 und damit die Ziffern 1 und 8 fortlaufend wiederholen und die Division nie aufgeht. Man erhält einen **periodischen** Dezimalbruch. Der Strich über den Ziffern 1 und 8 bedeutet: Diese Ziffernfolge wiederholt sich bei der Fortsetzung des Divisionsverfahrens ständig.

periodos *(griech.): Umlauf, Wiederholung*

Um die Dezimalbruchdarstellung eines Bruches zu bekommen, dividiert man den Zähler des Bruches durch den Nenner.
Wandelt man Brüche mit dem Divisionsverfahren in Dezimalbrüche um, so erhält man entweder endliche **abbrechende** Dezimalbrüche oder unendliche **periodische** Dezimalbrüche, z. B.: $\frac{13}{40} = 0{,}325$,

$\frac{1}{3} = 0{,}\overline{3}$ (sprich: null-Komma-Periode-drei),

$\frac{29}{110} = 0{,}2\overline{63}$ (sprich: null-Komma-zwei-Periode-sechs-drei).

Beispiel 1
Schreibe $\frac{57}{80}$ als Dezimalbruch.
Lösung:
$\frac{57}{80} = 57{,}0 : 80 = 0{,}7125$
-0
570
-560
100
-80
200
-160
400
-400
0

Beispiel 2
Schreibe $\frac{25}{90}$ als Dezimalbruch.
Lösung:
$25{,}0 : 90 = 0{,}2\overline{7}$
-0
250
-180
700
-630
700

Der Rest 70 wiederholt sich.

Man erhält einen gemischt-periodischen Dezimalbruch.

Beispiel 3
Vergleiche $0{,}\overline{17}$ und $0{,}\overline{171}$.
Lösung:
$0{,}\overline{17} = 0{,}171717\ldots$
$0{,}\overline{171} = 0{,}171171\ldots$
↑
Hier treten erstmals verschiedene Ziffern auf. $0{,}\overline{171} < 0{,}\overline{17}$

Beispiel 4
Vergleiche $\frac{5}{32}$ und 0,162.
Lösung:
Berechne 5 : 32 und brich ab, sobald du die Zahlen vergleichen kannst.
$5 : 32 = 0{,}15\ldots$; $0{,}15 < 0{,}162$.
Also $\frac{5}{32} < 0{,}162$.

$0{,}\overline{3} = \frac{1}{3}$; $0{,}3 = \frac{3}{10}$

Rein-periodisch *heißen Dezimalbrüche, bei denen die Periode unmittelbar nach dem Komma beginnt, z. B. $2{,}\overline{3}$; $0{,}\overline{48}$.*
Gibt es zwischen dem Komma und der Periode noch Dezimalstellen, die nicht zur Periode gehören, nennt man die Dezimalbrüche ***gemischt-periodisch****, z. B. $0{,}2\overline{7}$; $4{,}7\overline{125}$.*

Aufgaben

1 Schreibe als Dezimalbruch.
a) $\frac{1}{2}$ b) $\frac{2}{3}$ c) $\frac{4}{5}$ d) $\frac{3}{25}$ e) $\frac{1}{6}$ f) $\frac{10}{11}$
g) $\frac{5}{24}$ h) $\frac{43}{25}$ i) $\frac{14}{9}$ j) $\frac{39}{65}$ k) $\frac{7}{30}$ l) $\frac{49}{112}$

2 Bilde aus den Zahlen im Sack (Fig. 1) Pärchen gleicher Zahlen.

3 Vergleiche. Schreibe mit < oder >.
a) $3{,}\overline{82}$; $3{,}\overline{828}$ b) $\frac{3}{8}$; 0,3 c) $\frac{13}{16}$; 0,81 d) $5{,}\overline{17}$; $5{,}1\overline{7}$
e) $7{,}12\overline{3}$; $7{,}\overline{123}$ f) 3,3; $\frac{13}{4}$ g) $\frac{17}{25}$; 0,7 h) 0,35; $0{,}35\overline{4}$

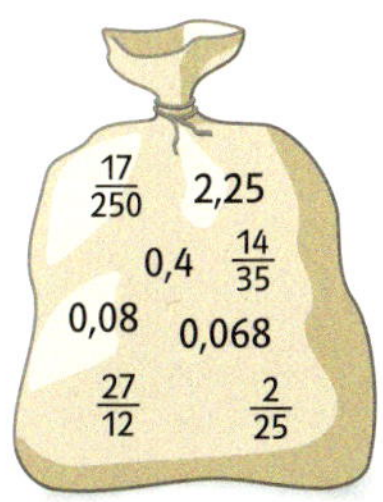

Fig. 1

4 Peter, Sven und Oliver berechnen die Dezimalbruchdarstellung von $\frac{17}{22}$. Ihre Ergebnisse sind in Fig. 1 dargestellt. Welches Ergebnis ist richtig?

Fig. 1

5 Katja hat mit den Rädern aus ihrem Technikbaukasten experimentiert. Wie weit rollen die einzelnen Räder bei einer Umdrehung? Gib das Ergebnis als Dezimalbruch an.

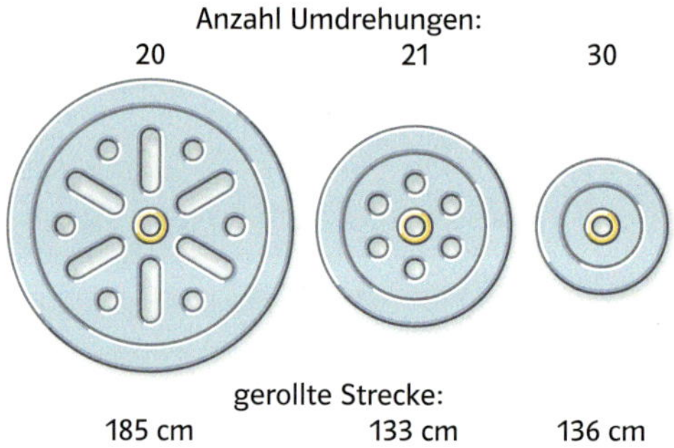

Fig. 2

6 Schreibe als Dezimalbruch und runde auf Zehntel.

a) $\frac{27}{80}$ b) $\frac{7}{20}$ c) $\frac{3}{16}$
d) $\frac{4}{3}$ e) $\frac{5}{9}$ f) $\frac{3}{11}$

7 Schreibe als Dezimalbruch und runde auf Hundertstel.

a) $\frac{3}{8}$ b) $\frac{6}{5}$ c) $\frac{7}{16}$ d) $\frac{5}{3}$ e) $\frac{7}{9}$ f) $\frac{5}{7}$

8 Caroline rechnet mit ihrem Taschenrechner 1 : 6. Das Ergebnis siehst du in Fig. 3. Rechne selbst schriftlich nach und erkläre das Ergebnis.

9 Begründe, warum man $\frac{1}{3}$ nicht in einen Bruch umwandeln kann, bei dem der Nenner eine Zehnerpotenz ist.

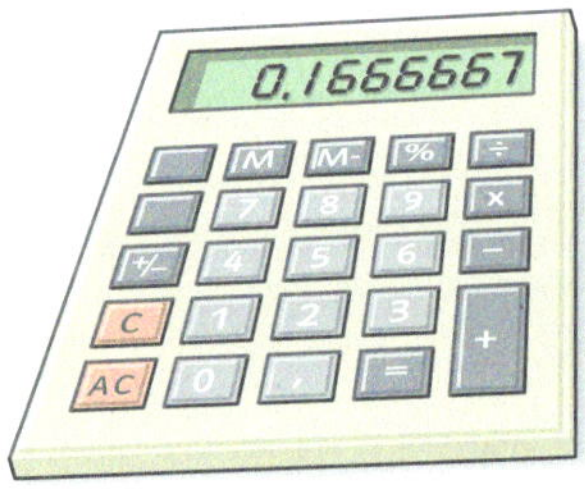

Fig. 3

10 Kann man einen vollständig gekürzten Bruch durch Erweitern in einen Bruch mit einer Zehnerpotenz umwandeln, ist der zugehörige Dezimalbruch abbrechend. Ist dies nicht möglich, ist der Dezimalbruch periodisch. Kürze zuerst so weit wie möglich. Entscheide dann, ob sich der Bruch als abbrechender oder periodischer Dezimalbruch schreiben lässt.

a) $\frac{27}{225}$ b) $\frac{150}{225}$ c) $\frac{65}{169}$ d) $\frac{81}{18}$ e) $\frac{51}{425}$ f) $\frac{40}{56}$ g) $\frac{7}{56}$

11 a) Fig. 4 zeigt periodische Dezimalbrüche mit den zugehörigen Brüchen. Stelle eine Vermutung auf, welcher Bruch zu $0,\overline{4}$; $0,\overline{5}$; $0,\overline{7}$ gehört. Überprüfe deine Vermutung durch eine Rechnung.
b) Bestimme die periodischen Dezimalbrüche, die sich für $\frac{1}{99}$; $\frac{2}{99}$; $\frac{3}{99}$ ergeben. Stelle eine Vermutung auf, welcher Bruch zu $0,\overline{13}$; $0,\overline{20}$; $0,\overline{65}$ gehört. Überprüfe deine Vermutung durch eine Rechnung.

$0,\overline{1} = \frac{1}{9}$

$0,\overline{2} = \frac{2}{9}$

$0,\overline{3} = \frac{3}{9}$

…

$0,\overline{9} = \frac{9}{9} = 1$

Fig. 4

12 a) Schreibe $\frac{4}{11}$ als Dezimalbruch, ohne die Division in Fig. 5 zu vervollständigen.
b) Bestimme $\frac{2}{11}$, $\frac{7}{11}$ und $\frac{10}{11}$ mit möglichst geringem Rechenaufwand.

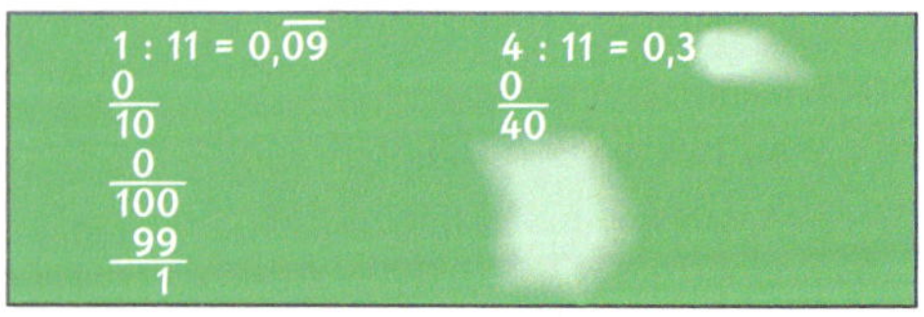

Fig. 5

1 Berechne.
a) $\frac{2}{5}$ von 85 m b) $\frac{7}{12}$ von 144 cm c) $\frac{3}{2}$ von 14 mm d) $\frac{6}{7}$ von 56 km
e) $\frac{15}{11}$ von 253 dm f) $\frac{9}{10}$ von 270 cm g) $\frac{7}{150}$ von 750 mm h) $\frac{100}{3}$ von 120 dm

2 Erweitere.
a) $\frac{2}{3}$ mit 4 b) $\frac{3}{5}$ mit 3 c) $\frac{4}{7}$ mit 7 d) $\frac{9}{11}$ mit 12
e) $\frac{7}{13}$ mit 13 f) $\frac{3}{17}$ mit 5 g) $\frac{17}{21}$ mit 20 h) $\frac{23}{125}$ mit 8

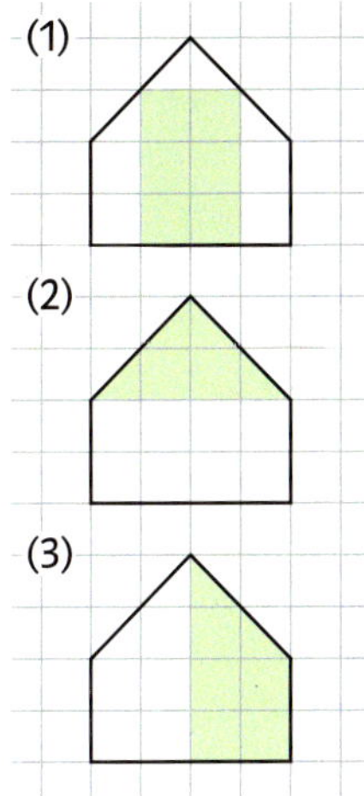

Fig. 1

3 a) Gib den Anteil der schraffierten Fläche an der Vorderfläche der Häuser in Fig. 1 durch einen Bruch an.
b) An welchem der drei Häuser ist dieser Anteil am kleinsten?

4 Schreibe als Bruch und kürze so weit wie möglich.
a) 24:48 b) 196:14 c) 39:169 d) 2016:16 e) 35:1225 f) 75:625

5 Gib in gemischter Schreibweise an.
a) $\frac{17}{2}$; $\frac{19}{3}$; $\frac{21}{4}$; $\frac{312}{7}$ b) $\frac{17}{10}$; $\frac{123}{20}$; $\frac{416}{100}$; $\frac{2345}{250}$

6 Ordne der Größe nach. Beginne mit dem kleinsten Bruch.
$\frac{4}{5}$; $\frac{4}{7}$; $\frac{19}{25}$; $\frac{19}{30}$; $\frac{23}{30}$; $\frac{17}{21}$; $\frac{23}{49}$

7 Welcher Anteil der Fläche ist gefärbt? Gib das Ergebnis als Bruch und in Prozent an.
a)
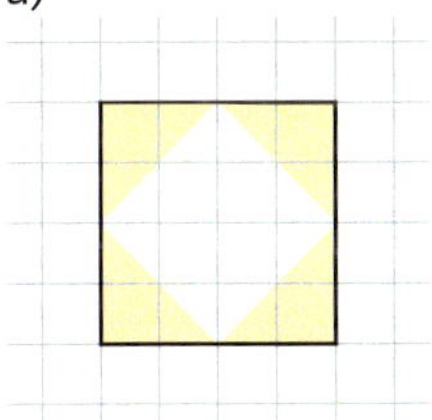
Fig. 2

b)
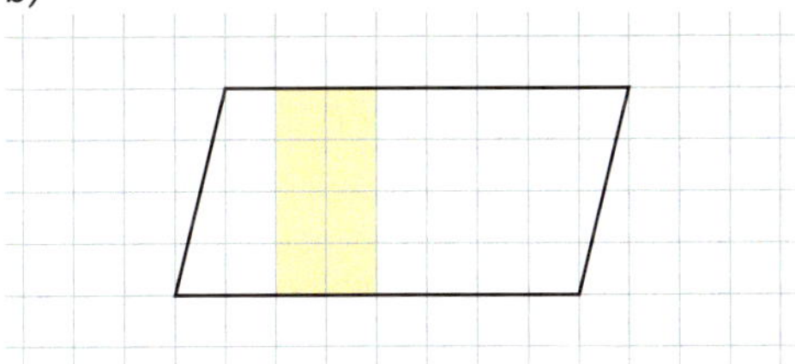
Fig. 3

c)
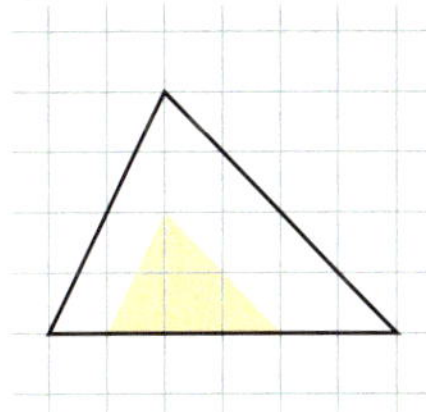
Fig. 4

8 Schreibe als Brüche mit dem Nenner 100 und kürze dann so weit wie möglich.
a) 17 %; 8 %; 124 % b) 65 %; 20 %, 104 % c) 48 %; 5 %; 160 % d) 2 %; 27 %; 211 %

9 Berechne.
a) 6 % von 300 € b) 4 % von 120 t c) 20 % von 125 kg
d) 28 % von 650 m e) 3 % von 4,8 a f) 5 % von 2 m^3

10 Schreibe in Prozent.
a) 0,64; 0,2; 0,94 b) 0,32; 0,44; 0,14 c) 0,04; 0,08; 1,2 d) 1,4; 0,02; 2,85

11 Gib die jeweiligen Anteile in Prozent an.
a) 54 € von 60 € b) 3 m^2 von 15 m^2 c) 27 kg von 36 kg d) 57 m von 60 m

12 Eine Verkehrskontrolle ergab, dass 147 von 420 Fahrrädern und 105 von 250 Mofas erhebliche Mängel hatten. Bestimme jeweils den Anteil der Fahrzeuge mit Mängeln und vergleiche.

13 Bei einem Wettkampf erhielten 12 von 30 Schülern der Klasse 5a eine Urkunde. Von den 32 Schülern der Klasse 5b waren es 14. Vergleiche, indem du die Anteile der Urkunden in Prozent angibst.

14 Erweitern und Kürzen kann man in der zu Fig. 1 abgebildeten Weise an einem Rechteck veranschaulichen. Veranschauliche in gleicher Weise
a) das Erweitern von $\frac{4}{7}$ mit 3,
b) das Kürzen von $\frac{20}{36}$ mit 4.

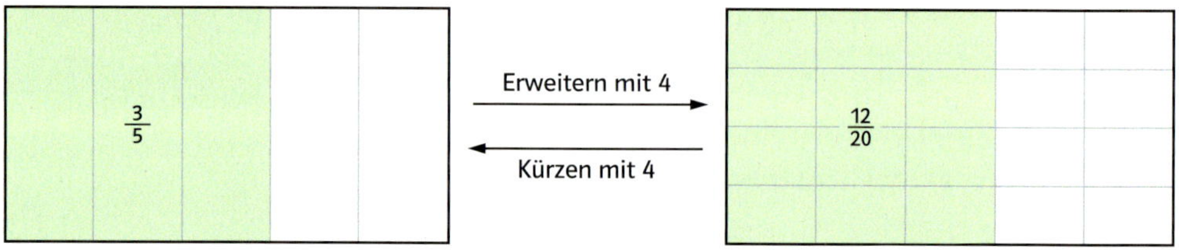

Fig. 1

15 Wenn es auf Blätter oder Nadeln einer Baumkrone regnet, so verdunsten je nach Witterung etwa 20 % des Regenwassers. Das meiste Wasser tropft auf den Boden und versickert. Ungefähr 30 % des Regenwassers kann der Waldboden im Wurzelraum speichern und 50 % des Regenwassers gelangen ins Grundwasser.
Bei einem Landregen prasseln auf eine Baumkrone 8000 l Wasser. Wie viele Liter davon verdunsten, wie viele werden im Waldboden gespeichert?

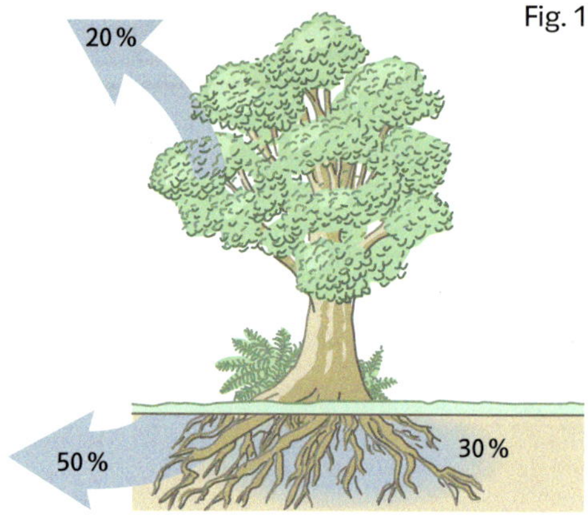

Fig. 2

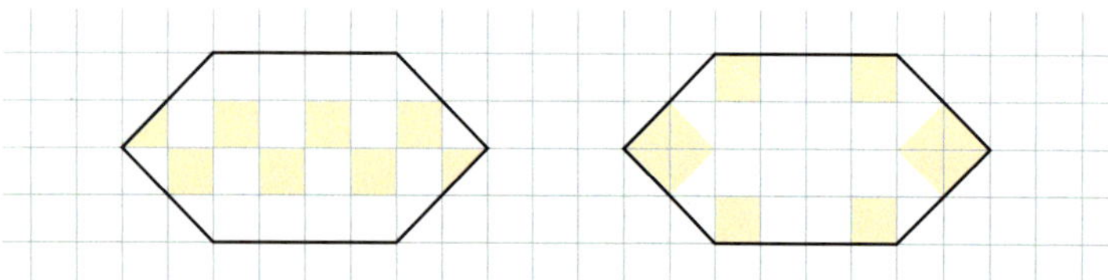
Fig. 3

16 Beim Schulfest darf man mit Wurfpfeilen auf eine der in Fig. 3 abgebildeten Scheiben werfen. Wenn man auf ein farbiges Feld trifft, erhält man einen Gewinn. Welche Zielscheibe würdest du nehmen?

17 Prozentangaben kritisch verwenden
Bei einem Fernsehkanal wurde an sieben aufeinander folgenden Tagen die Zeitdauer (nicht die Anzahl der Sendungen) verschiedener Sparten aufgeschrieben. Daraus ergeben sich die Anteile an der gesamten Sendezeit wie in der Tabelle angegeben.
Welche Aussagen sind durch die Tabelle belegt?
a) Mehr als die Hälfte der Sendezeit ist Unterhaltung.
b) Etwa jede zweite Sendung ist eine Unterhaltungssendung.
c) Pro Stunde Sendezeit sind im Schnitt drei Minuten Musiksendungen.
d) Von 100 Sendungen waren 14 Sportsendungen.

Sparte	Anteil an der Sendezeit
Information	12 %
Unterhaltung (ohne Musik)	53 %
Natur	8 %
Musik	5 %
Sport	14 %
Sonstiges	8 %

Fig. 4

Größter gemeinsamt Teiler (ggT) mit Schere und Papier

Einen Bruch kann man vollständig kürzen, wenn man mit dem größten gemeinsamen Teiler (ggT) von Zähler und Nenner kürzt. Diesen ggT kann man auch ohne jede Rechnung, nur mit Schere und Papier ermitteln.

Beispiel
Gesucht ist der ggT von 21 und 6.

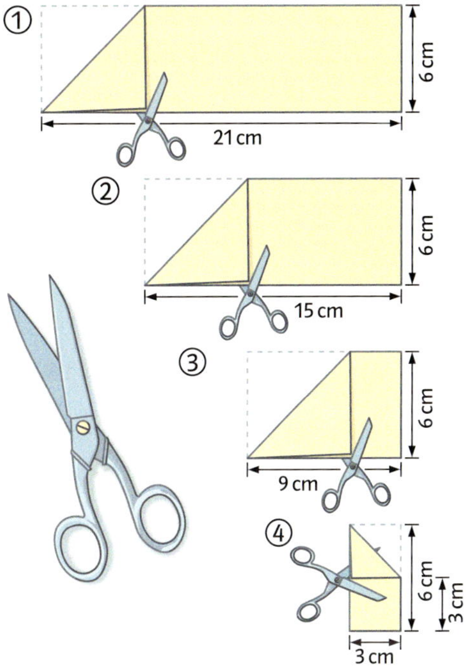

1. Schneide von einem 21 cm langen und 6 cm breiten Rechteck auf die angegebene Weise ein Quadrat ab. Jede Länge, die in 21 cm und 6 cm aufgeht, geht auch in den Seiten des verbleibenden Rechtecks auf, denn jeder Teiler von 21 und 6 teilt auch 21 − 6.
2. Schneide von dem verbleibenden Rechteck auf die gleiche Weise ein Quadrat ab. Du erhältst ein neues Rechteck. Jede Länge, die in den Seiten des ursprünglichen Rechtecks aufgeht, muss auch in den Seiten des neuen Rechtecks aufgehen.
3. Entsprechendes gilt, wenn du nochmals ein Quadrat abschneidest. Es bleibt ein Rechteck übrig, das „auf dem Kopf steht".
4. Verfahre mit dem verbleibenden Rechteck analog dem ursprünglichen. Diesmal bleibt als besonderes Rechteck ein Quadrat übrig und das Verfahren endet. Die Seitenlänge des Quadrates ist die größte Länge, die in beiden Seiten des ursprünglichen Rechtecks aufgeht. Ihre Maßzahl 3 ist der größte gemeinsame Teiler von 21 und 6.

Ergebnis: Der ggT von 21 und 6 ist 3. Man schreibt dafür:
ggT(21; 6) = 3.

Rechnerisch sieht das so aus:

	Länge		Breite		neue Länge
1.	21	−	6	=	15
2.	15	−	6	=	9
3.	9	−	6	=	3
4.	6	−	3	=	3

Es geht sogar noch einfacher, wenn man das wiederholte Subtrahieren durch eine Division ersetzt:

21 : 6 = 3 Rest 3
6 : 3 = 2

Der letzte auftretende Divisor, bei dem die Division schließlich aufgeht, ist der ggT von 21 und 6; hier also 3.
Man nennt das Verfahren in der Kurzform auch den **euklidischen Algorithmus**.

Beispiel
Bestimme den ggT von 144 und 60.
Lösung:
144 : 60 = 2 Rest 24
60 : 24 = 2 Rest 12
24 : 12 = 2
Der letzte auftretende Divisor ist der ggT von 144 und 60: ggT(144; 60) = 12.

1 Ermittle den ggT mit „Schere und Papier" und kürze damit den Bruch vollständig.

a) ggT(15; 6); $\frac{6}{15}$
b) ggT(18; 8); $\frac{8}{18}$
c) ggT(25; 10); $\frac{10}{25}$
d) ggT(21; 12); $\frac{12}{21}$
e) ggT(20; 16); $\frac{16}{20}$
f) ggT(24; 9); $\frac{9}{24}$

2 Warum endet das beschriebene Verfahren stehts mit einem Quadrat?

Algorithmus *(griech.): Rechenverfahren*

Euklid war ein bekannter griechischer Mathematiker, der etwa 300 v. Chr. lebte.

Rückblick

Brüche und Anteile

Anteile beschreibt man mit Brüchen. Bei einem Bruch heißt die obere Zahl der Zähler und die untere Zahl der Nenner des Bruches.

Den Anteil $\frac{3}{4}$ einer Größe oder eines Ganzen bestimmt man so:
1. Man teilt die Größe oder das Ganze durch 4.
2. Man nimmt 3 dieser Teile (multipliziert das Ergebnis mit 3).

Bei dem Bruch $\frac{5}{6}$ ist 5 der Zähler und 6 der Nenner.
$\frac{3}{4}$ von 24 kg:
$24\,kg : 4 = 6\,kg$
$3 \cdot 6\,kg = 18\,kg$

Erweitern und Kürzen

Ein Bruch wird erweitert, indem man den Zähler und den Nenner mit derselben natürlichen Zahl (ungleich null) multipliziert.
Ein Bruch wird gekürzt, indem man den Zähler und den Nenner durch dieselbe natürliche Zahl (ungleich null) dividiert.
Alle Brüche, die aus einem Bruch durch Erweitern oder Kürzen entstehen, bezeichnen dieselbe Zahl. Sie werden auf dem Zahlenstrahl an derselben Stelle eingetragen.

$\frac{5}{6}$ mit 3 erweitert ergibt $\frac{15}{18}$.

$\frac{8}{12}$ mit 4 gekürzt ergibt $\frac{2}{3}$.

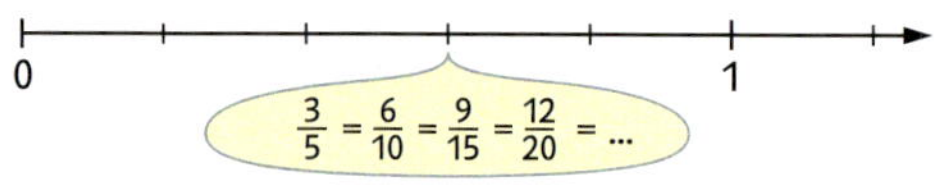

Brüche und Quotienten

Den Quotienten zweiter natürlicher Zahlen kann man als Bruch angeben. Umgekehrt kann man jede Bruchzahl als Quotienten zweier natürlicher Zahlen schreiben.

$24 : 36 = \frac{24}{36} = \frac{2}{3}$

Vergleichen von Bruchzahlen

Um Brüche zu vergleichen, kann man sie gleichnamig machen oder man bringt sie auf den gleichen Zähler.

$\frac{9}{20} = \frac{45}{100}$; $\frac{12}{25} = \frac{48}{100}$; also: $\frac{9}{20} < \frac{12}{25}$

Brüche und Prozent

Für Brüche mit dem Nenner 100 kann man die Prozentschreibweise verwenden. Es ist: $1\,\% = \frac{1}{100}$.

Prozentsatz:	in Prozent angegebener Anteil
Grundwert:	Bezugsgröße
Prozentwert:	Bruchteil des Grundwertes

$\frac{3}{25} = \frac{12}{100} = 12\,\%$

30 % von 500 € sind 150 €.
Prozentsatz Grundwert Prozentwert

Verhältnisse und Maßstäbe

Beim Teilen und Mischen wird der Quotient von Größen gleicher Art als Verhältnis angegeben. Wird ein Ganzes im Verhältnis 2 : 3 geteilt, so ist der 1. Teil $\frac{2}{5}$, der 2. Teil $\frac{3}{5}$ vom Ganzen.
Der Maßstab ist ein Verhältnis für Vergrößerungen und Verkleinerungen.

500€ werden im Verhältnis 2:3 geteilt:
1. Teil: $\frac{2}{5}$ von 500€ sind 200 €.
2. Teil: $\frac{3}{5}$ von 500€ sind 300€.
Ein Maßstab von 1:1000 bedeutet: 1 cm auf der Karte sind 1000 cm in Wirklichkeit.

Dezimalzahlen und Brüche

Dezimalzahlen mit einer, zwei, drei, ... Stellen nach dem Komma sind eine andere Schreibweisee für Brüche mit dem Nenner 10, 100, 1000, ... Will man einen Bruch in eine Dezimalzahl umwandeln, so bringt man den Nenner auf eine Zehnerpotenz oder man dividiert den Zähler durch den Nenner.
Wandelt man einen Bruch durch Division in einen Dezimalbruch um, so erhält man einen endlichen abbrechenden oder einen unendlichen periodischen Dezimalbruch.

$0{,}4 = \frac{4}{10}$; $0{,}17 = \frac{17}{100}$; $0{,}513 = \frac{513}{1000}$

$\frac{12}{75} = \frac{4}{25} = \frac{16}{100} = 0{,}16$

$\frac{15}{40} = 15 : 40 = 0{,}375$

$\frac{15}{99} = 15 : 99 = 0{,}151515\ldots = 0{,}\overline{15}$

Training

1 Schreibe als Bruch und kürze.
a) 4 % b) 60 % c) 0,2 d) 0,3 e) 2,6

2 Schreibe als Dezimalbruch.
a) $\frac{7}{100}$ b) $\frac{4}{5}$ c) $\frac{7}{8}$ d) $\frac{11}{25}$ e) $\frac{14}{125}$

3 Berechne.
a) $\frac{3}{10}$ von 4000 m b) $\frac{2}{5}$ von 80 € c) 90 % von 3000 l d) $\frac{7}{8}$ von 4000 kg

4 Welcher Anteil in Fig. 1 ist gefärbt? Schreibe mit einem vollständig gekürzten Bruch und in Prozent.

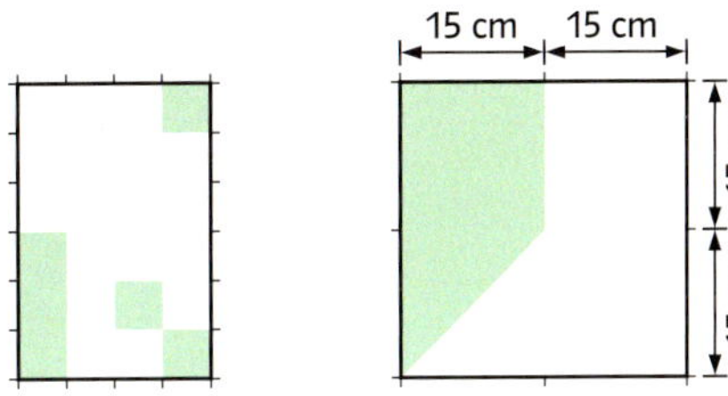

Fig. 1

5 Schreibe als periodischen Dezimalbruch.
a) $\frac{8}{11}$ b) $\frac{17}{6}$ c) $\frac{5}{99}$
d) $\frac{25}{90}$ e) $\frac{1}{12}$ f) $\frac{5}{7}$

6 Setze im Heft passend < oder > ein.
a) 2,786 ☐ 2,699 b) $\frac{7}{9}$ ☐ $\frac{8}{12}$ c) 0,34 ☐ $\frac{9}{25}$

7 Den Buchstaben auf dem Zahlenstrahl in Fig. 2 ist je eine Zahl zugeordnet. Gib diese als Bruch und als Dezimalbruch an.

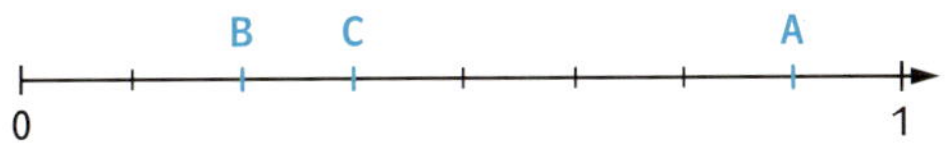

Fig. 2

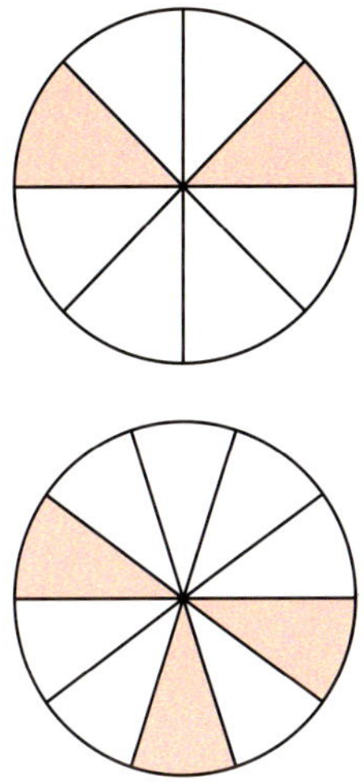
Fig. 3

8 Mit einem Wurfpfeil wird auf die schnell rotierenden Scheiben in Fig. 3 geworfen. Rot zählt als Treffer. Welche Zielscheibe würdest du nehmen?

1 Schreibe als Dezimalbruch und in Prozent.
a) $\frac{3}{20}$ b) $\frac{7}{25}$ c) $\frac{3}{50}$ d) $\frac{9}{12}$

2 Schreibe als Bruch und kürze vollständig.
a) 6,8 b) 0,18 c) 35 % d) 1,25

3 a) Schreibe $\frac{12}{18}$ und $\frac{4}{6}$ als Bruch mit dem Nenner 30. b) Kürze $\frac{24}{32}$ vollständig.

4 Schreibe ohne Bruch und Komma.
a) $0{,}7\,m^2$ b) $\frac{12}{100}\,m^3$ c) 75 % von 10 € d) $\frac{3}{8}$ von 4 ha e) $2{,}66\,cm^3$

5 Stelle die Brüche $\frac{2}{5}$ und $\frac{3}{8}$ bildlich dar. Wähle für ein Ganzes
a) ein Rechteck mit 40 Kästchen, b) einen Kreis mit dem Radius 4 cm.

6 Bei Vorgängen, bei denen eine bestimmte Zeitspanne nicht überschritten werden darf, verwendet man Uhren wie in Fig. 4, bei denen sich eine Skala mit Farbe füllt. Wie lange dauert der Vorgang noch?

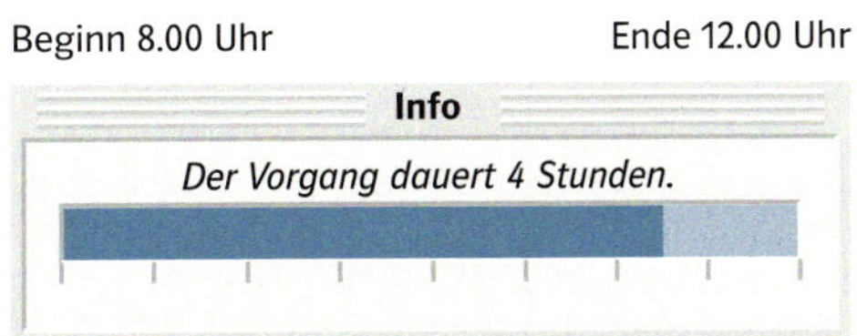

Fig. 4

Lösungen auf Seite 250.

Das kannst du schon

- Mit Bruchzahlen und Dezimalzahlen rechnen
- Kreise und Winkel zeichnen

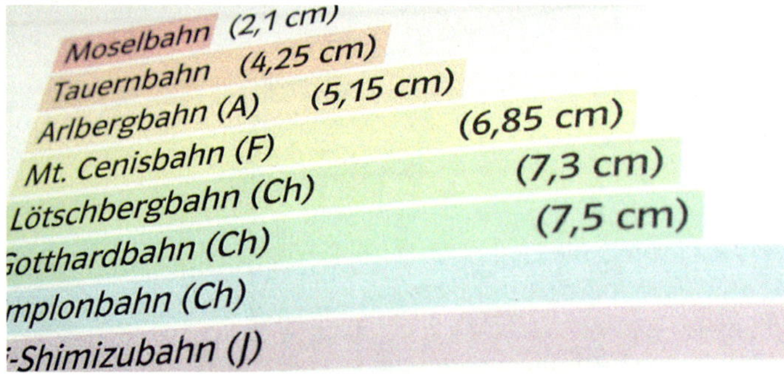

Zahlen und Operationen | Größen und Messen | Raum und Form | Funktionaler Zusammenhang | **Daten und Zufall**

Vom Datensuchen und -sammeln

Tabellen, Diagramme und Mittelwerte sagen mehr als tausend Worte …

Das kannst du bald

- Tabellen und Diagramme erstellen
- Mittlere Werte bestimmen
- Tabellen auswerten und vergleichen
- Diagramme richtig verstehen

1 Tabellen und Säulendiagramme

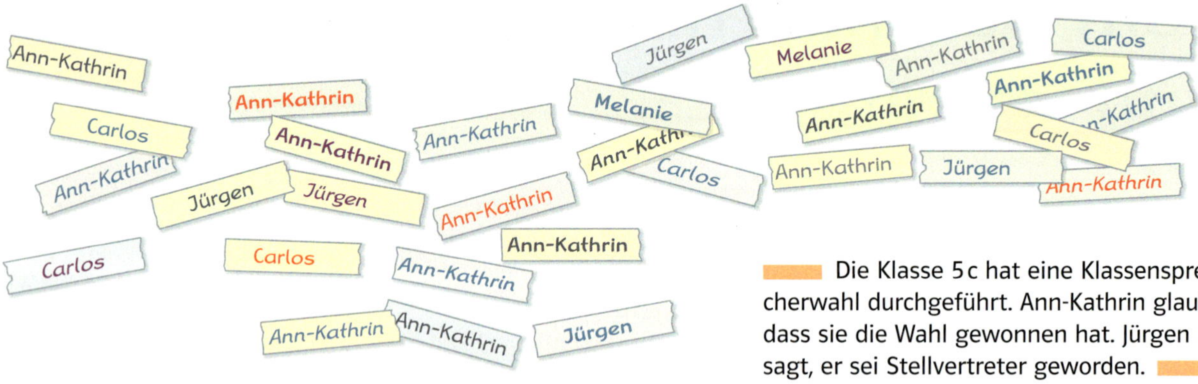

Die Klasse 5c hat eine Klassensprecherwahl durchgeführt. Ann-Kathrin glaubt, dass sie die Wahl gewonnen hat. Jürgen sagt, er sei Stellvertreter geworden.

Beim Schulfest war ein Preis für das lustigste Foto ausgesetzt. Für die Auswahl unter den Fotos soll jede Schülerin und jeder Schüler für eines der Bilder stimmen. Zu diesem Zweck wird neben die Bilder eine Strichliste gehängt. Jeder fünfte Strich wird quer gesetzt.

Foto 1

Foto 2

Foto Nr. 1 

Foto Nr. 2

Fig. 1

Das Ergebnis der Wahl kann man in einer **Tabelle** und in einem **Diagramm** darstellen.

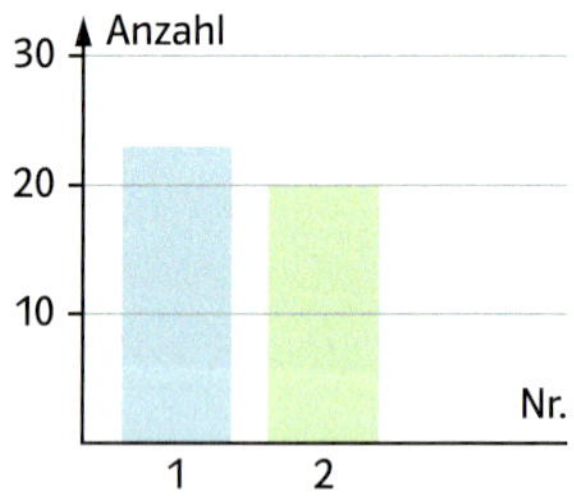

Fig. 2

*Wenn man die Säule waagerecht legt, erhält man ein **Balkendiagramm**.*

Foto	1	2		
Anzahl	23	20		

Bei einer Tabelle kann man die Zahlen genau ablesen.

Bei einem **Säulendiagramm** kann man auf einen Blick der Größe nach vergleichen.

Strichlisten helfen beim **Zählen**.
Tabellen und Diagramme helfen beim **Darstellen** und **Vergleichen von Zahlen**.

Beispiel 1 Tabelle und Diagramm erstellen

a) In der Klasse 5b werden am Elternabend die Elternvertreter gewählt. Fig. 1 zeigt das Ergebnis, das an der Tafel notiert wurde. Der Klassenlehrer muss den Ausgang dem Sekretariat melden. Welche Form der Darstellung soll er wählen?

b) Ein Vereinsvorsitzender hat die Entwicklung der Mitgliederzahlen der letzten Jahre notiert.

1999: 24 2000: 23 2001: 35 2002: 34 2003: 49 2004: 64

Wie soll er die Entwicklung der Mitgliederzahlen auf der Mitgliederversammlung präsentieren? Begründe.

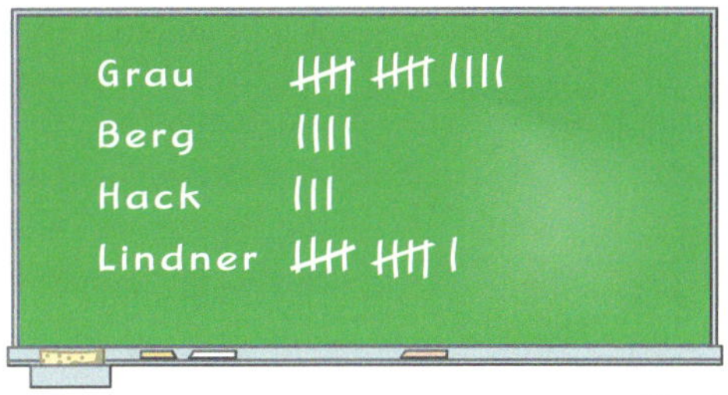

Fig. 1

Lösung:

a)

Wahl der Elternvertreter			
Grau	Berg	Hack	Lindner
14	4	3	11

Aus einer Tabelle kann die Sekretärin die genauen Zahlen schnell ablesen.

b)

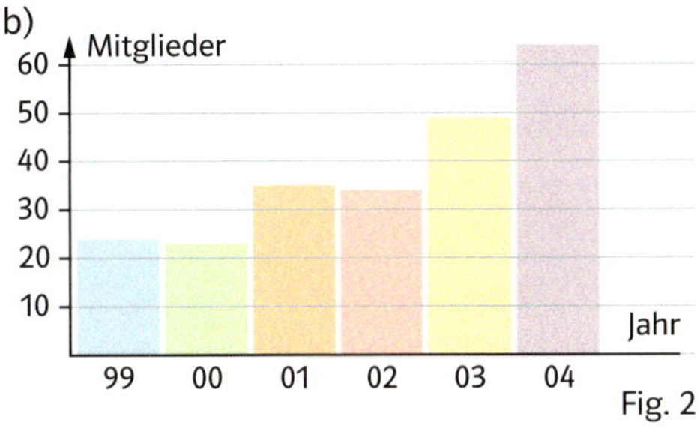

Fig. 2

Eine Zunahme oder Abnahme kann man gut bei einem Säulendiagramm erkennen. Die genauen Zahlen lassen sich schlecht ablesen. Deshalb kann man noch eine Tabelle anfügen.

Jahr	1999	2000	2001	2002	2003	2004
Mitgl.	24	23	35	34	49	64

Beispiel 2 Eine Umfrage durchführen

In der Waldstraße neben der Schule gibt es keinen Fahrradweg. Am Montag soll nach Schulschluss zwischen 13 Uhr und 13.15 Uhr der Verkehr gezählt werden.

Erstelle die Vorlage für eine Strichliste. Gib zwei Möglichkeiten an.

Lösung:

PKW	LKW	Mopeds	Fahrräder	Sonstige

oder

Kraftfahrzeuge	Fahrräder	Sonstige

Aufgaben

1 Bei der Frage nach ihrem Alter haben die Kinder einer 5. Klasse wie in Fig. 3 angekreuzt.

a) Erstelle eine Tabelle und ein Säulendiagramm.

b) Führe in deiner Klasse diese Befragung durch.

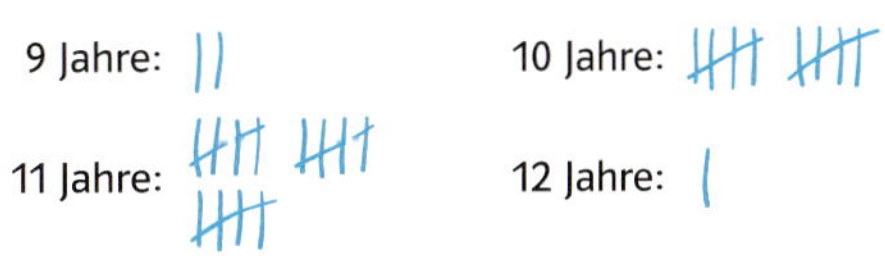

Fig. 3

2 Die Kinder einer Schulklasse werden nach der Anzahl ihrer Geschwister befragt. Das Ergebnis steht in Fig. 4. Erstelle eine Tabelle und ein Säulendiagramm.

Fig. 4

(D) *Deutschland*
(F) *Frankreich*
(I) *Italien*
(TR) *Türkei*
(E) *Spanien*
(GB) *Großbritannien*

3 In anderen Ländern dauern die Schulferien nicht genauso lange wie in Deutschland (siehe Fig. 1).
a) Welches Land hat die meisten, welches die wenigsten Ferientage?
b) Lies die Anzahl der Ferientage in den einzelnen Ländern ab und schreibe sie in eine Tabelle.
c) Jemand sagt: Aus dem Diagramm kann man entnehmen, dass die Kinder in Spanien und Deutschland am meisten Zeit in der Schule verbringen.
Kann man das ohne weiteres sagen?

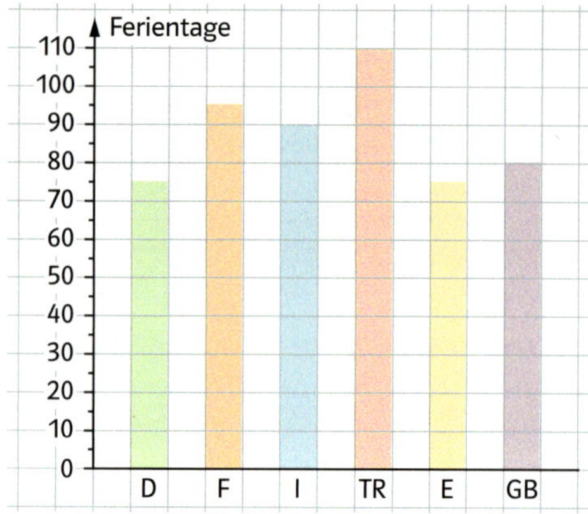

Fig. 1

4 a) Lies aus dem Balkendiagramm in Fig. 2 ab, wie alt die einzelnen Tierarten werden können. Stelle die Zahlen in einer Tabelle dar.
b) Zeichne für die folgenden Tierarten ein Balkendiagramm wie in Fig. 2.

Krokodil	40 Jahre
Flusskrebs	30 Jahre
Vogelspinne	15 Jahre
Regenwurm	10 Jahre
Hering	2 Jahre

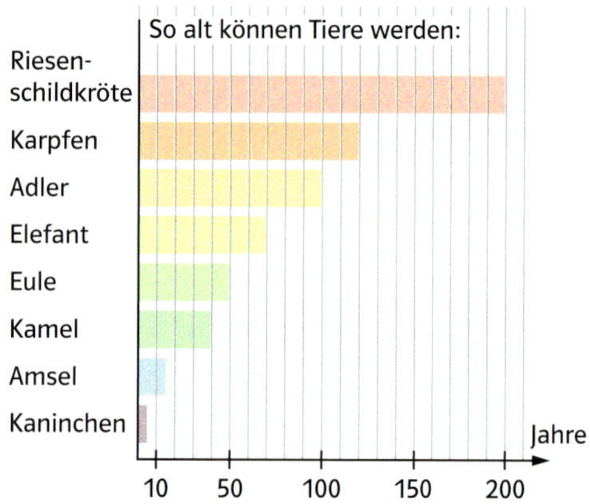

Fig. 2

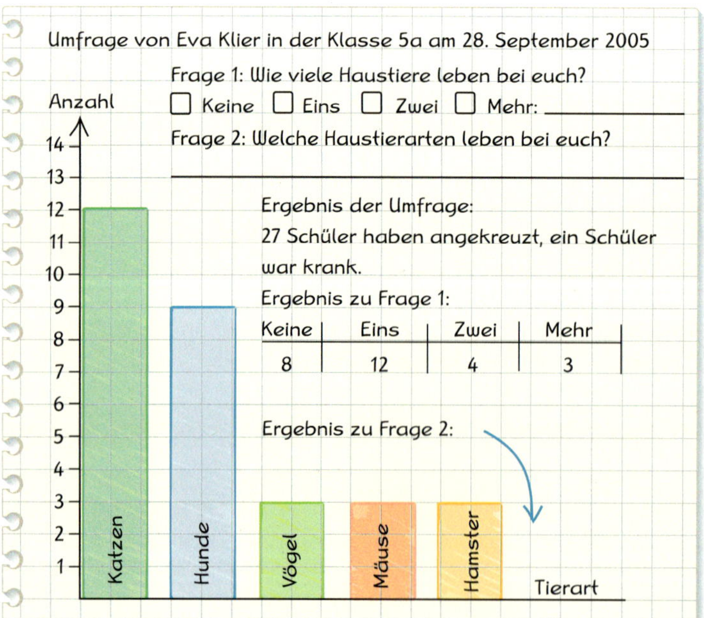

Fig. 3

5 Führe in deiner Klasse eine Umfrage durch und stelle das Ergebnis auf einem Blatt übersichtlich dar. Frage nach
a) der Anzahl der Haustiere,
b) der Art der Haustiere.

6 Führe in deiner Klasse eine Umfrage nach der Lieblingssportart durch. Stelle das Ergebnis auf einem Blatt dar.

7 Schülerinnen und Schüler der verschiedenen Klassenstufen sehen unterschiedliche Fernsehsendungen, lesen Bücher mit unterschiedlichen Inhalten, hören verschiedene Musikarten usw.
a) Wählt ein Thema aus, entwerft einen Fragebogen für die fünften, sechsten, siebten und achten Klassenstufen. Befragt die Fünft- bis Achtklässler.
b) Stellt grafisch dar, ob und wie sich die Einstellungen der Schülerinnen und Schüler mit dem Alter ändern.

8 Die Klasse möchte die Fahrräder auf Verkehrssicherheit untersuchen.
Jeweils eine Gruppe untersucht:
- Vorderlicht, Rücklicht,
- Klingel,
- Vorderbremse und Hinterbremse,
- Kettenschutz,
- Reflektoren,
- Bereifung.

Haltet die Ergebnisse auf einer Liste fest und stellt das Endergebnis in einem Diagramm dar.

Fahrrad-Hauptuntersuchung in Klasse 5b

Name	Mängel bei: Licht	Klingel	Bremse	Kettenschutz	Reflektoren	Reifen
Susanne	X				X	
Ali			X			X
Jan		X		X	X	

Fig. 1

9 **Würfel**
Es wird mit zwei Würfeln gespielt.
a) Schreibt die Zahlen 1 bis 12 auf eine Strichliste. Würfelt fünfzigmal und kreuzt auf der Strichliste jede gewürfelte Zahl und die Summe der gewürfelten Zahlen an.
b) Welche Zahlen kommen oft, welche weniger oft vor? Vergleicht die Ergebnisse mit denen eurer Nachbarn.
c) Dazu gibt es ein Spiel. Es heißt: Die Uhr füllen. Jeder schreibt die Zahlen 1 bis 12 auf ein Blatt und würfelt mit zwei Würfeln. Würfelst du zum Beispiel eine 3 und eine 5, so kannst du entweder die 3 streichen oder die 5 oder die Summe 8. Gewonnen hat, wer zuerst alle 12 Zahlen weggestrichen hat.
d) Schreibe einen kleinen Bericht, in dem du darstellst, wie man bei dem Spiel klug vorgeht.

Spiel für 2 bis 4 Spieler. Man braucht: Zwei Würfel und für jeden Spieler ein Blatt Papier.

10 **Haben Mädchen und Jungen unterschiedliche Interessen?**
a) Kai behauptet: „Die meisten Kinder mögen Hunde lieber als Katzen. Es gibt aber mehr Mädchen als Jungen, die dennoch Katzen den Hunden vorziehen." Johanna meinte, dies sei alles Unsinn. Sie haben deshalb alle Schülerinnen und Schüler der fünften Klassen ihrer Schule befragt. Die Tabelle zeigt das Ergebnis. Wem geben die Ergebnisse der Umfrage Recht, Kai oder Johanna? Begründe deine Antwort.

Anzahl der Antworten von	Antwort: „Ich mag eher Hunde."	Anwort: „Ich mag eher Katzen."
Mädchen	50	40
Jungen	35	28

b) Es wird oft behauptet, dass Mädchen und Jungen ganz unterschiedliche Interessen hätten. Man sagt zum Beispiel, Jungen würden am liebsten Fußball spielen und Abenteuerbücher lesen. Mädchen dagegen interessierten sich mehr für die neueste Mode und würden Bücher über Freundschaften lesen. Stimmt dies überhaupt? Ihr könnt für die fünften Klassen eurer Schule überprüfen, ob sich bestimmte Neigungen und Interessen von Mädchen und Jungen tatsächlich so sehr unterscheiden. Geht dabei in drei Schritten vor.
1. Schritt: Überlegt euch, in welchen Interessen und Neigungen sich Jungen und Mädchen vielleicht unterscheiden könnten.
2. Schritt: Entwerft einen Fragebogen für alle fünften Klassen eurer Schule und befragt eure Mitschülerinnen und Mitschüler.
3. Schritt: Listet die Ergebnisse der Umfrage auf. Was schließt ihr aus den Ergebnissen?
Hinweis:
Überlegt euch zuerst, wie ihr berücksichtigen könnt, dass unterschiedlich viele Mädchen und Jungen die fünften Klassen eurer Schule besuchen.

2 Relative Häufigkeiten und Kreisdiagramme

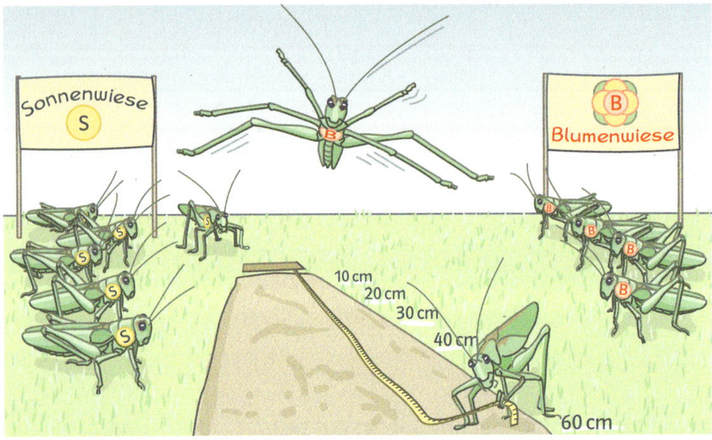

	mindestens 20 cm, aber weniger als 30 cm	mindestens 30 cm, aber weniger als 40 cm	mindestens 40 cm
Team B	2	13	5
Team S	5	19	6

Die Grashüpfer von der Blumenwiese (B) und von der Sonnenwiese (S) haben je eine Mannschaft für einen Weitsprungwettbewerb aufgestellt. Leider sind in den Mannschaften unterschiedlich viele Teilnehmer. Die Sprungergebnisse beider Mannschaften wurden in einer Tabelle zusammengefasst.
Die Grashüpfer streiten sich, welche Mannschaft erfolgreicher war. Wie kannst du ihnen helfen?

Oft kann man Ergebnisse nicht direkt vergleichen. Dies wird am Beispiel zweier Schulen deutlich:
Bei den Bundesjugendspielen haben 570 Schülerinnen und Schüler der Goethe-Schule sowie 480 Schülerinnen und Schüler der Schiller-Schule jeweils eine Urkunde erhalten. Welche Schule war erfolgreicher?
Ein Vergleich der Schulen ist möglich, wenn man die jeweilige Anzahl der Urkunden in Bezug zu der jeweiligen Gesamtanzahl der Teilnehmer betrachtet; man sagt auch relativ zu der jeweiligen Gesamtanzahl der Teilnehmer.
An der Goethe-Schule haben 760 Kinder und Jugendliche an den Bundesjugendspielen teilgenommen und an der Schiller-Schule 600. Man erhält dann:

	Urkunden	Teilnehmer	Anteil der erfolgreichen Teilnehmer
Goethe-Schule	570	760	$\frac{570}{760} = \frac{75}{100} = 75\,\%$
Schiller-Schule	480	600	$\frac{480}{600} = \frac{80}{100} = 80\,\%$

Es waren also 80 % der Teilnehmer der Schiller-Schule erfolgreich, während nur 75 % der Teilnehmer der Goethe-Schule eine Urkunde erhielten.
Die Anzahlen 570 bzw. 480 Urkunden heißen **absolute Häufigkeiten**.
Die Anteile 75 % bzw. 80 % Teilnehmer mit Urkunden heißen **relative Häufigkeiten**.

Vergleicht man bestimmte Anzahlen, die sich auf unterschiedliche Gesamtanzahlen beziehen, so berechnet man hierzu die relative Häufigkeit wie folgt:

$$\text{relative Häufigkeit} = \frac{\text{absolute Häufigkeit}}{\text{Gesamtanzahl}}.$$

Einen guten Überblick über relative Häufigkeiten erhält man durch ein **Streifen-** oder **Kreisdiagramm**.
Die Polizei hat an einem Morgen 300 Fahrräder von Schülerinnen und Schülern des Gymnasiums am Kaiserdom überprüft.

Mängelstufe	keine Mängel	leichte Mängel	mittlere Mängel	schwere Mängel
Anzahl der Fahrräder	45	180	60	15
relative Häufigkeit	15%	60%	20%	5%

Man kann die relativen Häufigkeiten auf unterschiedliche Arten veranschaulichen.

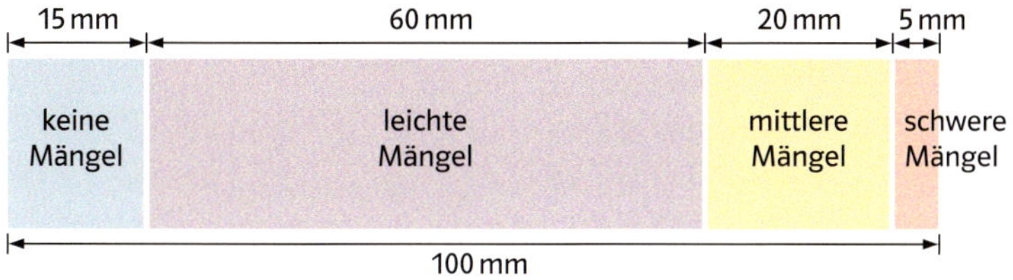

Fig. 1

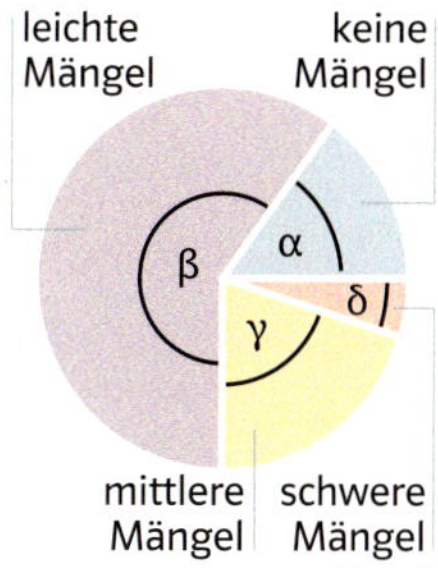

Fig. 2

In Fig. 1 erfolgt dies durch ein Streifendiagramm, in Fig. 2 durch ein Kreisdiagramm. Dabei werden die relativen Häufigkeiten durch Streifenbreiten bzw. Mittelpunktswinkel wiedergegeben.
Bei einem Streifendiagramm ergeben sich die Streifenbreiten besonders einfach, wenn man einen Streifen der Länge 100 mm zugrunde legt. Dann entsprechen z. B. 15% einem 15 mm breiten Streifen, 1% entspricht 1 mm.
Bei einem Kreisdiagramm muss der zu 15% gehörende Mittelpunktswinkel α 15% des Vollwinkels 360° sein: 15% von 360° sind $\frac{15}{100}$ von 360°. $\frac{1}{100}$ von 360° ist 3,6°; $\frac{15}{100}$ sind dann $15 \cdot 3{,}6° = 54°$. Entsprechend ergibt sich: $\beta = 60 \cdot 3{,}6° = 216°$; $\gamma = 20 \cdot 3{,}6° = 72°$; $\delta = 5 \cdot 3{,}6° = 18°$.

Beispiel Relative Häufigkeiten berechnen; Kreisdiagramm zeichnen
Die Schülerinnen und Schüler der Klasse 5b kommen mit verschiedenen Verkehrsmitteln zur Schule. Drei Kinder kommen mit der Bahn, zwölf Kinder mit dem Bus, fünf Kinder zu Fuß und zehn Kinder kommen mit ihrem Rad. Berechne die relativen Häufigkeiten und stelle sie in einem Kreisdiagramm dar.
Lösung:
Von insgsamt 30 Kindern weiß man, wie sie zur Schule kommen. In der Tabelle sind die absoluten Häufigkeiten, die relativen Häufigkeiten und die entsprechenden Mittelpunktswinkel aufgelistet.

Verkehrsmittel	Bahn	Bus	Fahrrad	zu Fuß
absolute Häufigkeit	3	12	10	5
relative Häufigkeit	$\frac{3}{30} = \frac{1}{10}$	$\frac{12}{30} = \frac{2}{5}$	$\frac{10}{30} = \frac{1}{3}$	$\frac{5}{30} = \frac{1}{6}$
Mittelpunktswinkel	$\frac{1}{10}$ von 360°: 36°	$\frac{2}{5}$ von 360°: 144°	$\frac{1}{3}$ von 360°: 120°	$\frac{1}{6}$ von 360°: 60°

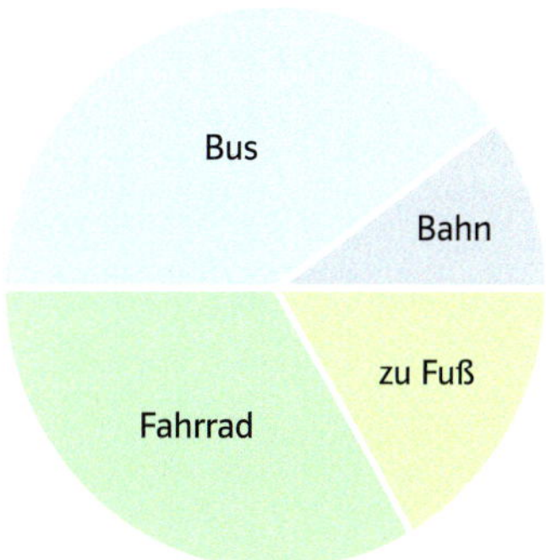

Aufgaben

1 Die Klasse 5c wird von 18 Mädchen und 12 Jungen besucht. Veranschauliche den Mädchen- und Jungenanteil in dieser Klasse in einem Kreis- bzw. Streifendiagramm. Welches der Diagramme erscheint dir geeigneter?

2 Führt eine Umfrage in allen fünften, sechsten und siebten Klassen eurer Schule zum Thema Hausaufgaben durch. Ihr könnt zum Beispiel den Fragebogen von Fig. 1 verwenden oder einen eigenen erstellen. Es ist auch möglich, die Kinder direkt zu befragen und die Anzahlen der Antworten aufzuschreiben. Achtet darauf, dass jedes Kind nur eine Antwort geben soll. Stellt die relativen Häufigkeiten der verschiedenen Antworten in einem Kreisdiagramm dar. Vielleicht zeigt ihr eure Umfrageergebnisse euren Lehrerinnen und Lehrern.

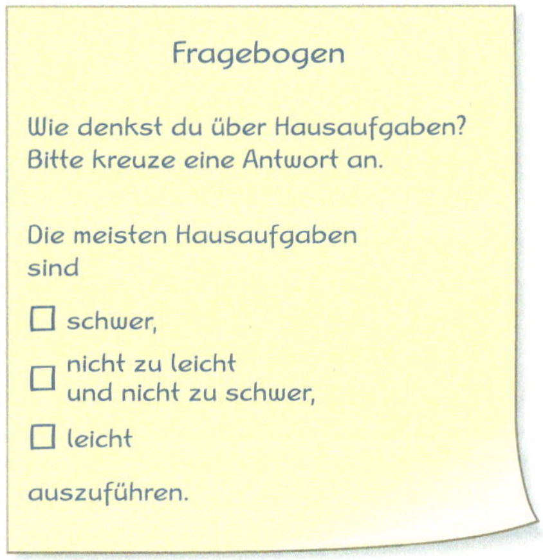

Fig. 1

3 Das Kreisdiagramm in Fig. 2 zeigt die relativen Häufigkeiten der Wirbeltierklassen, die zurzeit auf der Erde leben. Insgesamt gibt es heute ca. 45 000 verschiedene Wirbeltierarten.
a) Wie viele verschiedene Fischarten gibt es ungefähr?
b) Wie viele verschiedene Arten von Säugetieren gibt es ungefähr?

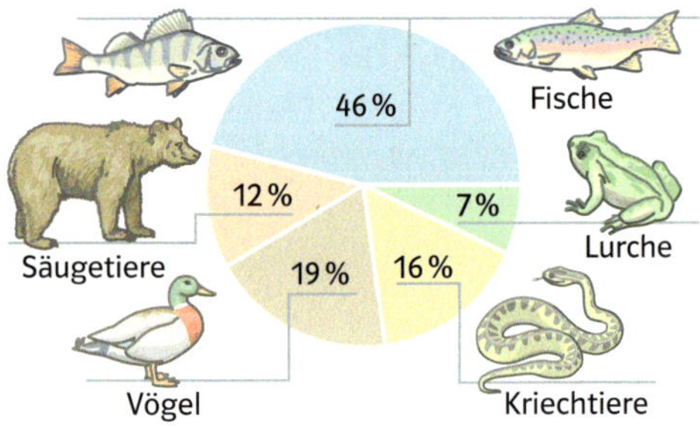

Fig. 2

4 In Deutschland leben zurzeit ca. 42 000 Tierarten. Davon gehören
700 Arten zu den Wirbeltieren,
29 000 Arten zu den Insekten,
900 Arten zu den Krebsen,
3500 Arten zu den Spinnentieren,
500 Arten zu den Weichtieren und
4500 Arten zu den Würmern.
Der Rest sind Urtiere.
Erstelle ein Kreisdiagramm wie in Fig. 2.

5 Erfinde zu den Kreisdiagrammen in Fig. 3 jeweils eine Geschichte. Die Kreisdiagramme sollen Umfrageergebnisse veranschaulichen. Erläutere auch, was man dem Diagramm entnehmen kann.

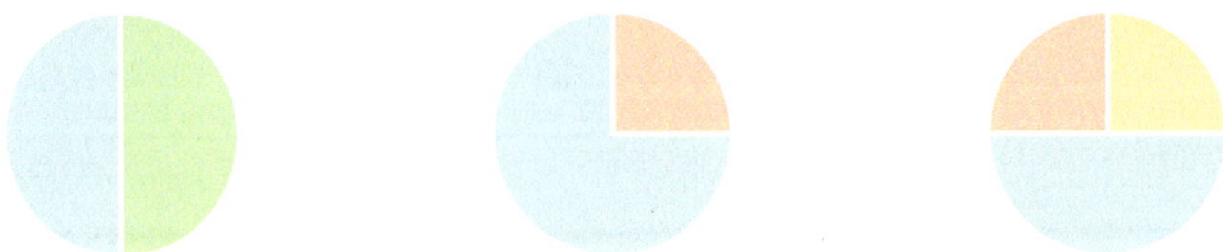

Fig. 3

6 In Speyer, Emden und Goslar wurden in den Fußgängerzonen die Leute nach ihrem Lieblingsverein im Fußball gefragt (Fig. 1).
a) Welches Kreisdiagramm gehört vermutlich zu welcher Stadt? Begründe deine Antwort.
b) Wie groß sind jeweils ungefähr die relativen Häufigkeiten, mit denen die Vereine genannt wurden?

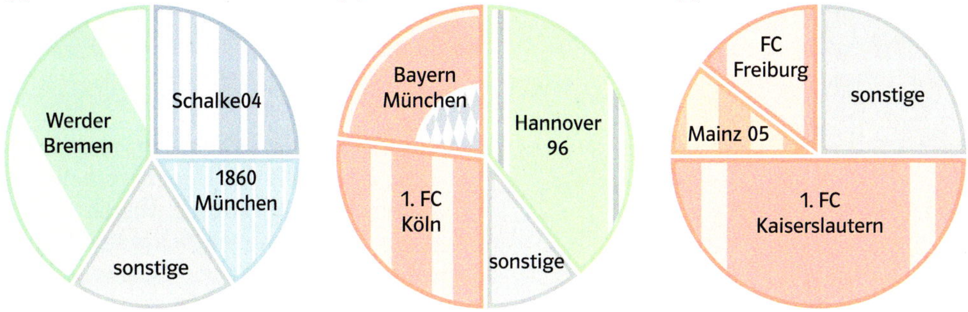

Fig. 1

7 Tobias hat an einem Dienstagnachmittag im August in der Eisdiele seines Onkels geholfen, Eis zu verkaufen. Um die Verkäufe zu vergleichen, hat er die relativen Häufigkeiten in einem Säulendiagramm dargestellt.
a) Erstelle für diese relativen Häufigkeiten ein Kreisdiagramm.
b) Welche Vorzüge hat das Säulendiagramm, welche das Kreisdiagramm?

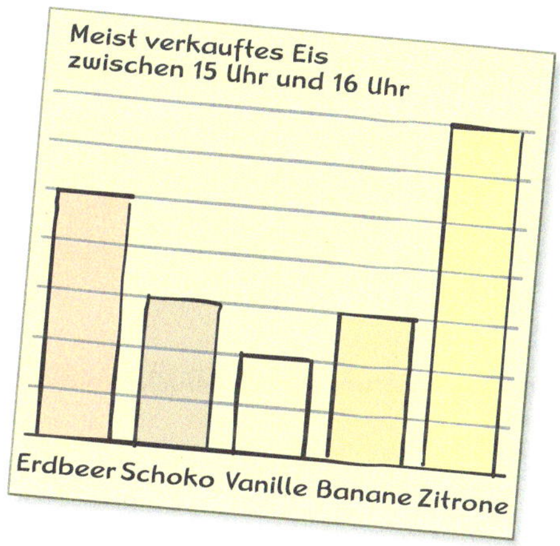

Fig. 2

8 **Für schlaue Köpfe**
Johanna und Kai haben unabhängig voneinander am selben Tag die gleichen Mitschülerinnen und Mitschüler befragt, ob sie deutschsprachige oder englischsprachige Musik mögen. Beide haben ein Kreisdiagramm erstellt. Kannst du die unterschiedlichen Ergebnisse erklären?

Ein Tipp zu Aufgabe 8: Worauf können sich die Prozentangaben beziehen?

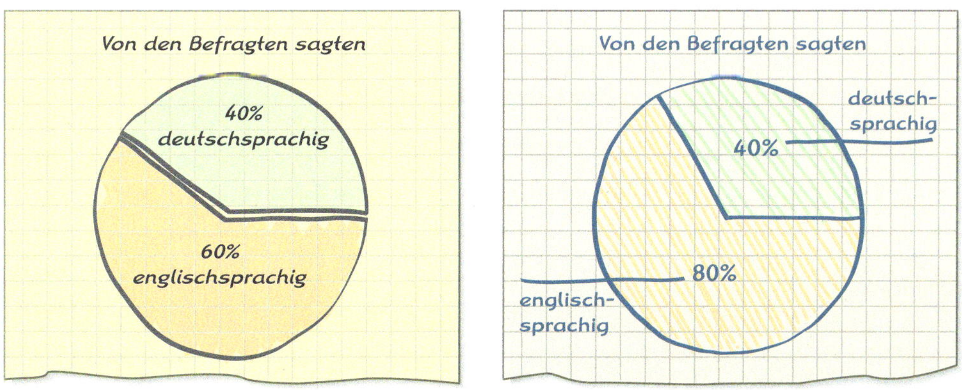

Fig. 3

3 Mittelwert und Zentralwert

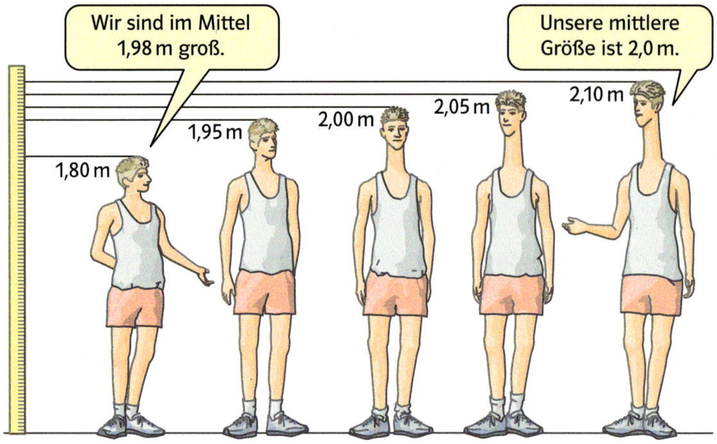

Im Alltag ist es in vielen Fällen sinnvoll, zu einer Reihe von Messwerten einen mittleren Messwert anzugeben. Hierbei gibt es verschiedene Möglichkeiten. Zwei davon werden mithilfe von Beispielen gezeigt.

Philipp, Kai, Johanna, Sophia und Rebecca haben das Buch „Sieben Freunde" gelesen. Sie sollen in der Klasse berichten, wie lesenswert sie dieses Buch finden. Hierzu haben sie Noten vergeben:
Note 1: sehr lesenswert, Note 2: lesenswert, Note 3: noch lesenswert, Note 4: nicht lesenswert.

Leser	Philipp	Kai	Johanna	Sophia	Rebecca
Note	4	3	2	1	1

*Statt Mittelwert sagt man auch **arithmetisches Mittel** und statt Zentralwert sagt man auch **Median**.*

Welche Bewertung hat das Buch im Mittel erhalten?

1. Möglichkeit: durchschnittliche Bewertung
$\frac{4+3+2+1+1}{5} = 2{,}2$
Das Buch wurde mit der Durchschnittsnote 2,2 bewertet. Das heißt, hätten alle fünf Kinder die gleiche Note gegeben, so hätte jedes Kind das Buch mit der (nicht möglichen) Note 2,2 bewertet. Man sagt auch, 2,2 ist der Mittelwert der Noten.

2. Möglichkeit: Wert, der in der Mitte steht
Die Note 2, die Johanna gegeben hat, steht genau in der Mitte. Es gibt nämlich noch zwei bessere Bewertungen und zwei schlechtere Bewertungen als 2. Man sagt auch, die Bewertung 2 ist der Zentralwert.

Ist eine bestimmte Anzahl von Werten gegeben, so heißt
- die Zahl $\frac{\text{Summe der einzelnen Werte}}{\text{Anzahl der einzelnen Werte}}$ ihr **Mittelwert,**
- der Wert, der bei der Auflistung (der Größe nach) in der Mitte steht, ihr **Zentralwert.**

Anmerkung:
Wenn eine gerade Anzahl von Werten vorliegt, dann ist der Zentralwert der Mittelwert der beiden Werte in der Mitte. Zum Beispiel: Von 4; 3; **3; 2**; 1; 1 ist der Zentralwert $\frac{3+2}{2} = 2{,}5$.

Beispiel

Bestimme den Mittelwert und den Zentralwert von

a) 12; 7; 9; 21; 7; 8; 13, b) 12; 7; 9; 21; 7; 8; 13; 11.

Lösung:

a) Mittelwert: $\frac{12 + 7 + 9 + 21 + 7 + 8 + 13}{7} = \frac{77}{7} = 11$

Zentralwert: *Ordnet man die Zahlen der Größe nach, so erhält man 7; 7; 8; 9; 12; 13; 21.*
Die Zahl 9 steht in der Mitte, also ist der Zentralwert 9.
Hier sind jeweils drei Zahlen kleiner und drei Zahlen größer als der Zentralwert 9.

b) Mittelwert: $\frac{12 + 7 + 9 + 21 + 7 + 8 + 13 + 11}{7} = \frac{88}{8} = 11$

Zentralwert: *Ordnet man die Zahlen der Größe nach, so erhält man 7; 7; 8; 9; 11; 12; 13; 21.* Die Zahlen 9 und 11 stehen in der Mitte, also ist der Zentralwert $\frac{9 + 11}{2} = 10$.
Hier ist eine gerade Anzahl von Zahlen gegeben. Der Zentralwert ist der Mittelwert der beiden mittleren Zahlen. Es sind je vier Zahlen kleiner und größer als der Zentralwert 10.

Aufgaben

1 Bestimme den Mittelwert und den Zentralwert von

a) 56; 40; 69; 27; 37; 88; 53, b) 56; 40; 69; 27; 37; 88; 53; 32.

2 In einer Quizsendung wurden allen 51 Mitgliedern eines Chors zehn schwierige Fragen zum Thema Musik gestellt. Jeder allein musste in fünf Minuten die Fragen auf einem Zettel beantworten und den Zettel beim Quizmaster abgeben. Die Tabelle zeigt, wie gut die Chormitglieder geantwortet haben.

Anzahl der richtigen Antworten	0	1	2	3	4	5	6	7	8	9	10
Anzahl der Personen	0	1	2	8	8	7	5	3	2	7	8

Herr Müller hat fünf Fragen richtig beantwortet. Wieder zu Hause möchte er seiner Frau verdeutlichen, dass er im Vergleich mit den anderen Chormitgliedern ganz ordentlich abgeschnitten hat. Wie argumentiert Herr Müller am besten? Wie darf er auf keinen Fall argumentieren?

3 Die Grafik zeigt einen Vergleich der Verkehrstoten in 13 Bundesländern. Zusätzlich ist noch die Anzahl der Verkehrstoten in Deutschland angegeben. Sind die folgenden Aussagen jeweils richtig? Begründe deine Antworten.

Bei Straßenverkehrsunfällen 1999 Getötete je 1 Million Einwohner nach Ländern

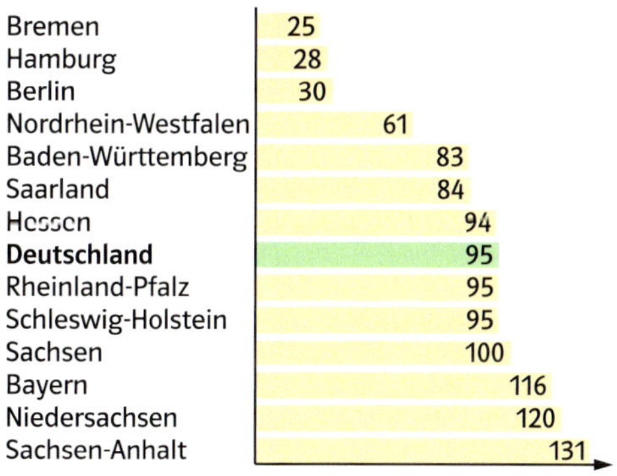

a) In Hessen, Rheinland-Pfalz und Schleswig-Holstein gab es im Jahr 1999 ungefähr gleich viele Verkehrstote je einer Million Einwohner.

b) In Deutschland gab es 1999 ungefähr so viele Verkehrstote je einer Million Einwohner wie im Durchschnitt dieser 13 Bundesländer.

c) Der Zentralwert der Verkehrstoten je einer Million Einwohner für diese 13 Bundesländer war 1999 ungefähr so groß wie die Anzahl der Verkehrstoten je einer Million Einwohner in Deutschland insgesamt.

4 Im Sportunterricht wurde Weitsprung geübt. Jeder Schüler hatte sieben Sprünge. Kai und Tobias vergleichen ihre Ergebnisse.

Kai	4,20 m	3,95 m	4,10 m	4,15 m	1,90 m	3,98 m	4,03 m
Tobias	3,95 m	4,12 m	4,18 m	4,10 m	4,00 m	4,03 m	4,06 m

Tobias behauptet, er sei der bessere Weitspringer. Kai meint, nur weil er einen Sprung verstolpert hat, wäre er nicht schlechter als Tobias, man könne den verstolperten Sprung ja weglassen. Sind die beiden gleich gut oder ist einer der bessere Weitspringer? Wie siehst du die Lösung des Problems? Begründe deine Antwort mithilfe des Mittelwertes bzw. Zentralwertes.

Bist du sicher?

1 Ein Kinobesitzer befragt 150 Besucher, wie ihnen der neue Film „Astronauten" gefällt. Es antworten 60 Besucher mit „sehr sehenswert", 30 mit „nicht empfehlenswert" und der Rest fand den Film „sehenswert".
Stelle die Umfrageergebnisse dar
a) in einem Säulendiagramm,
b) in einem Kreisdiagramm.

2 Eine Tageszeitung vergleicht die Preise eines DVD-Players in den Geschäften einer Stadt. Das gleiche Gerät kostet im Musikshop 167 €, im Discountladen 140 €, im Großmarkt 145 €, im Elektrocenter 155 € und im Kaufmarkt 153 €.
a) Welche mittleren Preise wurden für dieses Gerät ermittelt?
b) Was gibt der jeweilige mittlere Preis von a) an?

5 Johanna hat in verschiedenen Fächern insgesamt sieben Klassenarbeiten geschrieben. Sie hat hierfür die Noten 2; 4; 1; 2; 5; 2; 5 erhalten. Ihrer Mutter sagt sie: „Meine durchschnittliche Note in diesen Arbeiten ist 3." Die Mutter ist anderer Meinung und antwortet: „Du bist doch in diesen Arbeiten besser als 3 bewertet worden."
Hat die Mutter Recht? Begründe deine Antwort.

6 Entwerft einen Fragebogen zu einem Thema, das eure Schule betrifft. Ihr könnt z. B. in eurer Klasse nach der Qualität der Schülerzeitung fragen. Wertet die Umfrageergebnisse aus. Welche mittlere Bewertung hat die Umfrage ergeben?

Umfrage zur Schülerzeitung

Ich finde unsere Schülerzeitung

☐ sehr gut
☐ gut
☐ weniger gut
☐ langweilig
☐ schlecht

7 Zur Festlegung der Zeugnisnote in einem Fach wird u. a. der Mittelwert der Einzelnoten berechnet.
a) Gib ein Beispiel an, bei dem der Mittelwert der Einzelnoten für den Schüler günstiger ist als der Zentralwert.
b) Gib ein Beispiel an, bei dem der Zentralwert der Einzelnoten für den Schüler günstiger ist als der Mittelwert.

8 Messt die Körpergrößen aller Schülerinnen und Schüler eurer Klasse.
a) Berechnet den Mittelwert der Körpergrößen. Was sagt er aus?
b) Berechnet den Zentralwert der Körpergrößen. Was sagt er aus?

4 Diagramme genauer betrachtet

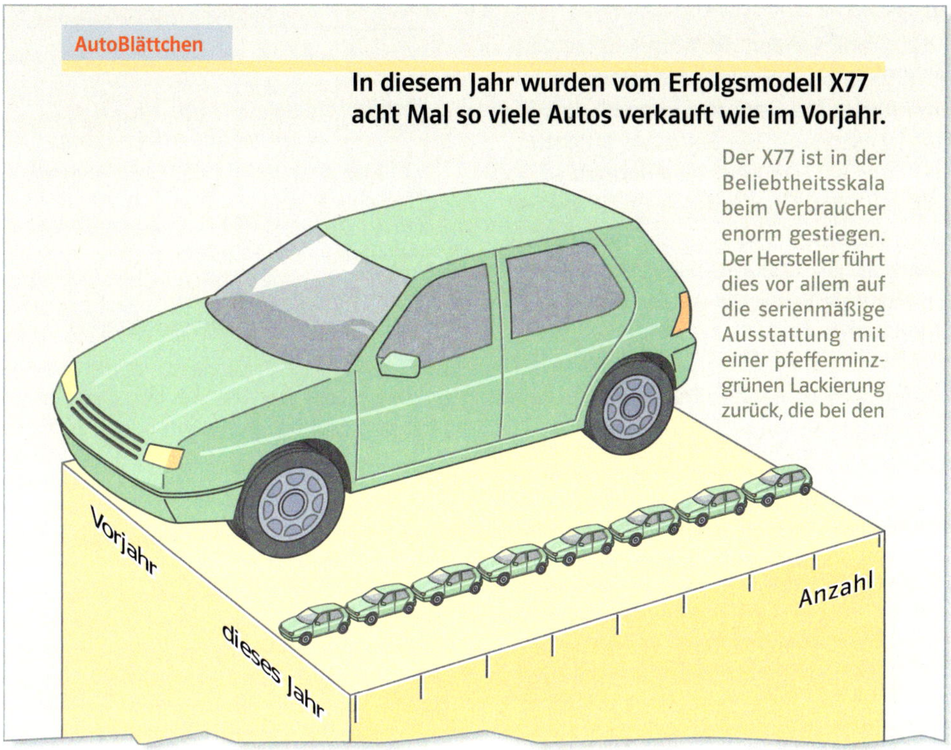

In Zeitungen und Zeitschriften werden Daten oft mit Diagrammen dargestellt. Diese Darstellungen können den Leser in seiner Wahrnehmung beeinflussen.

Die beiden Fahrradhändler Abel und Bebel sind erbitterte Konkurrenten. Beide hätten gern einen positiven Bericht in einer Veröffentlichung des Fachblattes für Fahrradhändler. Herr Abel kennt den Journalisten Meyer und Herr Bebel ist mit dem Journalisten Müller bekannt. Um ihrem jeweiligen Bekannten zu helfen, könnten Herr Meyer und Herr Müller zwei unterschiedliche Artikel gestalten, ohne Falsches zu veröffentlichen.

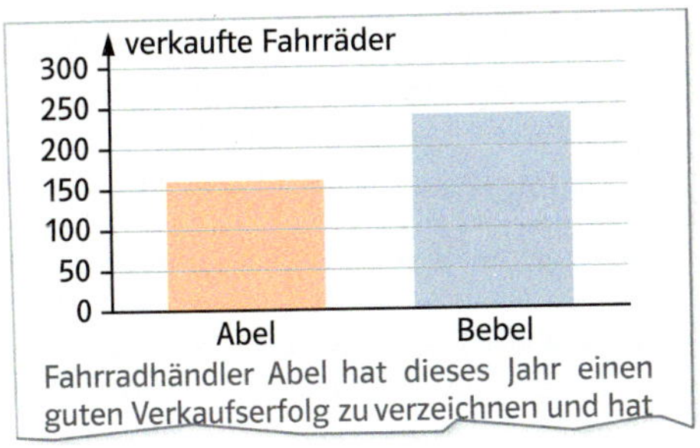

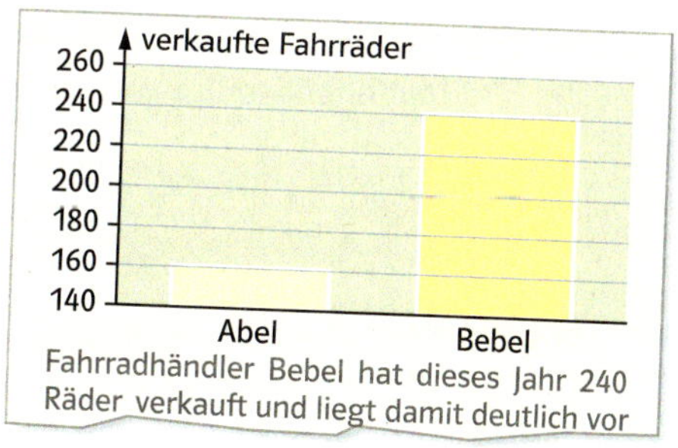

Das linke Diagramm zeigt eine Absatzskala von 0 bis 300. Hier erscheint der Unterschied der Anzahlen der verkauften Fahrräder nicht so groß wie in der rechten Darstellung. In dieser Grafik beginnt die Skala der Fahrradverkäufe erst bei 140. Hier erscheint der Unterschied zwischen den Verkäufen von Herrn Abel und Herrn Bebel deutlich größer.

In der Vereinszeitschrift des Fußballklubs FK 03 wird über die Mitgliederzahlen berichtet.
In der Grafik werden die Mitgliederzahlen von 1995 und 2005 durch die Quadrate verdeutlicht. Die Seite des oberen Quadrates ist 1 cm lang. Die Seite des unteren Quadrates ist 2 cm lang, also doppelt so groß. Die Fläche des unteren Quadrates ist jedoch viermal so groß wie die des oberen Quadrates. Die Quadratflächen spiegeln also nicht die Verdopplung der Mitgliederzahlen wider.

Größenangaben können mithilfe von Diagrammen dargestellt werden. Bei den Diagrammen muss man u.a. auf die verwendeten Skalen, Längen und Flächen achten, damit die gewünschten Inhalte korrekt dargestellt werden.

Beispiel

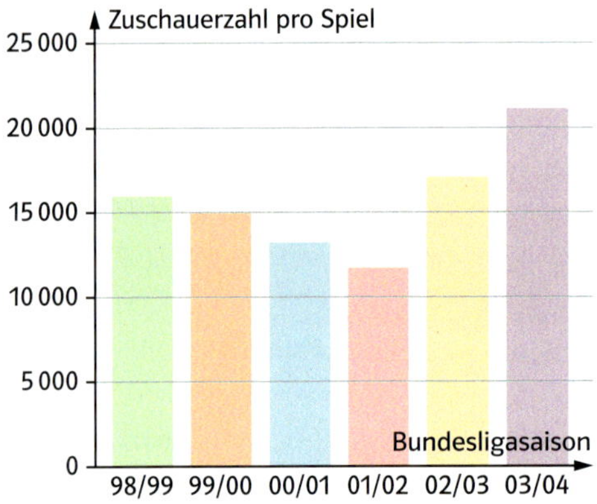

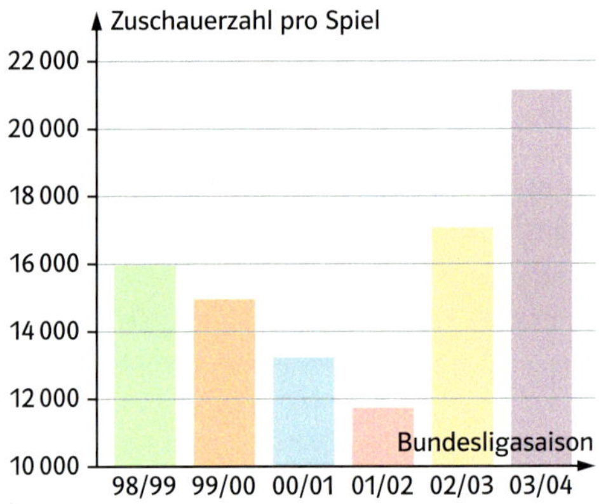

Die Säulendiagramme geben die Zuschaueranzahlen pro Heimspiel des VfL Wolfsburg von der Saison 1998/1999 bis zur Saison 2003/2004 an.
a) Worin sind die beiden Diagramme gleich?
b) Worin unterscheiden sich die beiden Diagramme?
c) Welche Informationen werden jeweils in den Diagrammen unterschiedlich hervorgehoben?
d) Welche Folgen können sich aus einer Darstellung wie der im rechten Diagramm ergeben?
Lösung:
a) Die Diagramme stellen die Zahlen mithilfe gleich breiter Säulen dar.
b) Das linke Diagramm hat eine Skala für die Anzahlen der Zuschauer von 0 bis 25 000. Die entsprechende Skala reicht beim rechten Diagramm von 10 000 bis 22 000.
c) Im rechten Diagramm werden die Differenzen der Zuschaueranzahlen pro Spiel im Vergleich der einzelnen Spielsaisons stärker hervorgehoben als im linken Diagramm.
d) Man kann sehr leicht falsche Schlüsse ziehen. So könnte man irrtümlicherweise meinen, dass in der Saison 03/04 gut fünfmal so viele Zuschauer pro Spiel gekommen sind wie in der Saison 01/02.

Aufgaben

1 Seit Beginn seiner Schlankheitskur notiert Herr Kugel jeden Sonntagmorgen sein Gewicht und veranschaulicht es in einem Säulendiagramm.
a) Wie viel wiegt Herr Kugel zwei Wochen nach Kurbeginn?
b) Wie groß ist die Gewichtsabnahme in den ersten vier Wochen der Kur?

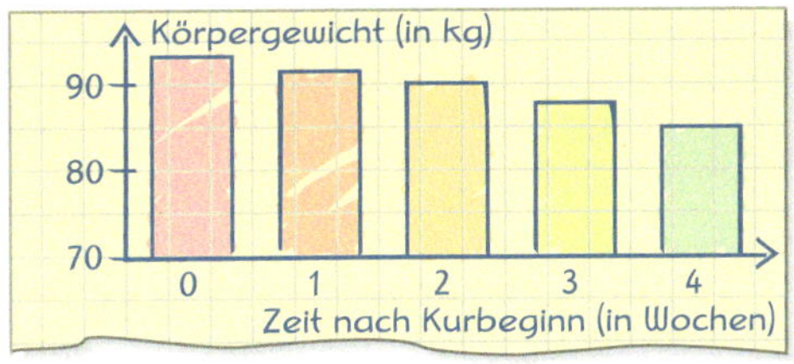

Fig. 1

c) Warum lässt Herr Kugel die Gewichtsskala erst bei 70 kg beginnen? Zeichne ein Diagramm, bei dem die Skala bei 0 kg beginnt.

2 Rebecca, Johanna, Kai und Tobias haben für das Amt des Schülersprechers kandidiert. Insgesamt wurden 800 Stimmen abgegeben. Derjenige bzw. diejenige mit den meisten Stimmen wird Schülersprecher. Wer die zweitmeisten Stimmen erhält, wird Stellvertreter.
a) Wer wurde zum Schülersprecher gewählt, wer zum Stellvertreter?

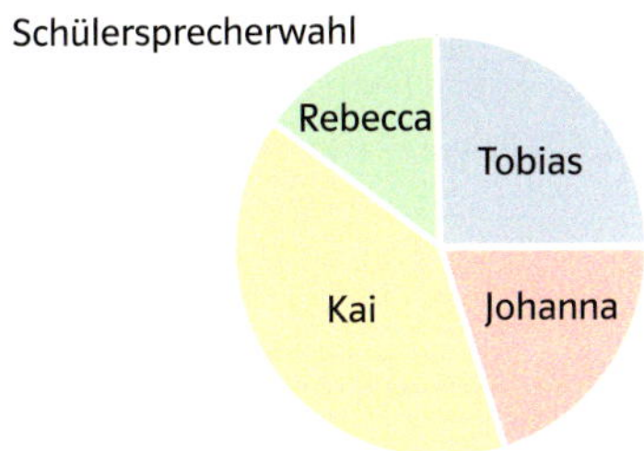

Fig. 2

b) Zeichne ein Säulendiagramm, das die Stimmenunterschiede besonders deutlich hervorhebt.

3 Ist die Darstellung der Currywurstpreise (Fig. 3) angemessen? Begründe und gib Verbesserungsvorschläge an.

4 Tragt Informationsmaterial zum Trinkwasserverbrauch zusammen. Erstellt Diagramme, die verdeutlichen, wozu und in welchen Mengen wir täglich Trinkwasser verbrauchen.

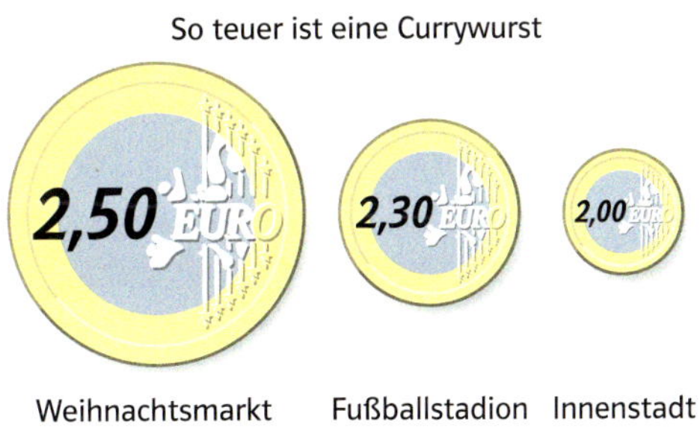

Fig. 3

5 Fragt euren Biologielehrer oder eure Biologielehrerin nach Daten zu Waldschäden.
a) Erstellt Diagramme, die besonders deutlich zeigen, wie krank der Wald bereits ist.
b) Erstellt Diagramme, die den Eindruck erwecken können, dass der Wald nicht so sehr erkrankt ist.

6 Das Bilddiagramm in Fig. 4 zeigt die Anzahl der Banken und die Einwohnerzahl dreier Bundesländer im Jahr 2002.
a) Überlege dir Fragen, die man mithilfe des Bilddiagramms beantworten kann und stelle diese Fragen deinem Partner.
b) Suche in Zeitungen nach Diagrammen, überlege dir Fragen dazu und stelle sie deinem Partner. Stelle der Klasse die Ergebnisse vor.

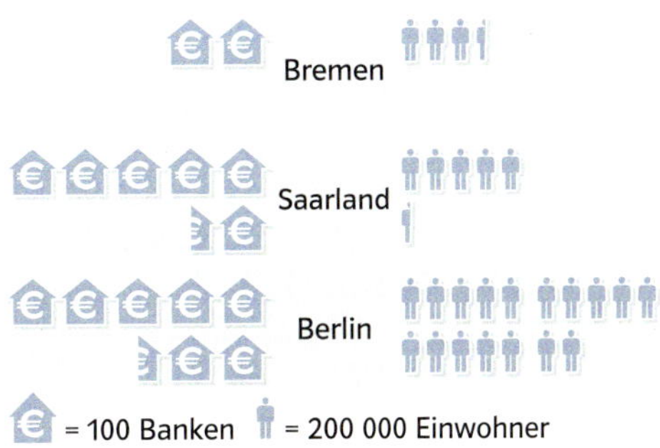

Fig. 4

Wiederholen – Vertiefen – Vernetzen

1 An zwei kalten Wintertagen hat Kai die Vögel, die an sein Futterhäuschen im Garten geflogen sind, beobachtet und gezählt.
a) Bestimme für jeden der beiden Tage die relativen Häufigkeiten der einzelnen Vogelarten.
b) Stelle für jeden der beiden Tage die relativen Häufigkeiten in einem Diagramm dar.

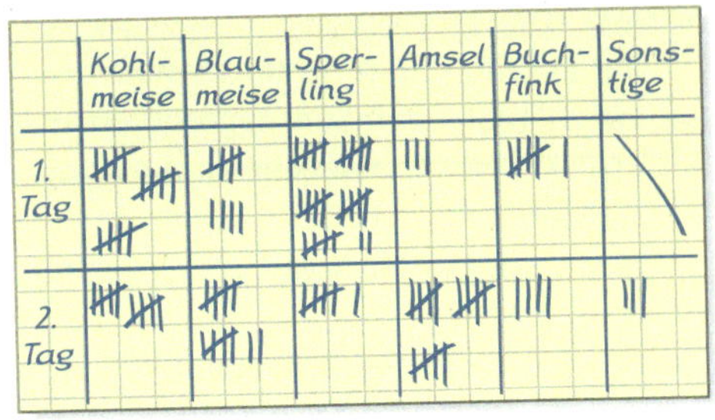

2 Johanna hat in den Fächern Mathematik und Latein jeweils fünf Klassenarbeiten geschrieben.
a) Bestimme für jedes Fach den Zentralwert und den Mittelwert der Noten.

	1. KA	2. KA	3. KA	4. KA	5. KA
Mathe	3	2	3	3	3
Latein	5	2	1	5	1

b) Die Zeugnisnote bestimmen die Lehrer u. a. mithilfe des Mittelwertes der Klassenarbeitsnoten. Johanna hat in Mathematik und Latein den gleichen Mittelwert der Klassenarbeitsnoten. Dennoch unterscheiden sich die Notenbilder. Beschreibe diesen Unterschied, indem du die einzelnen Noten mit dem jeweiligen Mittelwert vergleichst.

3 Eine Zeitung hat eine Grafik abgedruckt, um den jährlich anfallenden Hausmüll zu verdeutlichen. Insgesamt fallen pro Person laut dieser Zeitung 300 kg Hausmüll im Jahr an.
a) Zeichne zu der Darstellung der Zeitung ein Säulendiagramm.
b) Vergleiche das Säulendiagramm mit der Grafik der Zeitung. Beschreibe deinen Eindruck, den das Säulendiagramm im Vergleich zur Darstellung der Zeitung vermittelt.

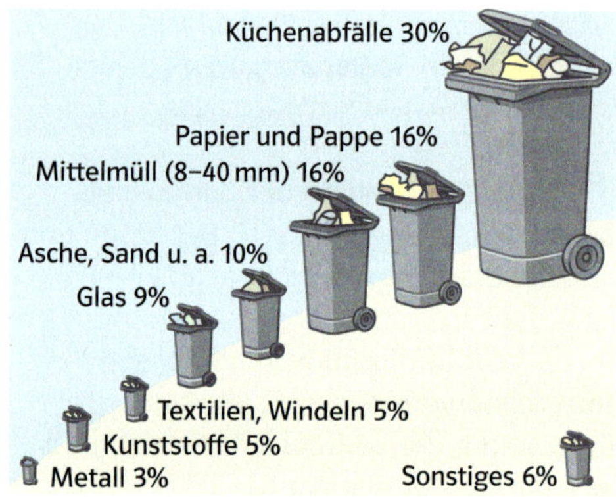

4 Eine Süßwarenfirma hat vor fünf Jahren ein neues Produkt auf den Markt gebracht. Die Umsätze haben sich inzwischen verdoppelt. Die Firma stellt dies mit zwei Dreiecken dar.
a) Warum erwecken die Dreiecke den falschen Eindruck?
b) Würde man die Umsätze in einem Säulendiagramm darstellen, würde kein falscher Eindruck entstehen. Warum?

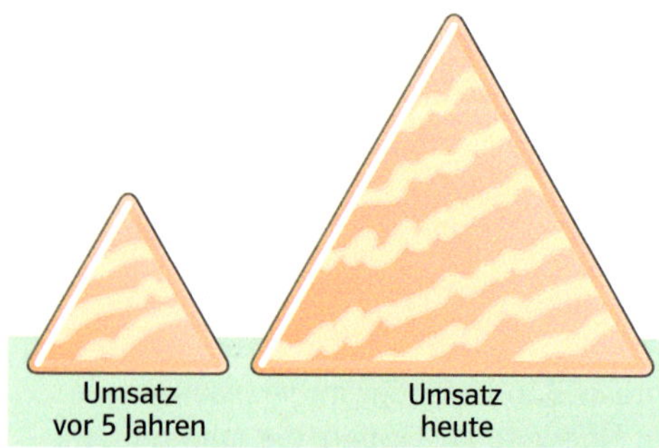

5 Zu einer Tagung kommen fünf Teilnehmer, die unterschiedlich weit fahren mussten: Frau Arndt 25 km, Herr Bauer 38 km, Frau Claus 145 km, Frau Dahl 267 km, Herr Eller 12 km.
a) Bestimme den Mittelwert der Entfernungen.
b) Bestimme den Zentralwert der Entfernungen.
c) Warum weichen der Mittelwert und der Zentralwert so sehr voneinander ab?

6 Entwerft gemeinsam einen Fragebogen für eine Erhebung von euch interessierenden Daten über eure Klasse und wertet ihn aus. Plant zunächst, wie ihr vorgehen wollt und wie ihr die Arbeit gerecht verteilen könnt. Die hier abgebildete Tabelle mit den gesammelten Ergebnissen einer Befragung in der Klasse 5a liefert ein Beispiel. Ihr könnt sie gemeinsam auswerten, wenn ihr keine eigene Befragung durchführen wollt.

a) Legt Strichlisten für Jungen und Mädchen an und zählt darin die in der Tabelle festgehaltenen Antworten auf die drei gestellten Fragen.

b) Erstellt Tabellen mit den absoluten und den relativen Häufigkeiten der von den Jungen und den Mädchen gegebenen Antworten.

c) Veranschaulicht die absoluten und die relativen Häufigkeiten der Antworten der Jungen und der Mädchen zur Frage nach dem Lieblingstier in einem Balkendiagramm.

d) Welches Tier ist in der Klasse am beliebtesten?

e) Gibt es in der Klasse eine ausgesprochene Lieblingsfarbe?

f) Grün ist bei Jungen beliebter als bei Mädchen. Stimmt das?

g) Schwimmen ist bei Mädchen beliebter als bei Jungen. Stimmt das?

h) Gibt es typische Mädchensportarten?

i) Untersucht weitere interessante Fragestellungen.

j) Welche Möglichkeiten gibt es, um zu kontrollieren, ob richtig gezählt wurde?

Vorname	J/M	Lieblingsfarbe	Lieblingstier	Lieblingssport
Karin	M	Lila	Hund	Schwimmen
Stefan	J	Grün	Hund	Fußball
Mike	J	Blau	Katze	Fußball
Aishe	M	Gelb	Pferd	Inlineskating
Ines	M	Rot	Katze	Schwimmen
Bernd	J	Grün	Hund	Tennis
Alex	J	Blau	Katze	Basketball
Anja	M	Grün	Hund	Volleyball
Patrick	J	Blau	Hund	Schwimmen
Ali	J	Blau	Fische	Volleyball
Gabi	M	Pink	Pferd	Reiten
Natascha	M	Gelb	Schlange	Basketball
Sascha	J	Orange	Vogel	Basketball
Nora	M	Grün	Katze	Schwimmen
Anke	M	Rot	Hund	Fußball
Robert	J	Blau	Hund	Basketball
Wiebke	M	Rot	Katze	Inlineskating
Max	J	Rot	Katze	Inlineskating
Sebastian	J	Lila	Hund	Schwimmen
Lisa	M	Rot	Pferd	Reiten
Kosta	J	Blau	Bär	Basketball
Florian	J	Grün	Fische	Fußball
Ulrike	M	Grün	Pferd	Reiten
Peter	J	Blau	Hund	Fußball
Lukas	J	Grün	Katze	Tennis
Simon	J	Rot	Hund	Fußball
Ahmed	J	Blau	Katze	Schwimmen
Stefanie	M	Rot	Katze	Inlineskating
Markus	J	Rot	Vogel	Tennis
Andreas	J	Blau	Pferd	Fußball

7 Im Waldweiher der Angelfreunde Holzkirchen sind zu $\frac{2}{45}$ Hechte, $\frac{2}{9}$ Karpfen, $\frac{2}{15}$ Schleien, $\frac{7}{12}$ Rotaugen und $\frac{1}{60}$ Welse.

a) Veranschauliche die Verteilung der Fischarten im Waldweiher durch ein Kreisdiagramm.

b) Bei einem Angelwettbewerb fing Matthias diese Rotaugen mit einem Durchschnittsgewicht von 140 g. Schätze zuerst die Zahl der Fische und bestimme dann ihr Gesamtgewicht.

Diagramme mit dem Computer erstellen

Diagramme zu einzelnen Datentabellen können mit Tabellenkalkulationsprogrammen erstellt werden.
Diese Programme teilen Schritt für Schritt mit, was zu tun ist. Man sagt auch, dass sie eine Benutzerführung zur Verfügung stellen.
Beispiel: In einer Klasse lässt der Sportlehrer abstimmen, welches Ballspiel am beliebtesten ist. Tobias will das Ergebnis der Abstimmung in seinen Computer eingeben und ein Diagramm erstellen lassen. Wie er hierbei vorgehen kann, wird nun am Beispiel des Programms Excel erläutert.

1. Tabelle eingeben
Nachdem die Tabelle eingegeben ist, wird sie markiert (linke Maustaste).
In der Menüleiste (oben) kann man jetzt das Symbol für Diagramme anklicken.

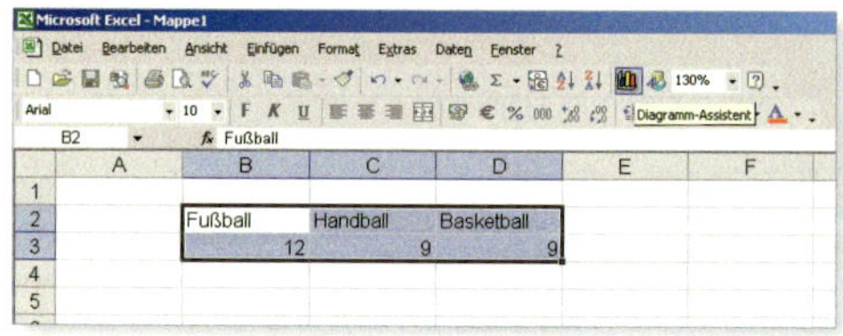

2. Diagrammtyp auswählen
Wenn man das Symbol für Diagramme angeklickt hat, erscheint ein Auswahlfenster mit Diagrammtypen.
In unserem Beispiel wird in der linken Liste ein Kreisdiagramm gewählt.
Anschließend kann man noch eine besondere Darstellung des Kreisdiagramms aussuchen; man muss hierzu ein entsprechendes Bild rechts anklicken.
Zum Schluss klickt man „Weiter" an.

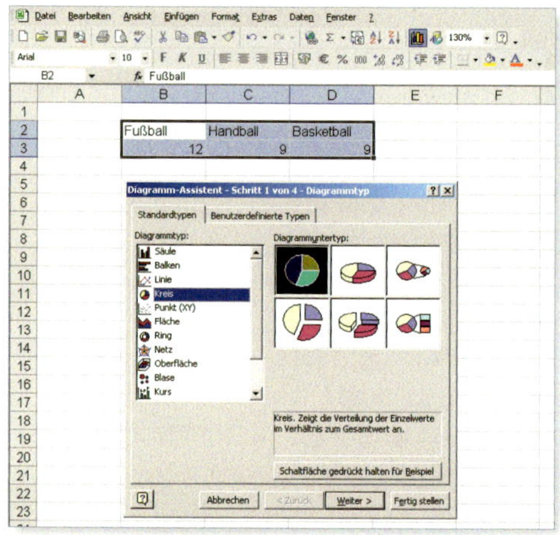

3. Tabelle bestimmen
Wenn der Diagrammtyp ausgewählt und „Weiter" angeklickt wird, dann erscheint das Diagramm in einem neuen Fenster. Jetzt kann man dem Programm z. B. noch mitteilen, wo die Überschriften zu den Zahlen stehen, in einer Zeile oder in einer Spalte.
Meist erkennt das Programm dies von selbst richtig – so wie auch in unserem Beispiel – und man kann „Weiter" anklicken.

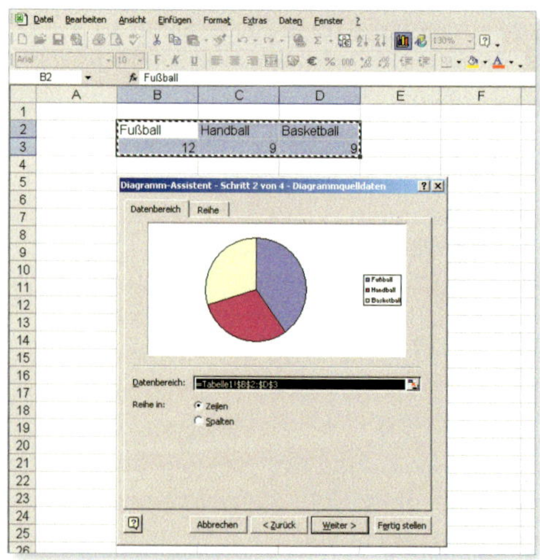

Diagramme mit dem Computer erstellen

4. Überschrift festlegen
Jetzt erscheint ein Fenster mit drei Auswahlmöglichkeiten.
Mit der Auswahl „Titel“ kann man dem Diagramm eine Überschrift geben. Diese Überschrift trägt man in das Feld auf der linken Seite ein. Kurz darauf wird sie über dem Diagramm angezeigt.

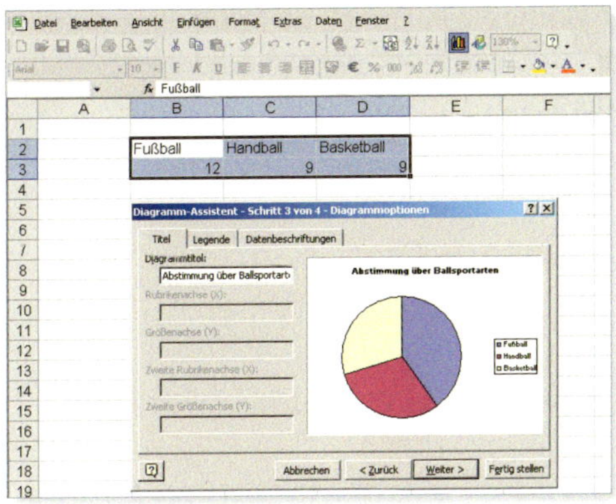

5. Beschriftung auswählen
Mit der Auswahl „Datenbeschriftungen“ kann man angeben, welche Informationen in das Diagramm eingefügt werden sollen. In unserem Beispiel wird „Prozent anzeigen“ gewählt. Das Programm rechnet die relativen Häufigkeiten aus und gibt sie in Prozent an.
Mit der Auswahl „Legende“ kann man angeben, ob man das Kästchen mit den Sportarten und den entsprechenden Farben anzeigen lassen will.
Zum Schluss klickt man „Weiter“ an.

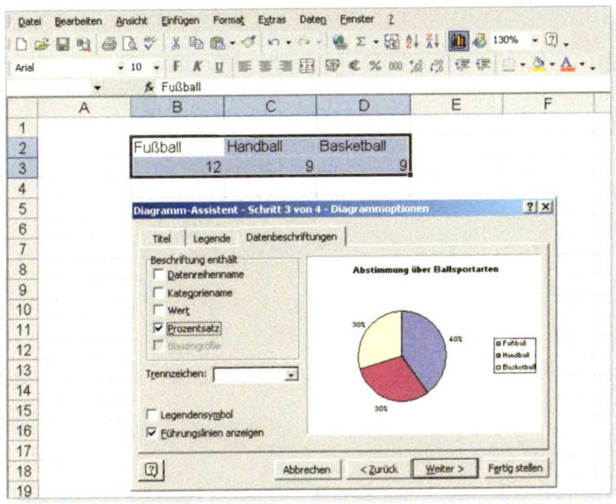

6. Platz für das Diagramm auswählen
Nun sieht man ein Fenster, bei dem man auswählen kann, ob das Diagramm zu der Tabelle gezeichnet werden soll oder ob es auf einer neue Seite („Blatt“ genannt) abgebildet werden soll.
In unserem Beispiel wird entschieden, dass das Diagramm in der Nähe der Tabelle gezeigt werden soll.
Zum Schluss muss man „Fertig stellen“ anklicken und …

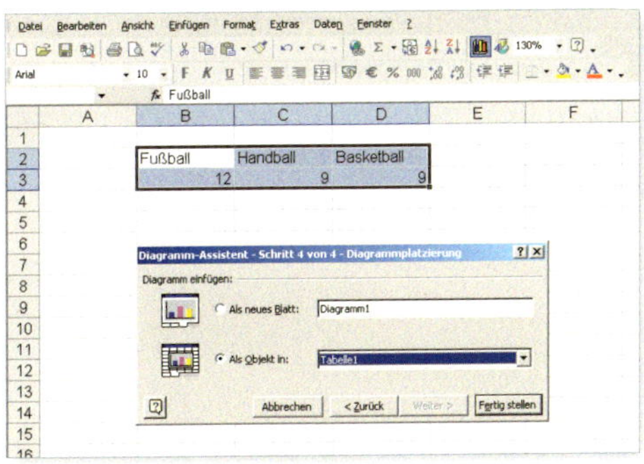

… fertig ist das Diagramm.
Probiere es selbst aus.

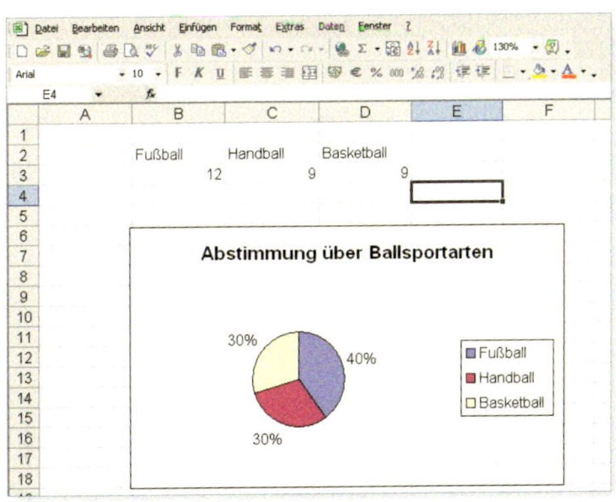

Erstelle verschiedene Arten von Diagrammen und lass dich dabei von dem Tabellenkalkulationsprogramm führen.
Es ist nicht schwer.

Rückblick

Beim Zählen helfen **Strichlisten**.
Beim Darstellen und Vergleichen von Zahlen helfen **Diagramme**.
Bei den Diagrammen muss man u.a. auf die verwendeten Skalen, Längen und Flächen achten.

Umfrageergebnisse zu „Ich habe (k)ein Haustier" in den Klassen 5a und 5b

Tier	kein Haustier	Hund	Katze	Vogel	Hamster
5a: Anzahl	6	3	6	6	9
rel. Häufigkeit	20 %	10 %	20 %	20 %	30 %

Tier	kein Haustier	Hund	Katze	Vogel	Hamster
5b: Anzahl	0	5	5	5	10
rel. Häufigkeit	0 %	20 %	20 %	20 %	40 %

Beim Vergleichen von Anzahlen, die sich auf unterschiedliche Gesamtanzahlen beziehen, kann man jeweils die relative Häufigkeit verwenden:
relative Häufigkeit = $\frac{\text{absolute Häufigkeit}}{\text{Gesamtanzahl}}$.

Zum Darstellen von relativen Häufigkeiten eignet sich ein **Kreisdiagramm** besonders gut. Bei ihm spiegeln die Mittelpunktswinkel die relativen Häufigkeiten wider.
Hierzu geht man so vor:
1. Man zeichnet einen Kreis.
2. In den Kreis werden Kreisausschnitte gezeichnet, deren Größe jeweils den relativen Häufigkeiten entsprechen.
3. Die Kreisauschnitte werden beschriftet.

Klasse 5a:

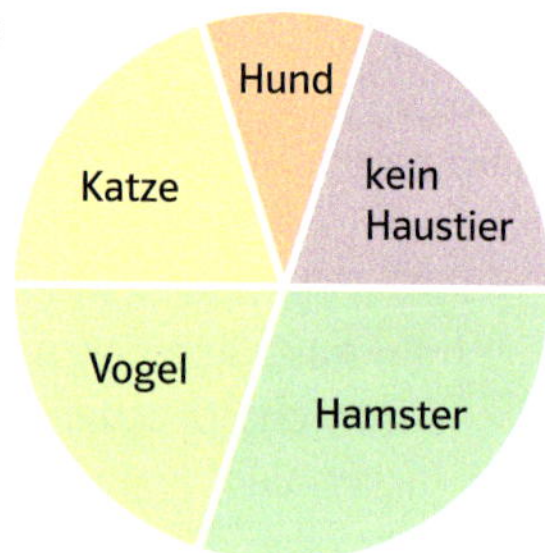

Klasse 5b:

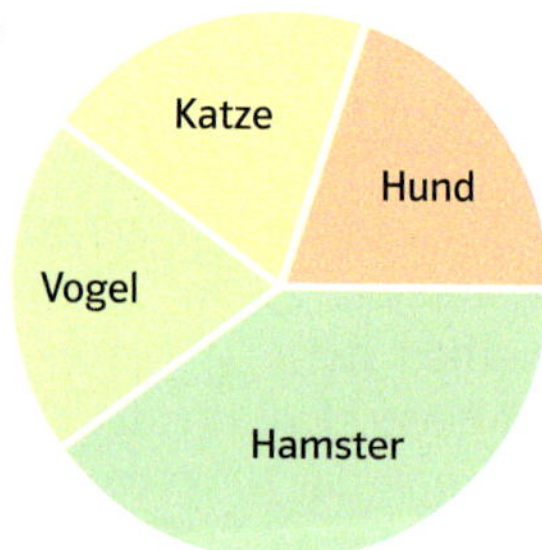

Ist eine bestimmte Anzahl von Werten gegeben, so heißt die Zahl $\frac{\text{Summe aller einzelnen Werte}}{\text{Anzahl aller einzelnen Werte}}$ ihr **Mittelwert**,
der Wert, der bei der Auflistung (der Größe nach) in der Mitte steht, ihr **Zentralwert**.
Liegt eine gerade Anzahl von Werten vor, dann ist der Zentralwert der Mittelwert der beiden Werte in der Mitte.

Anzahlen der Schülerinnen und Schüler in den Klassen 5a, 5b, 5c, 5d und 5e:

5a	5b	5c	5d	5e
26	23	27	24	23

Mittelwert: $\frac{26+23+27+24+23}{5} = 24{,}6$
Der Mittelwert der Anzahl der Schülerinnen und Schüler ist 24,6.

Zentralwert: 23; 23; 24; 26; 27
Der Zentralwert der Anzahl der Schülerinnen und Schüler ist 24.

Training

Runde 1

1 Kai hat aufgeschrieben, welche Automarken er innerhalb einer halben Stunde von seinem Zimmerfenster aus gesehen hat. Zusätzlich hat er ihre Anzahlen notiert.

Automarke	Audi	Mazda	Volkswagen	Mercedes	Nissan	Volvo
Anzahl	𝍸 |	|||	||||	||	𝍸	|

Erstelle für die Strichliste
a) ein Säulendiagramm,
b) ein Kreisdiagramm.
c) Erstelle ein Diagramm, das den Eindruck erweckt, es seien deutlich mehr PKWs aus deutscher Fabrikation (Audi, VW, Mercedes) gewesen als Autos von ausländischen Firmen (Mazda, Nissan, Volvo).
d) Erstelle ein Diagramm, das den Eindruck erweckt, es seien etwa genauso viele PKWs aus deutscher Fabrikation gewesen wie Autos von ausländischen Firmen.

2 Johanna hat in den Fächern Deutsch und Englisch jeweils fünf Klassenarbeiten geschrieben.

Noten der Klassenarbeiten in Deutsch:

1. KA	2. KA	3. KA	4. KA	5. KA
4	1	2	4	2

Noten der Klassenarbeiten in Englisch:

1. KA	2. KA	3. KA	4. KA	5. KA
3	3	2	2	3

a) Welcher mittlere Wert wäre für Johanna jeweils günstiger, der Zentralwert oder der Mittelwert?
b) Welche Gesamtnote wird sie vermutlich jeweils für die Klassenarbeiten erhalten?

Runde 2

1 Tobias und seine Schwester Anna hatten an einem Nachmittag nur für die Fächer Mathematik, Deutsch, Englisch und Biologie Hausaufgaben zu machen. Sie haben aufgeschrieben, wie lange sie jeweils hierfür gebraucht haben.

So lange brauchte Anna:

Fach	Mathe	Deutsch	Englisch	Bio
Minuten	15	20	12	13

So lange brauchte Tobias:

Fach	Mathe	Deutsch	Englisch	Bio
Minuten	40	30	26	24

a) Erstelle jeweils ein Kreis- und ein Säulendiagramm.
b) Was kann man beim Vergleich der beiden Kreisdiagramme erkennen bzw. nicht erkennen?

2 Im Harz gibt es die Okertalsperre und die Odertalsperre. In einer Broschüre über den Harz werden diese beiden Talsperren beschrieben. Der Grafiker veranschaulicht den Stauraum wie in Fig. 1.
a) Mit welcher Größe wird in der Grafik der Stauraum der jeweiligen Talsperre dargestellt?
b) Warum kann die grafische Darstellung einen falschen Eindruck beim Vergleich des Stauraums erwecken?

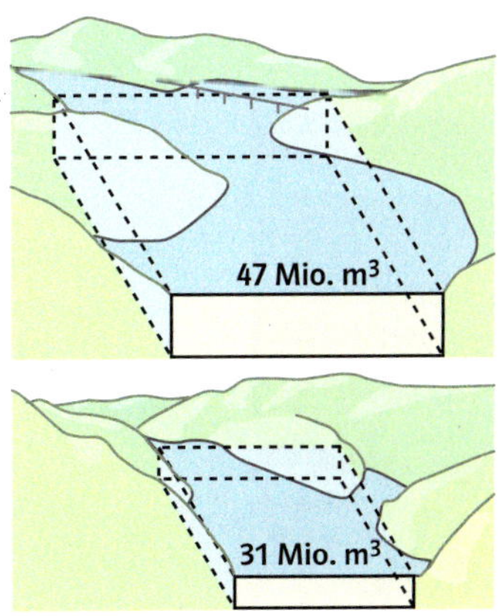

Okertalsperre

Odertalsperre

Fig. 1

Lösungen auf Seite 251 – 252.

Familie Schneider wohnt in dem Winzerstädtchen Hagnau in der Nähe von Meersburg am Bodensee.
Dieses Jahr erhält Herr Schneider in den Sommerferien keinen Urlaub.
Ihr einziger Sohn Thomas ist sehr enttäuscht:
„Sechs Wochen alleine zu Hause!"
Frau Schneider schlägt vor, Thomas' Lieblingskusine Susanne aus München in den Ferien an den Bodensee einzuladen.
Thomas schreibt sofort einen Brief.

Hagnau, den 12.5.2003

Hallo Susi,
stell dir vor, wir können dieses Jahr nicht in Urlaub fahren! Papa hat nicht frei bekommen, aber Mama hatte eine tolle Idee: Willst du im Sommer zwei Wochen zu uns an den Bodensee kommen? Es sind zwar schon fast drei Jahre her, seit du das letzte Mal hier warst, aber damals hatte es dir am See doch gefallen. Wir könnten eine Menge unternehmen: baden, mit dem Schiff fahren, einen Stadtbummel machen, ...
Vielleicht kannst du auch dein Fahrrad mitbringen. Es gibt nämlich viele gute Radwege hier. Ich schicke dir Fotos vom See und würde mich sehr freuen, wenn wir in den Ferien etwas miteinander unternehmen könnten.
Bis hoffentlich bald
dein Thommy

München, 22. Mai 2003

Hi, Thommy,
echt super!
Meine Eltern wollen in den Ferien doch tatsächlich zum Wandern in die Alpen. Ätzend!!! Da gibt es nichts zu überlegen. Natürlich komme ich zu dir an den Bodensee.
Meine Eltern sind auch einverstanden damit. So können sie ohne mich Meckerziege auf die Berge kraxeln.
Ich erinnere mich noch gut an den Bodensee. Ist er auch so groß wie der Chiemsee? Dort waren wir letztes Jahr an einem Wochenende zum Segeln.
Bitte schicke mir Informationen über den Bodensee.

Viele Grüße von Susi

Betreff: Ferien am Bodensee
Absender: Thomas Schneider <thschneider@fastmail.de>
Empfänger: <susisch@x-online.de>
Datum: 01. Jun 2003 18:07

Hallo Susi,
große Klasse, dass du kommst! :-)
Über die Größe des Chiemsees weiß ich nichts, aber über den Bodensee habe ich viele Informationen gefunden.

- Der Bodensee besteht aus dem Obersee (500 km^2 Oberfläche; der Teil westwärts von Meersburg heißt Überlinger See) und dem Untersee (71 km^2).
- Es gibt drei Inseln: Mainau, Reichenau, Lindau.
- Drei Länder liegen an seinem 273 km langen Ufer: Deutschland, die Schweiz und Österreich.
- Seine größte Tiefe beträgt 254 m.
- Er hat ein Volumen von ca. 48 km^3.
- Durch den See fließt der Rhein. Zufluss bei Bregenz; Abfluss über den Untersee.
- Jährliche Durchflussmenge: 11,5 km^3
- Abflussvolumen (bei Konstanz gemessen): im Mittel 365 m^3/s

Als Anhang schicke ich dir eine Skizze. Kannst du damit etwas anfangen?

Dein Thommy

1 Bestimme die größte Länge und die größte Breite des Sees. Wie kann man den Flächeninhalt ungefähr überprüfen?

2 Würden alle Einwohner Münchens ausreichen, um eine „Menschenkette“ um den Bodensee zu bilden?

3 Untersuche, wie viele Schülerinnen und Schüler ungefähr auf einen Quadratmeter passen.
Wie viele Schülerinnen und Schüler hätten demnach auf dem Bodensee Platz?

Betreff:	Ferien am Bodensee
Absender:	<susisch@x-online.de>
Empfänger:	Thomas Schneider <thschneider@fastmail.de>
Datum:	02. Jun 2003 20:22

Hi, Thommy,
danke für die Zahlen und die Bodensee-Skizze.
Natürlich kann ich damit etwas anfangen. Ich habe ein wenig gemessen, gerechnet und bin dabei auf Folgendes gekommen:

- Der Überlinger See hat einen Flächeninhalt von ca. 65 km^2,
- Österreich hat etwas weniger als 30 km Ufer am Bodensee,
- die durchschnittliche Tiefe des Sees beträgt mindestens 80 m,
- der Rhein bei Konstanz ist der einzige Abfluss des Sees.

Da staunst du, was?
Servus
Susi

Betreff:	Ferien am Bodensee
Absender:	Thomas Schneider <thschneider@fastmail.de>
Empfänger:	<susisch@x-online.de>
Datum:	04. Jun 2003 14:55

Hallo Susi,
ich hab's nachgelesen: Du hast Recht!
Wie hast du das gemacht?
Thomas

1 Erkläre, wie Susi zu ihren vier Behauptungen gekommen ist.
Hat sie richtig gemessen und gerechnet?
Findest du weitere Angaben über den Bodensee?

München, 5. Juni 2003

Hi, Thommy,
ich sage nur: Mathematik!
Übrigens habe ich heute in der Zeitung eine interessante Meldung gefunden,
die ich dir mitschicke.
Kannst du mit den Zahlen etwas anfangen?
Tschüs,
deine Susi

75 Jahre „Schwimmende Brücke"

KONSTANZ – Als im Jahr 1928 die erste Fähre von Konstanz nach Meersburg fuhr, waren nur wenige von ihrem Wert überzeugt. Heute, nach 75 Jahren, blicken die Stadtwerke Konstanz stolz auf eine einmalige Erfolgsstory zurück.
Die Fährverbindung ist rund um die Uhr in Betrieb. Auf sieben Fähren werden jedes Jahr 5,3 Millionen Menschen und 1,6 Millionen Autos die 4,2 km über den See befördert. Sie ersparen sich dadurch einen 70 km langen Umweg.
Seit der Eröffnung vor 75 Jahren wurden insgesamt 240 Millionen Passagiere befördert. Aus diesem Anlass ist im Juli ein großes Volksfest geplant.

2 Stelle mit den Zahlenangaben in der Zeitungsmeldung Berechnungen an.

Hagnau, 12.6.2003

Liebe Susi,
deine Mathe-Kenntnisse haben mich schon beeindruckt. Aber nach kurzem Nachdenken habe ich mit der Zeitungsmeldung auch einige Berechnungen hinbekommen.
Zunächst ist da ein Fehler:
Wenn jährlich 5,3 Millionen Passagiere befördert werden, dann müssten das in 75 Jahren fast 400 Millionen sein. In der Zeitung steht aber: 240 Millionen.
Ich habe auch berechnet, wie viel Benzin durch die Fähren gespart wird, nämlich jedes Jahr 9 Millionen Liter! Ist das nicht toll? Damit könnte man 2800-mal um die Erde herum fahren.
Viele Grüße
Thommy, das Mathe-Genie

1 Bist du auch der Meinung, dass die Zeitungsmeldung einen Fehler enthält? Wie viele Autos wurden wohl in den 75 Jahren befördert?

2 Wie hat Thomas die Benzinersparnis berechnet?

3 Die Fähren fahren jährlich 70 000-mal über den See. Wie viele Autos und wie viele Personen werden bei jeder Fahrt mitgenommen?

Betreff: Ferien am Bodensee
Absender: <susisch@x-online.de>
Empfänger: Thomas Schneider <thschneider@fastmail.de>
Datum: 15. Jun 2003 18:36

Hallo Mathe-Genie,
gratuliere zu deinen Rechenkunststücken! Ganz bin ich mit deinen Ergebnissen nicht einverstanden.
Aber darüber können wir uns dann in den Ferien streiten.
Du hast in deinem ersten Brief geschrieben, ich solle mein Fahrrad mitbringen. Mach ich gerne.
Aber meine Inline-Skates sind mir eigentlich lieber. Hast du auch welche? Dann könnten wir ja eine Radtour und eine Inline-Tour machen. Kannst du mir bitte Unterlagen über mögliche Radtouren schicken?
Ich überlege mir dann einen Vorschlag für eine Tour.
Herzliche Grüße
deine Susi

Autofähre Meersburg – Konstanz
Mittlere Wartezeit: 15 Minuten
Fahrzeit: ca. 30 Minuten

Kosten für eine Einzelfahrt:

Erwachsene	1,70 €
Kinder (bis 15 Jahre)	0,80 €
Fahrrad oder Mofa (ohne Fahrer)	0,90 €

Hagnau, den 21.6.2003

Liebe Susi,
ich schicke dir einen Radwegplan und Fahrpläne von Schiffslinien.
Auf deinen Vorschlag bin ich gespannt.
Viele Grüße
Thommy

Konstanz (Innenstadt) zum Fährhafen (Staad): 4 km

Hagnau – Meersburg: 4,5 km

Schiffsverbindung Wallhausen–Überlingen		
Fahrpreise	**Hin und zurück**	**Einfach**
Erwachsene	3,00 €	2,00 €
Kinder (6–15 Jahre)	1,50 €	1,00 €
Fahrrad	3,00 €	1,50 €
Tandem	6,00 €	3,00 €

Sommerfahrplan 2003				
Wallhausen ab	06:30	07:10	08:10	09:10
Überlingen ab	06:45	07:35	08:35	09:35
Wallhausen ab	10:10	11:10	13:10	14:10
Überlingen ab	10:35	11:35	13:35	14:35
Wallhausen ab	15:10	16:10	17:10	18:10
Überlingen ab	15:35	16:35	17:35	18:35

Friedrichshafen–Romanshorn und zurück		
Personen, Einzelreisende	Euro	sFr.
Erwachsene	5,40	8,00
Kinder (6 bis 15 Jahre)	2,70	4,00
Wochenkarten	27,00	40,00
Mehrfahrtenkarten für 10 einfache Fahrten	46,00	68,00
Zweiräder	Euro	sFr.
Fahrrad, Anhänger, Motorfahrrad	3,80	6,00
Fahrrad-Tageskarte	5,80	9,00
Mehrfahrtenkarte für Fahrräder inkl. Personen für 4 Fahrten	27,00	42,00

Fahrplan:
Friedrichshafen ab (Montag bis Samstag): von 5.41 Uhr bis 20.41 Uhr im Abstand von 60 Minuten
Romanshorn ab (Montag bis Samstag): von 5.36 Uhr bis 20.36 Uhr im Abstand von 60 Minuten
Fahrtzeit: jeweils 41 Minuten

München, 29. Juni 2003

Hallo Thommy,
da hast du dich ja mächtig angestrengt mit den Fahrplänen und den Fahrpreisen.
Mein Vorschlag wäre:
Abfahrt in Hagnau um 10 Uhr in Richtung Meersburg bis Überlingen. Dort Mittagspause. Dann mit der Fähre nach Wallhausen und weiter bis Konstanz. Stadtbummel. Mit der Autofähre nach Meersburg und zurück nach Hagnau.
Sollen wir das Fahrrad nehmen oder die Inliner?
Was meinst du zu meinem Vorschlag?

Viele Grüße
deine Susi

Hallo Susi, Hagnau, 4.7.2003

dein Tourenvorschlag gefällt mir gut. Allerdings sollten wir das Fahrrad nehmen. Mit den Inlinern schaffe ich diese Strecke kaum.
Papa hat vorgeschlagen, einmal die Anlagen der Bodenseewasserversorgung (BWV) in Sipplingen am Überlinger See zu besichtigen.
Er hat dort einen guten Bekannten, der uns sicher einen Termin für eine interessante Führung vermitteln kann. Einverstanden?
Ich habe von ihm schon verschiedene Prospekte erhalten und dir daraus viele Informationen und ein paar Bilder zusammengestellt.
Da hast du eine Weile etwas zum Rechnen.
Bitte antworte bald, sodass Papa einen Besichtigungstermin vereinbaren kann.
Dein Thommy

Anlage der BWV auf dem Sipplinger Berg

Wasserentnahme

In einem Wasserschutzgebiet wird das 5 °C kalte Wasser aus 60 m Tiefe über drei verschiedene Leitungen zu den Pumpen geführt.
Die BWV darf pro Sekunde 7750 Liter Wasser aus dem See entnehmen. In einem anderen Prospekt stand: Entnahmerecht 670 000 m^3 pro Tag.
Tatsächlich entnimmt die BWV jedes Jahr ungefähr 130 Millionen Kubikmeter Bodenseewasser und versorgt damit ca. 3,7 Millionen Menschen in den verschiedenen Regionen Baden-Württembergs.

1 Wann wären Thomas und Susanne wieder zu Hause, wenn sie die vorgeschlagene Tour mit dem Fahrrad machen würden?
Wie lange ist die Radtour? Was müssten sie für die Fähren bezahlen?

2 Plane eine Radtour über Friedrichshafen, Romanshorn, Konstanz, Meersburg mit Start und Ziel in Hagnau.

3 Plane verschiedene Touren mit dem Fahrrad und mit den Inline-Skatern.

Entnahmestelle der BWV im Wasserschutzgebiet

Maschinenhalle mit den Rohwasserpumpen

Wassertransport
Das entnommene Wasser muss zu der Aufbereitungsanlage auf dem 310 m höher gelegenen Sipplinger Berg gepumpt werden.

Dazu stehen zwei Leitungen zur Verfügung, durch die jede Sekunde bis zu 9 000 Liter Wasser fließen können.
In den beiden Maschinenhallen stehen insgesamt sechs Pumpen. Vier dieser Pumpen haben eine Förderleistung von jeweils 2000 l pro Sekunde. Die beiden anderen können jeweils bis zu 3000 l pro Sekunde fördern.

1 Welchen Höhenunterschied überwindet das Wasser bis zur Aufbereitungsanlage?

2 Beschreibe, was wohl in der Aufbereitungsanlage mit dem Wasser gemacht wird.

3 Wie viel Wasser könnten die sechs Pumpen zusammen pro Sekunde auf den Berg pumpen?
Wieso ist diese Menge wohl größer als die zulässige Entnahmemenge?

4 Welche Pumpen müssen mindestens in Betrieb sein, wenn die durchschnittliche Förderleistung erreicht werden soll?

5 Überprüfe die Angaben über das Entnahmerecht in den beiden Prospekten.

6 Berechne den jährlichen Wasserverbrauch einer Person, die der BWV angeschlossen ist. Wie hoch ist ihr Wasserverbrauch pro Tag?

7 Wie viele Badewannen könnte man jede Sekunde mit dem Wasser füllen, das die BWV entnehmen darf?

8 Nutzt die BWV ihr Entnahmerecht vollständig aus?

München, 12.7.03

Hi, Thommy,
klar bin ich an einer Besichtigung der BWV-Anlagen interessiert. Wenn deine Eltern einverstanden sind, komme ich vom 9. bis zum 23. August zu euch. Mein Zug kommt um 11.22 Uhr am Bahnhof in Friedrichshafen an. Mit diesem Zug bin ich nur 2 Stunden und 38 Minuten unterwegs.
Mit den Zahlen, die du mir in den letzten Wochen geschickt hast, kann man ganz interessante Sachen berechnen. Mit dem Wasser aus dem Bodensee könnte man ja ganz Baden-Württemberg ewig versorgen. Nach meinen Berechnungen sinkt der Wasserspiegel des Bodensees täglich nur um ungefähr einen Millimeter, wenn die BWV ihr Entnahmerecht voll ausnützt.
Ich könnte mir vorstellen, dass der Wasserspiegel sich aus anderen Gründen sehr viel stärker verändert.

Bis bald
Susi

1 Um wie viel Uhr fährt Susis Zug in München ab?

2 Kann das wirklich stimmen, dass die Wasserentnahme den See am Tag nur um 1 mm absenkt?

3 Wie lange würde das Wasser des Bodensees (ohne Zu- und Abfluss) reichen, wenn die derzeitige Wasserentnahme beibehalten würde?

4 Aus welchen Gründen kann sich der Wasserstand des Sees verändern?

Hagnau am Sonntag, den 20.7.2003

Liebe Susi,
ich freue mich schon riesig auf den 9. August. Wir werden dich um 11.22 Uhr am Bahnhof in Friedrichshafen abholen.
Dass der Wasserspiegel des Sees durch die BWV täglich nur um etwa 1 mm absinkt, habe ich auch herausbekommen. Ich habe dabei die Rauminhaltsformel „Grundfläche mal Höhe" verwendet.
Der Wasserspiegel des Sees schwankt tatsächlich ziemlich stark. Unser Hafenmeister in Hagnau zeichnet den Pegel in Konstanz seit vielen Jahren sorgfältig auf. Von ihm habe ich den Verlauf im Katastrophenjahr 1999 und im Jahr vorher erhalten.
Wie du siehst, hat sich im Verlauf des Jahres 1999 der Wasserstand um bis zu 3 m verändert. An das Hochwasser vor vier Jahren erinnere ich mich noch sehr gut. Fotos davon schicke ich dir mit. Nur noch drei Tage Schule! Ihr armen Bayern müsst ja noch zwei Schultage länger aushalten.

Halte durch!
Dein Thommy

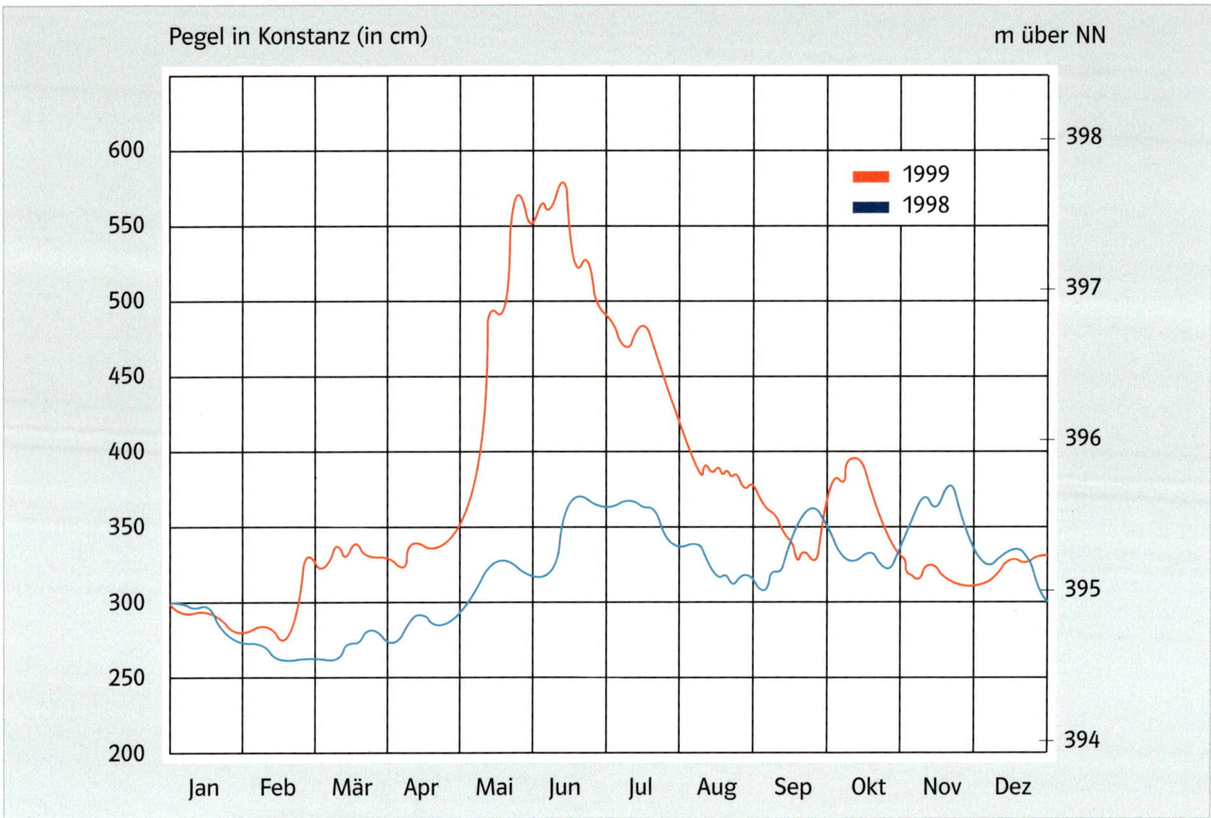

1 Bestimme für die beiden Jahre den Zeitpunkt, an dem der Pegel des Bodensees am höchsten war. Wie hoch war er jeweils?

2 Erläutere, wie Thomas die Veränderung des Pegels um bis zu 3 m bestimmt hat.

3 Um wie viele Zentimeter war der Pegel Ende Mai 1999 höher als ein Jahr vorher?

4 In welchen Monaten war der Wasserstand 1999 niedriger als im Jahr vorher?

5 Warum ist wohl der Wasserstand des Bodensees im Frühsommer am höchsten?

6 Kannst du weitere interessante Informationen aus dem Diagramm ablesen?

München, 28.7.2003

Hallo Thommy,
endlich große Ferien! Heute ist für mich der erste Ferientag, den ich gleich genutzt habe, um im Internet nach weiteren interessanten Ausflugszielen am Bodensee zu suchen. Wenn wir noch Zeit haben, würde ich gerne die Pfahlbauten in Unteruhldingen und das Zeppelin-Museum in Friedrichshafen besuchen.
Wie du sicher weißt, sind in Unteruhldingen verschiedene Häuser nachgebaut worden, die auf dicken Holzpfählen im flachen Seeufer stehen. Das älteste nachgebaute Dorf stammt aus der Steinzeit (ca. 3500 v. Chr.). Am besten gefällt mir das Haus des Töpfers. Es hat die Maße 4,6 m x 8,4 m und diente als Wohnhaus für sechs bis acht Personen sowie als Werkstatt für den Töpfer. Da haben wir es mit unseren Wohnungen heute schon etwas gemütlicher! Die Dorfhalle hat eine Grundfläche von 10,50 m x 6,50 m. Wenn man das mit der Olympiahalle in München vergleicht! In den Uferdörfern der Spätbronzezeit (1070–850 v. Chr.) sehen die Häuser schon moderner aus.

Das Foto, das ich dir schicke, zeigt Häuser aus der Bronzezeit.
Im Zeppelin-Museum möchte ich auf jeden Fall das Luftschiff LZ 129 Hindenburg besichtigen. Natürlich kann man nicht die echte Hindenburg sehen. Diese ist am 6. Mai 1937 bei der Landung in Amerika explodiert und verbrannt. Aber einen großen Teil dieses Luftschiffes kann man als Nachbau bestaunen. Die Hindenburg war 245 m lang, konnte etwa 50 Passagiere befördern und hatte eine Höchstgeschwindigkeit von etwa 125 km/h. Sie flog 63-mal nach Nord- und Südamerika. Damals wurde sie als technisches Wunderwerk angesehen und deshalb auch auf Briefmarken dargestellt. Mein Papa schickt dir ein paar davon für deine Sammlung mit.
Ich denke, für die beiden Wochen haben wir jetzt viele tolle Ideen. Schließlich darf das Baden und Faulenzen auch nicht zu kurz kommen.

Bis zum Samstag
deine Susi

1 Wie viele Menschen passten wohl in die Dorfhalle? Vergleiche mit einer dir bekannten Halle.

2 Vor wie vielen Jahren begann die Spätbronzezeit? Wie lange dauerte sie?

3 Vergleiche das Haus des Töpfers mit einem heutigen Haus.

4 Vergleiche die LZ 129 Hindenburg mit einem großen Passagierflugzeug.

5 Welche Geldeinheit gehört zu den Zahlen auf den Briefmarken?

Sachthema

Mein Steckbrief
Stockmaß: 1,50 m
Gewicht: 380 kg
Hobby: Hafer fressen
Sportart: Wanderreiten

„Hallo, ich heiße Bajo und bin ein Pferd.

Ich bin schon 22 Jahre alt, habe also schon viel Erfahrung. Ich möchte dir ein wenig erzählen, was bei uns im Stall alles los ist.

Wir sind 18 Pferde. Darunter sind Ponys für Kinder und große Reitpferde. Vor meiner Zeit gab es hier noch Ackerpferde. Bei uns im Stall gibt es auch Fohlen. Sie werden im Frühjahr geboren und können dann gleich auf die große Weide. Wusstest du, dass ein Fohlen schon eine Stunde nach der Geburt laufen kann? Und wenn sie erst mal ein paar Tage alt sind, rasen sie herum und wiehern vor Freude. Manchmal scheinte es, als wollten die Fohlen mich über den Haufen rennen. Aber ich lasse mich von ihnen nicht erschrecken."

Anzahl der Pferde in Deutschland
(Angaben in Tausend)

Jahr	1950	1955	1960	1965	1970	1975	1980	1985	1990	1995	2000
Anzahl	1570	1038	712	360	252	341	462	628	833	1050	1196

Fig. 1

Wie schnell Pferde und Menschen wachsen
(Höhenangaben in Meter)

Jahr	0	1	2	3	4	5	6	7	8	9
Stockmaß Pferd	1	1,4	1,5	1,56	1,6	1,62	1,63	1,63	1,63	1,63
Größe Mensch	0,5	0,75	0,85	0,95	1,05	1,10	1,16	1,22	1,28	1,32
Jahr	10	11	12	13	14	15	16	17	18	
Stockmaß Pferd	Das Pferd ist ausgewachsen.									
Größe Mensch	1,38	1,42	1,48	1,55	1,60	1,65	1,68	1,72	1,75	

Fig. 2

1 Führe in deiner Klasse eine Befragung zum Thema Pferd durch und stelle die Ergebnisse übersichtlich dar. Du könntest Fragen wie die folgenden stellen: Wer ist schon geritten? Wer kann drei verschiedene Pferderassen sagen?

2 Stelle die Entwicklung der Anzahl er Pferde (Fig. 1) in einem Diagramm übersichtlich dar.
Erläutere die Gründe für die starken Veränderungen der Pferdeanzahl.

3 Stelle in einem Diagramm dar, wie schnell Menschen und Pferde wachsen (Fig. 2). Gestalte das Diagramm so, dass die Unterschiede beim Wachsen deutlich zu sehen sind.

Größe eines pferdegerechten Stalles

Boxengröße	Großpferde: 12 m²; Boxenwände mindestens 3 m lang. Ponys bis 148 cm Stockmaß: 9 m²; Boxenwände mindestens 2,50 m lang. Ponys bis 120 cm Stockmaß: 6 m²; Boxenwände mindestens 2 m lang.
Luftraum über der Box	Großpferde: 36 m³ Ponys bis 148 cm: 25 m³ Ponys bis 120 cm: 18 m³.
Lichtbedarf	Nicht unter 2 m² Fensterfläche pro Box.
Stallgasse	Bei Aufstallung in einer Reihe: Mindestbreite 2,50 m. Bei Aufstallung in zwei Reihen: Mindestbreite 3 m.

„Morgens bin ich immer als Erster wach. Ich freue mich, wenn die Sonne zu meinem Fenster hereinscheint und ich die Wärme auf meinem Fell fühle. Die jüngeren Pferde schlafen noch und manche von ihnen liegen sogar noch im Stroh. Ich lege mich zum Schlafen nicht mehr gerne hin. Es ist mir nämlich trotz meiner großen Box schon passiert, dass ich beim Liegen in eine Ecke geraten bin und mit meinen steifen Beinen nicht mehr aufstehen konnte.
Mit meinem Stall bin ich zufrieden. Wir Pferde können uns alle gegenseitig sehen. Es gibt genügend frische Luft und Helligkeit. Beides lieben wir Pferde sehr, denn wir sind ja ursprünglich Steppenbewohner.
Die Stallgasse ist so breit, dass wir bequem aneinander vorbeigehen oder uns umdrehen können."

1 Welche der Boxen würdest du für Bajo nehmen?
Box 1: 3 m x 4 m **Box 2:** 4,50 m x 2,90 m **Box 3:** 3,5 m x 3,5 m
Die Fenster über den Boxen sind nur einen halben Meter hoch. Wie breit müssen sie sein, damit Bajo genügend Licht hat?

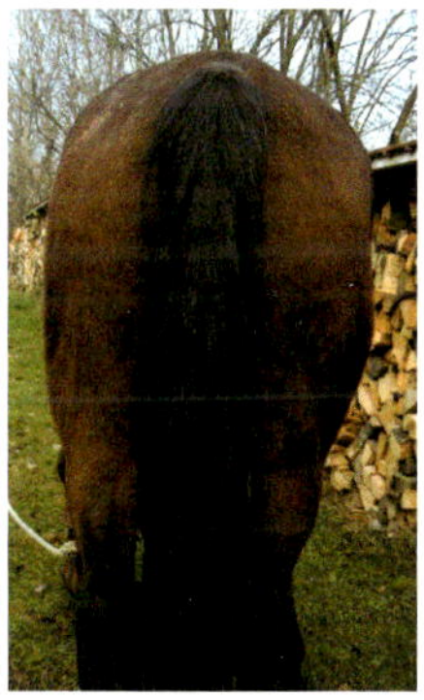

2 Die Zeichnung zeigt den Bauplan für einen Stall mit drei Boxen. Bevor man einen Stall bauen darf, wird vom Veterinäramt kontrolliert, ob alle Anforderungen an einen pfer-degerechten Stall erfüllt sind. Dazu müsssen im Bauplan alle wichtigen Daten aufgeschrieben sein. Das Veterinäramt erstellt zu dem Plan ein Gutachten. Darin wird genau beschrieben, was mit den Anforderungen übereinstimmt und was nicht. Schreibe ein Gutachten zu dem Bauplan.

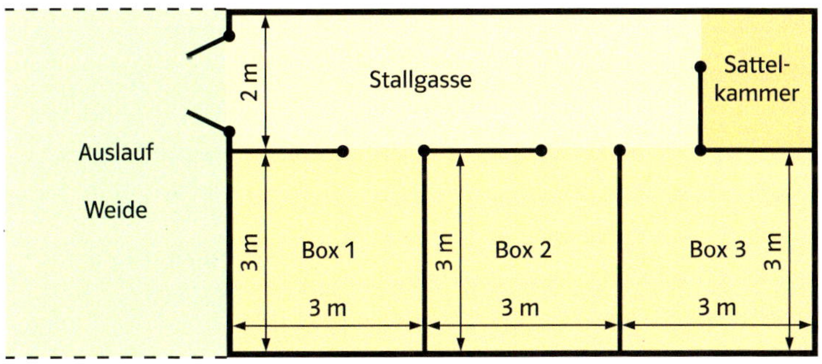

Fig. 1

Bauplan:
Stall für drei Ponys

Bauherr:
Frau Schreiber
Grundfläche: 45 m²
Fensterfläche: 10 m²
Höhe: 2,80 m²
Bauweise: Holz

3 Erstelle einen Bauplan für einen pferdegerechten Stall mit sechs Boxen, einer Sattelkammer und einem kleinen Aufenthaltsraum

„Mein Besitzer achtet darauf, dass ich jeden Tag aus der Box komme. Bewegung ist für uns genauso wichtig wie gutes Fressen. Wenn du übrigens denkst, dass wir Pferde nur geradeaus durch die Gegend rennen, dann hast du dich getäuscht. Wir können uns elegant und fein bewegen. Das üben wir auf der Reitbahn. Dort lernen die Reitschüler von uns, wie man richtig reitet.
Als erfahrenes Pferd bin ich für die Anfänger zuständig. Zuerst reite ich mit ihnen auf dem Hufschlag entlang der Reitbahnbegrenzung. Später kommen Hufschlagfiguren dazu. Wenn der Reitlehrer ruft „Durch die ganze Bahn wechseln“, weiß oft niemand, was er damit meint. Nur ich weiß es immer. Und wenn ich einen netten Reiter habe, laufe ich die richtige Hufschlagfigur. Dann lobt ihn der Reitlehrer und der Reiter lobt mich.“

1 Zeichne auf ein großes Blatt einen Reitplatz wie auf dem Foto oben auf der nächsten Seite. Trage die Hufschlagpunkte und die richtigen Abmessungen ein.

2 Zeichne auf große Blätter mit Farbe die Hufschlagfiguren aus Fig. 3 und Fig. 4 der nächsten Seite. Benütze zum Zeichnen der Kreise eine Schnur, ein Glas oder eine Tasse. Trage auf den Blättern ein, wie die Hufschlagfiguren heißen.

3 Beantworte durch Rechnen, durch Nachmessen an der Zeichnung oder durch Schätzen. Wie viel Meter sind ungefähr
a) einmal auf dem Hufschlag um die ganze Bahn,
b) durch die Länge der Bahn wechseln (von A nach C),
c) durch die halbe Bahn wechseln,
d) Schlangenlinie durch die ganze Bahn (von A nach C)?

4 **Ein Laufspiel**
Stellt euch auf dem Hof in Form eines Reitplatzes auf. Vier Schülerinnen und Schüler stehen an den Ecken, andere Schüler stehen an den Hufschlagpunkten und halten die Buchstaben M, B, F, A, K, E, H und C auf einem Blatt Papier vor sich.
Einer von euch ist der Reitlehrer und die anderen sind die Pferde. Der Reitlehrer kommandiert zum Beispiel: Auf dem Hufschlag Trab, durch den Zirkel wechseln usw.
Beginnt langsam und einfach, sonst gibt es schnell ein Durcheinander.
Und denkt dran: Kein Pferd kann immer nur im Galopp gehen.

Die Hufschlagfiguren auf einen Blick

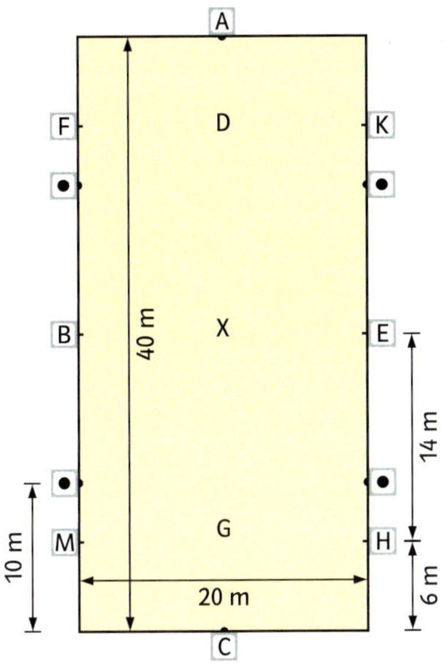

Die Hufschlagpunkte M, B, F, A, K, E, H, C

Fig. 1

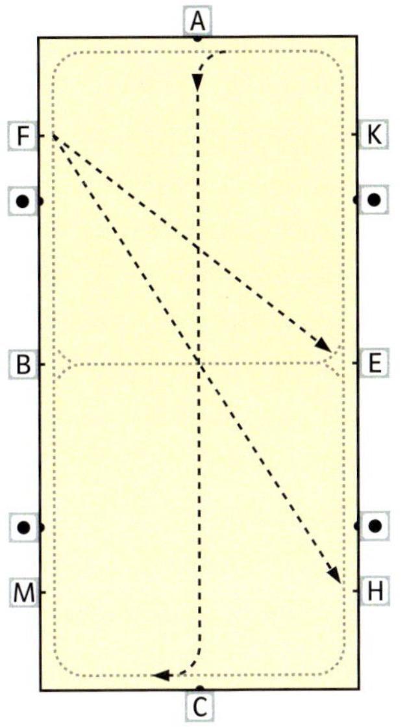

F > H: Durch die ganze Bahn wechseln
F > E: Durch die halbe Bahn wechseln
A > C: Durch die Länge der Bahn wechseln

Fig. 2

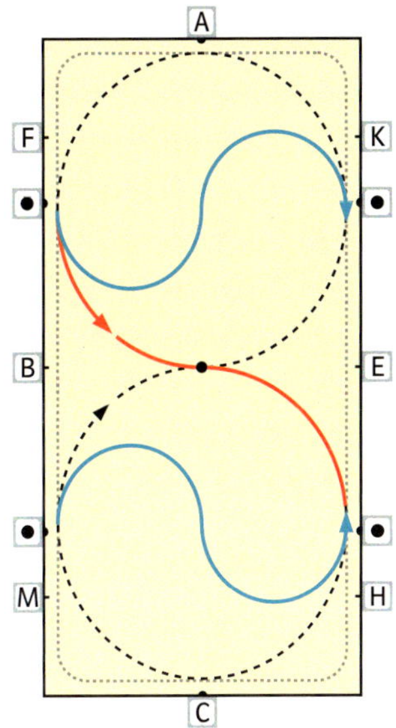

rot
Aus dem Zirkel wechseln

blau
Durch den Zirkel wechseln

Fig. 3

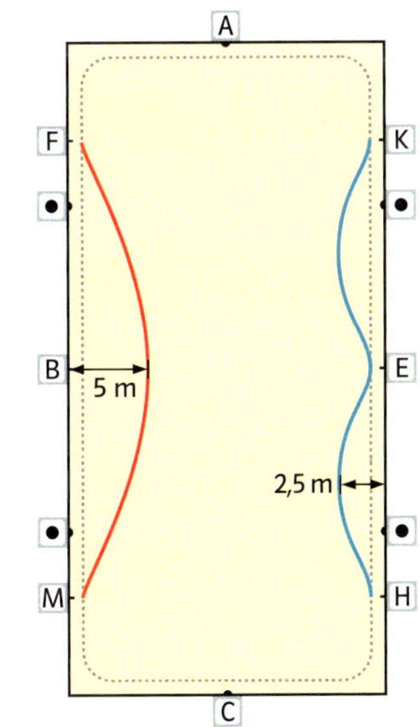

rot
Einfache Schlangenlinie an der langen Seite

blau
Doppelte Schlangenlinie an der langen Seite

Fig. 4

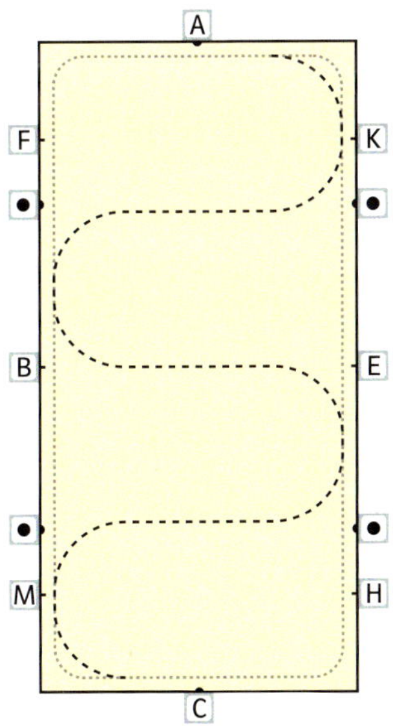

Schlangenlinie durch die ganze Bahn (vier Bogen)

Fig. 5

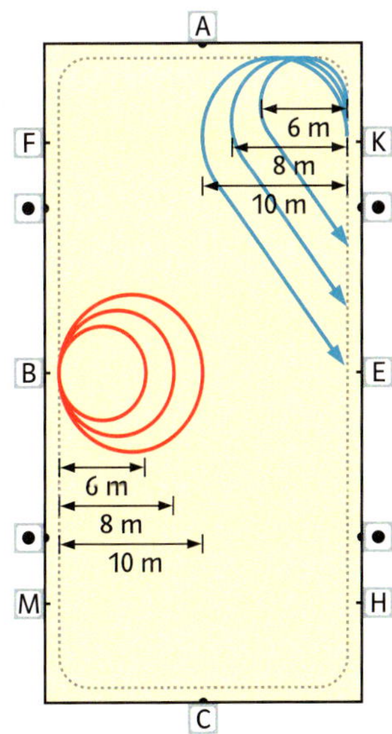

rot
Volte (in verschiedenen Durchmessern)

blau
Kehrtvolte/Kehrtwendung (in verschiedenen Durchmessern)

Fig. 6

„Rate mal, auf was ich mich jedes Mal freue. Auf dem Bild kannst du es sehen. Da bringt der Bauer Kraftfutter. Oft schlagen wir alle mit den Hufen gegen die Boxenwand, weil wir es nicht erwarten können.
Aber zunächst sollte ich dir wohl erklären, was Kraftfutter ist.
Das ist Futter, das viel Kraft gibt, zum Beispiel Hafer oder Gerste.
Was ist das bei euch Menschen? Vielleicht Spaghetti mit Tomatensoße oder Schnitzel mit Pommes frites?
Leider bekommen wir vom Kraftfutter nicht so viel, wie wir gerne hätten. Das wäre nämlich gar nicht gesund. Zu einer gesunden Ernährung gehört bei uns viel Heu."

Wenn Pferde zu viel Hafer erhalten, benehmen sie sich manchmal übermütig. Dafür gibt es das Sprichwort:
Den sticht der Hafer.

Hafer, Heu und was es kostet

Durchschnittliche Tagesrationen für Pferde
(Die angegebenen Mengen gelten für 100 kg Lebendgewicht.)

Arbeitsbelastung	keine	leichte	mittlere	schwere
Heu	2 kg	2 kg	1,5 kg	1 kg
Kraftfutter	200 g	400 g	700 g	1 kg

Faustzahlen für das Lebendgewicht eines Pferdes

Stockmaß 1,60 m	Stockmaß 1,50 m	Stockmaß 1,40 m
500 kg	400 kg	300 kg

Kosten für Futter

	Heu	Kraftfutter
Kosten für 1 kg	12 ct	24 ct

1 Bajo muss nur leichte Arbeit verrichten. Aber weil er schon älter ist, erhält er Futter für eine mittlere Arbeitsbelastung. Rechne aus, wie viel Futter Bajo (Stockmaß 150 cm) am Tag erhält.

2 Wie viel kostet das Futter für Bajo in einem Jahr?

3 Ein Pferd soll sein Futter in mehreren kleinen Rationen erhalten. An der Boxentür steht auf einem Futterplan, um welche Zeit welche Menge gefüttert werden muss. Erstelle für Bajo einen Futterplan mit vier täglichen Fütterungszeiten.

4 Das Heu für die Pferde wird im Juli getrocknet und eingelagert. Der Besitzer von Bajo möchte abschätzen, wie viel Lagerraum für das Heu von Bajo gebraucht wird.
Ein Ballen Heu wiegt etwa 15 kg, sechs Ballen beanspruchen einen Lagerraum von 1 m^3. Passt das Heu für Bajo in eine leere Box?

„Im April kommt für mich der schönste Tag des Jahres. An diesem Tag dürfen wir nach dem langen Winter auf die große Weide. Als erstes rennen wir immer rauf und runter, nur so zum Spaß. Dann wälzen wir uns im frischen Gras. Wie gut das riecht!
Nach ein paar Tagen hat jeder von uns seine Freunde und Freundinnen gefunden. Wir vertreiben uns gegenseitig die Fliegen und passen aufeinander auf. Bei uns schlafen nämlich nie alle auf einmal. In jeder Gruppe ist immer einer wach und passt auf, ob eine Gefahr droht."

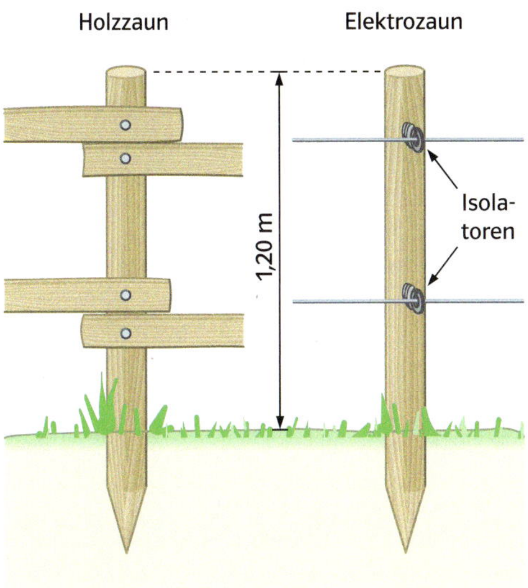

Weiden und Zäune

Flächenbedarf Wenn ein großes Pferd sich im Sommer nur von der Weide ernähren soll, benötigt es insgesamt eine Fläche von 0,5 ha.

Weidezaun Der Abstand der Pfosten soll nicht länger als 4 m sein.
Als Zaun benötigt man zwei Holzlatten oder einen Elektrozaun mit zwei breiten Bändern. Man kann auch eine Holzlatte und ein Elektroband nehmen. Zur Befestigung des Elektrobands benötigt man Isolatoren.

Kosten 1 Pfosten: 3 €
1 Latte: 4 €
25 Isolatoren: 4 €
200-m-Rolle Elektroband: 20 €

1 Ein Landwirt hat zwei Weiden von jeweils etwa 200 m Länge und 120 m Breite. Wie viele Pferde können sich einen ganzen Sommer von den Weiden ernähren?

2 Eine Weide von 200 m Länge und 120 m Breite soll nur mit Latten eingezäunt werden.
a) Wie viele Pfosten und wie viele Latten muss man einkaufen?
b) Was kostet der Zaun ?

3 Eine Weide von 200 m Länge und 120 m Breite soll nur mit Elektroband eingezaunt werden. Wie viel muss man einkaufen und wie viel kostet der Zaun?

„Weißt du, welche Menschen ich am besten finde? Sie müssen erstens freundlich zu mir sein und zweitens ... Bevor ich das sage, erzähle ich eine Geschichte.
Junge Pferde haben manchmal Angst, wenn sie sich eingeengt fühlen. Das passiert oft beim Anbinden, weil sie da ihren Kopf nicht mehr frei bewegen können. So ist es mir einmal ergangen. Voll schrecklicher Angst zerrte ich am Strick und verletzte mich. Man hätte mir mit dem Lösen des Anbindeknotens helfen können. Der Knoten klemmte aber, weil ich so daran zerrte. Oh, war das schrecklich! Deshalb sollten zweitens Menschen sich bemühen, Dinge zu lernen, die für den Umgang mit Pferden hilfreich und nützlich sind. Dazu zählt zum Beispiel ein Anbindeknoten, der sich unter starkem Zug leicht lösen lässt."

So kannst du testen, ob der Knoten richtig ist: Einer von euch zieht fest am Strick. Dann muss der Knoten leicht aufgehen, wenn man am anderen Ende zieht.

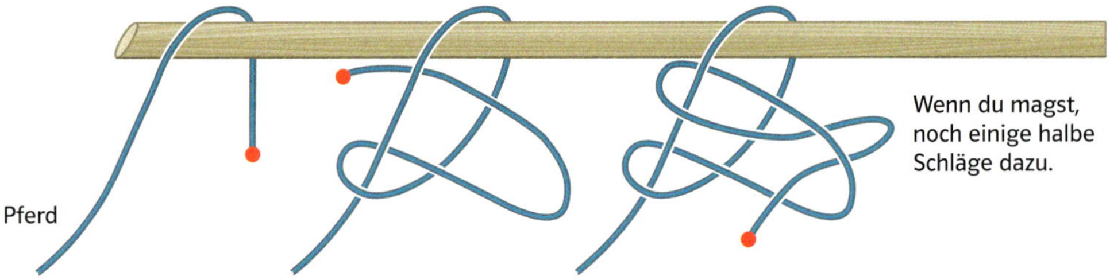

Fig. 1

1 Knüpfe den abgebildeten Knoten. Er ist zum Anbinden von Pferden geeignet.

Terminkalender für Pferde

Hufschmied	Alle 6 Wochen
Impfen	Jedes halbe Jahr
Entwurmen	Jedes viertel Jahr
Abfohltermin	11 Monate nach dem Decktermin

„Es gibt Tage, da habe ich keine Ruhe. Schon frühmorgens kommt der Tierarzt zum Impfen, dann fährt der Hufschmied auf den Hof und Leute kommen zum Reiten. Und wenn die Stuten ihre Fohlen bekommen, schläft der Bauer im Stall und guckt alle halbe Stunde in die Boxen. Es geht zu wie im Taubenschlag.
Und weißt du was? Ich mag es, wenn ein bisschen was los ist."

2 Für jedes Pferd gibt es ein Heft, in das alle wichtigen Termine eingetragen werden. Berechne für Bajo und Lady Blue die fehlenden Termine.

Die Tragezeit der Stuten von elf Monaten muss man sich gut merken. Die Bauern haben dafür eine Regel:
Eine Stute und eine Maus tragen das Jahr aus.

(Tragezeit einer Stute: 11 Monate
plus Tragezeit einer Maus: 1 Monat
ergibt: 12 Monate)

Termine für Bajo (Wallach)

Hufschmied	29. Mai 04
Nächster Termin:	________
Geimpft	03. März 04
Nächster Termin:	________
Entwurmt	23. April 04
Nächster Termin:	________

Termine für Lady Blue (Stute)

Hufschmied	12. Mai 04
Nächster Termin:	________
Geimpft	18. Februar 04
Nächster Termin:	________
Entwurmt	23. April 04
Nächster Termin:	________
Gedeckt	02. Juni 03
Abfohltermin:	________

„Jedes Jahr im Herbst herrscht im Stall emsige Betriebsamkeit. Der jährliche Wanderritt steht bevor. Die Reiterinnen und Reiter putzen das Sattel- und Zaumzeug und untersuchen es auf fehlerhafte Stellen. Wenn man mehrere Tage unterwegs ist, sollte nichts kaputtgehen.
Oft reden die Reiter über die Strecke, die sie reiten wollen, und überlegen, ob die Entfernungen richtig ausgewählt sind. Ein trainiertes erwachsenes Pferd kann man einen ganzen Tag reiten. Ein altes Pferd, wie ich es bin zwar auch, allerdings viel langsamer. Junge Pferde wollen unter dem Reiter oft sehr schnell losrennen und schaden sich damit selbst, weil ihre Knochen und Bänder noch nicht gefestigt sind. Deshalb werden sie wie wir Alten schonend geritten. Ich freue mich jedesmal riesig auf den Wanderritt!"

Geschwindigkeit eines Pferdes

Gangart	Geschwindigkeit in Meter pro Minute
Schritt	120
Trab normal	220
Trab schnell	300
Galopp langsam	300
Galopp schnell	500
Renngalopp	800

Regeln für einen Wanderritt

1. Den größten Teil der Strecke im Schritt gehen.
2. Trabstrecken nicht zu lange wählen. Zehn Minuten am Stück reichen.
3. Selten galoppieren.
4. Wenn man mehrere Tage unterwegs ist, sollte man 50 km am Tag nicht überschreiten (das entspricht etwa 30 km Luftlinie).

Aus der Zeit, in der die Menschen noch den ganzen Tag mit dem Pferd gearbeitet haben, gibt es das Sprichwort: Bergauf schon mich, bergab führ mich, auf der Ebene brauch mich.

1 Wie weit kommt ein Pferd, wenn es acht Stunden im Schritt geritten wird? Wie weit kommt es, wenn es über sechs Stunden abwechselnd 50 Minuten Schritt geritten und anschließend 10 Minuten normal getrabt ist?

2 Plane anhand der Landkarte in Fig. 1 einen fünftägigen Wanderritt. Die Tagesstrecken sollen 25 km in der Luftlinie nicht überschreiten.

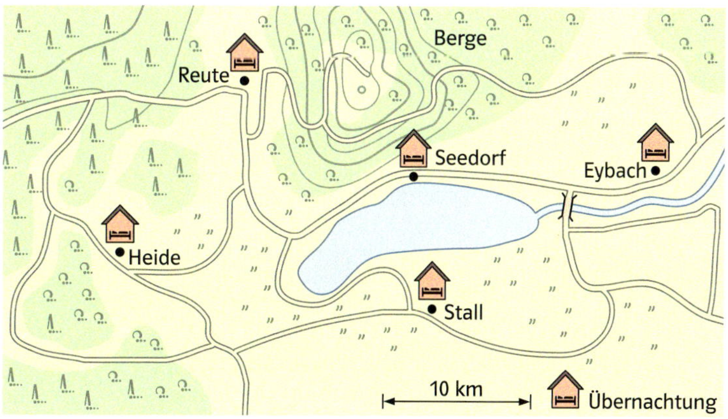

Fig. 1

Lösungen

Kapitel I, Bist du sicher? Seite 14

1

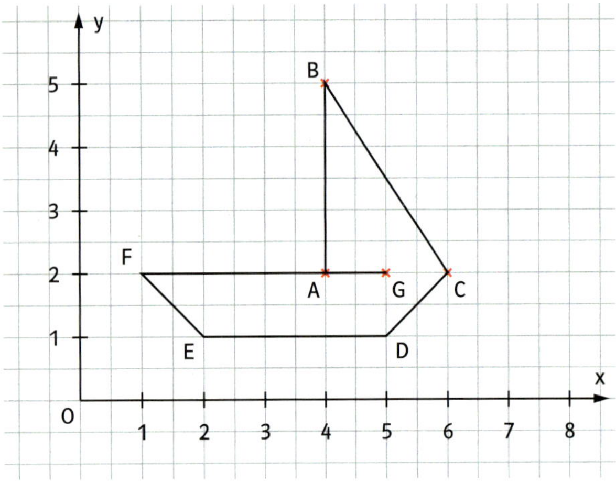

Fig. 1

2
Die Koordinaten des Schnittpunktes S lauten S(6|4).

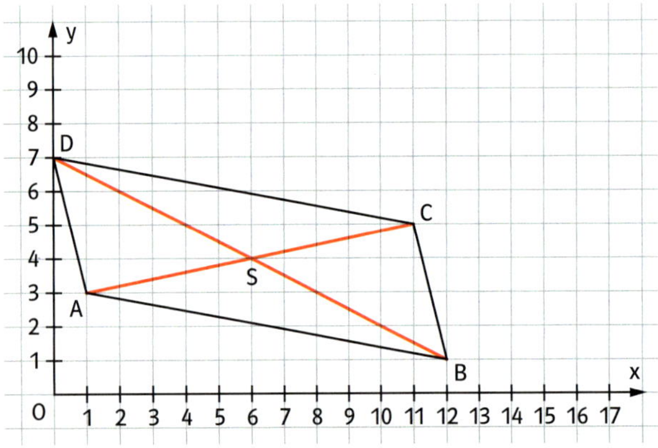

Fig. 2

3
Nein, die drei Punkte liegen nicht auf einer Geraden.

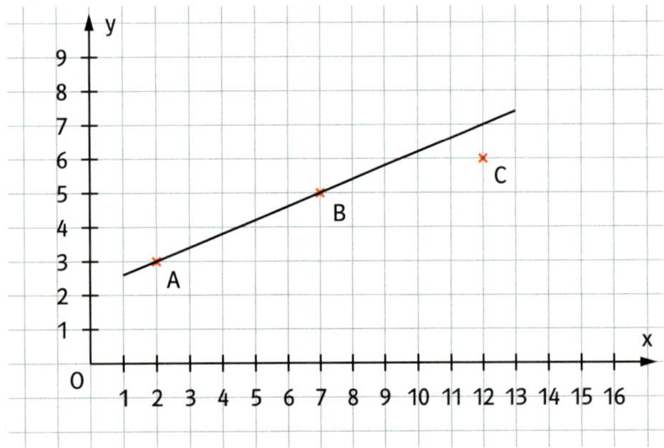

Fig. 3

Kapitel I, Bist du sicher? Seite 26

1
$\alpha = 61°$; $\beta = 72{,}5°$; $\gamma = 33°$; $\delta = 22°$

2
Es entsteht ein Gesamtwinkel von 180° (gestreckter Winkel).

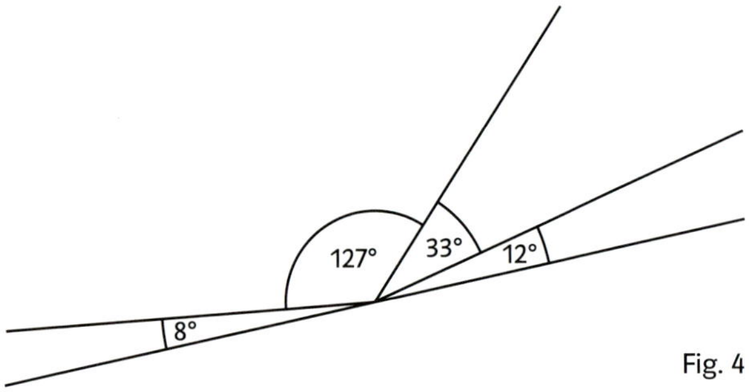

Fig. 4

Kapitel I, Training Runde 1, Seite 35

1
b∥d; b∥e; d∥e; c∥f
a⊥g; b⊥c; b⊥f; c⊥d; c⊥e; d⊥f; e⊥f

2

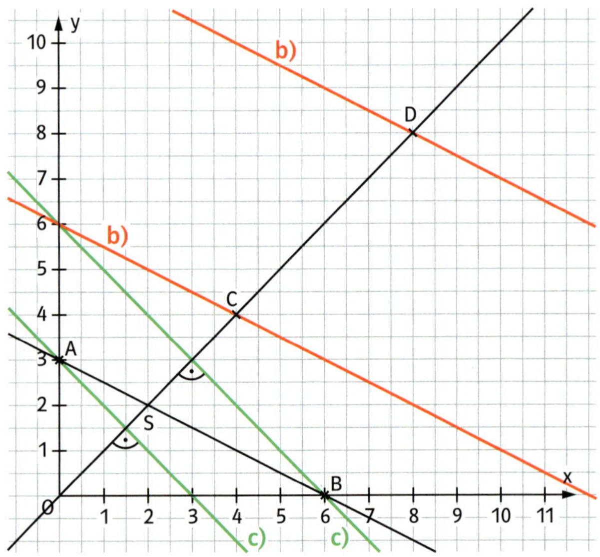

Fig. 5

a) Schnittpunkt S(2|2)
b) Fig. 5
c) Fig. 5

3
a) α = ∢ADE; β = ∢EAC; γ = ∢EFA; δ = ∢AEB
b) $\alpha \approx 73°$; $\beta \approx 15°$; $\gamma \approx 223°$; $\delta \approx 79°$

4
a) die Punkte P und Q in Fig. 1

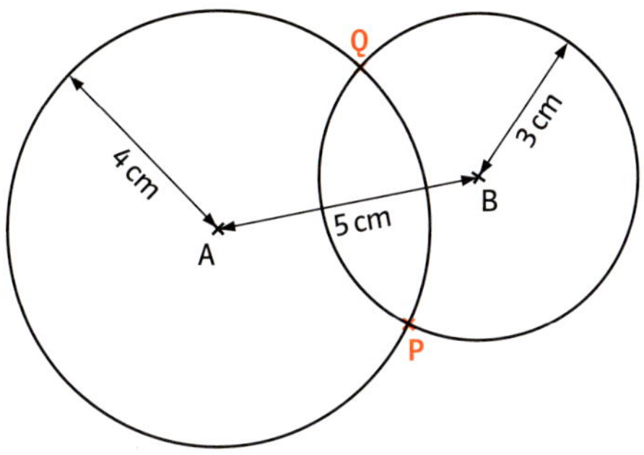

Fig. 1

b) die Punkte R und S in Fig. 2

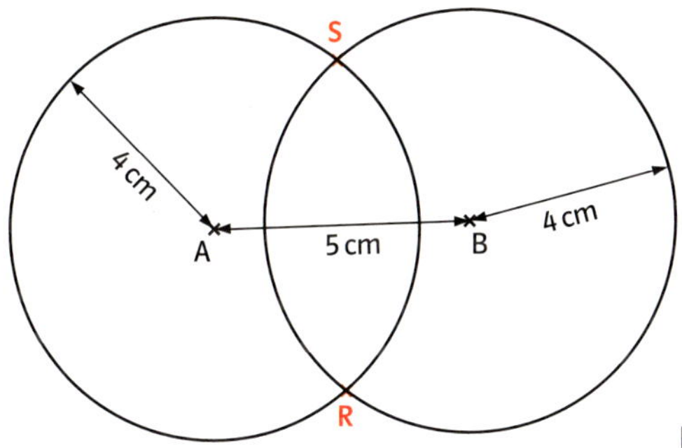

Fig. 2

5

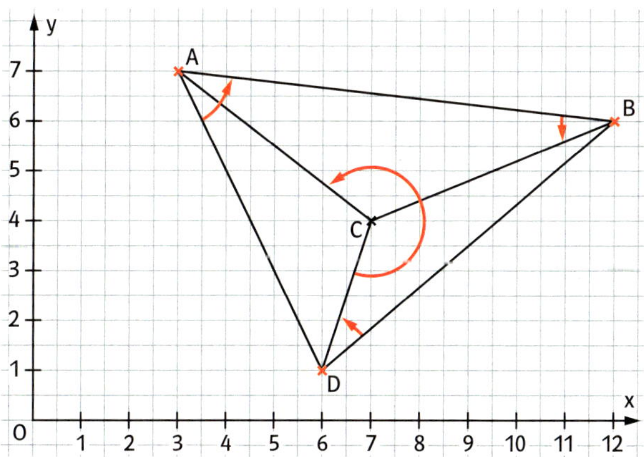

Fig. 3

∢ABC ≈ 28°; ∢DAB ≈ 57°
∢BDC ≈ 32°; ∢DCA ≈ 252°

Kapitel I, Training Runde 2, Seite 35

1

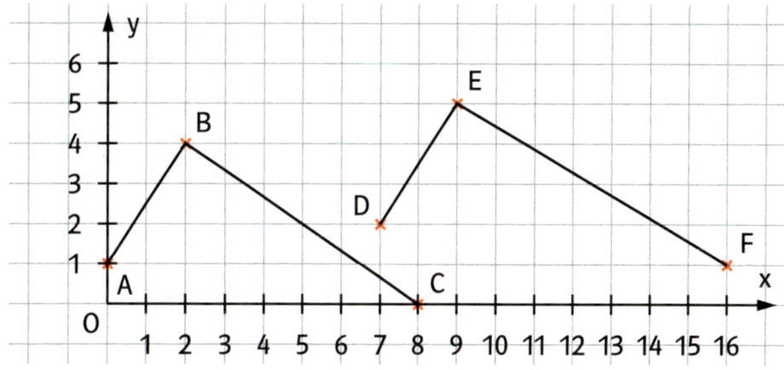

Fig. 4

$\overline{AB} \perp \overline{BC}$; $\overline{AB} \parallel \overline{DE}$; $\overline{BC} \perp \overline{DE}$

2
Alle Punkte im gefärbten Bereich in Fig. 5 sind von A, B und C zugleich jeweils höchstens 3 cm entfernt.

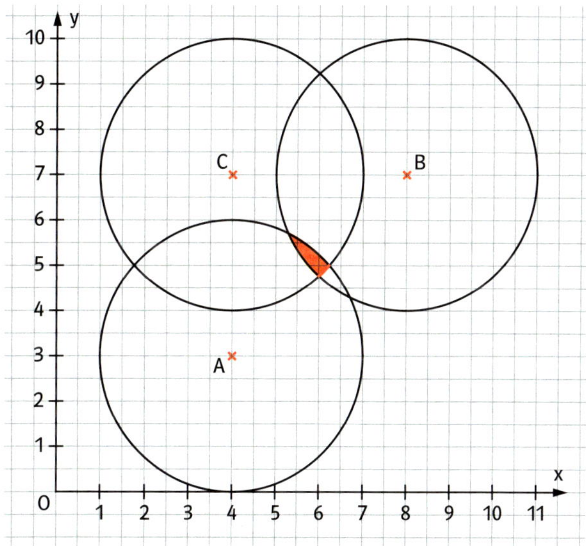

Fig. 5

3

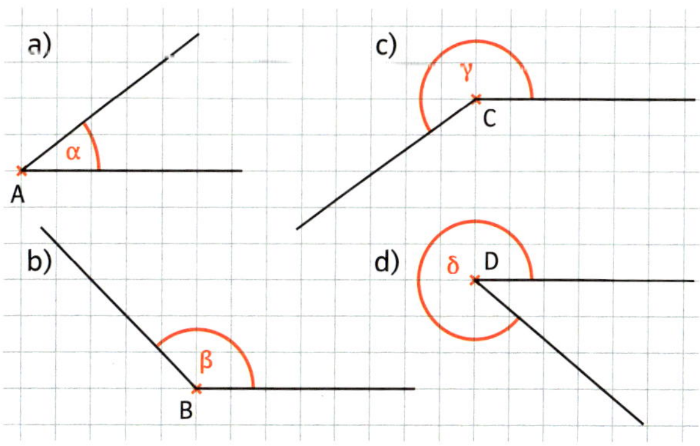

Fig. 6

4

a) Winkel der Größe 102°

b) Die Uhr zeigt 6.55 Uhr an. Es sind 40 min vergangen.

5

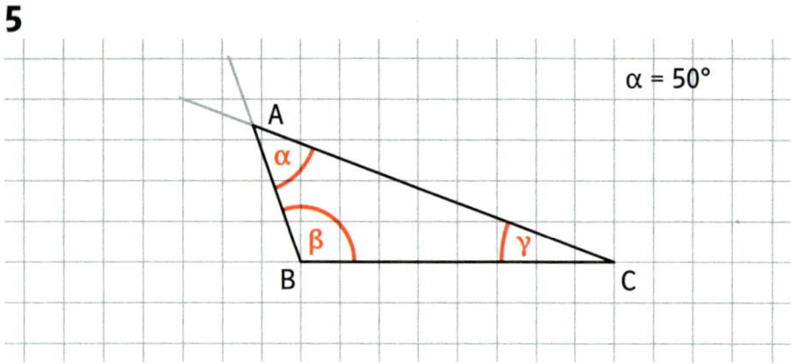

Fig. 1

6

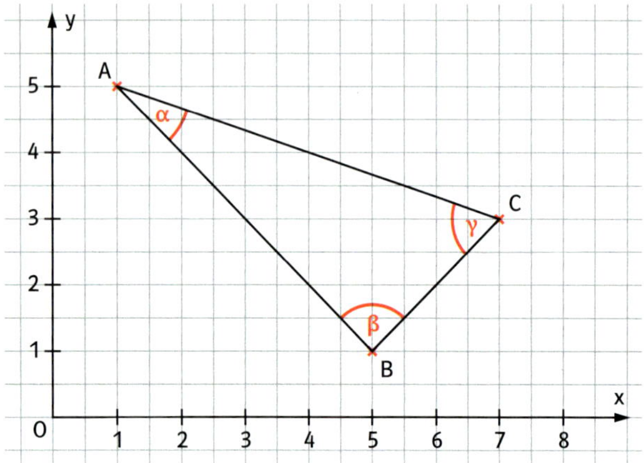

Fig. 2

$\alpha = 26{,}5°$; $\beta = 90°$; $\gamma = 63{,}5°$

Kapitel II, Bist du sicher? Seite 43

1

Die Zahl hat sieben Stellen.

in Ziffern: 3 084 908

auf Tausender gerundet: 3 085 000

2

dreiundvierzigtausendzwölf

einhundertsiebentausendachthundertsechsundvierzig

Kapitel II, Bist du sicher? Seite 58

1

a)
```
  4326
+ 3251
+ 2422
------
  9999
```

b)
```
    212
+  8314
+ 76419
+  3888
   1112
-------
  88833
```

c)
```
     89
+  1678
+    26
+ 40202
+     5
+    34
    123
-------
  42034
```

2

```
      966
+    3412
+ 2368110
     11
---------
  2372488
```

3

a)
```
  25 km
+ 68 km
+ 18 km
  2
-------
 111 km
```

b)
```
  108 kg
+  97 kg
+ 283 kg
  11
--------
  488 kg
```

c)
```
  1076 €
+  769 €
+ 2691 €
  121
--------
  4536 €
```

Kapitel II, Bist du sicher? Seite 61

1

a)
```
  6745
- 1234
------
  5511
```

b)
```
  7712
- 3606
     1
------
  4106
```

c)
```
  330167
-  41163
   11
--------
  289004
```

d)
```
  209901
- 119010
   1  1
--------
   90891
```

2

```
  513625201
- 361413193
   1    11
-----------
  152212008
```

3

a)
```
  1713 kg
-  987 kg
   111
---------
   726 kg
```

b)
```
  87312 €
- 58696 €
   1111
---------
  28616 €
```

c)
```
  11002 t
-  8744 t
   1111
---------
   2258 t
```

Kapitel II, Bist du sicher? Seite 64

1

a) 49 · 12
49
\+ 98
1
588

b) 153 · 805
12240
\+ 765
1
123165

c) 930 · 107
9300
\+ 6510
99510

d) 70707 · 6008
42424200
\+ 565656
1
424807656

2

a) □ = 260 b) □ = 9 c) □ = 7 d) □ = 0

3

18 · 2 · 24 = 36 · 24
36 · 24
72
\+ 144
864

In dem Saal finden 864 Personen Platz.

Kapitel II, Bist du sicher? Seite 67

1

a) Überschlag: 325 : 25 ≈ 300 : 30 = 10
325 : 25 = 13
− 25
75
− 75
0
Probe: 13 · 25
26
\+ 65
588

b) Überschlag: 8910 : 135 ≈ 9000 : 100 = 90
8910 : 135 = 66
− 810
810
− 810
0
Probe: 66 · 135
66
\+ 198
\+ 330
8910

c) Überschlag: 33 661 : 382 ≈ 30 000 : 400 ≈ 70
33661 : 382 = 88 Rest 45
− 3056
3101
− 3056
45
Probe: 88 · 382
264
\+ 704
\+ 176
33616
33 616 + 45 = 33 661

d) Überschlag: 27 531 : 253 ≈ 30 000 : 300 = 100
27531 : 253 = 108 Rest 207
− 253
2231
− 2024
207
Probe: 253 · 108
2530
\+ 2024
27324
27 324 + 207 = 27 531

2

2771 : 163 = 17
− 163
1141
− 1141
0

Man muss 2271 durch 17 teilen, um 163 zu erhalten.

3

1000 : 6 = 166 Rest 4
− 6
40
− 36
40
− 36
4

Es können 166 Kästen gefüllt werden. 4 Flaschen bleiben übrig.

Kapitel II, Bist du sicher? Seite 71

1

81 kg + 62 kg + 43 kg + 31 kg = 217 kg
450 kg − 217 kg = 233 kg
Das Auto darf mit 233 kg beladen werden.

2

Anzahl Wassertropfen in einem Jahr:
60 · 60 · 24 · 365 = 31 536 000.

31536000 : 30000 = 1051 Rest 6000
− 30000
15360
− 0
153600
− 150000
36000
− 30000
6000

Es können 1051 Literflaschen gefüllt werden.

Kapitel II, Training Runde 1, Seite 83

1

a) 3 b) 59 c) 6

2

a) 120 745 b) 444 444 c) 99 999 d) 2172 Rest 21

3

a) □ = 10 b) □ = 50 c) □ = 3

4

a) 4 · 25 · 17 = 100 · 17 = 1700
b) 5 · 5 · 4 · 160 = 100 · 160 = 16 000
c) 8 · 125 · 2 · 50 · 6 = 1000 · 100 · 6 = 600 000

5
Ratenzahlung: 12 € · 91 € = 1092 €
1092 € − 985 € = 107 €. Man spart bei Barzahlung 107 €.

6
Gewicht des LKW: 2800 kg + 75 kg = 2875 kg
Zuladung: 7500 kg − 2875 kg = 4625 kg
Anzahl der Steinplatten: 4625 : 25 = 185
Es können 185 Steinplatten geladen werden.

7
Jahrgangsstufe 5: 9 · 12 = 108
Jahrgangsstufe 6: 6 · 16 = 96
Gesamtschülerzahl: 108 + 96 = 204
204 : 12 = 17
Jede Riege bestand aus 17 Schülerinnen und Schülern.

Kapitel II, Training Runde 2, Seite 83

1
a) 20 b) 40 c) 5

2
a)
```
  542351
+   4832
     1
  ------
  547183
```
b)
```
  9657
- 3232
  ----
  6425
```
c)
```
168 · 1443
------------
    168
+    672
+     672
+      504
    121
------------
    242424
```
d)
```
64258 : 255 = 251 Rest 253
-510
----
 1325
-1275
-----
  508
 -255
 ----
  253
```

3
a) 38 · (73 + 27) = 38 · 100 = 3800
b) 169 · (23 + 49 + 28) = 169 · 100 = 16 900
c) 57 · (24 + 62 + 14) = 57 · 100 = 5700

4
(184 − 122) − (364 : 14) = 62 − 26 = 36

5
Gewicht eines Kartons: 250 · 120 g = 30 000 g
Eine Kiste wiegt 30 000 g oder 30 kg.
Gesamtgewicht: 200 000 · 30 kg = 6 000 000 kg.
Die Gesamtladung hat ein Gewicht von 6 Millionen kg.

6
Besucher insgesamt: 184 + (69 − 43) + 12 = 222
Freie Stühle: 436 − 222 = 214
214 Stühle bleiben leer.

7
Kosten für 24-er Film: (18 : 3) · 8 € = 6 · 8 € = 48 €
Kosten für 36-er Film: (15 : 3) · 9,50 € = 5 · 9,50 € = 47,50 €
48 € + 47,50 € = 95,50 €
```
 9550 : 21 = 454 Rest 16
-84
---
 115
-105
----
  100
 - 84
 ----
   16
```
Jedes Mitglied der Foto-AG muss 4,54 € bezahlen. 16 ct können nicht gleichmäßig aufgeteilt werden und müssen noch zusätzlich von jemandem bezahlt werden.

Kapitel III, Bist du sicher? Seite 88

1
Dieses Parallelogramm ist ein Quadrat.

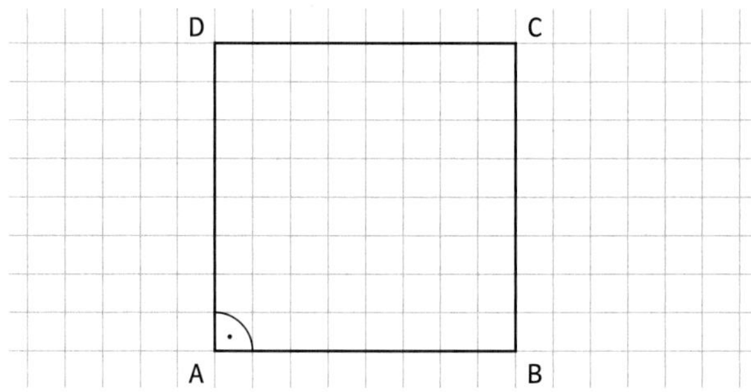

Fig. 1

2
Der Schnittpunkt der Diagonalen ist der Kreismittelpunkt.

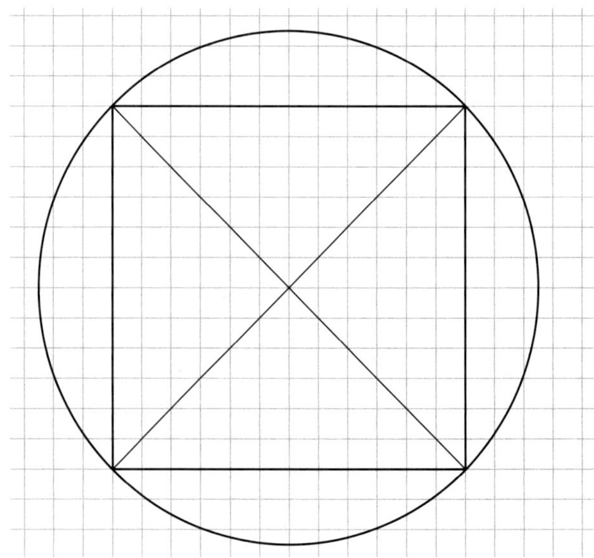
Fig. 2

Kapitel III, Bist du sicher? Seite 92

1

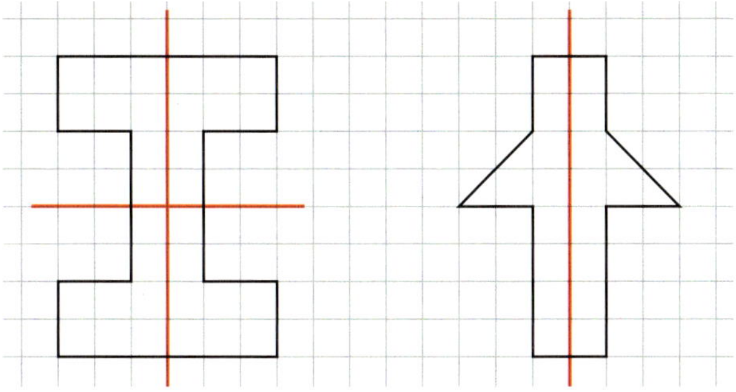

Fig. 1

zwei Symmetrieachsen eine Symmetrieachse

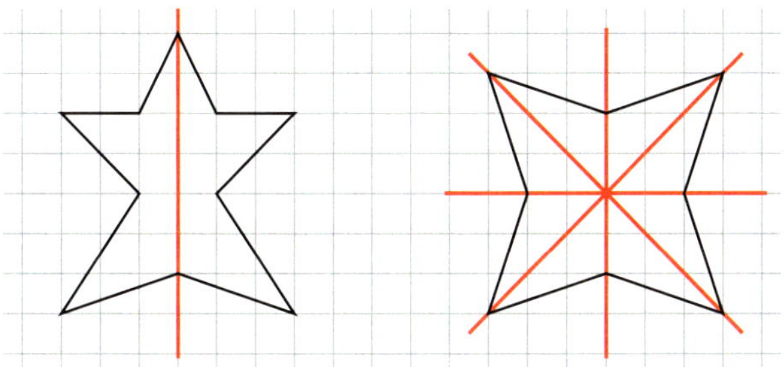

Fig. 2

eine Symmetrieachse vier Symmetrieachsen

2

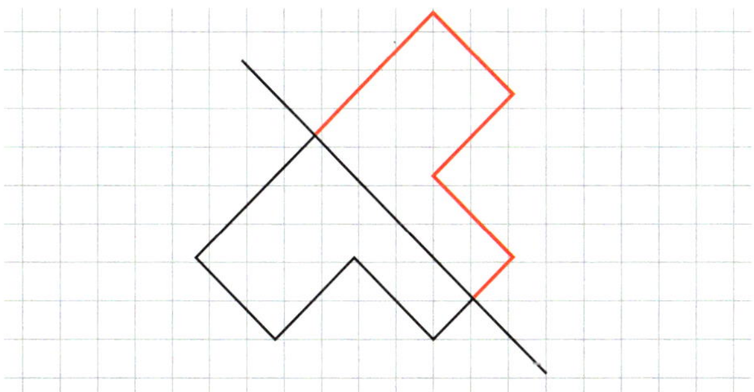

Fig. 3

3

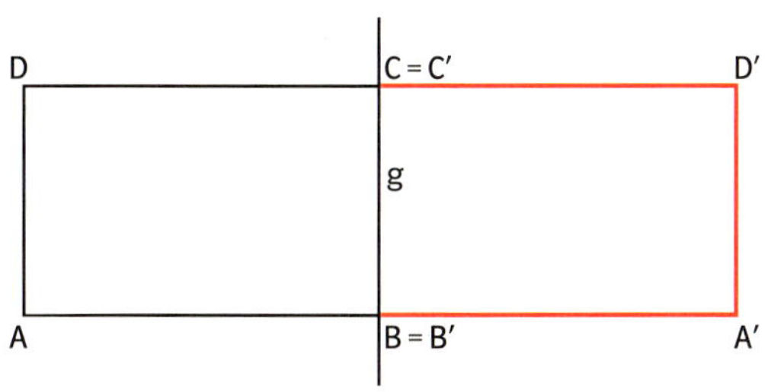

Fig. 4

Kapitel III, Bist du sicher? Seite 96

1

Seestern:	achsensymmetrisch zu 5 Symmetrieachsen
Buschwindröschen:	achsensymmetrisch zu 6 Symmetrieachsen und punktsymmetrisch
Ornament 1:	achsensymmetrisch zu 4 Symmetrieachsen und punktsymmetrisch
Ornament 2:	punktsymmetrisch

2

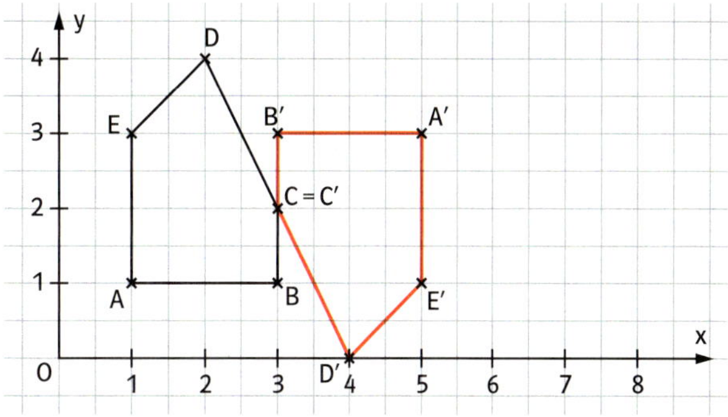

Fig. 5

Kapitel III, Bist du sicher? Seite 104

1

a)

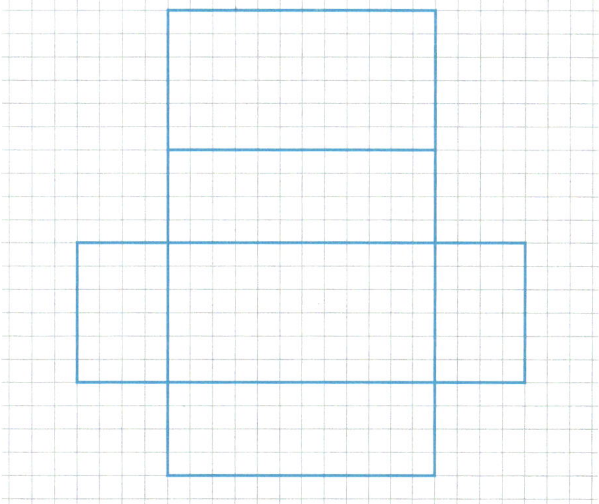

Fig. 6

b) Gesamtkantenläge: 40 cm

2

a) roter Würfel: Kantenlänge 2 cm
schwarzer Würfel: Kantenlänge 6 cm

b)

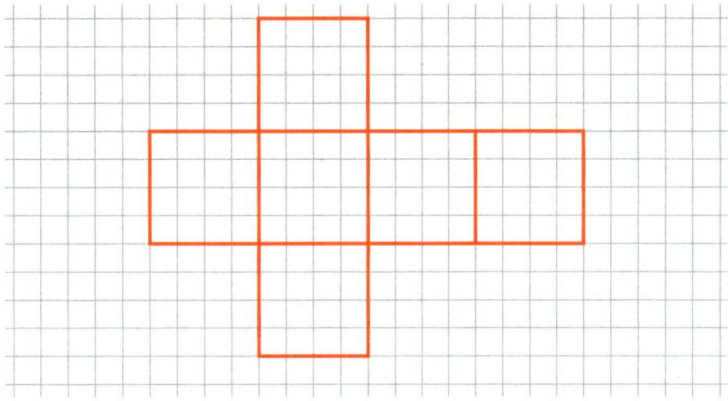

Fig. 1

Kapitel III, Training Runde 1, Seite 115

1

Parallelogramm

punktsymmetrisch zum Punkt P(3|2)

Stern

achsensymmetrisch zur 1. Achse durch (7|0) und (7|4)
2. Achse durch (5|1) und (7|2)
3. Achse durch (5|3) und (9|1)

Quadrat

punktsymmetrisch zum Punkt P(11|2)

achsensymmetrisch zur 1. Achse durch (11|0) und (11|4)
2. Achse durch (9|2) und (13|2)
3. Achse durch (13|0) und (9|4)
4. Achse durch (9|0) und (13|4)

2

a) Würfelnetz

b) kein Würfelnetz, da 5 Quadrate in einer Reihe liegen

c) Würfelnetz

d) kein Würfelnetz, die Seiten A und E müssten im Würfel beide gegenüber der Seite C liegen (Fig. 2)

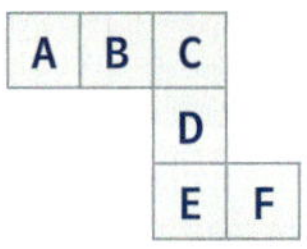

Fig. 2

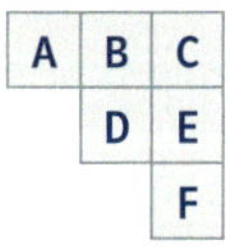

Fig. 3

e) kein Würfelnetz, da nur fünf Flächen vorhanden sind

f) kein Würfelnetz, die Seiten A und F müssten im Würfel beide gegenüber der Seite C liegen (Fig. 3)

3

a) b)

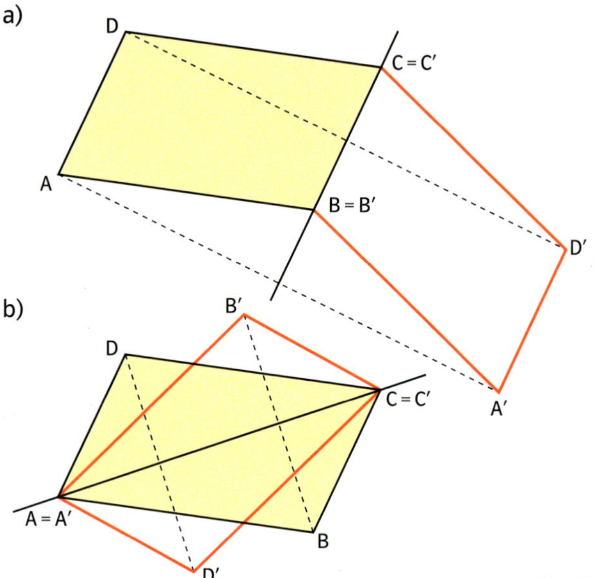

Fig. 4

4

a) Der Satz ist falsch. Jedes Quadrat ist auch ein Parallelogramm, denn im Quadrat sind die gegenüberliegenden Seiten parallel.

b) Der Satz ist richtig. Im Rechteck sind gegenüberliegende Seiten parallel. Damit ist ein Rechteck auch ein Parallelogramm.

5

a)

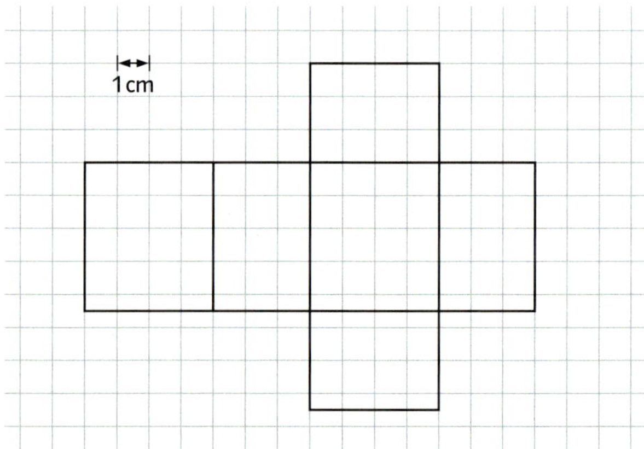

Fig. 5

b)

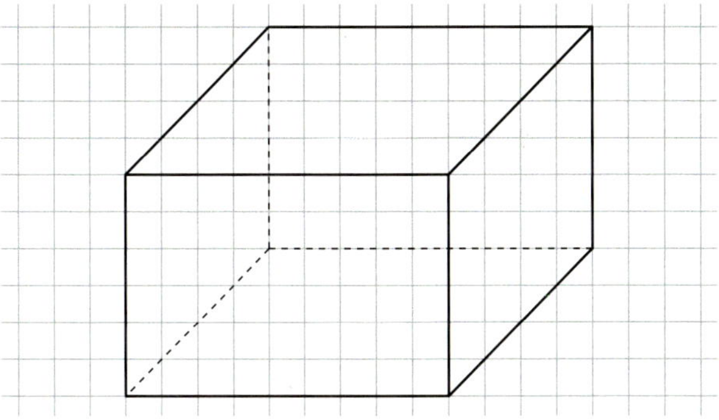

Fig. 1

Kapitel III, Training Runde 2, Seite 115

1

a) Achsensymmetrie zu einer Symmetrieachse

b) Achsensymmetrie zu zwei Symmetrieachsen und Punktsymmetrie

c) Achsensymmetrie zu beliebig vielen Symmetrieachsen und Punktsymmetrie

d) Punktsymmetrie

2

a)

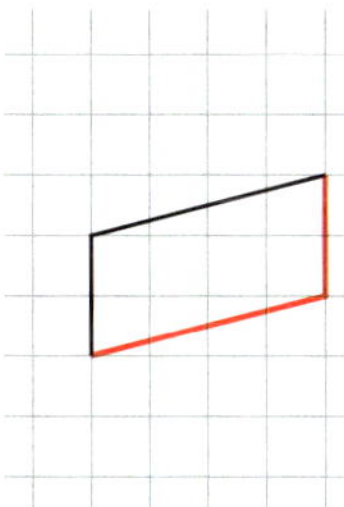

Fig. 2

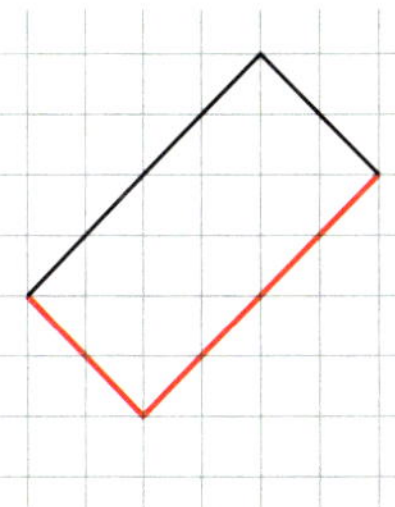

Fig. 3

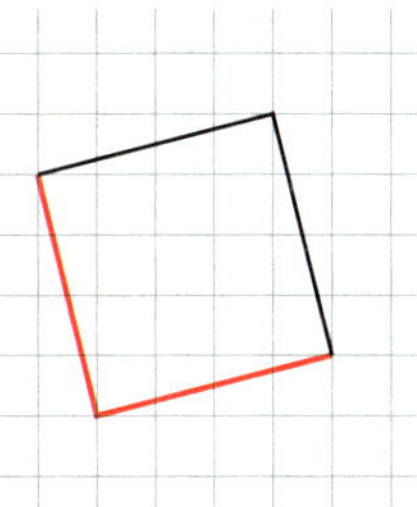

Fig. 4

b) Fig. 2 ist ein Parallelogramm.
Das Parallelogramm in Fig. 3 ist ein Rechteck.
Das Parallelogramm in Fig. 4 ist ein Quadrat.

c) Das Parallelogramm in Fig. 2 hat keine Symmetrieachse.
Das Rechteck in Fig. 3 hat zwei Symmetrieachsen.
Das Quadrat in Fig. 4 hat vier Symmetrieachsen.

3

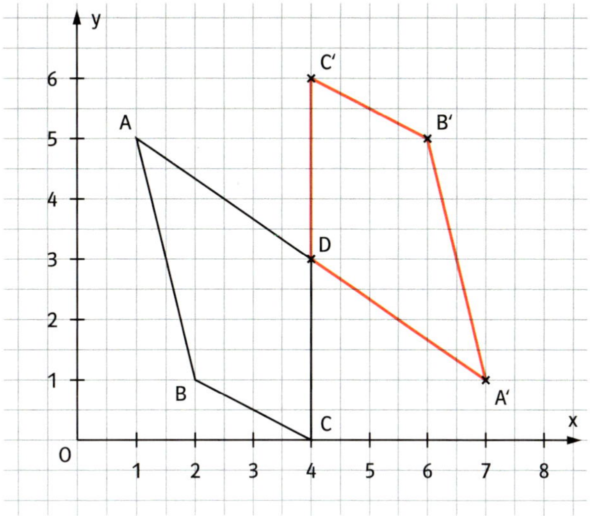

Fig. 5

4

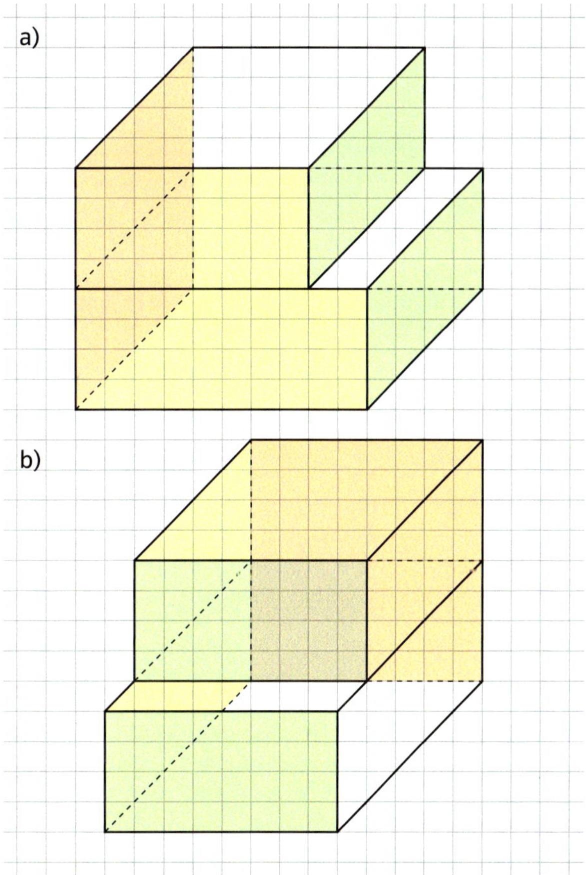

Fig. 6

Kapitel IV, Bist du sicher? Seite 123

1

a) $6\,m = 600\,cm$ b) $7\,kg = 7000\,g$
c) $6\,d = 144\,h$ d) $12\,t = 12\,000\,kg$
e) $17\,km = 17\,000\,m$

2

a) $6\,kg - 1400\,g = 4600\,g$
b) $4\,km\ 500\,m - 900\,m = 3\,km\ 600\,m$
c) $4\,d - 80\,h = 16\,h$
d) $2\,m\ 8\,cm + 11\,dm = 318\,cm$

3

a) $21\,cm < 2\,dm\,5\,cm < 280\,mm$
b) $1200\,s < 1\,h\,10\,min < 75\,min$
c) $350\,g < 1\,kg\,250\,g < 2400\,g$
d) $3\,m\,4\,dm < 385\,cm < 4200\,mm$

Kapitel IV, Bist du sicher? Seite 126

1

a) $3{,}5\,m = 350\,cm$ b) $4{,}2\,kg = 4200\,g$
c) $12{,}6\,cm = 126\,mm$ d) $10{,}400\,km = 10\,400\,m$

2

a) $2{,}5\,t + 4{,}3\,t = 2500\,kg + 4300\,kg = 6800\,kg = 6{,}8\,t$
b) $1{,}86\,m - 2{,}5\,dm = 186\,cm - 25\,cm = 161\,cm = 1{,}61\,m$
c) $4{,}8\,km - 1{,}9\,km = 4800\,m - 1900\,m = 2900\,m = 2{,}9\,km$

3

a) $10{,}200\,km = 10\,200\,m$ b) $10{,}020\,km = 10\,020\,m$
c) $10{,}002\,km = 10\,002\,m$

Kapitel IV, Bist du sicher? Seite 136

1

a) $7\,m^2 = 700\,dm^2 = 70\,000\,cm^2$
b) $40\,000\,mm^2 = 400\,cm^2 = 4\,dm^2$
c) $12\,km^2\ 85\,ha = 1285\,ha = 12{,}85\,km^2$
d) $83\,ha\ 5\,a = 8305\,a = 83{,}05\,ha = 0{,}8305\,km^2$

2

a) $1320\,dm^2 = 13{,}20\,m^2$ b) $165\,ha = 1{,}65\,km^2$
c) $2868\,mm^2 = 28{,}68\,cm^2$ d) $30\,m^2 = 0{,}3\,a$
e) $0{,}05\,m^2 = 5\,dm^2 = 500\,cm^2$ f) $175\,m^2 = 1{,}75\,a$

Kapitel IV, Bist du sicher? Seite 139

1

a) $A = 600\,cm^2 = 6\,dm^2$ b) $A = 360\,mm^2 = 3{,}6\,cm^2$

2

a) $b = (120:15)\,m = 8\,m$ b) $a = (400:25)\,m = 16\,m$

3

Flächeninhalt: $(32 \cdot 15)\,m^2 = 480\,m^2$
Kosten: $480 \cdot 225\,€ = 108\,000\,€$

Kapitel IV, Bist du sicher? Seite 145

1

Parallelogramm: $A = 42 \cdot 25\,mm^2 = 1050\,mm^2 = 10{,}5\,cm^2$
Dreiecks: $A = (40 \cdot 22):2\,mm^2 = 440\,mm^2 = 4{,}4\,cm^2$
„Haus": $A = 6 \cdot 5\,cm^2 + (6 \cdot 3):2\,cm^2 = 39\,cm^2$

Kapitel IV, Bist du sicher? Seite 148

1

Umfang: $U \approx 4{,}5\,cm + 3{,}2\,cm + 3{,}2\,cm = 10{,}9\,cm$

2

a) Umfang: $U = 2 \cdot 6{,}8\,cm + 2 \cdot 5\,cm = 23{,}6\,cm$
b) Neue Länge: $(40:5)\,cm = 8\,cm$
Neuer Umfang: $2 \cdot 8\,cm + 2 \cdot 5\,cm = 26\,cm$

Kapitel IV, Bist du sicher? Seite 154

1

a) $7000\,l = 7\,000\,000\,ml$ b) $34{,}5\,cm^3 = 0{,}0345\,l$
c) $6034\,l = 6{,}034\,m^3$ d) $4\,015\,000\,mm^3 = 4{,}015\,dm^3$

2

a) $10\,500\,l$ b) $500\,l$ c) $25\,l$

Kapitel IV, Bist du sicher? Seite 158

1

a) $34\,cm^3$ b) $114\,cm^3$

2

a) Volumen: $140\,cm^3$; Oberflächeninhalt: $166\,cm^2$
b) Volumen: $192\,cm^3$; Oberflächeninhalt: $272\,cm^2$

Kapitel IV, Training Runde 1, Seite 165

1

a) $7\,cm^2 = 700\,mm^2$ b) $5\,ha = 500\,a$
c) $12\,dm^3 = 12\,000\,000\,mm^3$ d) $7\,cm = 70\,mm$
e) $3\,m^2\ 5\,dm^2 = 305\,dm^2$ f) $3\,m\ 5\,dm = 35\,dm$
g) $20\,km = 20\,000\,m$ h) $4\,m^3\ 30\,m\,l = 4030\,l$
i) $4\,ha\ 33\,a = 43\,300\,m^2$

2

a) $4{,}2\,cm = 42\,mm$
b) $12{,}5\,a = 1250\,m^2$
c) $2{,}6\,l = 2600\,cm^3$
d) $2\,m\,3\,cm = 2{,}03\,m$
e) $3750\,m = 3{,}75\,km$
f) $765\,m^3 = 7{,}65\,a$
g) $1480\,l = 1{,}48\,m^3$
h) $4\,ha\,8\,a = 40\,800\,m^2$
i) $15\,l\,125\,ml = 15{,}125\,l$

3

Gesamtkantenlänge: 18 cm
Oberflächeninhalt: $15{,}75\,cm^2$
Volumen: $3{,}375\,cm^3$

4

a) Das Rechteck hat die Seitenlängen 1 cm und 2 cm und somit den Flächeninhalt $1\,cm \cdot 2\,cm = 2\,cm^2$. Die gestrichelte Achse teilt das Dreieck in zwei gleich große Teildreiecke, die sich zu einem Rechteck mit den Seitenlängen 1 cm und 2 cm zusammensetzen lassen. Der Flächeninhalt dieses Rechtecks ist $1\,cm \cdot 2\,cm = 2\,cm^2$. Die beiden Flächen sind also gleich groß.
b) Zum Beispiel ein Rechteck mit den Seitenlängen 4 cm und 0,5 cm.

Fig. 1

5

a) Flächeninhalt: $15 \cdot 8\,m^2 = 120\,m^2$
Umfang: $2 \cdot (15\,m + 8\,m) = 46\,m$
b) Neuer Flächeninhalt: $160\,m^2$; neue Länge: $(160 : 8)\,m = 20\,m$.
Seine Länge wird um 5 m größer, sein Umfang um 10 m.

Kapitel IV, Training Runde 2, Seite 165

1

Rechteck:
Flächeninhalt: $A = 4{,}2\,cm \cdot 1{,}8\,cm = 7{,}56\,cm^2$
Umfang: $U = 2 \cdot (4{,}2\,cm + 1{,}8\,cm) = 12\,cm$

Dreieck:
Spiegelt man das Dreieck am Mittelpunkt der längsten Seite, so erhält man ein Rechteck mit den Seitenlängen 3 cm und 1,6 cm. Sein Flächeninhalt $A = 3\,cm \cdot 1{,}6\,cm = 4{,}8\,cm^2$ ist doppelt so groß wie der des Dreiecks.
Flächeninhalt: $A = 4{,}8\,cm^2 : 2 = 2{,}4\,cm^2$
Umfang: $U = 3\,cm + 1{,}6\,cm + 3{,}4\,cm = 8\,cm$

2

a) $500\,000\,mm^3$	Tetrapack (halber Liter); Federtasche
b) $50\,000\,ml$	Mülleimer; Koffer
c) $600\,a$	Parkanlage
d) $600\,cm^2$	DIN-A4-Blatt
e) $345\,dm$	Höhe Kirchturm; Weite Schlagballwurf
f) $200\,000\,l$	Volumen eines Klassenzimmers
g) $23\,000\,mm^3$	Streichholzschachtel
h) $1000\,m^2$	Fläche Schwimmerbecken Freibad; großer Garten
i) $1700\,mm$	Größe eines Erwachsenen
j) $4000\,dm$	Länge einer Runde im Stadion

3

a) Gesamter Flächeninhalt:
$6 \cdot 2 \cdot 200 \cdot 82\,cm^2 = 196\,800\,cm^2 = 1968\,dm^2 \approx 20\,m^2$
b) Er muss zwei Dosen Farbe kaufen.

4

$(15 \cdot 11 \cdot 8)\,dm^3 - (9 \cdot 7 \cdot 8)\,dm^3 = 816\,dm^3$

5

$(50 \cdot 25 \cdot 2)\,dm^3 = 2500\,dm^3 = 2500\,l$
$2500\,l : 50 = 50$
Man muss 50-mal mit der Schubkarre fahren.

Kapitel V, Bist du sicher? Seite 170

1

a) Gefärbt: $\frac{1}{4}$ b) Gefärbt: $\frac{5}{16}$ c) Gefärbt: $\frac{15}{32}$

2

a) 300 g b) $25\,dm^2$ c) 20 min d) $500\,dm^3$

3

$\frac{1}{6}$ von 24 Stückchen sind 4 Stückchen.
$\frac{2}{3}$ von 24 Stückchen sind 6 Stückchen.
4 Stückchen + 16 Stückchen = 20 Stückchen
Es bleiben 4 Stückchen übrig.

Kapitel V, Bist du sicher? Seite 174

1

a) $\frac{24}{54}$ b) $\frac{3}{4}$ c) $\frac{4}{6} = \frac{2}{3} = \frac{6}{9}$

2

Individuelle Lösung, z.B. $\frac{6}{12}$

3

$\frac{3}{12} = \frac{20}{80} = \frac{5}{20}\left(= \frac{1}{4}\right)$; $\frac{20}{100} = \frac{3}{15}\left(= \frac{1}{5}\right)$

Kapitel V, Bist du sicher? Seite 184

1

a) $\frac{2}{100} = \frac{1}{50}$; $\frac{25}{100} = \frac{1}{4}$; $\frac{70}{100} = \frac{7}{10}$; $\frac{4}{100} = \frac{1}{25}$; $\frac{44}{100} = \frac{11}{25}$

b) 20 %; 60 %; 35 %; 40 %; 40 %

2

a) 4 € b) 22 cm c) 820 g

3

zu Fuß	Fahrrad	Bus	Auto
10 %	35 %	50 %	5 %

Kapitel V, Bist du sicher? Seite 191

1

a) $\frac{8}{10} = \frac{4}{5}$ b) $\frac{9}{100}$ c) $\frac{25}{100} = \frac{1}{4}$ d) $\frac{11}{1000}$ e) $\frac{45}{100} = \frac{9}{20}$

2

a) 0,6 b) 0,7 c) 0,75 d) 0,007 e) 0,99

3

A: $\frac{3}{5} = 0{,}6$; B: $1\frac{4}{5} = 1{,}8$; C: $1\frac{1}{5} = 1{,}2$; D: $2\frac{1}{5} = 2{,}2$; E: $\frac{1}{10} = 0{,}1$

Kapitel V, Training Runde 1, Seite 199

1

a) $\frac{4}{100} = \frac{1}{25}$ b) $\frac{60}{100} = \frac{3}{5}$ c) $\frac{2}{10} = \frac{1}{5}$ d) $\frac{3}{10}$ e) $\frac{26}{10} = \frac{13}{5}$

2

a) 0,07 b) 0,8 c) 0,875 d) 0,44
e) 0,112

3

a) 1200 m b) 32 € c) 2700 l d) 3500 kg

4

Linke Figur: Der gefärbte Anteil ist $\frac{6}{24} = \frac{1}{4} = 25\,\%$.
Rechte Figur: Der gefärbte Anteil ist $\frac{3}{8} = 37{,}5\,\%$.

5

a) $0{,}\overline{72}$ b) $2{,}8\overline{3}$ c) $0{,}\overline{05}$ d) $0{,}2\overline{7}$
e) $0{,}08\overline{3}$ f) $0{,}\overline{714285}$

6

a) 2,786 > 2,699 b) $\frac{7}{9} > \frac{8}{12} = \frac{6}{9}$ c) $0{,}34 < \frac{9}{25} = 0{,}36$

7

A: $\frac{7}{8} = 0{,}875$; B: $\frac{1}{4} = 0{,}25$; C: $\frac{3}{8} = 0{,}375$

8

Gefärbter Anteil bei der oberen Scheibe: $\frac{2}{8} = \frac{1}{4}$.
Gefärbter Anteil bei der unteren Scheibe: $\frac{3}{10}$.
Es gilt: $\frac{2}{8} < \frac{3}{10}$. Die Zielscheiben sind nicht gleichwertig, weil man bei der unteren Scheibe größere Chancen hat zu treffen.

Kapitel V, Training Runde 2, Seite 199

1

a) 0,15 = 15 % b) 0,28 = 28 % c) 0,06 = 6 % d) 0,75 = 75 %

2

a) $\frac{68}{100} = \frac{34}{5}$ b) $\frac{18}{100} = \frac{9}{50}$ c) $\frac{35}{100} = \frac{7}{20}$ d) $\frac{125}{100} = \frac{5}{4}$

3

a) $\frac{12}{18} = \frac{4}{6} = \frac{20}{30}$; $\frac{4}{6} = \frac{20}{30}$ b) $\frac{3}{4}$

4

a) 70 dm^2 b) 120 dm^3 c) 750 ct d) 150 a
e) 2660 mm^3

5

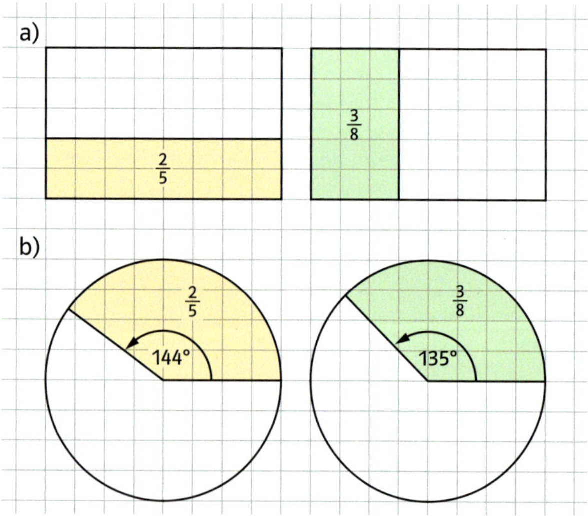

Fig. 1

6

Ein Teilstrich bedeutet 30 min. Es fehlen noch 45 min.

Kapitel VI, Bist du sicher? Seite 212

1

a)

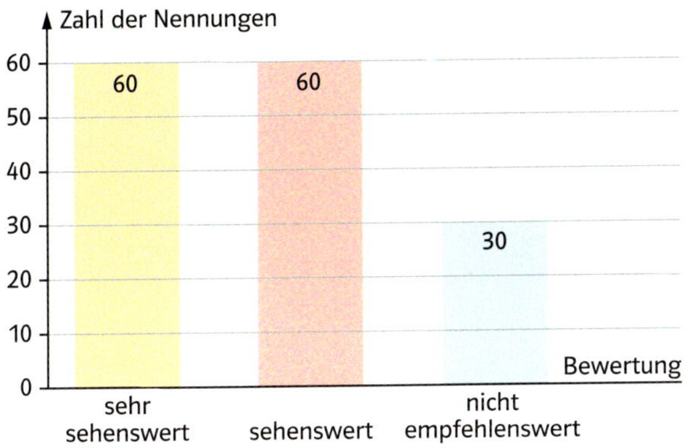

Fig. 1

b)

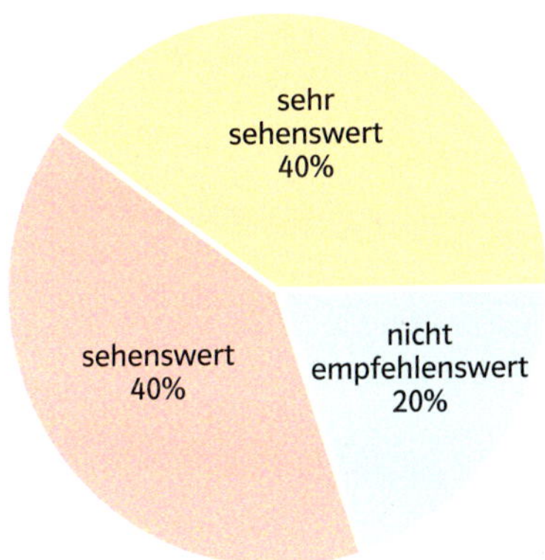

Fig. 2

2

a) Der Zentralwert der Preise beträgt 153 €. Der Mittelwert der Preise beträgt 152 €.

b) Es gibt genauso viele DVD-Player, die teurer sind als 153 € (nämlich je ein Gerät mit 167 € bzw. 155 €), wie solche, die billiger sind als 153 € (nämlich je ein Gerät mit 143 € bzw. 140 €). Eines der Geräte kostet 153 €. Würde man von jeder Sorte ein Gerät kaufen, so wäre es gleich, ob man die tatsächlichen Preise bezahlt oder für jedes der Geräte 152 €.

Kapitel VI, Training Runde 1, Seite 221

1

a) Säulendiagramm

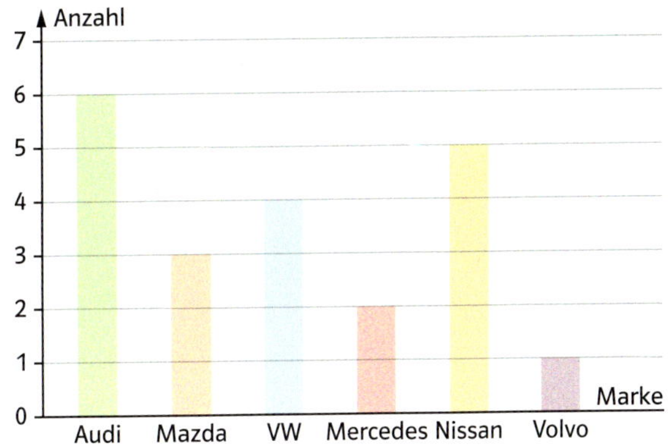

Fig. 3

b) Kreisdiagramm

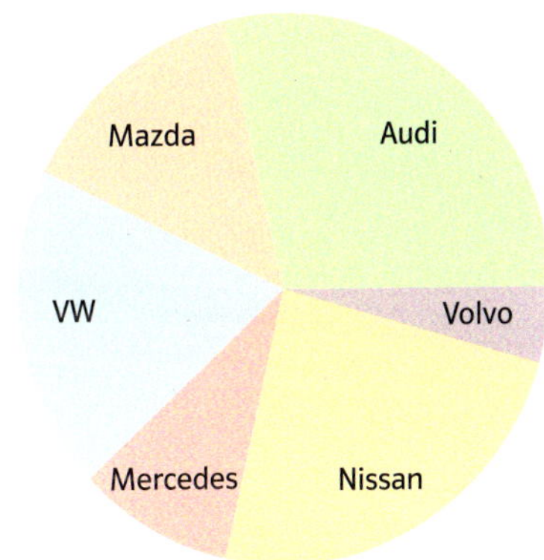

Fig. 4

c) zum Beispiel:

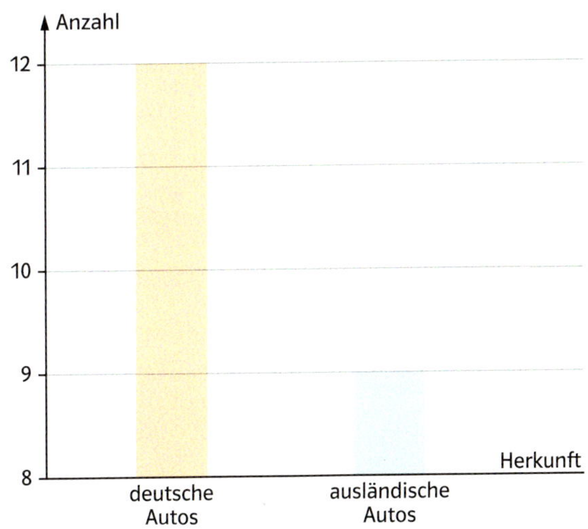

Fig. 5

d) zum Beispiel:

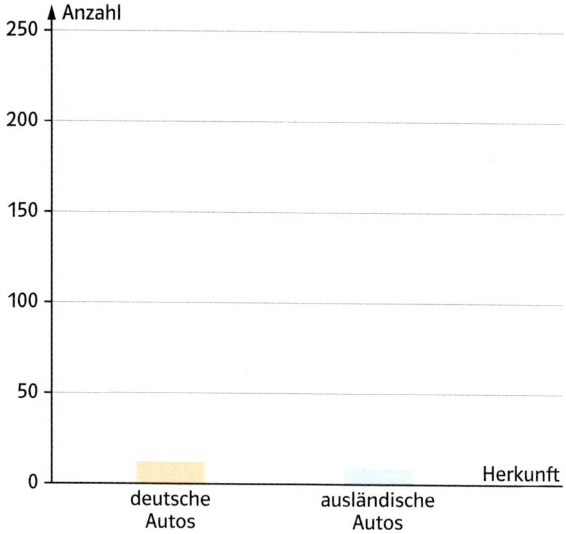

Fig. 1

2

a) Zentralwert für Deutsch: 2; Mittelwert für Deutsch: 2,6
Zentralwert für Englisch: 3; Mittelwert für Englisch: 2,6
Für Deutsch wäre der Zentralwert günstiger, für Englisch der Mittelwert.
b) jeweils die Note 3

Kapitel VI, Training Runde 2, Seite 221

1

a) Anna:

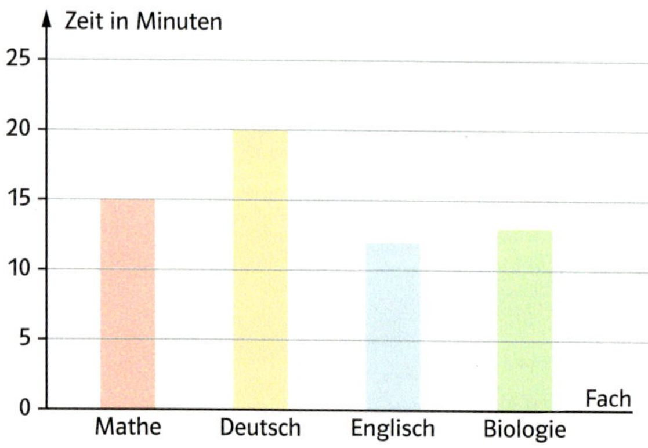

Fig. 2

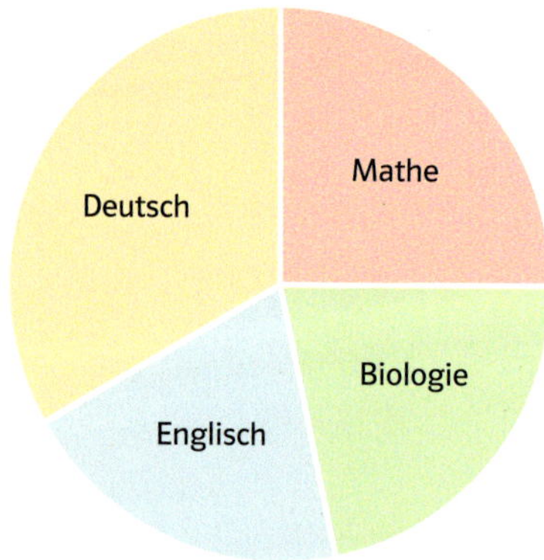

Fig. 3

Tobias:

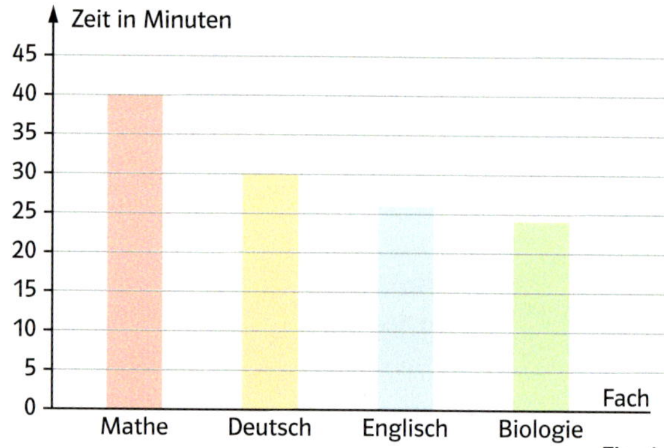

Fig. 4

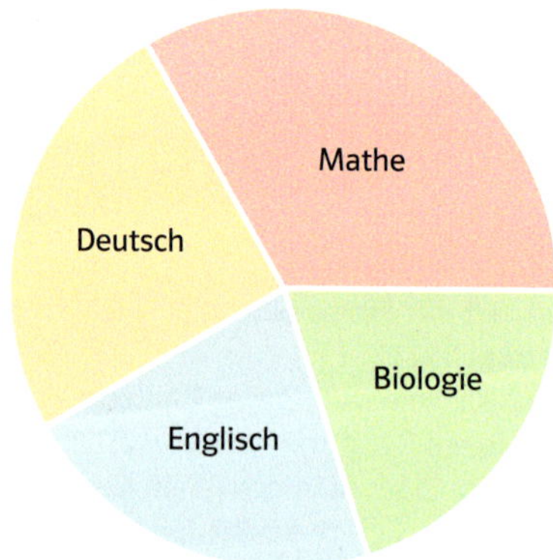

Fig. 5

b) Beim Vergleich der Kreisdiagramme kann man zum Beispiel gut erkennen, dass Tobias einen größeren Anteil an seiner Hausaufgabenzeit für Mathematik benötigte als Anna. Man kann an den Kreisdiagrammen zum Beispiel nicht erkennen, ob Tobias länger an den Mathematik-Hausaufgaben gearbeitet hat als Anna. Dies kann man an den Säulendiagrammen erkennen.

2

a) Die Größe des Stauraumes wird mit einer Kantenlänge veranschaulicht.
b) Die in der Grafik dargestellten Verhältnisse der Rauminhalte entsprechen nicht dem Verhältnis der tatsächlichen Größen der Stauräume.

Register

Bildquellen

S. U1.1 – U1.2: Klett-Archiv, Stuttgart – **S. 4.1:** Getty Images (Allsport Concepts), München – **S. 4.2:** Picture-Alliance (picture press), Frankfurt – **S. 4.3:** Klett-Archiv (Koma Amok), Stuttgart – **S. 5.1:** Picture-Alliance (epa/Martyn Hayhow), Frankfurt – **S. 5.2:** Getty Images (Photographer's Choice), München – **S. 5.3:** Avenue Images GmbH (medioimages), Hamburg – **S. 5.4:** bodenseebilder.de, Konstanz – **S. 5.5:** IMAGO (Eisend), Berlin – **S. 8.1:** Getty Images (Allsport Concepts), München – **S. 8.1:** Getty Images (Allsport Concepts), München – **S. 8.2:** Visum (Bernd Arnold), Hamburg – **S. 8.3:** ZEFA (Saloutas), Düsseldorf – **S. 8.4:** Getty Images (Stone), München – **S. 8.5:** Avenue Images GmbH (PhotoDisc), Hamburg – **S. 8.6-7:** Corbis (Geiersperger, Ray Juno), Düsseldorf – **S. 8.8:** Avenue Images GmbH (PhotoDisc), Hamburg – **S. 8.9:** Fotosearch RF (PhotoDisc), Waukesha, WI – **S. 8.10:** Klett-Archiv (Koma Amok), Stuttgart – **S. 9.1:** Avenue Images GmbH (Image Source), Hamburg – **S. 9.2:** Getty Images (Stone), München – **S. 11.1:** IMAGO (imagebroker/Adler), Berlin – **S. 16.1:** Mauritius (Mitterer), Mittenwald – **S. 16.2:** Getty Images (Michael Melford), München – **S. 16.3:** Deutsches Museum, München – **S. 17:** Getty Images (Jonathan Ferrey), München – **S. 20:** Conrad Höllerer, Stuttgart – **S. 27.1-4:** Klett-Archiv (Simianer&Blühdorn), Stuttgart – **S. 28:** ZEFA (masterfile), Düsseldorf – **S. 29:** AKG, Berlin – **S. 31:** Getty Images (Image Bank), München – **S. 32.1:** Picture-Alliance (Bürschaper), Frankfurt – **S. 32.2:** Historisches Museum, Bern – **S. 33:** Deutsches Museum, München – **S. 36.1-3:** Comstock, Luxemburg – **S. 36.4:** Corbis (R.B. Studio), Düsseldorf – **S. 36.5-7:** Comstock, Luxemburg – **S. 36.8:** Fotosearch RF (PhotoDisc), Waukesha, WI – **S. 37.1:** Corbis (Raoul Minsart), Düsseldorf – **S. 37.2:** Picture-Alliance (picture press), Frankfurt – **S. 37.3:** Klett-Archiv (Koma Amok), Stuttgart – **S. 38:** IMAGO (K-P Wolf), Berlin – **S. 40:** Europäische Zentralbank, Frankfurt – **S. 41:** Silvestris, Dießen – **S. 44:** Corbis, Düsseldorf – **S. 45:** IMAGO (Bergmann), Berlin – **S. 47:** Corbis (Richard List), Düsseldorf – **S. 51:** Fotofinder (vario press), Berlin – **S. 58:** Reinhard-Tierfoto, Heiligkreuzsteinach – **S. 65:** Dieter Gebhardt, Asperg – **S. 67:** Reinhard-Tierfoto, Heiligkreuzsteinach – **S. 69:** NWS (Horst Rudel), Stuttgart – **S. 71:** Corbis (Terres du Sud), Düsseldorf – **S. 74:** Helga Lade, Frankfurt – **S. 75:** Universität Tübingen (Sascha Bühler) – **S. 76:** IVEMA, Oldenburg – **S. 77.1:** Corbis (Doug Wilson), Düsseldorf – **S. 77.2:** Roland Sigwart Photographie, Hüfingen – **S. 78.1:** Corbis (Kevin Flemming), Düsseldorf – **S. 78.2:** AKG (Erich Lessing), Berlin – **S. 81.1:** AKG, Berlin – **S. 81.2-3:** Deutsches Museum, München – **S. 84.1:** Avenue Images GmbH (image100), Hamburg – **S. 84.2-3:** Getty Images (Taxi, Image Bank), München – **S. 85.1:** Klett-Archiv (Koma Amok), Stuttgart – **S. 85.2:** Corbis (Bettmann), Düsseldorf – **S. 86.1:** Medienzentrum Wuppertal – **S. 86.2:** Mauritius (A. Bartel), Mittenwald – **S. 86.3:** Ernst Klett Verlag, Stuttgart – **S. 86.4:** Mauritius (Simone), Mittenwald – **S. 88:** Bilderberg (Grames), Hamburg – **S. 89.1:** archivberlin (J. Henkelmann), Berlin – **S. 89.2:** Bibliothèque municipale de Caen – **S. 90.1:** Klett-Archiv (Simianer&Blühdorn), Stuttgart – **S. 90.2:** Helga Lade (BAV), Frankfurt – **S. 90.3:** Mauritius (age), Mittenwald – **S. 90.4:** ZEFA (masterfile/Rommel), Düsseldorf – **S. 90.5:** Mauritius (Mayen), Mittenwald – **S. 90.6-11:** Klett-Archiv (Simianer&Blühdorn), Stuttgart – **S. 93.1:** Corbis (Craig Tuttle), Düsseldorf – **S. 93.2-3:** Corbis (Martin B. Withers, Frank Lane Picture Agency), Düsseldorf – **S. 98.1:** Frieder Haug, Tübingen – **S. 98.2:** KD Busch, Stuttgart – **S. 100.1:** Mauritius, Mittenwald – **S. 100.2:** Corbis (Jose Fuste Raga), Düsseldorf – **S. 101:** Klett-Archiv (Simianer&Blühdorn), Stuttgart – **S. 111.1-4:** Klett-Archiv (Simianer&Blühdorn), Stuttgart – **S. 112.1-9:** Klett-Archiv (Simianer&Blühdorn), Stuttgart – **S. 116.1:** DaimlerChrysler, Stuttgart – **S. 116.2:** Getty Images (Gail Shumway), München – **S. 117:** The Bridgeman Art Library, London/(c) VG Bild-Kunst, Bonn 2004 – **S. 118.1:** Mauritius (age), Mittenwald – **S. 118.2:** Klett-Archiv (Simianer&Blühdorn), Stuttgart – **S. 120:** Corbis (Duomo), Düsseldorf – **S. 121.1:** Action Press (Hans-Jürgen Jakubeit), Hamburg – **S. 121.2:** IMAGO (Niehoff), Berlin – **S. 121.3:** Silvestris (F. Pölking), Dießen – **S. 125:** Corbis (Seaworld of California), Düsseldorf – **S. 127:** Getty Images (Taxi), München – **S. 129:** fuchs 1978 – **S. 130:** Astrofoto, Sörth – **S. 132:** Klett-Archiv, Stuttgart – **S. 134:** MEV, Augsburg – **S. 139:** (c) Mair Dumont/Falk Verlag, Ostfildern – **S. 140:** (c) Mair Dumont/Falk Verlag, Ostfildern – **S. 141:** Klett-Archiv, Stuttgart – **S. 142.1:** Corbis (Jose Fuste Raga), Düsseldorf – **S. 142.2:** Astrofoto (ESA), Sörth – **S. 155.1:** Picture Alliance (Hapag-Lloyd), Frankfurt – **S. 155.2:** Das Fotoarchiv (Jochen Tack), Essen – **S. 155.3:** Klett-Archiv, Stuttgart – **S. 156.1:** Fotofinder (Hudelist/vsl/mediacolors), Berlin – **S. 156.2:** Cira Moro, Stuttgart – **S. 160.1:** IMAGO (Ulrike Schulz), Berlin – **S. 160.2:** Klett Perthes Verlag, Gotha – **S. 160.3:** Deutsche Post World Net, Bonn – **S. 162.1:** Klett-Archiv (Steinle), Stuttgart – **S. 162.2:** IMAGO (Rust), Berlin – **S. 163:** Picture Alliance (epa/Martyn Hayhow), Frankfurt – **S. 166.1:** Getty Images (Photographer´s Choice), München – **S. 166.2:** Soehnle-Waagen GmbH&Co. KG (Leifheit), Backnang – **S. 166.3-6:** Getty Images (Photographer´s Choice, Image Bank, R. Harding World Image), München – **S. 166.7:** Avenue Images GmbH (PhotoDisc), Hamburg – **S. 167:** Getty Images (Botonica), München – **S. 171:** Corel Corporation, Unterschleißheim – **S. 177:** Stockfood Photo Stock Agency (Eising), München – **S. 178:** Stockfood Photo Stock Agency (Mewes), München – **S. 184.1-2:** Corel Corporation, Unterschleißheim **S. 187.1:** Justus Perthes Verlag Gotha GmbH, Gotha – **S. 187.2:** Corel Corporation, Unterschleißheim – **S. 197:** AKG, Berlin – **S. 200.1-2:** Avenue Images GmbH (Comstock, medioimages), Hamburg – **S. 200.3:** Klett-Archiv (Koma Amok), Stuttgart – **S. 200.4:** Getty Images (Food Pix), München – **S. 200.5:** Avenue Images GmbH (Thinkstock), Hamburg – **S. 200.6:** Klett-Archiv (Koma Amok), Stuttgart – **S. 201.1:** ZEFA (stock4b), Düsseldorf – **S. 201.2:** Avenue Images GmbH (medioimages), Hamburg – **S. 201.3:** ZEFA (T. Stewart), Düsseldorf – **S. 202.1:** Corbis, Düsseldorf – **S. 202.2:** ullstein bild (Barth), Berlin – **S. 206:** Klett-Archiv (Simianer&Blühdorn), Stuttgart – **S. 212.1:** Fotex, Hamburg – **S. 212.2:** Superbild (Burger/Phanie), Unterhaching/München – **S. 214:** IMAGO (Rust), Berlin – **S. 217:** Christine Kestler, Holzkirchen – **S. 222.1:** bodenseebilder.de, Konstanz – **S. 222.2:** Corbis (Tom Stewart), Düsseldorf – **S. 222.3:** MEV, Augsburg – **S. 224:** bodenseebilder.de, Konstanz – **S. 227:** Zweckverband Bodensee-Wasserversorgung, Stuttgart – **S. 228.1-2:** Zweckverband Bodensee-Wasserversorgung, Stuttgart – **S. 229:** Tourist-Information, Hagnau am Bodensee – **S. 231.1:** bodenseebilder.de, Konstanz – **S. 231.2:** Postwertzeichenarchiv, Bonn – **S. 232:** Klett-Archiv (Hans Freudigmann), Stuttgart – **S. 233:** Klett-Archiv (Hans Freudigmann), Stuttgart – **S. 234:** FRANCKH-Kosmos, Stuttgart – **S. 236:** Klett-Archiv (Hans Freudigmann), Stuttgart – **S. 237:** Pferdefotoarchiv Lothar Lenz, Dohr – **S. 239:** IMAGO (Eisend), Berlin

(Nicht in allen Fällen war es uns möglich, den Rechteinhaber ausfindig zu machen. Berechtigte Ansprüche werden selbstverständlich im Rahmen der üblichen Vereinbarungen abgegolten.)